U0378481

清华大学出版社
北 京

内容简介

本书是一本与众不同的SQL Server数据库入门读物，不需要读者有太多基础。本书以简单实用为原则，讲解通俗易懂，循序渐进，避免了云山雾罩、晦涩难懂。本书风格轻松活泼，多用对比、类比和比喻等写作方式，并配合图解教学，对难点之处给出了必要提示；书中的每个知识点都对应相应的示例，便于读者一边学习一边动手实践，既可以提高动手能力，也可以激发学习兴趣。**另外，本书配1张光盘，内容为本书配套多媒体教学视频及源代码。本书还赠送了400多个SQL Server实例源代码及12小时教学视频（需下载）。**

本书共18章，分为5篇。第1篇介绍了SQL Server基础知识，包括SQL Server数据库的安装、数据库以及数据表的使用等；第2篇介绍了数据表约束、自定义函数及SQL语句在数据表中的使用；第3篇介绍了SQL Server数据库常用的一些对象，包括视图、存储过程及触发器等对象；第4篇介绍了SQL Server数据库的管理，包括数据库的备份和还原、数据库的权限管理以及自动化任务管理；第5篇介绍了SQL Server在实际开发中的应用，包括使用C#和Java这两种主流开发语言连接SQL Server数据库。

本书适合SQL Server入门读者阅读；有一定基础的读者，也可通过本书进一步理解SQL Server中的各个重要概念及知识点；对于大、中专院校的学生和培训班的学员，本书也不失为一本好教材。

图书在版编目（CIP）数据

SQL Server入门很简单/秦婧等编著. —北京：清华大学出版社，2013（2021.12重印）
（入门很简单丛书）
ISBN 978-7-302-33806-2

Ⅰ. ①S… Ⅱ. ①秦… Ⅲ. ①关系数据库系统 Ⅳ. ①TP311.138

中国版本图书馆CIP数据核字（2013）第212255号

责任编辑： 夏兆彦
封面设计： 欧振旭
责任校对： 徐俊伟
责任印制： 曹婉颖

出版发行： 清华大学出版社
网　　址： http://www.tup.com.cn, http://www.wqbook.com
地　　址： 北京清华大学学研大厦A座　　**邮　　编：** 100084
社 总 机： 010-62770175　　**邮　　购：** 010-83470235
投稿与读者服务： 010-62776969，c-service@tup.tsinghua.edu.cn
质 量 反 馈： 010-62772015，zhiliang@tup.tsinghua.edu.cn
印 装 者： 三河市龙大印装有限公司
经　　销： 全国新华书店
开　　本： 185mm×260mm　　**印　　张：** 25.5　　**字　　数：** 635千字
版　　次： 2013年12月第1版　　**印　　次：** 2021年12月第10次印刷
定　　价： 49.80元

产品编号：054561-01

前　言

SQL Server 数据库是目前比较流行的数据库之一，与其他数据库产品一样，都可以使用标准的 SQL 语句。SQL Server 数据库凭借其自身的操作简单，与 Windows 操作系统的融合性以及与 Visual Studio 开发平台的集成性，深受用户的喜爱。目前，在很多的中小型网站和软件系统中都普遍应用 SQL Server 作为后台数据库。

为了能够让读者快速掌握 SQL Server 的使用，笔者编写了本书。本书从 SQL Server 数据库的安装开始讲起，循序渐进地介绍了 SQL Server 数据库操作和管理的方方面面知识。从基本概念到具体实践，从新特性的讲解到具体操作，从简单的 SQL 语句编写到复杂的数据库管理，从抽象概念到实际应用，全方位解读了 SQL Server 数据库的相关知识。本书最后两章介绍了如何使用目前比较主流的 C#和 Java 语言在编程中连接 SQL Server 数据库，可以让读者对实际的数据库应用开发有一个直观的了解。

本书将知识范围锁定在了适合初级和中级读者阅读的部分，讲解时结合了大量示例，并专门录制了多媒体教学视频辅助教学。相信读者通过学习本书内容，可以比较好地掌握 SQL Server 数据库的相关知识，为自己的 IT 职业生涯做好准备。

本书特色

本书奉行“入门很简单丛书”的一贯风格，有以下突出特色：

- 专门提供配套多媒体教学视频，便于读者更加直观、高效地学习，增强学习效果。
- 编排采用循序渐进的方式，适合初、中级学者快速掌握 SQL Server 数据库的使用。
- 采用语法与示例一对一的方式来讲解每一个语法，可以让读者更加牢固地掌握。
- 结合大量实例讲解 SQL Server 中的基本 SQL 语句和企业管理器的使用。
- 所有实例都具有代表性和实际意义，能够解决工作中的实际问题。
- 对于在 SQL Server 中编写语句比较容易出现的问题，给出了详细的说明。
- 提供了利用 C#和 Java 语言连接 SQL Server 数据库的案例，可以帮助读者体会实际开发中 SQL Server 数据库的使用。
- 本书提供了大量练习题，以帮助读者巩固和提高所学的知识。

本书的内容安排

本书共 18 章，分为以下 5 篇。

第 1 篇　走进 SQL Server（第 1~3 章）

本篇首先介绍了 SQL Server 数据库在 Windows 环境下的安装过程及每个数据库版本的说明，然后介绍了数据库的创建、修改及删除，以及创建数据表、修改及删除数据表等。

第 2 篇　表操作基础（第 4~8 章）

本篇主要介绍了如何使用表中约束，以及如何操作表中的数据、如何使用函数等。主要包括数据表中数据的添加、修改及删除；数据表中数据的简单查询和复杂查询；在查询语句中使用函数来方便数据查询。

第 3 篇　数据库使用进阶（第 9~13 章）

有了数据表操作的基础后，就可以灵活地使用 SQL 语句来更好地使用数据库。本篇主要介绍了 SQL Server 中视图、索引、存储过程及触发器的使用。

第 4 篇　数据库的管理（第 14~16 章）

有了前 3 篇的基础后，已经对数据库的基本操作有所了解。在本篇中主要介绍了数据库的管理知识，包括数据库的备份和还原、用户和权限管理及系统化自动任务管理。

第 5 篇　数据库的应用（第 17~18 章）

本篇介绍分别使用 C#语言和 Java 语言连接 SQL Server 数据库的相关知识。在使用 C#语言连接数据库部分，以文章管理系统为例让读者更加熟悉 SQL Server 数据库的使用；在使用 Java 语言连接数据库部分，介绍了如何使用 Java 语言连接 SQL Server 完成订购系统。

适合阅读本书的读者

- 从未接触过 SQL Server 的自学人员；
- 打算使用 SQL Server 数据库的开发人员；
- 大中专院校的学生和相关授课老师；
- 准备从事软件开发的求职者；
- 参与毕业设计的学生；
- 其他编程爱好者。

本书作者

本书由秦婧主笔编写。其他参与编写的人员有丁士锋、胡可、姜永艳、靳鲲鹏、孔峰、马林、明廷堂、牛艳霞、孙泽军、王丽、吴绍兴、杨宇、游梁、张建林、张起栋、张喆、郑伟、郑玉晖、朱雪琴、戴思齐、丁毓峰。

阅读本书的过程中若有疑问，请发邮件和我们联系。E-mail：bookservice2008@163.com。

编者

目　　录

第 1 篇　走进 SQL Server

第 2 篇　表操作基础

第3篇 数据库使用进阶

第 4 篇　数据库的管理

第 5 篇　数据库的应用

第 1 篇　走进 SQL Server

第 1 章　初识数据库

在学习任何事物之前，都是要先了解这个事物是什么。当然，学习数据库也不例外，要首先知道数据库能够做什么以及如何安装数据库，才能够有针对性地根据自己的需要来学习。在本章中，将带领读者全面了解数据库中的一些主流产品，并着重讲解 SQL Server 数据库的发展以及安装过程。

本章的主要知识点如下：

- ❑ 数据库和数据库系统
- ❑ 常用的数据库产品
- ❑ 安装 SQL Server 数据库
- ❑ SQL Server 工作平台介绍
- ❑ SQL Server 中自带的数据库

1.1　与数据库有关的一些概念

提到数据库就会出现一系列的概念，比如数据库系统和数据库管理系统。只有理解好这些与数据库相关的概念，才能够更好地掌握数据库。在本小节中，将简单地为读者解释这些需要知道的数据库概念。

1.1.1　数据库

数据库（Database）简称 DB，是指用来存放数据的仓库。这就好像是超市用来存放商品的仓库一样，在仓库中有着各种各样的商品。在数据库中存放的就不是商品了，只能是数据。但是，这些数据并不一定就是数字，也可以是文字、图片或者一段视频等信息。当把数据存放在数据库中，数据就可以长期地存放了。

1.1.2　数据库管理系统

数据库管理系统（Database Management System）简称 DBMS，是指用来管理数据库的一种软件。通过数据库管理系统可以方便地对数据库中的数据进行操作。数据库管理通常会有数据定义功能、数据操作功能以及维护数据库安全的功能。实际上，数据库管理系统中使用的语言就是 SQL 语言，即结构化查询语言。本书要学习的数据库 SQL Server 也是通过 SQL 语言来操作的。

1.1.3　数据库系统

数据库系统（Database System）简称 DBS，是指在系统中使用了数据库管理数据。通常数据库系统包含了数据库、数据库管理系统、用户以及操作系统、计算机硬件等元素。换句话说，数据库系统就是前面所讲过的数据库和数据库管理系统的综合体。目前，在企业中，广泛地使用着数据库系统，比如：办公自动化系统、电子考勤系统等等。

1.2　了解常用的数据库产品

在本书中要学习的是 SQL Server 数据库，但并不是说目前只有这一款数据库产品。目前，在企业和个人所使用的数据库产品中，有几款产品的市场占有率是名列前茅的，比如：Oracle 数据库、MySQL 数据库、Access 数据库以及本书中要学习的 SQL Server 数据库等。通过对这些常用的数据库产品进行了解，才能够使用户在实际应用中更游刃有余地选择数据库产品。下面就对上面所提到的 4 款数据库产品做个简单的介绍。

1.2.1　Oracle 数据库

Oracle 数据库是甲骨文公司开发的一款数据库产品，主要应用于大中型企业。目前，主流版本是 Oracle 11g。Oracle 数据库最大的好处就是其跨平台的特点，能够满足不同操作系统的使用。同时，Oracle 数据库以其自身良好的安全性和数据存储能力满足了大型企业的要求。但是，由于 Oracle 数据库并不是免费提供的，并且价格并不便宜，因此，对于一些中小型企业还是望而却步的。下面给读者见识见识 Oracle 数据库的企业管理器界面，如图 1.1 所示。

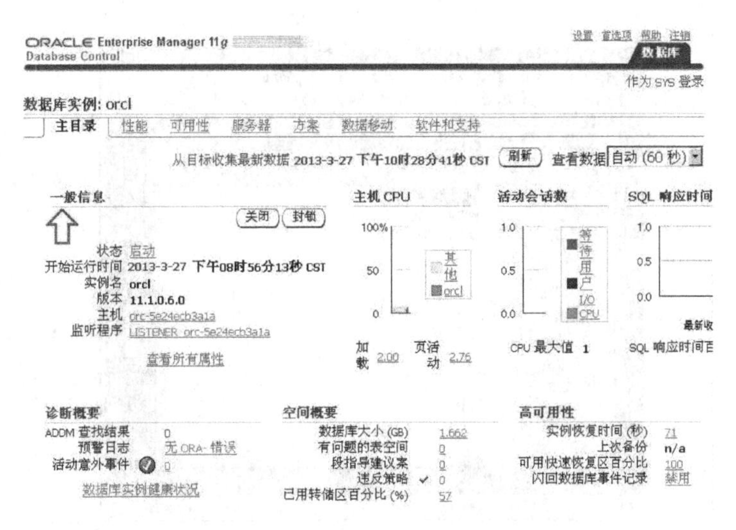

图 1.1　Oracle 11g 企业管理器主界面

1.2.2　MySQL 数据库

MySQL 数据库是一款开源数据库，目前常用的版本是 MySQL 5.5，并提供免费版为用户使用。MySQL 数据库也是可以跨平台使用的，通常被中小型企业所青睐，尤其是企业在选择使用 PHP 语言作为开发语言时，一般首选都是使用 MySQL 数据库。对于其他编程语言来说，选择 MySQL 数据库的并不是太多。安装后的 MySQL 数据库是在 DOS 界面下打开的，如图 1.2 所示。

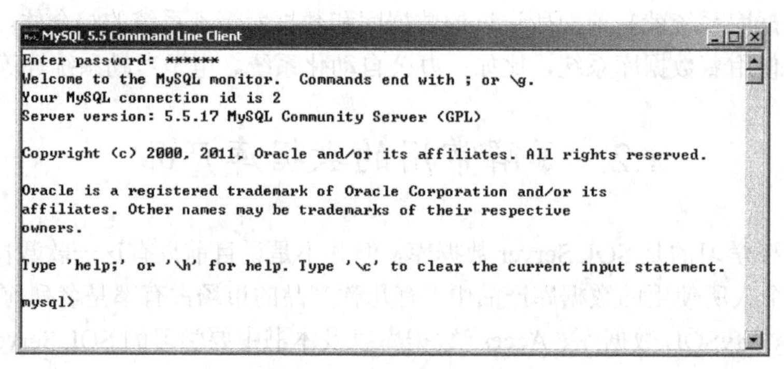

图 1.2　MySQL 登录界面

1.2.3　Access 数据库

Access 数据库，读者应该不陌生，在操作系统上安装了 Office 办公软件后，就会出现在安装的列表上了。没错，Access 数据库就是 Office 办公软件中的一个软件产品。它与 Office 同步被升级，目前常用的版本是 Access 2007。它的特点是使用方便，在安装 Office 之后就可以直接使用了，通常被一些小型企业作为开发门户网站的首选产品。但是，由于 Access 数据库只能在 Windows 系列的操作系统上使用并且存储数据的容量不大，因此，它并没有被广泛地应用。Access 数据库操作界面如图 1.3 所示。这里是 Access 的 2003 版本的数据库。

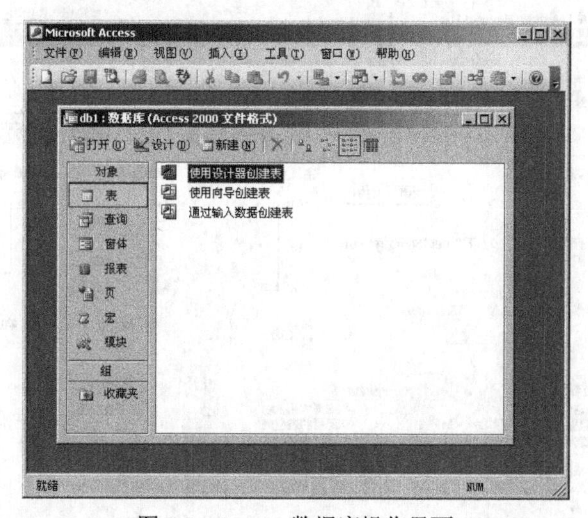

图 1.3　Access 数据库操作界面

1.2.4　SQL Server 数据库

SQL Server 数据库也是微软公司的一款数据库产品，目前常用的版本是 SQL Server 2008，也是本书中要学习的版本。该数据库的缺点就是不能跨平台使用，但是它在其他方面的性能并不比其他数据库逊色。SQL Server 数据库是目前大中型企业作为软件开发时选择比较多的一款产品，尤其是在应用微软的开发平台 Visual Studio 来开发软件时。此外，

SQL Server 数据库提供的企业管理器能够为用户操作数据库提供方便。对于 SQL Server 数据库，将在下一节详细讲解其安装和登录的过程。

1.3　安装 SQL Server 2008

SQL Server 2008 能够更好地融合其他版本的优点，并且还向商业智能方面迈出了可喜的一步。既然有这样好的一款产品，相信读者已经迫不及待地想学习了。但是，还不能着急，安装 SQL Server 2008 才是学好它的第一步。

1.3.1　SQL Server 2008 各版本介绍

在安装 SQL Server 2008 之前，还要知道在什么情况下使用什么版本。这就好像是计算机的操作系统一样，当只是为了在家上网使用，可以直接安装 Windows 系列的家庭版；当需要做软件开发使用，可以安装 Windows 的服务器版或企业版。因此，了解了 SQL Server 2008 的版本，对使用它还是有帮助的。目前，SQL Server 2008 常用的版本主要有企业版、标准版、工作组版、简易版以及开发版。具体的介绍如表 1-1 所示。

表 1-1　SQL Server 2008 各版本介绍

版　　本	说　　明
企业版（Enterprise）	支持 32 位或 64 位系统。它是一种综合的数据平台，能够对复杂数据进行分析，拥有商业智能和分析能力。目前，可以免费使用的版本是 Evaluation 版，可供免费使用 180 天
标准版（Standard）	支持 32 位或 64 位系统。它适合中小型企业选用，也包括企业版的全部功能
开发版（Developer）	与企业版的功能类似，只是不能够作为数据库服务器使用。仅能用做学习和测试
工作组（Workgroup）	只支持 32 位操作系统。它是一款入门级的数据库产品，通常适用在小型企业里面
简易版（Express）	只支持 32 位操作系统。它是一款免费的软件，是 Visual Studio 中集成的产品

除了在上表中列出的数据库产品的版本外，还有一款专门用于移动设备开发和使用的 Compact 3.5 SP1(x86)版，它也是免费提供。在本书中所使用的是 SQL Server 2008 的企业评估版（Enterprise Evaluation），该版本可以在微软的官方网站上免费下载，并可以免费使用 180 天。

1.3.2　在 Windows Server 环境下安装 SQL Server 2008

如果读者已经在微软的官方网站上下载了 SQL Server 2008 的企业评估版，也不要着急安装。先要确认准备安装该软件的操作系统是否支持该软件以及是否有足够的容量。

首先，如果您的操作系统是 Windows 系列的操作系统，那么就可以松一口气了，没问题，可以安装。然后，在操作系统支持的前提下，再看看硬盘空间是否足够大呢？在安装 SQL Server 2008 的过程中，软件是需要至少 2GB 的磁盘空间来存储临时文件和安装后的文件。如果对自己的安装环境还不够放心的话，可以参考微软网站上给出的具体要求（http://msdn.microsoft.com/library/ms143506(SQL.100).aspx）。

好了，准备工作已经完成了，现在就要开始安装了。本例是将该数据库安装到 Windows XP 下。安装 SQL Server 2008 主要分为如下几个步骤。

1．打开 SQL Server 安装中心界面

打开下载后的安装文件目录，双击 setup.exe 可执行文件，然后会弹出需要安装 Windows Install 和.NET Framework 框架的提示。如果读者的计算机中没有上述两个软件，还需要从微软的官方网站上下载并安装。如果已经安装了这两个软件，那么，单击“确定”按钮，即可打开安装向导界面，如图 1.4 所示。

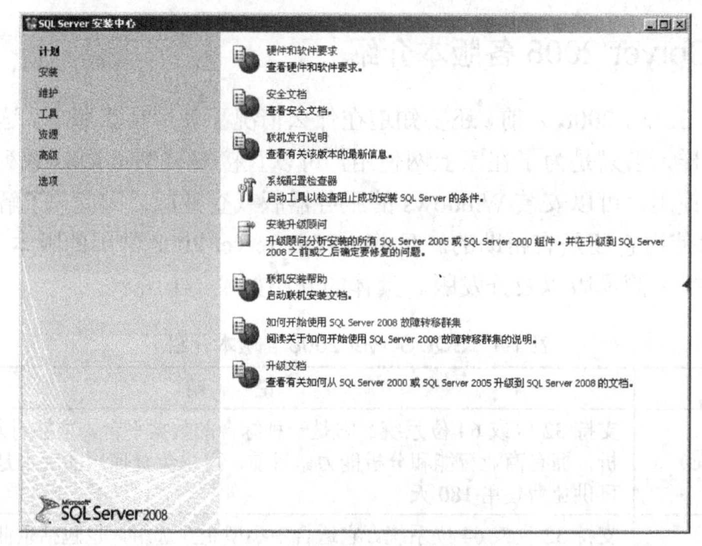

图 1.4　SQL Server 安装中心界面

2．选择安装选项

在图 1.4 所示的界面中，单击“安装”选项，出现图 1.5 所示的界面。

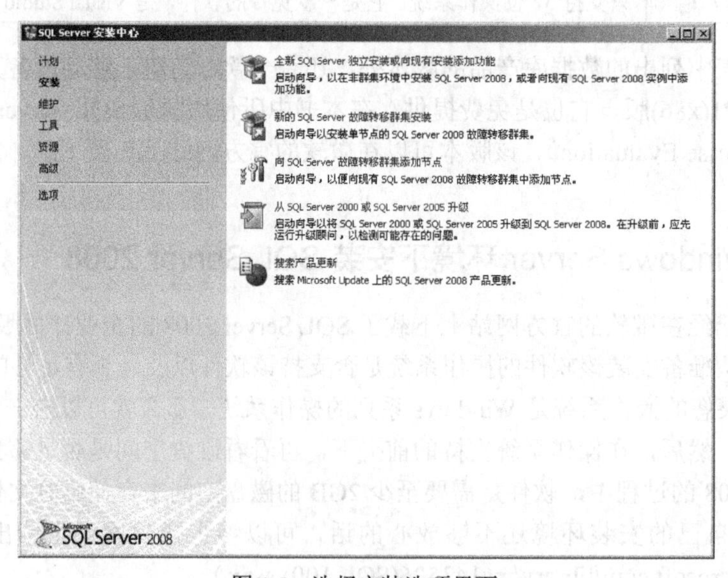

图 1.5　选择安装选项界面

在这里，单击第一个选项“全新 SQL Server 独立安装或向现有安装添加功能”，开始安装。首先是要确认安装程序是否能安装到当前的环境中，如图 1.6 所示。

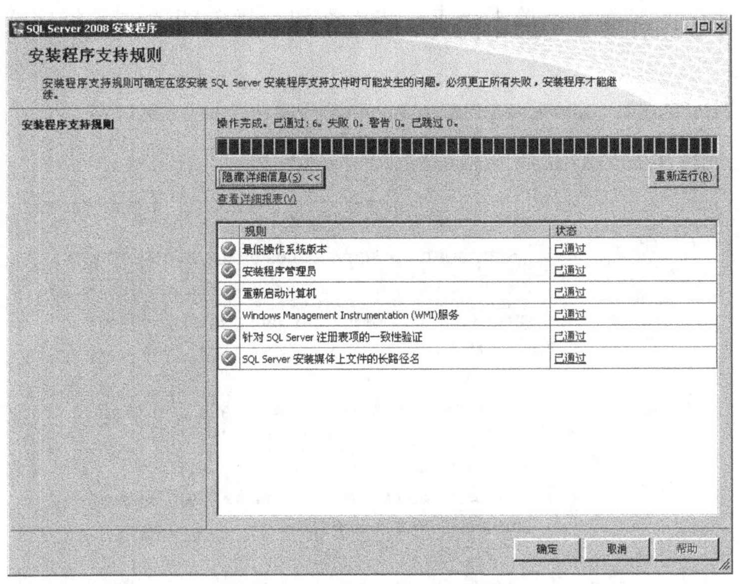

图 1.6　安装程序支持规则

只要读者的安装效果与图 1.6 所示一样，都是通过状态。那么，就可以单击“确定”按钮进一步安装 SQL Server 了。

3. 输入 SQL Server 的安装密钥

完成了图 1.6 所示的操作后，进入输入安装 SQL Server 密钥的界面，如图 1.7 所示。

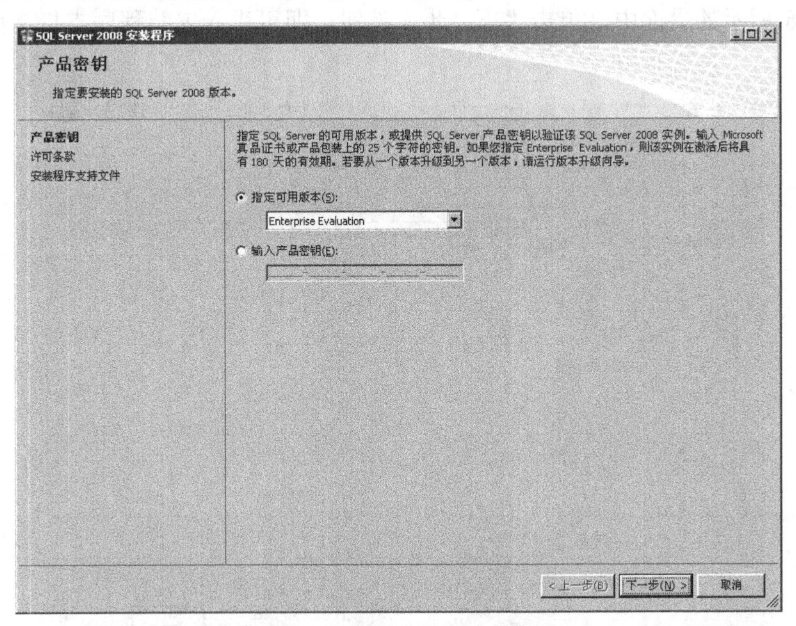

图 1.7　输入产品密钥界面

这里，选择指定的安装版本 Enterprise Evaluation，不必输入产品密钥。

4. 阅读 SQL Server 的许可条款

在图 1.7 所示的界面中，单击“下一步”按钮，进入阅读许可条款界面，如图 1.8 所示。

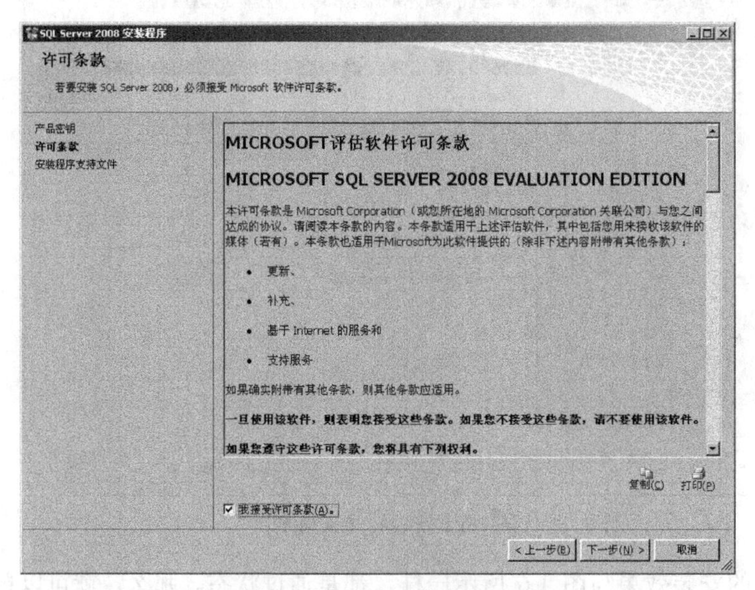

图 1.8　阅读许可条款界面

在阅读完条款后，选中“我接受许可条款”复选框。

5. 安装程序支持文件

在图 1.8 所示的界面中，单击“下一步”按钮，即可进入安装程序支持文件界面，如图 1.9 所示。

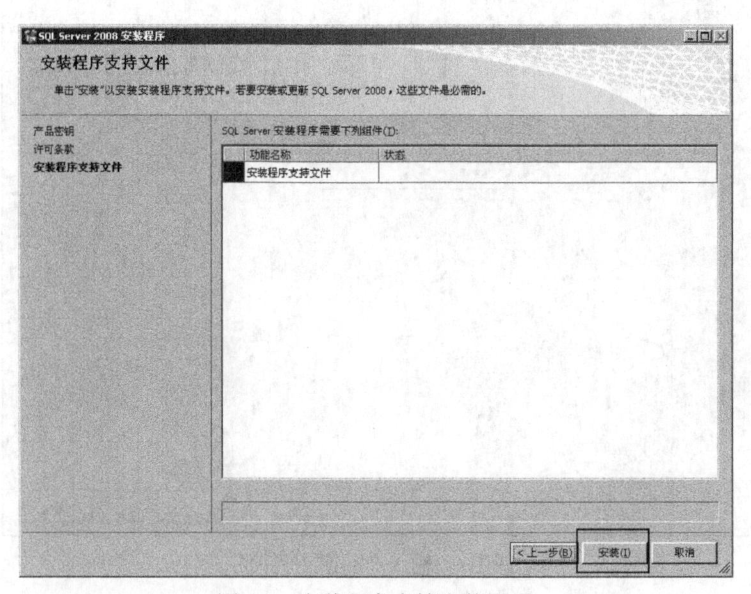

图 1.9　安装程序支持文件界面

单击“安装”按钮，即可开始安装程序，效果如图 1.10 所示。

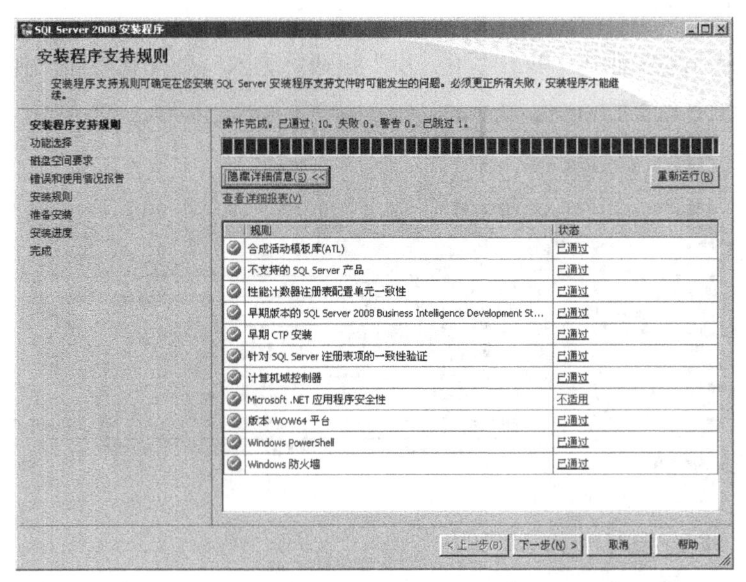

图 1.10　安装程序支持的文件

在图 1.10 所示的界面中，列出了安装程序支持的文件，如果没有失败的状态，就说明安装程序支持文件成功了。

6．选择需要安装的功能

在图 1.10 所示的界面中，单击“下一步”按钮，进入安装功能选择界面，如图 1.11 所示。

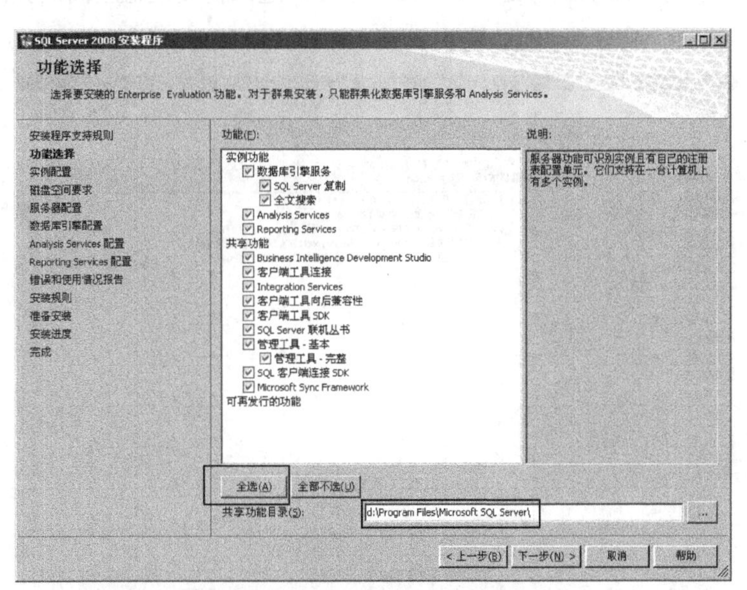

图 1.11　安装功能选择界面

这里，为了让读者能够全面学习 SQL Server 2008，选择“全选”按钮，将所有功能都选择。读者可以为程序选择一个存放目录，笔者将该程序安装到了 D 盘下。

7．实例配置

在图 1.11 所示的界面中，单击“下一步”按钮，进入实例配置界面，如图 1.12 所示。

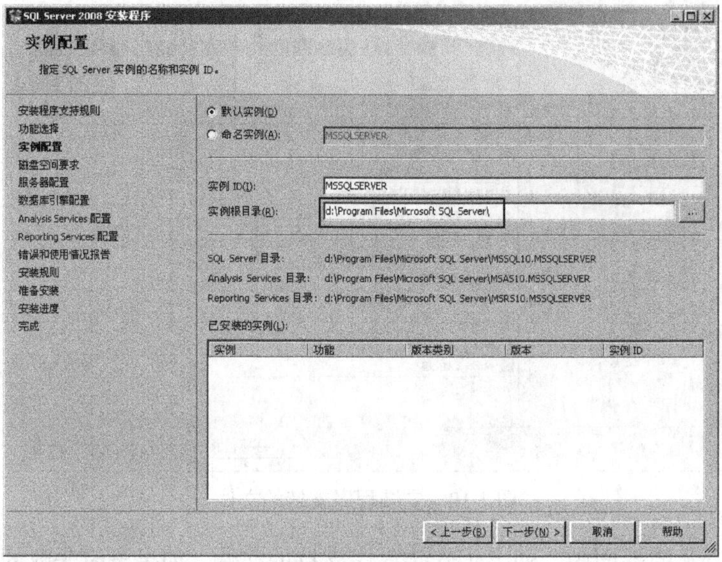

图 1.12　实例配置界面

这里，使用默认实例，并选择实例的根目录。

8．检测硬盘空间

在图 1.12 所示的界面中，单击“下一步”按钮，进入检测硬盘空间的界面，如图 1.13 所示。

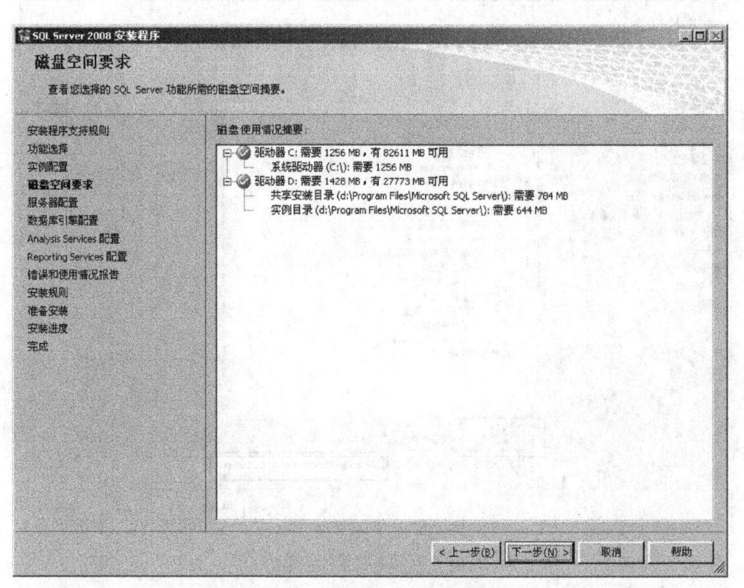

图 1.13　检测硬盘空间界面

如果读者在此页面中没有发现未通过的信息，就说明硬盘的容量满足需求了。当然，一般情况下都会满足需求的，毕竟现在的硬盘容量都很大了。

9．服务器配置

在图 1.13 所示的界面中，单击“下一步”按钮，进入图 1.14 所示的服务器配置界面。

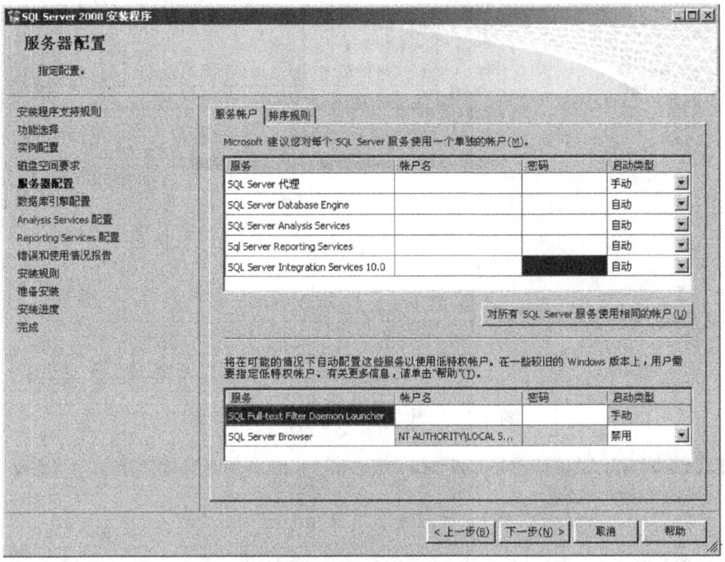

图 1.14　服务器配置界面

这里，是为不同的服务设置账户名和密码，如果读者不能够记住那么多的账户和密码，建议读者选择“对所有 SQL Server 服务使用相同账户”的选项。笔者在这里选择的就是该选项。

注意：这里的账户指的是当前登录 Windows 系统的账户。如果当前登录用户没有登录密码，则需要设置密码，这个密码一定要牢记哦！

10．数据库引擎配置

在图 1.14 所示的界面中，单击“下一步”按钮，进入数据库引擎配置界面，如图 1.15 所示。

在此界面中，用来配置账户的身份验证模式。这里，选择“混合模式（SQL Server 身份验证和 Windows 身份验证）”的选项，并在下面为内置的 SQL Server 管理员输入密码。在下面通过单击“添加当前用户”按钮，指定当前登录的用户就是 SQL server 的管理员。

11．Analysis Services 配置

配置好用户信息后，单击“下一步”按钮，进入 Analysis Services 配置界面，如图 1.16 所示。

在此界面中，单击“添加当前用户”按钮，使该用户具有 Analysis Services 服务的访问权限。

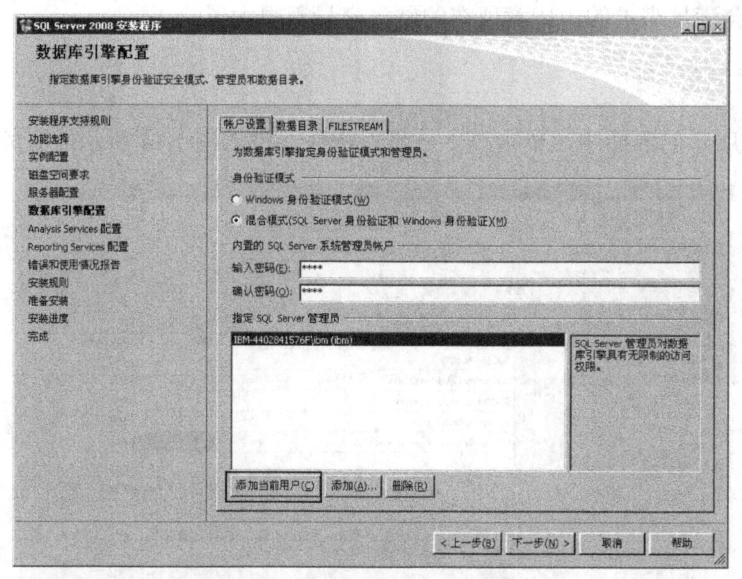

图 1.15　数据库引擎配置界面

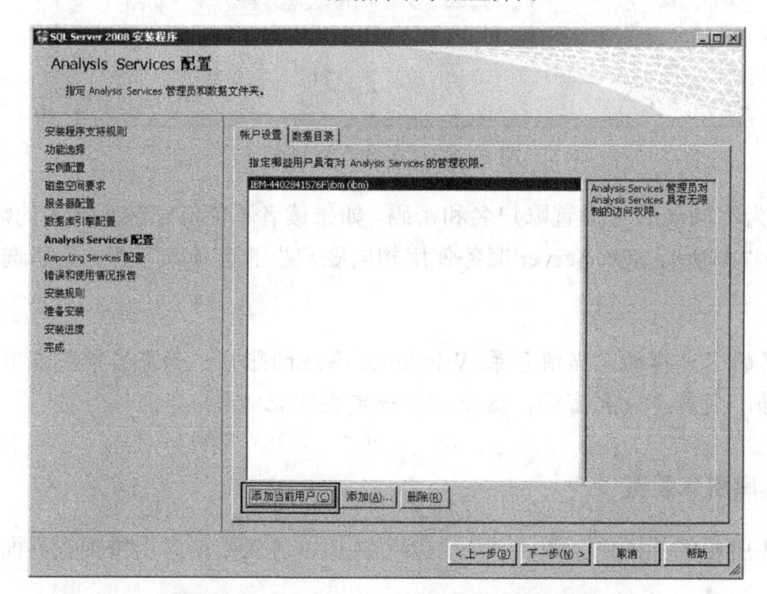

图 1.16　Analysis Services 服务配置界面

12．配置 Reporting Services

在图 1.16 所示的界面中，单击“下一步”按钮，进入 Reporting Services 配置界面。如图 1.17 所示。

这里，选中“安装本机模式默认配置”选项。

13．错误和使用报告情况

在图 1.17 所示的界面中，单击“下一步”按钮，进入错误和使用报告情况界面，如图 1.18 所示。

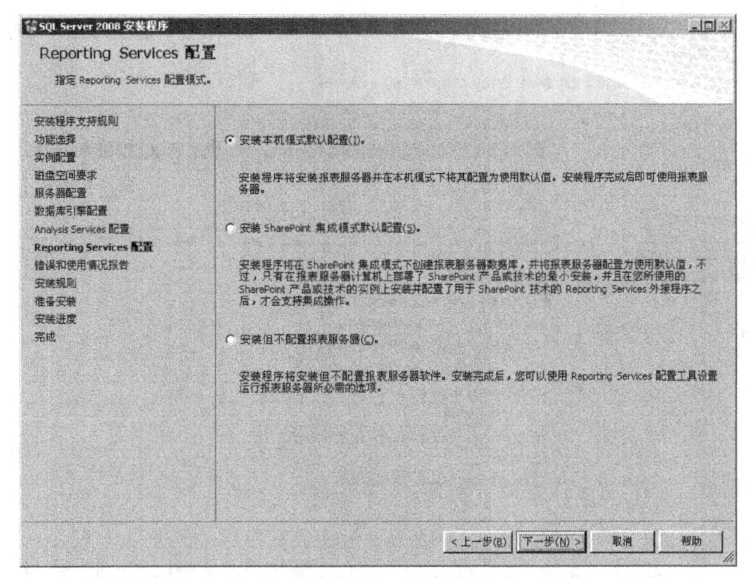

图 1.17　Reporting Services 配置界面

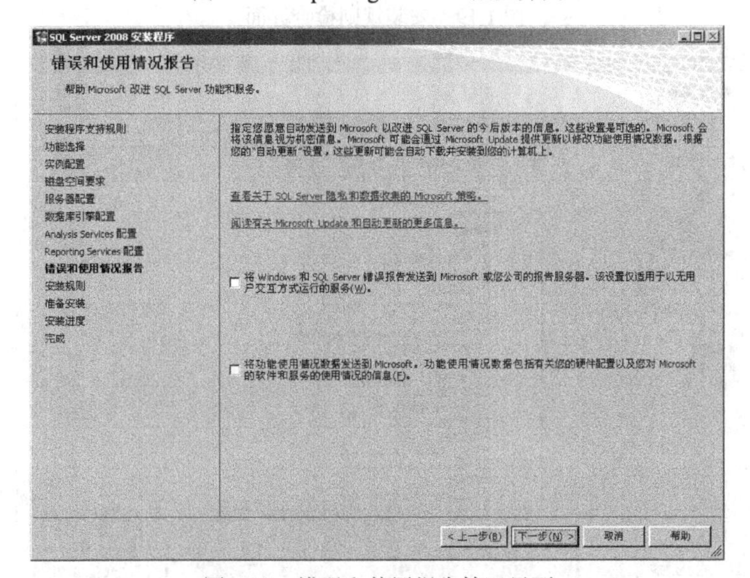

图 1.18　错误和使用报告情况界面

在此界面中，如果希望发送错误报告到微软，就选中复选框，否则可以不选。

14. 检查安装规则

在图 1.18 所示的界面中，单击“下一步”按钮，进入安装规则检查界面，如图 1.19 所示。

这里，如果全部都是“已通过”的状态，就说明检测成功了。

15. 检查要安装项目

在图 1.19 所示的界面中，单击“下一步”按钮，进入检查要安装项目的界面，如图 1.20 所示。

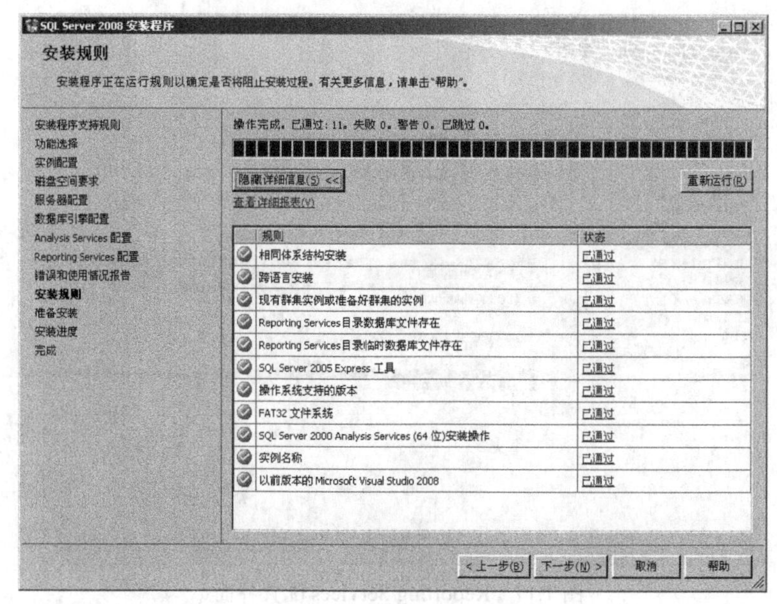

图 1.19　安装规则检查界面

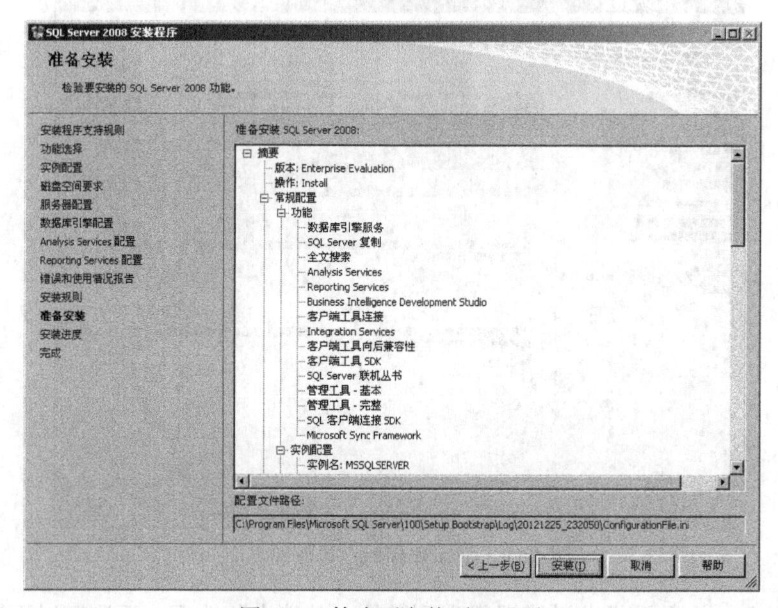

图 1.20　检查要安装项目界面

16．完成安装过程

在图 1.20 所示的界面中，单击“安装”按钮，即可开始安装 SQL Server 软件。在安装完成后，会出现图 1.21 所示的界面。

在此可以看出，所有的功能全部安装成功了。

17．确认安装

在图 1.21 所示的界面中，单击“下一步”按钮，进入安装成功界面，如图 1.22 所示。

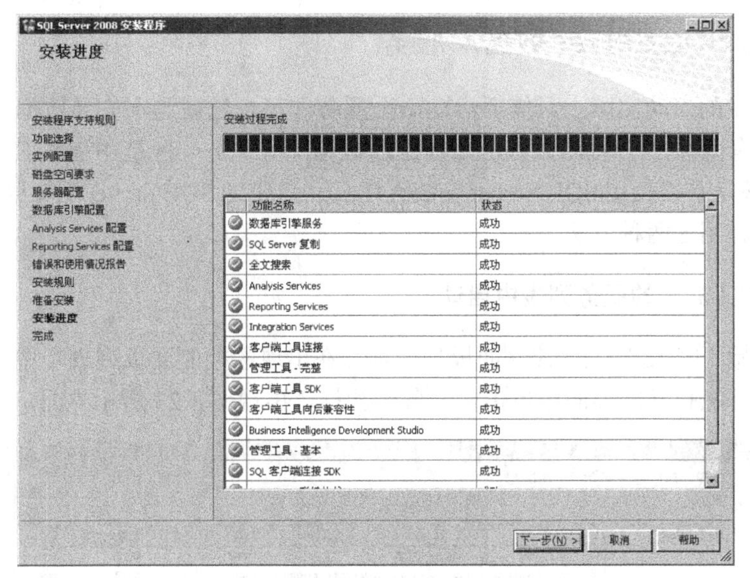

图 1.21　安装过程完成界面

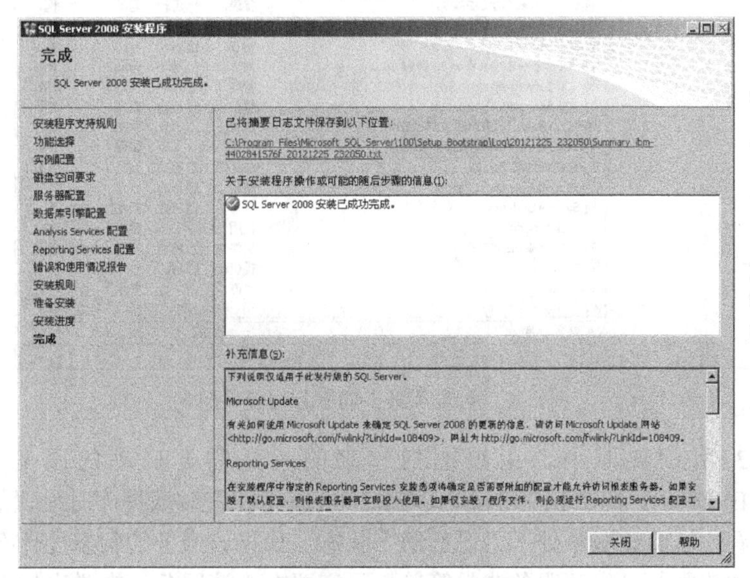

图 1.22　安装成功界面

在此界面中，可以看到已经将日志文件保存到了指定位置。单击“关闭”按钮，恭喜你，已经完成了 SQL Server 2008 的安装。

1.4　如何才能进入 SQL Server

在上一节中已经完成了 SQL Server 的安装，那么如何进入到 SQL Server 数据库中呢？记住，要分两步走。第一步是要启动 SQL Server 的数据库服务，第二步是登录 SQL Server 数据库。

1.4.1　启动 SQL Server 数据库服务

SQL Server 的启动实际上只需要启动一个服务即可，这就是在安装数据库时配置的实例名。通常会有两种方法来启动 SQL Server 的数据库服务：一种是在管理工具中的服务列表中启动；一种是直接使用 SQL Server 安装程序后从自带的 SQL Server 配置管理器中启动。下面就分别来介绍这两种方法。

1．在管理工具中的服务列表中启动

单击“开始”|“设置”|“控制面板”选项，在出现的控制面板列表项中，单击“管理工具”图标，并在打开的界面中单击“服务”图标，出现图 1.23 所示界面。

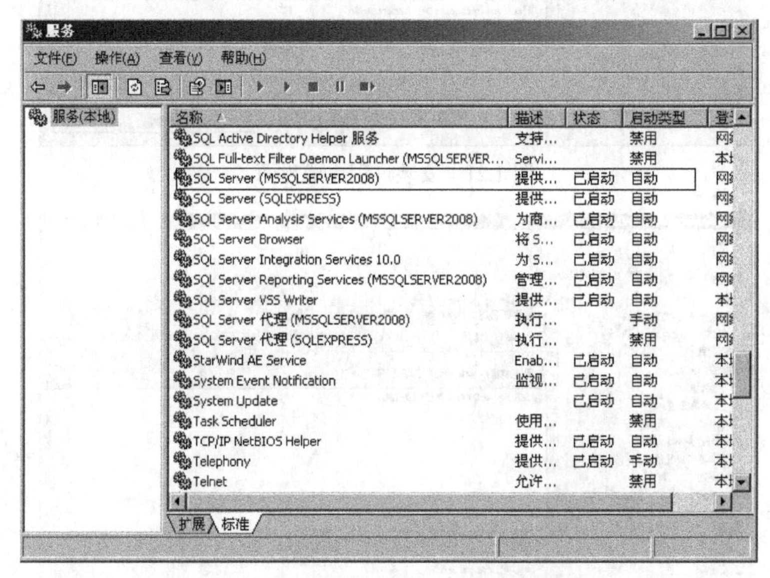

图 1.23　管理工具中的服务列表界面

在图 1.23 所示界面中，用黑框括起来的就是需要启动的服务 SQL Server (MSSQLSERVER2008)，其中 MSSQLSERVER2008 就是在安装数据库时设置的实例名。从服务的状态来看，目前该服务处于“已启动”状态。如果该服务的状态处什么都没有写，就说明没有启动该服务。启动服务非常简单，只需要右击该服务，在弹出的右键菜单中选择“启动”选项，即可启动该服务了。

2．在 SQL Server 的配置管理器中启动服务

在安装了 SQL Server 2008 数据库后，就会在“开始”菜单中找到 SQL Server 的配置管理器。具体的方法就是，单击“开始”|“程序”|Microsoft SQL Server 2008|“配置工具”|“SQL Server 配置管理器”选项，出现图 1.24 所示界面。

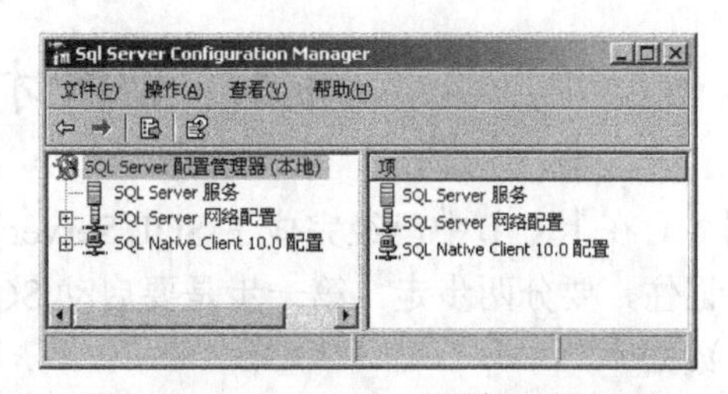

图 1.24　SQL Server 配置管理器界面

在图 1.24 所示界面中，单击“SQL Server 服务”选项，出现图 1.25 所示的 SQL Server 服务列表。

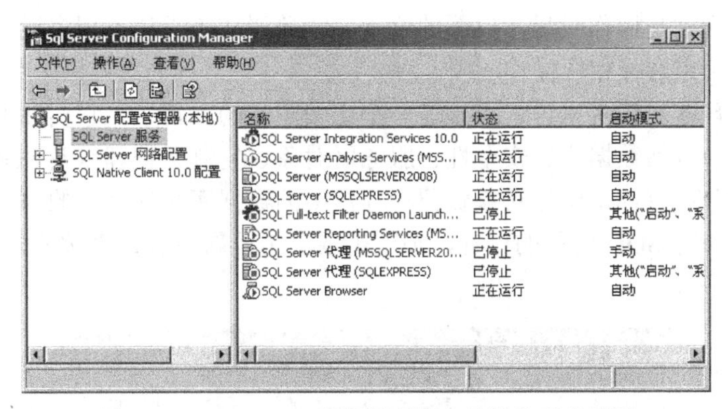

图 1.25　SQL Server 配置管理器中的服务列表界面

在图 1.25 所示界面中，列出的就是 SQL Server 中所使用的全部服务了，相信读者已经找到了需要启动的服务，没错，就是 SQL Server (MSSQLSERVER2008)。启动的方法也是右击该服务，在弹出的右键菜单中选择“启动”选项，即可启动该服务了。

1.4.2　登录 SQL Server 数据库

既然服务已经启动了，现在就可以打开 SQL Server 数据库，看到它的庐山真面目了。选择“开始”|“程序”|Microsoft SQL Server 2008|SQL Server Management Studio 选项，出现图 1.26 所示界面。

如图 1.26 所示就是 SQL Server 的企业管理器登录界面。在此界面中，可以选择身份验证的方式，默认是 Windows 身份验证方式不需要输入密码。也可以选择 SQL Server 身份验证方式并输入在安装时为用户设置的密码。选择好登录方式后，单击“连接”按钮，即可登录到 SQL Server 的企业管理器，如图 1.27 所示。

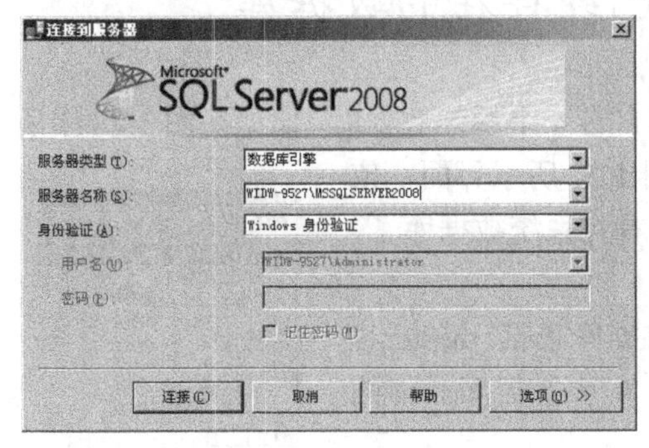

图 1.26　SQL Server 数据库登录界面

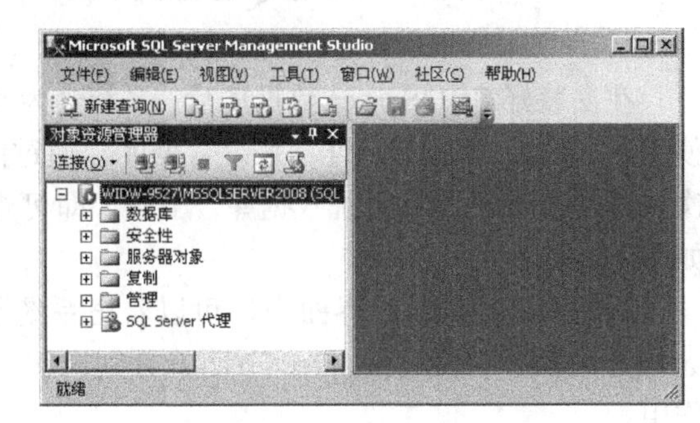

图 1.27　企业管理器主界面

至此，就通过上面讲述的两步走的方式登录到企业管理器的主界面上了。

1.5　了解 SQL Server 的工作平台

在登录到 SQL Server 2008 企业管理器后，下面就带读者来认识企业管理器中每部分都是做什么的。

在图 1.27 所示界面中，从上至下依次是菜单栏、工具栏和工作区。工作区左侧是对象资源管理器，右侧则是操作时显示界面的位置。菜单栏和工具栏不用多说，读者也清楚是干什么的，就是用来选择相应操作的呗。

对象资源管理器对读者来说，应该是一个比较陌生的工具了。它实际上就是用来管理数据库中的对象，包括数据库、安全性、服务器对象、复制、管理以及 SQL Server 代理。在本书中的大部分内容都是操作对象资源管理器中的数据库文件夹下的内容。此外，还需要特别说明的是书写 SQL 语句的位置，那就需要单击“新建查询”按钮，出现图 1.28 所示界面。

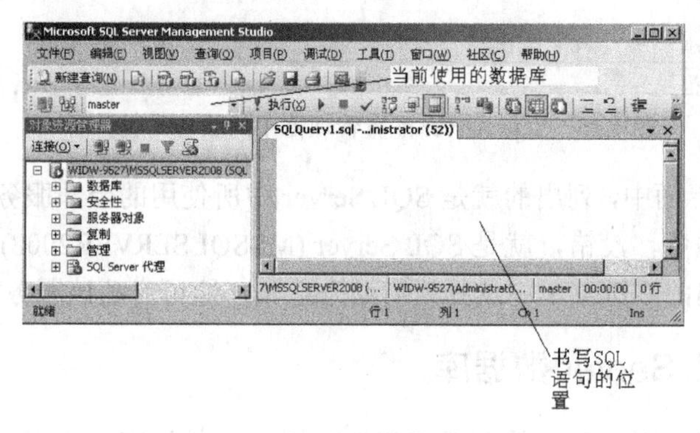

图 1.28　打开查询窗口

在此，需要注意两个地方，一个地方是写着 master 的列表框，它代表的是当前正在使用的数据库名称是 master，可以通过单击下拉列表框，在列表中选择当前要使用的数据库名称。另一个地方就是在对象资源管理器右边的空白区域，它是用来书写 SQL 语句的地方，在后面的章节中会经常使用它。

1.6　在 SQL Server 中已经存在的数据库

在安装好 SQL Server 数据库后，系统会为其自带 4 个系统数据库，比如在图 1.28 中所使用的 master 数据库。查看系统数据库，通过图 1.27 所示界面，依次展开“数据库”|“系统数据库”节点，即可查看到系统数据库了，如图 1.29 所示。

图 1.29　系统数据库

从图 1.29 所示的界面中，可以看出系统数据库包括 master、model、msdb 以及 tempdb。下面就分别讲解这 4 个数据库具体的作用。

1．master 数据库

该数据库主要记录 SQL Server 的系统级信息，包括元数据、端点、链接服务器和系统配置设置。此外，还记录了所有其他数据库的存在、数据库文件的位置以及 SQL Server 的初始化信息等内容。因此，master 数据库被删除后，数据库系统就无法启动了。

2．model 数据库

该数据库主要用作在 SQL Server 实例上创建的所有数据库的模板。因此，model 数据库也是不能够删除的。

3．msdb 数据库

该数据库主要是在计划警报和作业，SQL Server Management Studio、Service Broker 和数据库邮件等功能使用。

4．tempdb 数据库

该数据库是一个全局资源，可用于保存临时对象、数据库引擎创建的内部对象以及日志信息等内容。通过该数据库可以减少日志信息所占用的资源，提高数据库访问的速度。此外，需要注意的是 tempdb 数据库是不能够备份和还原的。

1.7 本章小结

本章主要讲解了与数据库相关的一些概念以及安装数据库的流程、如何打开 SQL Server 的企业管理器等内容。在安装数据库时，主要以在 Windows XP 环境下安装为例进行讲解，但是，读者也可以试着在其他 Windows 环境下安装。企业管理器作为 SQL Server 数据库的重要组成部分，主要讲解了它的界面各部分的内容。

1.8 本章习题

一、填空题

1．常见的数据库有________。
2．数据库管理系统的缩写是________。
3．SQL Server 的登录方式有________种。

二、选择题

1．下面对 SQL Server 2008 描述正确的是________。
　A．该数据库可以安装到任意的操作系统中
　B．该数据库可以免费安装到任意的操作系统中
　C．该数据库可以免费安装到 Windows 操作系统中
　D．该数据库仅能安装到 Windows 系列的操作系统中
2．下面对 SQL Server 2008 登录描述正确的是________。
　A．该数据库不用启动任何服务就可以直接登录
　B．该数据库只能使用用户名和密码的方式登录
　C．该数据库只能使用 Windows 用户登录方式登录
　D．以上都不对
3．下面对系统数据库描述正确的是________。
　A．系统数据库是指在安装 SQL Server 后自带的数据库，可以将其删除

B．系统数据库是指在安装 SQL Server 后自带的数据库，不能将其删除

C．系统数据库可以不安装

D．以上都不对

三、问答题

1．简述数据库系统与数据库管理系统的关系。

2．简述在安装 SQL Server 时需要注意的问题。

3．SQL Server 的 4 个系统数据库都有什么作用？

四、操作题

1．在网上下载与操作系统匹配的 SQL Server 数据库，并安装。

2．分别使用不同的登录方式登录 SQL Server 数据库。

3．使用企业管理器查看系统数据库。

第 2 章　操作存储数据的仓库

仓库是用来存放各种物品的地方，管理仓库的人员被称为仓库管理员。那么，存储数据的仓库就是我们要学习的数据库了。管理数据库的人员，就是数据库管理员了。存储物品的仓库可以分为存放图书的仓库、存放食用油的仓库、存放医疗器械的仓库等等。数据库也是一样的，存储不同用途的数据，就要创建不同名称的数据库。

本章的主要知识点如下：

- ❑ 如何创建数据库
- ❑ 如何修改数据库
- ❑ 如何删除数据库

2.1　创建数据库

除了 SQL Server 中的系统数据库之外，在使用其他数据库时，第一步都是要创建数据库。通常情况下，都是确定了要在数据库存放哪些数据之后再创建数据库。这样数据库的名字就可以根据存放的数据用途进行命名，使其更有实际意义了。在 SQL Server 中创建数据库既可以通过 SQL 创建，也可以在企业管理器中直接创建。创建数据库的具体方法和注意事项将在下面的内容中一一道来。

2.1.1　创建数据库的语法

在创建数据库之前，读者有没有想过数据库的结构是什么样的呢？现在告诉你答案吧，SQL Server 中的数据库通常由数据文件和事务日志组成，一个数据库可以由一到多个数据文件和事务日志组成。数据文件就是存储数据的地方，而事务日志是用来记录存储数据的时间和操作的，通常可以根据事务日志来恢复数据库中的数据。因此，不能够随便将事务日志文件删掉。在本书中研究的数据库通常是由一个数据文件和一个事务日志文件组成的。数据文件的扩展名是.mdf，而事务日志文件的扩展名是.ldf，以后读者看到扩展名就应该知道是数据库中哪种类型的文件了。创建数据库的一般语法如下：

```
CREATE DATABASE database_name
    [ ON
        [ PRIMARY ] [ <filespec> [ ,...n ]
        [ , <filegroup> [ ,...n ] ]
    [ LOG ON { <filespec> [ ,...n ] } ]
    ]
```

其中：

❑ database_name：数据库名称。数据库名称不能以数字开头，一般是以英文单词或缩写或汉语拼音来命名的。可以用中文命名，但是不推荐读者使用。

- ON：显式定义用来存储数据库数据部分的数据文件。如果省略了 ON 语句，系统也会可以默认创建一个数据库。数据库的数据文件和日志文件都与数据库的名称一样，只是扩展名不同而已。这些文件会存储到数据库安装的默认路径中。
- PRIMARY：主数据文件。所谓主数据文件就是在创建数据库时指定的第一个数据文件。一个数据库中只能有一个主数据文件。其他的数据文件被称为次要数据文件。
- LOG ON：日志文件。如果没有对数据指定日志文件，系统也会为其自动创建一个日志文件。

当然，创建数据库的语法并非上面给出的这么简单的几句话，还有几个子句也可以运用在数据库的创建语句中。这里，只是为了让读者先认识一下创建数据库的语句，在下一小节的内容中还会涉及一些这里未提及的语句。要注意看喽！

2.1.2　用最简单的语句创建数据库

所谓最简单的语句，就是将上一小节中给出的创建数据库的语法只保留必要的关键字，其他的由系统自动来创建。也就是只保留 CREATE DATABASE database_name 这样一句话就可以了。

【示例 1】 创建一个名为 chapter2 的数据库。

用最简单的语法创建，语句如下：

```
CREATE DATABASE chapter2;
```

执行上面的语句，效果如图 2.1 所示。

通过上面的语句创建好的数据库，应该是在安装数据库软件时的默认位置，也就是在 Microsoft SQL Server\MSSQL10.MSSQLSERVER2008\MSSQL\DATA 文件夹下面。在这个文件夹下面会有两个与 chapter2 相关的数据库文件，请读者自己找一找。这两个数据库文件一个是数据文件 chapter2.mdf，一个是日志文件 chapter2_log.LDF。

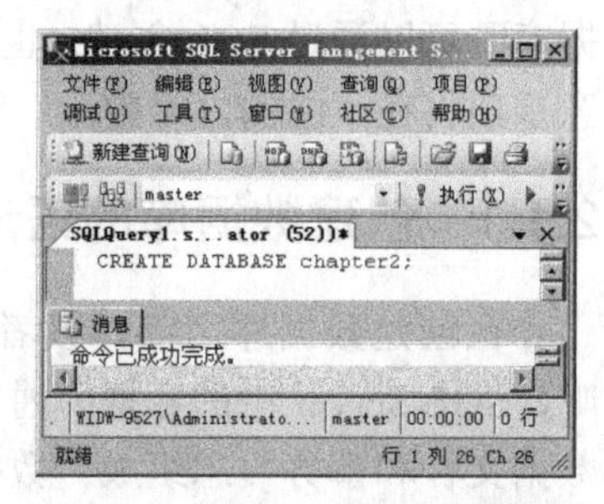

图 2.1　创建 chapter2 数据库

2.1.3　为数据库指定一个位置

为了方便数据库管理员管理，同时也便于查找数据库，通常会在创建数据库时为数据库指定一个位置。在创建数据库时为数据指定的位置，读者一定要记清楚了，否则就很难找到了。为数据库指定位置不仅可以指定数据文件的位置也可以指定日志文件的位置。此外，还可以更细化到数据文件的大小、自动增长量等信息。

【示例 2】 创建一个名为 chapter2_1 的数据库。并将其数据文件保存在 d:\database 文件夹下。

在创建数据库之前，要先确保 D 盘下的 database 文件夹存在，如果不存在请读者自己创建一个，否则就会出现错误了！创建该数据库的语句如下：

```
CREATE DATABASE chapter2_1
ON PRIMARY
```

```
(
   name= chapter2_1_data,                              --数据文件的逻辑名称
   filename='d:\database\ chapter2_1_data.mdf',        --数据文件的存放位置
   size=3MB,                                           --数据文件大小
   maxsize=20M,                                        --数据文件的最大值
   filegrowth=10%                                      --数据文件的增长量
)
LOG ON
(
   name= chapter2_1_log,                               --日志文件的逻辑名称
   filename='d:\database\ chapter2_1_log.ldf',         --日志文件的存放位置
   size=512KB,                                         --日志文件大小
   maxsize=10MB,                                       --日志文件的最大值
   filegrowth=10%                                      --日志文件的增长量
)
```

执行上面的语句，就可以完成数据库 chapter2_1 的创建了。效果如图 2.2 所示。

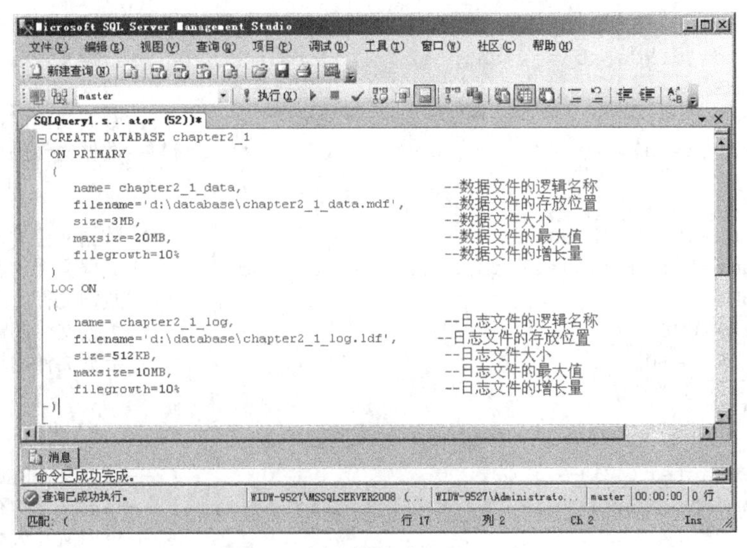

图 2.2　创建数据库 chapter2_1

如果在创建时没有创建 database 文件夹，就会出现如图 2.3 所示的错误提示。读者可以试试是否会出现这个错误呢？

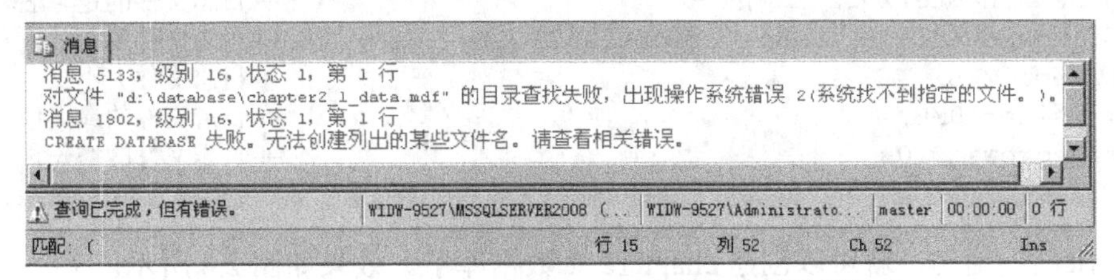

图 2.3　没有 database 文件夹时创建数据库的错误提示

注意：在创建数据库时，文件的大小一定要大于 512K，否则就无法成功创建数据库。另外，文件的单位不仅可以为 KB 或 MB，还可以是 GB、TB 等单位。在文件增长量部分也可以不使用百分比的形式，可使用 KB 或 MB 作为其单位。如果不能预测数据库的最大容量，可以将 maxsize 的值设置成 Unlimited（无限制）。

2.1.4　创建由多文件组成的数据库

在示例 2 中已经学习了如何在创建数据库时指定数据文件的存储位置了，那么，如何在创建数据库时指定多个数据文件呢？实际上，与示例 2 的方法大同小异，只是在创建第一个数据文件的后面，再加上一个或多个数据文件。同理，日志文件也是一样。那么，一个数据库中会有无数个数据文件吗？当然不是了，最多就是 32767 个文件。

【示例 3】 创建一个名为 chapter2_2 的数据库。该数据库由两个数据文件和两个日志文件构成。

为了便于读者查找数据库，仍然将该数据库创建在 d:\database 文件夹下。具体的创建语句如下：

```
CREATE DATABASE chapter2_2
ON PRIMARY
(
  name= chapter2_21_data,                                --数据文件的逻辑名称
  filename='d:\database\ chapter2_21_data.mdf',          --数据文件的存放位置
  size=3MB,                                              --数据文件大小
  maxsize=20MB,                                          --数据文件的最大值
  filegrowth=10%                                         --数据文件的增长量
),
(
  name= chapter2_22_data,                                --数据文件的逻辑名称
  filename='d:\database\ chapter2_22_data.ndf',          --数据文件的存放位置
  size=3MB,                                              --数据文件大小
  maxsize=20MB,                                          --数据文件的最大值
  filegrowth=10%                                         --数据文件的增长量
)
LOG ON
(
  name= chapter2_21_log,                                 --日志文件的逻辑名称
  filename='d:\database\ chapter2_21_log.ldf',           --日志文件的存放位置
  size=512KB,                                            --日志文件大小
  maxsize=10MB,                                          --日志文件的最大值
  filegrowth=10%                                         --日志文件的增长量
),
(
  name= chapter2_22_log,                                 --日志文件的逻辑名称
  filename='d:\database\ chapter2_22_log.ldf',           --日志文件的存放位置
  size=512KB,                                            --日志文件大小
  maxsize=10MB,                                          --日志文件的最大值
  filegrowth=10%                                         --日志文件的增长量
)
```

执行上面的语句，就可以创建 chapter2_2 数据库了。效果如图 2.4 所示。

执行上面的语句后，查看一下 d:\database 文件夹，是否能找到刚才创建的数据文件呢？在 d:\database 文件夹下应该有 4 个与 chapter2_2 数据库相关的数据文件，如图 2.5 所示。

注意： 数据库中的文件都是不能重名的。实际上，一个数据库只有一个主数据文件，后缀名是.mdf。其他数据文件就称为次要数据文件，其文件后缀是.ndf。

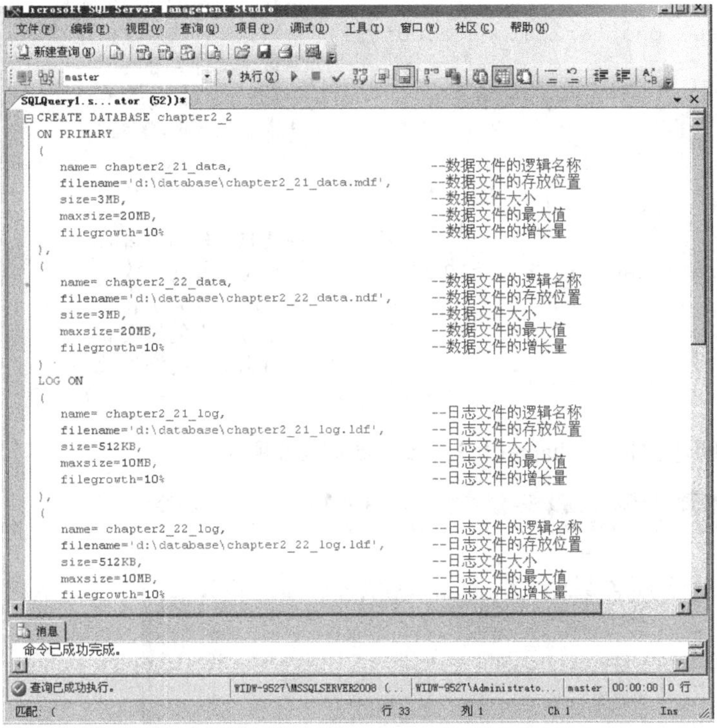

```
CREATE DATABASE chapter2_2
ON PRIMARY
(
   name= chapter2_21_data,                                   --数据文件的逻辑名称
   filename='d:\database\chapter2_21_data.mdf',              --数据文件的存放位置
   size=3MB,                                                 --数据文件大小
   maxsize=20MB,                                             --数据文件的最大值
   filegrowth=10%                                            --数据文件的增长量
),
(
   name= chapter2_22_data,                                   --数据文件的逻辑名称
   filename='d:\database\chapter2_22_data.ndf',              --数据文件的存放位置
   size=3MB,                                                 --数据文件大小
   maxsize=20MB,                                             --数据文件的最大值
   filegrowth=10%                                            --数据文件的增长量
)
LOG ON
(
   name= chapter2_21_log,                                    --日志文件的逻辑名称
   filename='d:\database\chapter2_21_log.ldf',               --日志文件的存放位置
   size=512KB,                                               --日志文件大小
   maxsize=10MB,                                             --日志文件的最大值
   filegrowth=10%                                            --日志文件的增长量
),
(
   name= chapter2_22_log,                                    --日志文件的逻辑名称
   filename='d:\database\chapter2_22_log.ldf',               --日志文件的存放位置
   size=512KB,                                               --日志文件大小
   maxsize=10MB,                                             --日志文件的最大值
   filegrowth=10%                                            --日志文件的增长量
```

命令已成功完成。

图 2.4　创建 chapter2_2 数据库

chapter2_21_data.mdf
chapter2_21_log.ldf
chapter2_22_data.ndf
chapter2_22_log.ldf

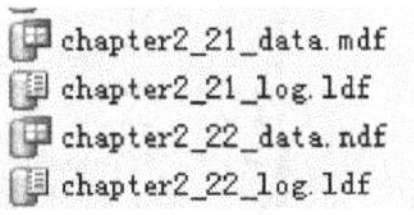

图 2.5　chapter2_2 数据库的文件

2.1.5　通过文件组也能创建数据库

文件组这个语句没有在创建数据库的语法中提及，但是在创建数据库时却用到了这个概念。文件组从字面上理解，就是在文件组中存放多个文件。在每一个数据库中都可以存在多个文件组。其中，一定会有一个主文件组，其他的文件组就是用户自定义的文件组了。那么，用户自定义文件组有什么用呢？通过指定自定义文件组，就可以指定在文件组中存放的数据文件了。如果没有自定义文件组，数据文件会自动地划分到主文件组中。换句话说，文件组为数据库管理员管理数据文件提供了方便。在创建数据库时使用文件组的语法与创建多个数据文件的数据库类似，请读者根据示例 4 的练习先自己体会一下吧。

【示例 4】 创建一个名为 chapter2_3 的数据库。并在该数据库中创建一个自定义的文件组。

将该数据库还存放在 d:\database 文件夹下，具体创建的语句如下：

```
CREATE DATABASE chapter2_3
ON PRIMARY
(
   name= chapter2_3_data,                            --数据文件的逻辑名称
   filename='d:\database\ chapter2_3_data.mdf',      --数据文件的存放位置
   size=3MB,                                         --数据文件大小
   maxsize=20MB,                                     --数据文件的最大值
   filegrowth=10%                                    --数据文件的增长量
),
FILEGROUP chapter2_group                             --文件组的名字
(
```

```
  name= chapter2_31_data,                              --数据文件的逻辑名称
  filename='d:\database\ chapter2_31_data.ndf',        --数据文件的存放位置
  size=3MB,                                            --数据文件大小
  maxsize=20MB,                                        --数据文件的最大值
  filegrowth=10%                                       --数据文件的增长量
)
LOG ON
(
  name= chapter2_3_log,                                --日志文件的逻辑名称
  filename='d:\database\ chapter2_3_log.ldf',          --日志文件的存放位置
  size=512KB,                                          --日志文件大小
  maxsize=10MB,                                        --日志文件的最大值
  filegrowth=10%                                       --日志文件的增长量
)
```

执行上面的语句，就可以创建数据库 chapter2_3。效果如图 2.6 所示。

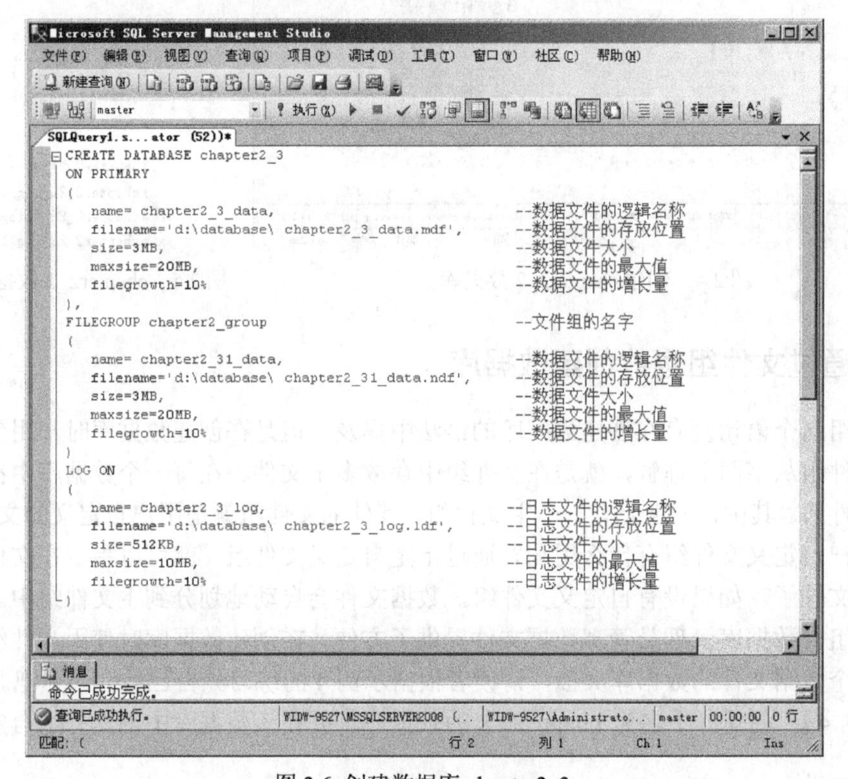

图 2.6 创建数据库 chapter2_3

从本例中，读者可以发现使用文件组时只需要使用 FILEGROUP filegroup_name 语句来定义，其括号中的定义与定义数据文件是相同的。另外，日志文件的数量不一定要与数据文件的数量一致，可以将多个数据文件的日志信息存放到同一个日志文件中。

说明： 如果想将在数据库中创建的对象保存在自定义的文件组中，可以在定义文件组时加上 DEFAULT 关键字，这样就会将该文件组设置成默认文件组。设置方法如下：

```
FILEGROUP chapter2_group DEFAULT
(
  ......
)
```

2.1.6　看看究竟创建了哪些数据库

通过前面的几个示例已经创建了不少数据库了，那么，数据库管理员都是通过查看创建数据库的文件夹才了解到存在哪些数据库的吗？如果数据库管理员忘记了创建数据库的文件夹，数据库就找不到了吗？读者在初次使用数据库时也会常常想到这些问题吧，下面就告诉你几个简单的方法，来查看已经创建的数据库以及相关的数据库信息。

【示例 5】 使用存储过程 sp_helpdb 查看全部数据库。

存储过程 sp_helpdb 能够查看到所有的数据库，包括系统自带的数据库和用户自定义的数据库。查询效果如图 2.7 所示。

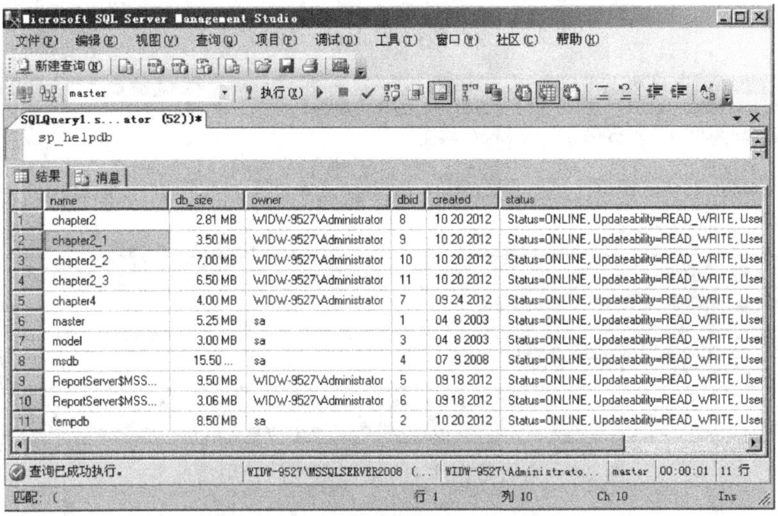

图 2.7　使用 sp_helpdb 查看数据库

从图 2.7 的查询结果中，读者就可以找到刚才在示例 1～示例 4 中创建的数据库 chapter2、chapter2_1、chapter2_2 和 chapter2_3。

【示例 6】 使用存储过程 sp_helpdb 查看数据库 chapter2 的文件。

使用存储过程 sp_helpdb 查看某一个数据库中的数据文件，只需要在存储过程 sp_helpdb 后面加上数据库的名字即可。查看的语句如下：

```
sp_helpdb chapter2;
```

执行上面的语句，效果如图 2.8 所示。

从图 2.8 中，可以看到 chapter2 数据库由两个文件组成，一个是数据文件 chapter2，一个是日志文件 chapter2_log。

【示例 7】 查看数据库 chapter2 空间的使用情况。

查看数据库的空间使用情况，能够更好地利用数据的空间。查看数据库空间的使用情况可以使用存储过程 sp_spaceused 来查看。具体的语句如下：

```
use chapter2                    --指定要查询的数据库
exec sp_spaceused;              --执行存储过程
```

执行上面的语句，效果如图 2.9 所示。

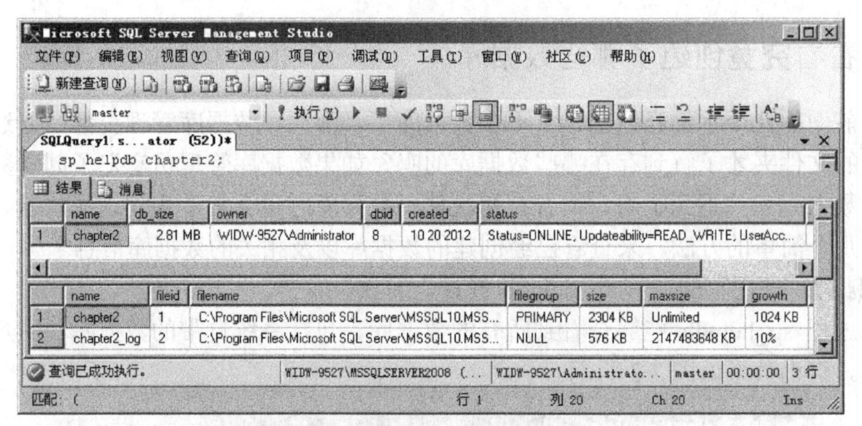

图 2.8　查看数据库 chapter2 的文件

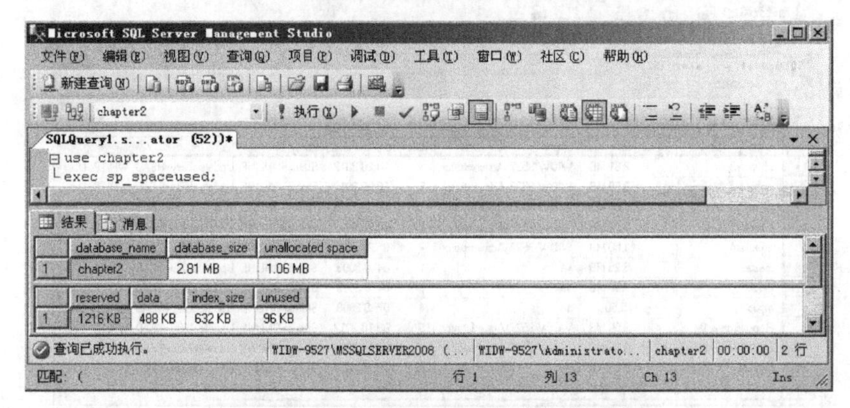

图 2.9　查看数据库 chapter2 的空间使用情况

从图 2.9 的查看结果中，可以得到数据库 chapter2 中数据的大小（database_size）、未分配的空间（unallocated space）和数据使用的容量（data）等信息。

2.1.7　使用企业管理器创建数据库

学了这么多创建数据库的语句，现在学点轻松的内容吧。使用企业管理器，不用记语句照样可以创建数据库。在企业管理器中创建数据库就要简单得多了，并且也可以指定数据库中的文件数量以及文件的大小等信息。下面就使用示例 8 诠释一下在企业管理器中如何创建数据库。

【示例 8】 在企业管理器中创建名为 chapter2_4 的数据库。

使用企业管理器创建默认的数据库只需分为如下两个步骤即可。

（1）打开创建数据库界面

在企业管理器中的对象资源管理器里，右击“数据库”选项，在弹出的右键菜单中选择“新建数据库”选项，出现图 2.10 所示的界面。

通过图 2.10 所示的数据库创建界面就可以完成所有使用 SQL 语句创建数据库的效果。

（2）添加数据库名称以及数据库文件

在图 2.10 所示的界面中，将数据库的名称 chapter2_4 输入到“数据库名称”文本框中。如果数据库文件部分的信息不需要修改直接选择默认的设置，则直接单击“确定”按钮，即可完成数据库的创建，如图 2.11 所示。

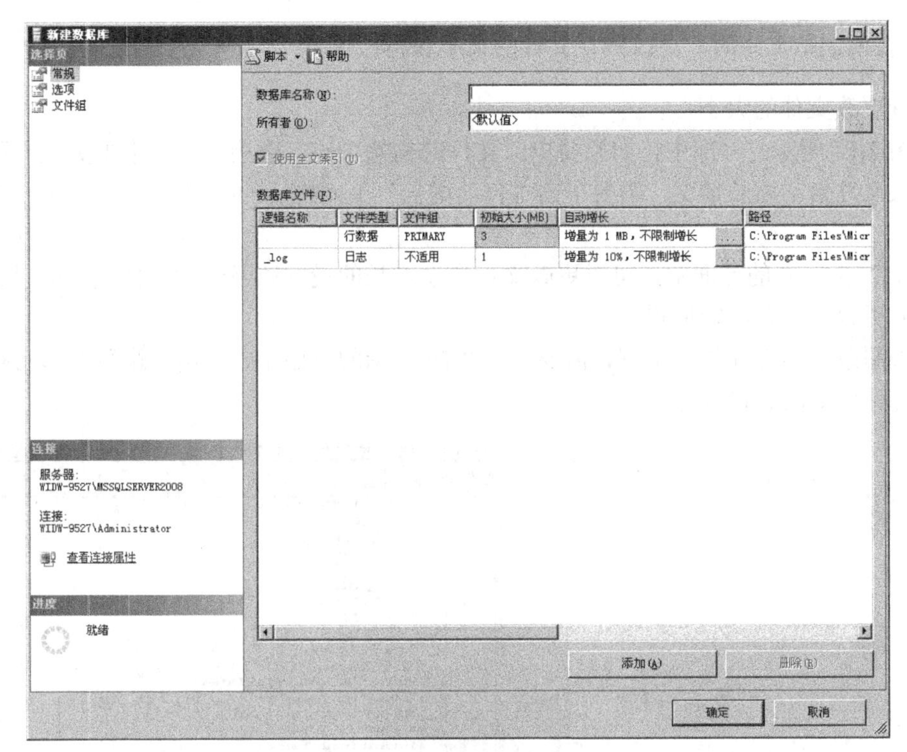

图 2.10　创建数据库界面

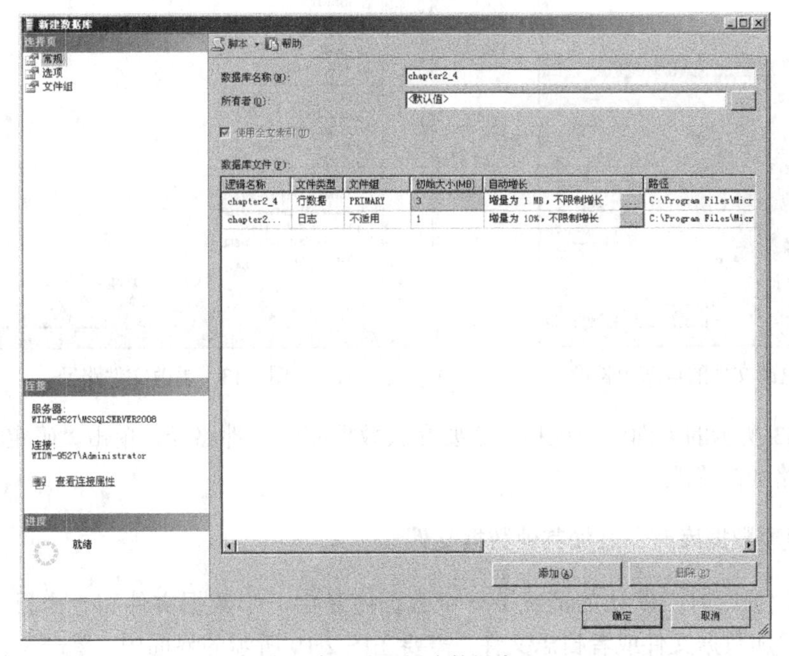

图 2.11　使用默认设置创建数据库 chapter2_4

至此，数据库 chapter2_4 已经创建完成了。

在企业管理器中，除了可以使用默认设置创建数据库之外，也可以完成更改其数据文件的大小、文件的存放位置以及添加文件、使用文件组等操作。下面就把这些操作的具体方法向读者一一道来。

1．在创建数据库时，更改默认文件的大小和存放位置

（1）更改文件的大小

在图 2.10 所示的界面中，如果要更改文件的初始大小，直接在单元格中更改即可。如果要更改文件自动增长情况，需要单击“自动增长”单元格后的按钮，弹出如图 2.12 所示界面。

在图 2.12 所示的界面中，可以更改文件自动增长的设置以及最大文件大小的设置。

（2）更改文件存放的位置

如果想改变文件存放的位置，需要在图 2.10 所示的界面中，单击“路径”单元格后面的按钮，弹出如图 2.13 所示界面。

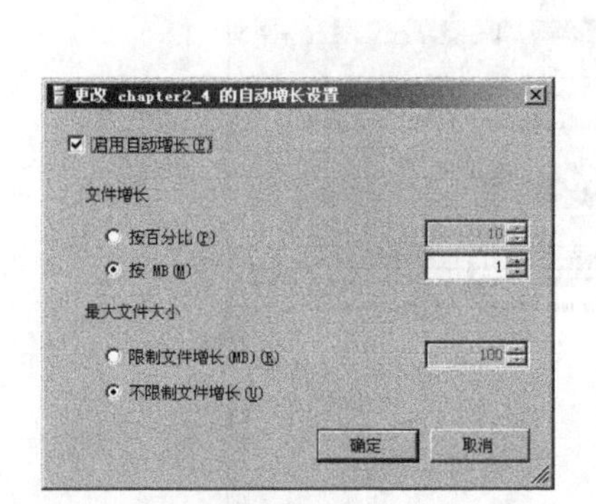

图 2.12　更改文件的自动增长设置

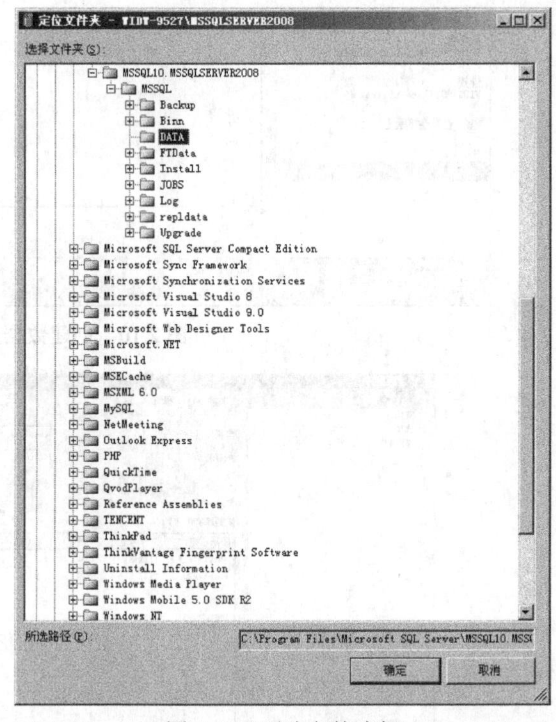

图 2.13　更改文件路径

在图 2.13 所示的界面中，选择一个要存放数据库的文件路径，单击“确定”按钮，即可完成文件路径的修改。

2．在创建数据库时，添加其他数据文件

在创建数据库时，默认的情况下一个数据库是由一个数据文件和一个日志文件组成的。如果要添加数据文件或者日志文件，需要在图 2.10 所示的界面中，单击“添加”按钮，弹出如图 2.14 所示的界面。

在图 2.13 所示的界面中，如果要添加的文件是数据文件，在文件类型中选择“行数据”；如果要添加的文件是日志文件，则在文件类型中选择“日志”。新添加的数据文件也可以更改文件的大小以及文件的存储路径。

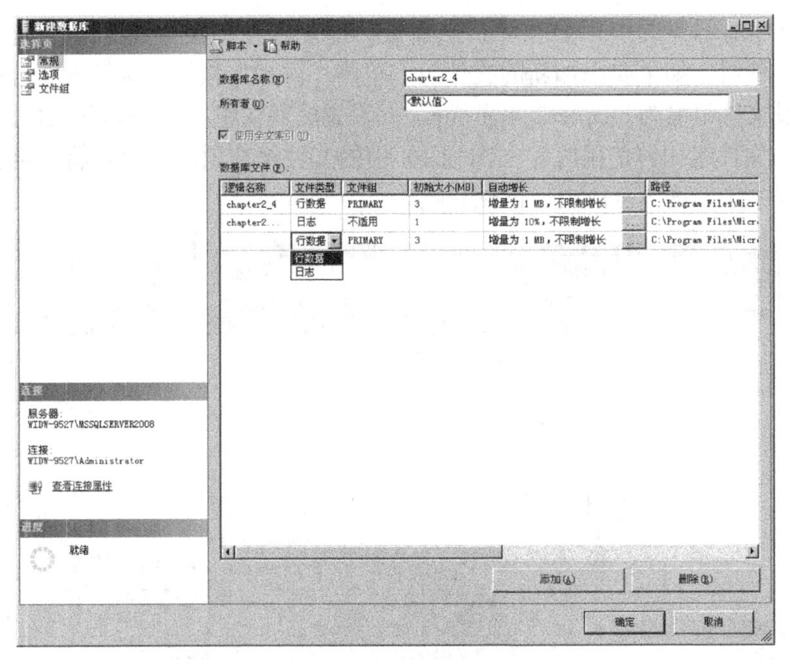

图 2.14　添加数据文件界面

3．在创建数据库时，创建文件组并使用

在图 2.10 中，细心的读者已经看到了在数据库文件的列表中，有一个文件组的列，在列中有 PRIMARY 和“不适用”两个类型。PRIMARY 代表的是主数据文件组，是默认的数据文件存放类型。“不适用”是日志文件的默认类型。那么，如何创建用户自定义的文件组呢？可以选择图 2.10 左侧窗口中的“文件组”，弹出图 2.15 所示的界面。

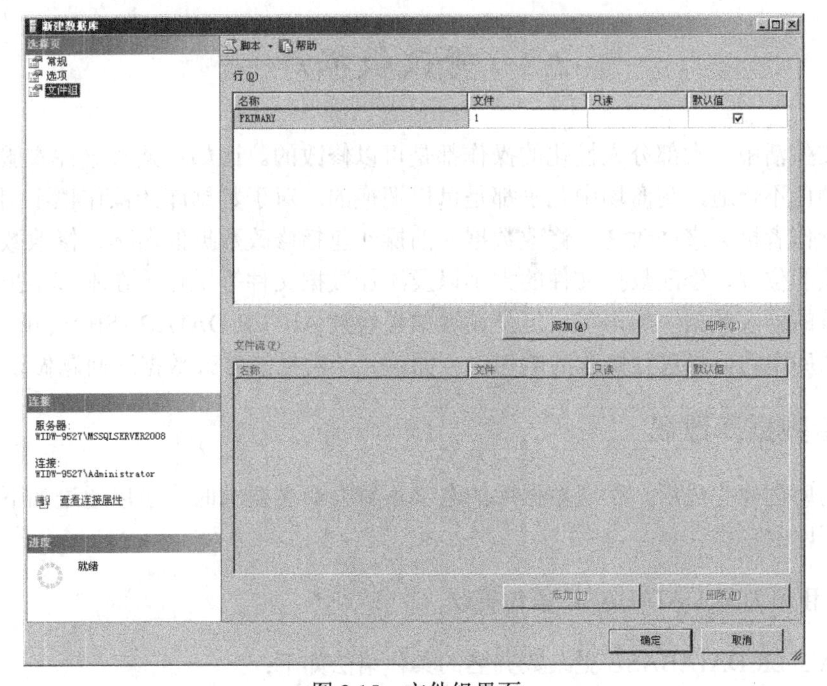

图 2.15　文件组界面

在图 2.14 所示界面中，显示的是当前数据库中存在的文件组信息。目前只有一个 PRIMARY 文件组。如果要添加新的文件组，单击“添加”按钮，并填入相应的文件组信息即可。假设文件组名为 chapter2_4_group，并设置成默认组。效果如图 2.16 所示。

创建后的文件组如何使用呢？在图 2.10 中的文件组选项里就可以将数据文件添加到新建的文件组中了。读者可以自己试试看吻！

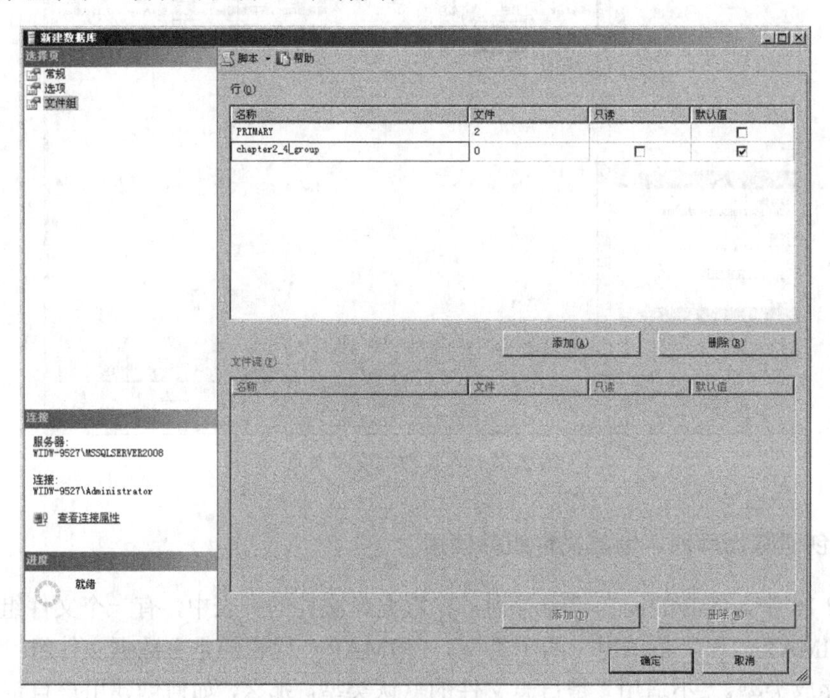

图 2.16　创建文件组 chapter2_4_group

2.2　修改数据库

在现实生活中，大部分人性化的操作都是可以修改的。比如：购买一件衣服后，由于大小或者颜色不合适，到商场中几乎都是可以调换的。对于数据库的操作也不例外，也会给数据库操作者机会来修改它。修改数据库的操作包括修改数据的名称、修改数据库中数据文件存放的位置、修改数据文件的大小以及添加数据文件等操作。在本节中虽然没有给出一个完整的修改数据库的语句，但是读者如果看到 ALTER DATABASE 语句一定要知道这是对数据库中的信息进行修改的语句。下面就几个常见的修改数据库问题做以下讲解。

2.2.1　给数据库改名

当数据库创建完成后，发现数据库的名字不符合命名要求时，可以通过如下两个方法来更改数据库的名称。

1. 使用 ALTER DATABASE 语句更改

使用 ALTER DATABASE 更改数据名的具体语法如下：

```
ALTER DATABASE old_database_name
MODIFY NAME=new_ database_name;
```

其中：

- ❑ old_database_name：原来的数据库名称。
- ❑ new_ database_name：更改后的数据库名称。

【示例 9】 将数据库 chapter2 的名字更改成 chapter2_new。

原来的数据库名是 chapter2，更改后的名称是 chapter2_new。更改语句如下：

```
ALTER DATABASE chapter2
MODIFY NAME=chapter2_new;
```

执行上面的语句后，效果如图 2.17 所示。

现在数据库中就不存在名为 chapter2 的数据库了，而换成了 chapter2_new 数据库。

2．使用存储过程 sp_renamedb 更改

通过存储过程更改数据库名称与使用 ALTER DATABASE 语句的效果是一样的，但是使用 sp_renamedb 存储过程会简单一些。只需要记住这个存储过程的名字就行了。语法规则如下：

```
sp_renamedb old_database_name,new_database_name;
```

其中：

- ❑ old_database_name：原来的数据库名称。
- ❑ new_ database_name：更改后的数据库名称。

【示例 10】 将数据库 chapter2_new 的名称更改成 chapter2。

读者可以发现，示例 10 就是将数据库名字又改回了 chapter2。更改的语句如下：

```
sp_renamedb chapter2_new, chapter2;
```

执行上面的语句，效果如图 2.18 所示。

至此，数据库的名字又改回 chapter2 了。

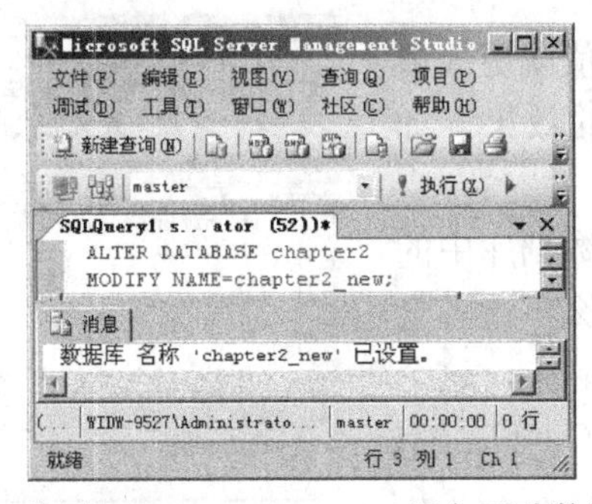

图 2.17　使用 ALTER DATABASE 语句更改数据库名称

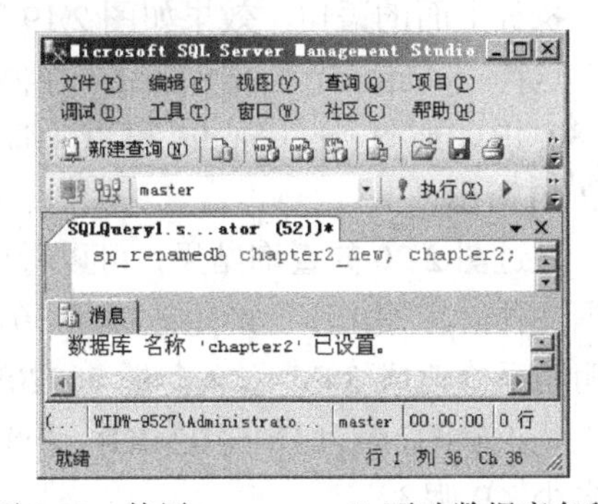

图 2.18　使用 sp_renamedb 更改数据库名称

2.2.2　给数据库换个容量

数据库的容量是通过数据库中的数据文件的大小来确定的。更改数据库的容量也就是

更改数据库中数据文件的大小。具体语法如下：

```
ALTER DATABASE database_name
MODIFY FILE
(
  NAME=datafile_name,
  NEWNAME=new_datafile_name,
  FILENAME='file_path',
  SIZE=new_size,
  MAXSIZE=new_maxsize,
  FILEGROWTH=new_filegrowth
)
```

其中：

- database_name：数据库名称。
- NAME：数据文件名。也就是要修改的数据文件名称。
- NEWNAME：更改后的数据文件名。如果不需要修改数据文件的名称，该语句可以省略。
- SIZE：数据文件的初始大小。如果不需要修改数据文件的初始大小，该语句可以省略。
- MAXSIZE：数据文件的最大值。如果不需要修改数据文件的最大值，该语句可以省略。
- FILEGROWTH：文件自动增长值。如果不需要修改文件自动增长值，该语句可以省略。

【示例 11】 将数据库 chapter2 中的数据文件的初始大小改成 30M。

根据题目要求，只更改数据文件 chapter2 的初始大小即可。更改的语句如下：

```
ALTER DATABASE chapter2
MODIFY FILE
(
  NAME=chapter2,                          --数据文件名
  SIZE=30MB                               --数据文件的初始大小
)
```

执行上面的语句，效果如图 2.19 所示。

这样，chapter2 数据库中的数据文件的初始值就更改成了 30MB。通过 sp_helpdb 可以验证一下修改的效果，如图 2.20 所示。

通过图 2.20 的查询结果，可以看出 chapter2 数据库中的数据文件的初始大小已经更改成了 30720KB。那么，读者会想明明是修改成 30M 怎么会是 30720KB 呢？实际上，这个结果是正确的，因为 1M=1024KB。请读者自己换算一下，30M 是多少 KB 呢？

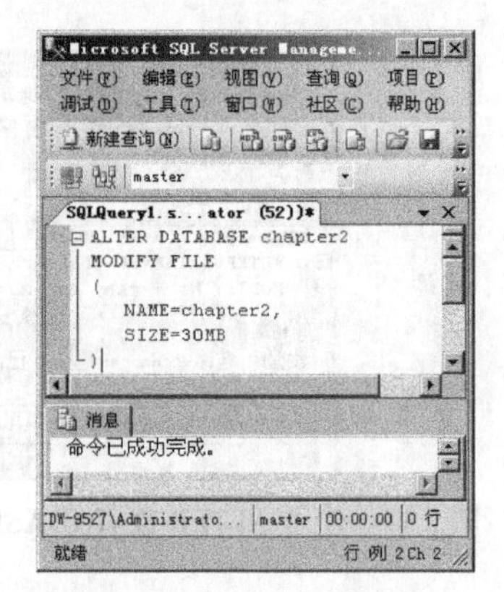

图 2.19　更改数据的初始大小

2.2.3　在数据库中添加文件

除了改变原有的数据库设置之外，还可以在数据库中添加数据文件或者是日志文件、文件组。在向数据库中添加文件前，先要通过存储过程 sp_helpdb 来查看一下现有的文件

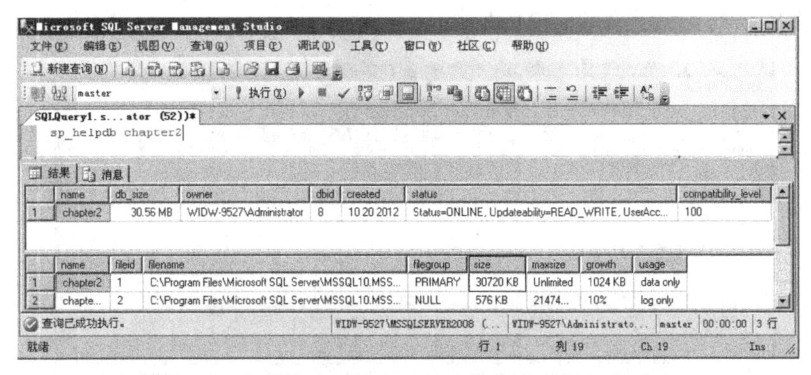

图 2.20　查看修改后的 chapter2 数据文件的初始大小

信息。这样，在向数据库添加新文件时就可以避免重名了。下面先学习一下向数据库中添加文件的语法规则吧。

```
ALTER DATABASE database_name
[ADD FILE|LOG FILE
(
   NAME=logic_file_name,
   FILENAME='file_path',
   SIZE=new_size,
   MAXSIZE=new_maxsize,
   FILEGROWTH=new_filegrowth
)]
ADD FILEGROUP filegroup_name
[TO FILEGROUP filegroup_name]
```

其中：

- ❑ database_name：数据库名称。也就是要修改的数据库名称。
- ❑ ADD FILE：添加数据文件。添加数据文件和创建日志文件的文件结构是一样的，这里就不再解释了。
- ❑ ADD LOG FILE：添加日志文件。
- ❑ ADD FILEGROUP：添加文件组。
- ❑ TO FILEGROUP：为数据文件指定文件组。如果没有指定文件组，默认情况下，数据文件会添加到 PRIMARY 文件组中。

下面通过示例 12 和示例 13 来讲解如何应用上面的语法来添加文件或文件组。

【示例 12】 在 chapter2 数据库中添加一个名为 chapter2_newadd 的数据文件。

在添加数据文件之前先通过 sp_helpdb 查看一下 chapter2 数据库的存储位置以及数据文件的名字。添加 chapter2_newadd 数据文件的语句如下：

```
ALTER DATABASE chapter2
ADD FILE
(
   NAME=chapter2_newadd,                                    --数据文件名
   FILENAME='C:\ProgramFiles\MicrosoftSQL
Server\MSSQL10.MSSQLSERVER2008\MSSQL\DATA\chapter2_1.ndf',--文件存储位置
   SIZE=3MB,                                                --文件初始大小
   MAXSIZE=UNLIMITED,                                       --文件的最大值
   FILEGROWTH=10%                                           --文件的自动增长率
)
```

执行上面的语句，效果如图 2.21 所示。

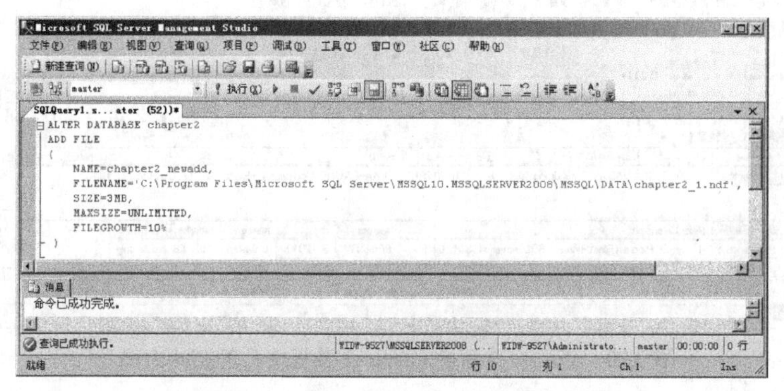

图 2.21　向 chapter2 数据库中添加数据文件

添加数据文件 chapter2_newadd 后，chapter2 数据库当前的数据文件组成如图 2.22 所示。

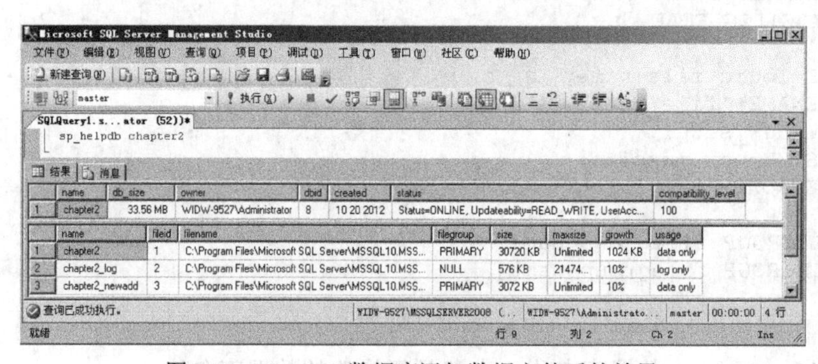

图 2.22　chapter2 数据库添加数据文件后的效果

【示例 13】 在数据库 chapter2 中添加一个名为 chapter2_group 的文件组，然后再为数据库添加一个名为 chapter2_newadd1 的数据文件，并将该文件添加到 chapter2_group 文件组中。

根据题目要求，先创建文件组，再将新创建的数据文件添加到文件组中。具体的语句如下：

```
ALTER DATABASE chapter2
ADD FILEGROUP  chapter2_group        --添加文件组

ALTER DATABASE chapter2
ADD FILE                             --添加文件
(
   NAME=chapter2_newadd1,            --添加的数据文件名
   FILENAME='C:\ProgramFiles\MicrosoftSQL
Server\MSSQL10.MSSQLSERVER2008\MSSQL\DATA\chapter2_2.ndf',
   SIZE=3MB,
   MAXSIZE=UNLIMITED,
   FILEGROWTH=10%
)
 to filegroup chapter2_group         --将数据文件添加到 chapter2_group 文件组中
```

执行上面的语句，效果如图 2.23 所示。

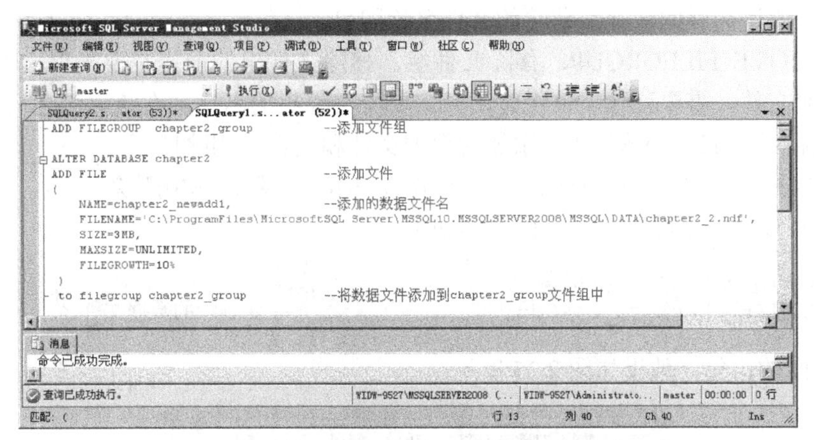

图 2.23　添加文件组并将数据文件添加到该文件组中

在 chapter2 数据库上完成了添加文件组和数据文件后，chapter2 数据库中的数据文件信息如图 2.24 所示。

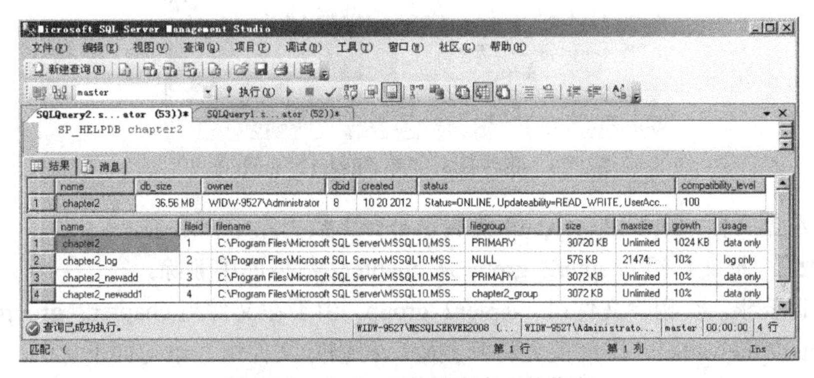

图 2.24　chapter2 数据库中文件信息

从图 2.24 中可以看到，在 chapter2 数据库的文件信息中多了一个数据文件 chapter2_newadd1，并且该数据文件在 chapter2_group 文件组中。

在完成了示例 12 和示例 13 的练习后，在 chapter2 数据库中添加日志文件对于读者来说应该是小菜一碟了。下面就请读者自己试试如何在 chapter2 数据库中添加日志文件吧。

2.2.4　在数据库中清理无用文件

数据库中的文件不能一味地添加，当数据库中的某些文件不再需要时，就需要清理一下数据库中的文件了。在上一小节中学习了如何添加数据文件、日志文件以及文件组。那么，在本小节中就来学习一下如何删除这些文件吧。删除文件可要简单得多哟！删除这些文件的语法如下：

```
ALTER DATABASE database_name
REMOVE FILE|FILEGROUP  file_name|filegroup_name
```

其中：

- ❑ database_name：数据库名称。
- ❑ REMOVE FILE：移除文件。移除的文件包括数据文件和日志文件。移除文件只需要在该语句后面加上要移除的文件名称即可。

- REMOVE FILEGROUP：移除文件组。移除文件组的前提是要确保文件组中没有任何文件。需要移除文件组时，只需要将文件组的名字加在该语句之后即可。

下面就将示例 12 和示例 13 中添加的数据文件和文件组删除掉。

【示例 14】 把数据文件 chapter2_newadd 从 chapter2 数据库中删除。

根据题目要求，删除数据文件的语句如下：

```
ALTER DATABASE chapter2
REMOVE FILE chapter2_newadd;                    --要删除的数据文件名
```

执行上面的语句，效果如图 2.25 所示。

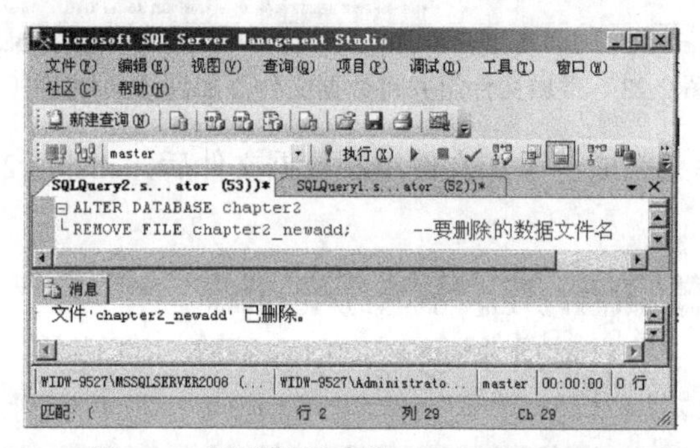

图 2.25　删除数据文件 chapter2_newadd

至此，数据文件 chapter2_newadd 就从 chapter2 数据库中移除了。

【示例 15】 把文件组 chapter2_group 从 chapter2 数据库中删除。

根据题目要求，要删除文件组 chapter2_group。由于在文件组 chapter2_group 中存在数据文件 chapter2_newadd1，因此要先将其删除，再删除文件组。语句如下：

```
ALTER DATABASE chapter2
REMOVE chapter2_newadd1                         --删除数据文件
ALTER DATABASE chapter2
REMOVE FILEGROUP chapter2_group                 --删除文件组
```

执行上面的语句，效果如图 2.26 所示。

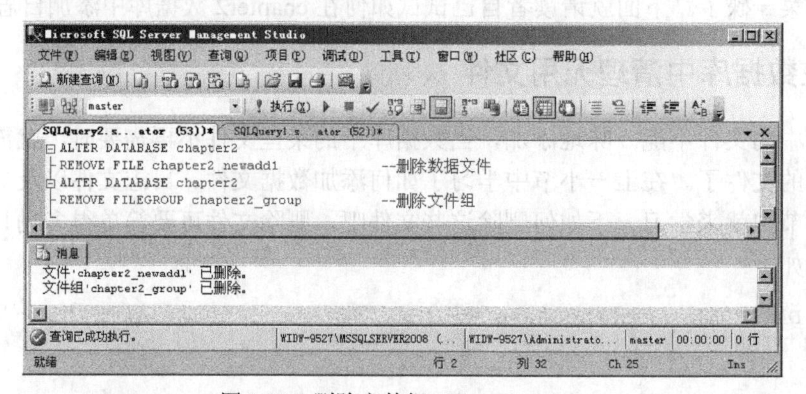

图 2.26　删除文件组 chapter2_group

至此，文件组 chapter2_group 就从数据库 chapter2 中移除了。

2.2.5　使用企业管理器修改数据库

在前面的学习中已经知道了如何在企业管理器中创建数据库，那么，在企业管理器中修改数据就更容易掌握了。在企业管理器中修改数据库，也涵盖了使用语句修改数据库的全部操作。但是，修改数据库的名字与其他的修改操作略有不同。下面就分两个方面来讲解在企业管理器中修改数据库的方法。

1．修改数据库的名字

修改数据库的名字很简单，直接右击要修改名字的数据库，在弹出的右键菜单中选择“重命名”选项，然后在数据库名字处输入新的数据库名字，按回车键确认即可。读者可以自行尝试将 chapter2 改成 chapter2_new。

2．修改数据库中的文件以及文件组

修改数据库中的文件及文件组与创建数据库时的方法类似，这里以修改 chapter2 数据库为例进行讲解。

（1）打开数据库属性界面

在企业管理器的对象资源管理器中，右击 chapter2 数据库，在弹出的右键菜单中选择“属性”选项。弹出如图 2.27 所示的数据库属性界面。

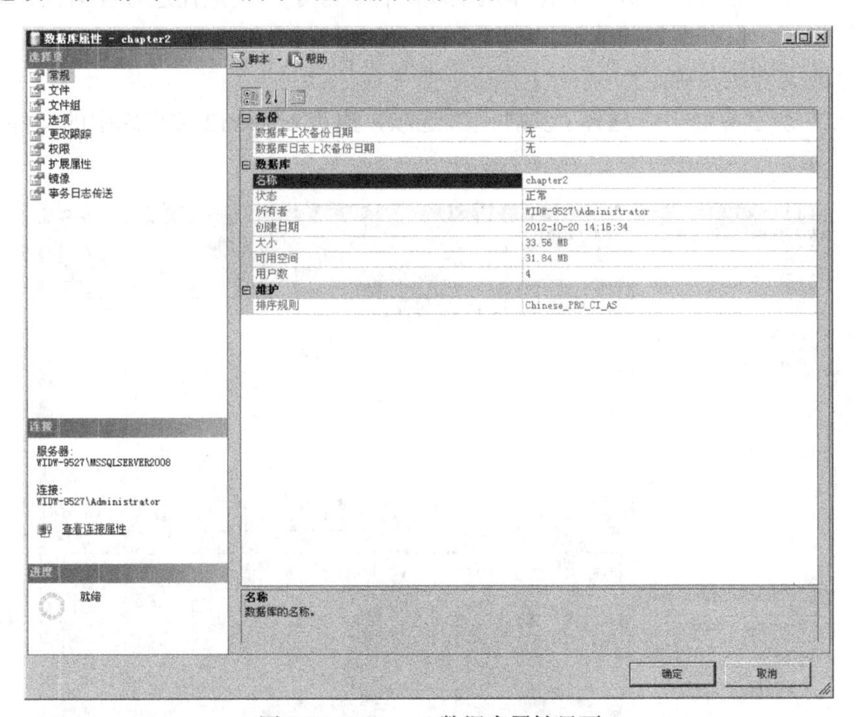

图 2.27　chapter2 数据库属性界面

（2）修改文件并确定

在图 2.27 所示界面中，选择“文件”选项，出现 chapter2 数据库中的文件信息，如图 2.28 所示。

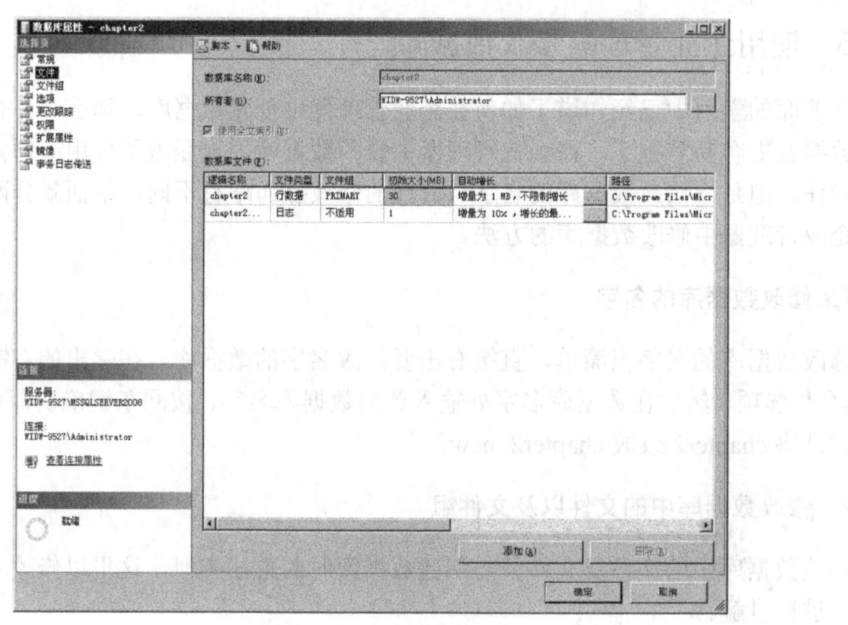

图 2.28　修改文件界面

在图 2.28 所示的界面中，读者会发现与之前创建数据库的界面是类似的，可以添加或删除数据文件和日志文件。具体的操作这里就不再赘述了。只是在进行任何操作后，要单击“确定”按钮，保存所做的修改。

（3）修改文件组并确定

在图 2.27 所示界面中，选择“文件组”选项，出现 chapter2 数据库中的文件组信息，如图 2.29 所示。

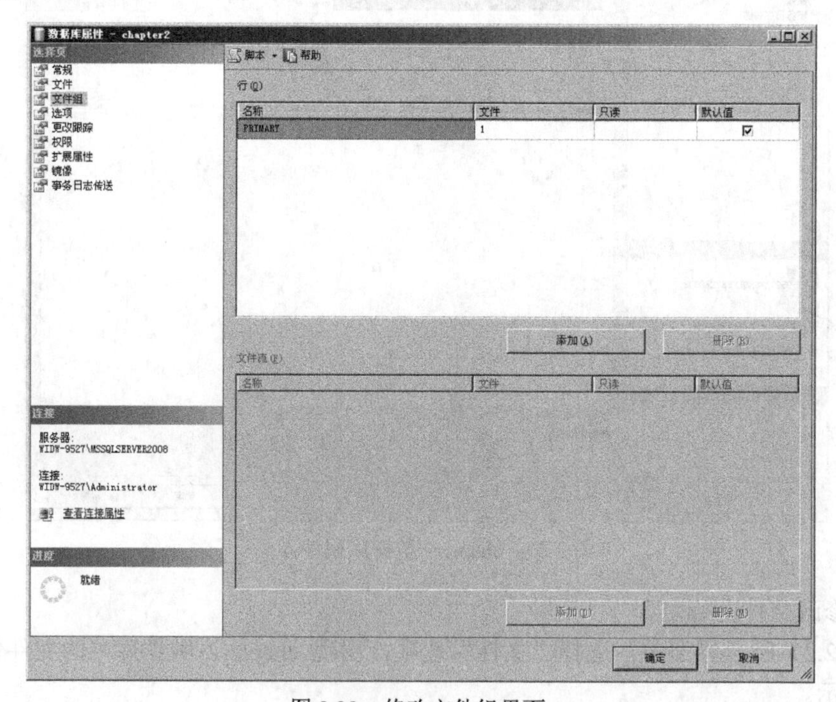

图 2.29　修改文件组界面

在图 2.29 所示界面中，可以添加或删除 chapter2 中的文件组。但是，在企业管理器中删除文件组时也要注意，只有文件组中没有数据文件了才能够删除。在对文件组进行操作后，也要记得单击“确定”按钮，保存对 chapter2 数据库中文件组所做的修改。

2.3　删除数据库

当数据库中的所有数据文件都不再需要时，整个数据库就没有用了。这时，就需要删除整个数据库而不再是某个数据文件了。但是，读者要清楚，删除后的数据库就不能够再恢复了，因此，在删除前一定要对数据库中的信息进行备份。删除数据库可以说是数据库操作中最简单的一个环节了，本节也是最轻松的了。

2.3.1　小试使用语句删除数据库

删除数据库的语句非常简单，使用 DROP DATABASE 语句就可以删除。具体的语法格式如下：

```
DROP DATABASE database_name;
```

其中，database_name 就是要删除的数据库名称。如果不清楚要删除的数据库名，可以通过 sp_helpdb 来查看数据库。

【示例 16】 删除名为 chapter2 的数据库。

根据题目的要求，已经知道了要删除的数据库名，其语句如下：

```
DROP DATABASE chapter2;
```

执行上面的语句，效果如图 2.30 所示。

至此，数据库 chapter2 已经被移除了。

图 2.30　删除 chapter2 数据库

2.3.2　使用企业管理器删除数据库

使用语句删除数据库都是一句话的事，那么，在企业管理器中删除数据库就更便捷了。只需要在对象资源管理器中右击要删除的数据库，在弹出的右键菜单中选择“删除”选项即可将数据库删除了。无论用哪种方法删除数据库，读者一定要记得先备份数据库再进行删除。读者可以自己在企业管理器中试着删除一个数据库，体验一下企业管理器给你带来的方便吧。

2.4　本 章 小 结

在本章中主要讲解了通过 SQL 语句和企业管理器如何创建、修改以及删除数据库。在创建数据库时要注意文件大小的设置以及文件的存储位置；在修改数据库时要注意不能将数据文件的大小设置成比修改前的还小，以及不能够直接清除含有文件的文件组；删除数据库是最简单的操作，但是也要在删除之前备份数据库，以避免不必要的损失。

2.5　本 章 习 题

一、填空题

1．数据库中主数据文件的扩展名是________。
2．数据库通常由________和________文件组成。
3．删除数据库使用的语句是________。

二、选择题

1．创建数据库 test，语句是________。
A．create data test　　B．create database test　　C．以上都不对
2．下面对数据库的描述正确的是________。
A．一个数据库只能有一个数据文件和一个日志文件
B．一个数据库只能有一个数据文件和多个日志文件
C．一个数据库可以有多个数据文件和多个日志文件
D．以上都不对
3．下面对修改数据库的描述正确的是________。
A．不能给数据库改名
B．在数据库创建完成后，不能随意更改数据库的大小
C．可以使用系统存储过程 sp_renamedb 更改数据库的名称
D．以上都不对

三、问答题

1．如何给数据库更改容量大小？
2．如何给数据库添加文件组？
3．如何删除数据库中的文件？

四、操作题

1．创建一个名为 test1 的数据库。
2．为 test1 数据库使用 SQL 语句添加数据文件。
3．分别使用两种方法将数据库 test1 的名字改成 test2。

第 3 章　操作存储数据的单元

在第 2 章中已经讲解了数据库的一些基本操作，那么，数据库中的数据是如何存放的呢？数据库就相当于是一个文件夹，在一个文件夹中可以存放多个文件。数据库中的文件被称为数据表，也就是用来存储数据的容器。一个数据库由若干张数据表组成，每张数据表的名字都是唯一的，就像一个文件夹中的文件名都是唯一的一样。

本章的主要知识点如下：

- 数据表中的数据类型
- 如何创建数据表
- 如何修改数据表
- 如何删除数据表

3.1　认识表中能存放什么样的数据

读者可以思考一下，当我们在网站上注册一个用户信息的时候，都会输入哪些数据呢？通常会有用户名、密码、邮箱、年龄和联系方式等等。只要是注册时填入的数据，最终都将提交到数据库中存放。想想这些数据都包含什么呢？输入注册信息的时候会有汉字、数字、字母以及特殊符号等。既然这些数据都够存到数据库中，也就是说数据表中应该能够存放这些类型的数据。在本节中将详细讲解 SQL Server 数据表中使用的数据类型。

3.1.1　整型和浮点型

整型和浮点型实际上都属于数值类型，也就是用来存放数字的一种类型。这个类型在日常生活中用得是比较多的，读者想一想在什么情况下需要整数和小数呢？当存放年龄时需要整数，当存放金额时需要小数，当存放商品数量时需要整数等等。这样看来整数和浮点数很重要喽，那就让我们看看在 SQL Server 数据库中究竟整数和浮点数用什么数据类型名表示的吧！首先，来学习一下表 3-1 所示的整数类型。

表 3-1　整数类型

数据类型	取值范围	说　明
bit	存储 0 或 1	表示位整数，除了 0 和 1 之外，也可以取值 NULL
tinyint	$0 \sim 2^8-1$	表示小整数，占 1 个字节
smallint	$-2^{15} \sim 2^{15}-1$	表示短整数，占 2 个字节
int	$-2^{31} \sim 2^{31}-1$	表示一般整数，占用 4 个字节
bigint	$-2^{63} \sim 2^{63}-1$	表示大整数，占用 8 个字节

从表 3-1 可以看出，整数类型主要包括 bit、tinyint、smallint、int 和 bigint，它们的取值范围是从小到大的。在实际的应用中，要根据存储数据的大小选择数据类型，这样能够节省数据库的存储空间。这就像你在超市结账时，根据选择物品的多少来购买购物袋一样。如果购买的东西多，就选择大号的；如果购买的东西少，就选择小号的。

接下来让我们再认识一下表 3-2 所示的浮点型吧。

表 3-2　浮点型

数据类型	取值范围	说　明
numeric(m,n)	$-10^{38}+1$~$10^{38}-1$	表示$-10^{38}+1$~$10^{38}-1$ 范围中的任意小数，numeric(m,n)中的 m 代表有效位数，n 代表小数要保留的小数位数。例如：numeric(7,2)表示长度为 7 的数，并保留 2 位小数
decimal(m,n)	$-10^{38}+1$~$10^{38}-1$	与 numeric(m,n)的用法相同
real	-3.40E+38~3.40E+38	占用 4 个字节
float	-1.79E+308~1.79E+308	占用 8 个字节

从表 3-2 可以看出，如果要精确表示小数可以使用 numeric(m,n)或者 decimal(m,n)；如果不需要精确并且表示更多的小数位数，可以使用 real 或者 float。总之是要根据数据的大小和精度选择合适的浮点型。

3.1.2　字符串类型

字符串类型是数据表中存储数据最常用的数据类型。那么，什么样的数据可以用字符串类型来表示呢？实际上任何数据都可以说成是字符串类型，汉字、字母、数字、一些特殊字符甚至是日期形式都可以用字符串类型来存储。用来表示字符串的数据类型是按照存储字符串的长度划分的。具体分类如表 3-3 所示。

表 3-3　字符串类型

数据类型	取值范围	说　明
char(n)	1～8000 个字符	用来表示固定长度的字符串，如果存放的数据没有达到定义的长度，系统会自动用空格填充到该长度
varchar(n)	1～8000 个字符	用于表示变长的数据。1 个字符占 1 个字节，不用空格填充长度
varchar(max)	1～2^{31}–1 个字符	用于表示变长的数据。该数据类型表示的长度是输入数据的实际长度加上 2 字节
text	1～2^{31}–1 个字符	用于表示变长的数据。1 个字符占 1 个字节，最大可以存储 2GB 的数据
nchar(n)	1～4000 个字符	用于表示固定长度的双字节数据。1 个字符占 2 个字节。与 char 类型一样，如果存放的数据没有达到定义时长度，系统会自动用空格填充到该长度
nvarchar(n)	1～4000 个字符	用于表示变长的数据。与 varchar(n)的区别就是 1 个字符需要占用 2 个字节来表示
nvarchar(max)	1～2^{31}–1 个字符	用于表示变长的数据。该数据类型表示的长度是输入数据的实际长度的 2 倍加上 2 字节
ntext	1～2^{31}–1 个字符	用于表示变长的数据。1 个字符占 2 个字节，最大可以存储 2GB 的数据

续表

数据类型	取值范围	说　明
binary(n)	1～8000 个字符	用于表示固定长度的二进制数据。如果输入数据的长度没有达到定义的长度，用 0X00 填充
varbinary(n)	1～8000 个字符	用于定义一个变长的数据。存储的是二进制数据，输入的数据实际长度小于定义的长度也不需要填充值
image	1～2^{31}–1 个字符	用于定义一个变长的数据。image 类型不用指定长度，可以存储二进制文件数据

通过学习表 3-3 中的数据类型，读者不难发现，实际上字符串类型可以大致上分为三类，一类是 1 个字符占用 1 个字节的字符串类型（char、varchar 和 text），一类是 1 个字符占用 2 个字节的字符串类型（nchar、nvarchar 和 ntext），一类是存放二进制数据的字符串类型（binary、varbinary 和 image）。在每一类中字符串类型又分为存放固定长度和可变长度的类型，在实际的应用中推荐读者使用可变长度的类型，这样可以节省数据的存储空间。

说明：在字符串类型中的 varchar(max)和 nvarchar(max)类型是在 SQL Server 2005 版本上开始使用的。

3.1.3　日期时间类型

虽然日期时间可以用字符串类型表示，但是在 SQL Server 中还是准备了一套数据类型来专门用于表示日期时间。通过日期时间类型可以将日期时间表示得更加准确，在 SQL Server 中表示日期时间的数据类型主要有 datetime 和 smallldatetime 两种。具体的表示方法如表 3-4 所示。

表 3-4　日期时间型

数据类型	取 值 范 围	说　明
datetime	1753 年 1 月 1 日～9999 年 12 月 31 日	占用 8 个字节，精确到 3.33 毫秒
smalldatetime	1900 年 1 月 1 日～2079 年 6 月 6 日	占用 4 个字节，精确到分钟

虽然有了存储日期时间的数据类型，但还要清楚的是日期时间的存储格式。通常日期的输入格式有 3 种：英文+数字的格式、数字+分隔符的格式以及数字格式。下面就分别用这 3 种形式来表示 2012 年 5 月 1 日。

```
May 1 2012                    --英文+数字格式
2012-5-1                      --数字+分隔符格式
2012.5.1                      --数字+分隔符格式
2012/5/1                      --数字+分隔符格式
20120501                      --数字格式
120501                        --数字格式
```

看了上面的例子，你对日期类型的表示有所了解了吧。其实，在这 3 种表示方法中，数字+分隔符的格式是最常用的，也是最灵活的。除了上面的 3 种数字+分隔符的表示形式外，还可以按照月日年、日月年的顺序来表示日期类型的数据。例如：5-1-2012、1-5-2012 等形式。

除了日期有固定的存储格式外，时间部分的数据也有固定的存储格式。通常时间类型的数据存储格式都是按照“小时：分钟：秒.毫秒”来存储的。例如：表示上午的 9 点 10 分 20 秒，就可以用 9:10:20 来表示。时间的表示可以分为 24 小时和 12 小时两种格式，如果用的是 12 小时的格式，用 am 表示上午，用 pm 表示下午。例如：表示晚上的 10 点 40 分 10 秒，就可以用 10:40:10 pm 表示。

在存储日期时间数据时通常将日期和时间一起存储，这时就需要在日期格式后面加上一个空格然后加上时间格式来表示。例如：表示 2012 年 5 月 25 日下午 5 点 25 分 10 秒，就可以写成 2012-5-25 5:25:10pm。存储日期时间类型时，读者要注意的就是格式问题，另外，还要提醒读者在一个数据表中存储的日期时间格式要统一，否则在查询数据时就会给你造成一些不必要的麻烦的哦！

3.1.4　其他数据类型

除了上面讲的 3 类比较常用的数据类型外，还有一些不太常用的数据类型。比如：timestamp 类型、xml 类型和 cursor 类型等。timestamp 类型是时间戳类型，在更新数据时，系统会自动更新时间戳类型的数据，它也可以用于表示数据的唯一性。另外，在一张数据表中只能有一个时间戳类型；xml 类型可以存储之前学过的其他类型的数据，也可以存储 XML 文件格式的数据，它的存储空间最大是 2GB；cursor 类型是用于存储变量或者是存储过程输出的结果，它通常都用于存储查询结果，在存储过程中应用较多。

除了系统自带的数据类型外，如果用户觉得这些数据类型满足不了需求时也可以自定义数据类型。自定义数据类型很简单，具体的语句如下：

```
CREATE TYPE type_name
FROM datatype;
```

其中：

- ❑ type_name：自定义的数据类型名称。名称不能以数字开头。
- ❑ datatype：数据类型。定义自定义数据类型表示的数据类型，除了指定数据类型外，还可以指定该类型是否为空值。

【示例 1】 定义一个数据类型，用来表示字符串，长度是 20 并且不能为空。

根据题目要求，仍然需要定义一个字符串类型，可以选择的系统的字符串类型有很多，char、varchar、nchar 和 nvarchar 都是可以的。这里，选择一个可变长度的字符串类型 varchar。具体的语句如下：

```
CREATE TYPE usertype1
FROM varchar(20) not null;
```

通过上面的语句就可以为数据库添加一个数据类型 usertype1，在使用该类型时直接用 usertype1 就可以了。

如果不需要自定义的数据类型了，也可以通过 DROP TYPE 语句将其删除。如果要删除在示例 1 中定义的数据类型 usertype1，删除的语句如下：

```
DROP TYPE usertype1;
```

对于自定义数据类型的应用，还将在下面的小节中详细讲解。请读者在下一节中认真体会自定义数据类型的优势吧！

3.2　创建数据表

数据表在数据库中的地位，就好像是人的器官一样重要。如果人没有器官，那么人就是一个空架子毫无意义。如果数据库中一张数据表都不存在，那么数据库也就没有了存在的意义。既然数据表如此的重要，就让我们先学习一下数据表是如何创建的吧。

3.2.1　创建数据表的语句

创建数据表的语法是非常复杂的，语句也非常多。但是不用怕，咱们由浅入深慢慢来学。在本小节中先学习一下创建数据表的基本语法格式，如下：

```
CREATE TABLE table_name
(
   column_name1 datatype,
   column_name2 datatype,
   ……
);
```

其中：

- table_name：表名。在一个数据库中数据表的名字不能重复，且数据表不能用数字来命名。通常要将表名声明成有实际意义的名字。
- column_name1：字段名。表中的字段名也是不能重复的。
- datatype：数据类型。它可以是系统的数据类型，也可以是用户自定义的数据类型。

3.2.2　试用 CREATE 语句创建简单数据表

有了在上一小节中讲解的创建数据表的语法，就可以创建数据表了。但是，这个数据表只是最简单的一种形式，只有字段名和数据类型，没有其他的内容。不管是多么简单的一张表，都要先弄清楚表中的字段名和数据类型。假设要完成一张用户信息表的创建，表的字段名和数据类型用发表 3-5 所示。

表 3-5　用户信息表（userinfo）

编号	字 段 名	数 据 类 型	说　　明
1	id	int	编号
2	name	varchar(20)	用户名
3	password	varchar(10)	密码
4	email	varchar(20)	邮箱
5	QQ	varchar(15)	QQ 号码
6	tel	varchar(15)	电话号码

从表 3-5 可以看出，除了编号外都设置成了字符串类型。但是，字符串类型的长度设置略有不同。编号用整数来表示，可以给其设置成自动增长的，可以避免用户编号重复。那么，读者会问了，为什么用户编号不能够重复呢？其实，这就是为了避免出现多条重复

的记录，如果重复的话就很难判断是哪个用户了。这就好像是每个人都共用同一个卡号的银行卡，那么如何知道给谁发工资了呢？谁花钱了呢？当然，也可以将其他字段设置成不重复的，使用第 4 章中介绍的唯一约束就可以很容易地设置了。下面就用示例 2 来演示如何创建用户信息表。

【示例 2】 根据表 3-5 的字段信息创建用户信息表（userinfo）。

根据题目要求，创建用户信息表的语句如下所示。这里在 chapter3 数据库中来创建数据表。如果没有 chapter3 数据库，请读者自行创建一个名为 chapter3 的数据库。本章的所有数据表都将创建在该数据库中。

```
USE chapter3                                    --打开 chapter3 数据库
CREATE TABLE userinfo
(
  id int,
  name   varchar(20),
  password varchar(10),
  email    varchar(20),
  QQ      varchar(15),
  tel       varchar(15)
);
```

执行上面的语句，就可以在 chapter3 数据库中创建 userinfo 数据表了。执行效果如图 3.1 所示。

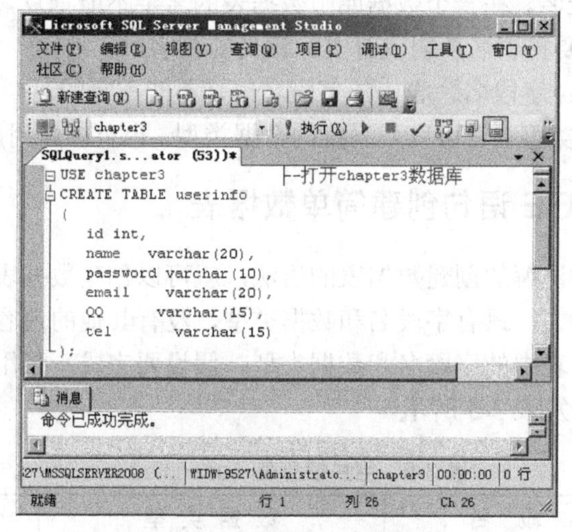

图 3.1　创建表 userinfo

3.2.3　创建带自动增长字段的数据表

所谓自动增长字段就是让字段按照某一个规律增加，这样就可以做到该列的值是唯一的。在 SQL Server 数据库中，设置带自动增长字段的前提是该字段是一个整数类型的数据。另外在设置自动增长字段时，还需要指定最小值以及每次增加多少个参数。具体的设置方式如下：

```
IDENTITY (minvalue,increment)
```

其中：

- minvalue：最小值，也可以说是该列第一个要使用的值。默认情况下是从 1 开始的。
- increment：每次增加值。默认情况下也是每次加 1。

如果要采用默认的从 1 开始每次增加 1 的自动增长方式，直接使用 IDENTITY 关键字设置即可，不需要再添加参数了。有了自动增长字段的设置方式，那么该语句应该写在什么位置呢？请读者先在示例 3 中自己找一找。

【示例 3】 根据表 3-5 的字段信息创建用户信息表（userinfo1），并将该表中的编号列（id）设置成自动增长列。

根据题目要求，具体的创建表语句如下所示。仍然将该表创建在 chapter3 数据库中。由于该数据库中已经存在了 userinfo 的数据表，因此，将该表的名字定义成 userinfo1。

```
USE chapter3                                    --打开 chapter3 数据库
CREATE TABLE userinfo1
(
  id int IDENTITY(1,2),                         --设置自动增长字段
  name   varchar(20),
  password varchar(10),
  email    varchar(20),
  QQ      varchar(15),
  tel      varchar(15)
);
```

执行上面的语句，就可以在 chapter3 中创建表 userinfo1 了。执行效果如图 3.2 所示。

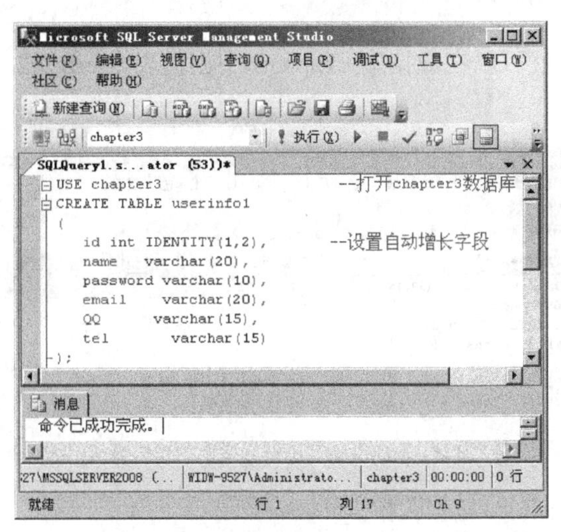

图 3.2　创建表 userinfo1

通过上面的例子，相信读者已经知道了 IDENTITY 这个语句放在什么位置了吧。没错，就是放在需要设置成自动增长列数据类型后面。

3.2.4　创建带自定义数据类型的数据表

读者可以思考一下，如果要在表 3-5 所示的字段信息中使用自定义数据类型，应该将哪些字段设置成自定义数据类型呢？在表 3-5 中有两个字段使用了 varchar(15)，有两个字段使用了 varchar(20)，可以分别将 varchar(15)的定义成一个数据类型，将 varchar(20)的定义成一个数据类型。这样，不仅在这个表中，在整个数据库里如果再需要这两种数据类型

时也可以直接使用自定义的数据类型。实际上，经常会将一个表或一个数据库中经常出现的数据类型定义成自定义数据类型。

【示例 4】 根据表 3-5 创建用户信息表（userinfo2）并使用用户自定义类型 usertype1。在创建用户信息表之前，先创建一个自定义数据类型 usertype1，类型是 varchar(15)。

根据题目的要求，先创建自定义数据类型 usertype1，语句如下：

```
USE chapter3
CREATE TYPE usertype1
FROM varchar(15);
```

不要忘记了，将该数据类型也创建到数据库 chapter3 中。执行上面的语句，在 chapter3 中就创建了一个名为 usertype1 的数据类型。

在创建用户信息表（userinfo2）时，使用 usertype1 数据类型，具体的语句如下：

```
USE chapter3                                   --打开 chapter3 数据库
CREATE TABLE userinfo2
(
  id int,
  name   varchar(20),
  password varchar(10),
  email    varchar(20),
  QQ      usertype1,
  tel      usertype1
);
```

执行上面的语句，就可以在数据库 chapter3 中创建表 userinfo2 了。执行效果如图 3.3 所示。

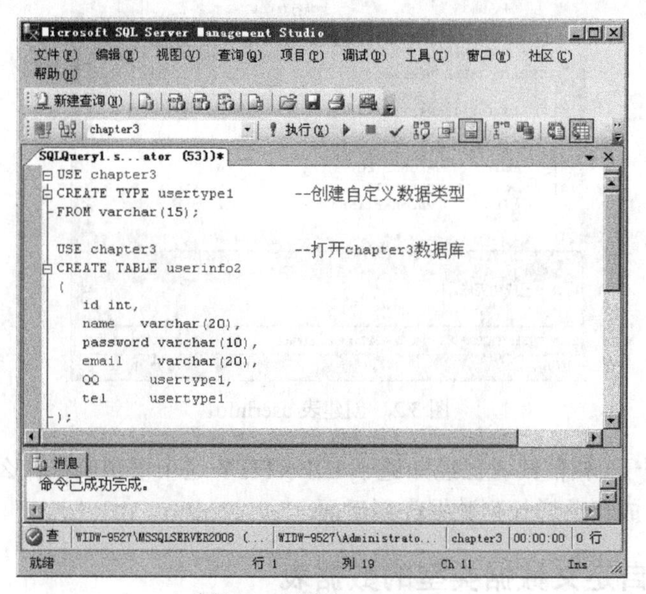

图 3.3　创建表 userinfo2

3.2.5　在其他文件组上创建数据表

前面的示例 2～示例 4 所创建的数据表全部都存放在了 chapter3 数据库中的主文件组

中。在第 2 章学习数据库的操作时就提到过，在一个数据库中可以有多个文件组，但是只有一个主文件组，默认情况下数据文件都会存放到主文件组中，但是也可以指定文件存放到其他文件组中。不仅是数据文件，数据表也是可以指定其存放的文件组的。具体的语句如下：

```
CREATE TABLE table_name
(
   column1_name datatype,
   column2_name datatype,
       …..
)
ON filegroup_name;
```

这里，filegroup_name 就是文件组的名字。

【示例 5】 根据表 3-5 所示的字段信息创建用户信息表（userinfo3），并将该数据表创建在 chapter3 数据库中的 chapterfilegroup 文件组中。

根据题目要求，假设在创建 chapter3 数据库时，添加了文件组 chapterfilegroup。具体的语句如下：

```
USE chapter3                              --打开 chapter3 数据库
CREATE TABLE userinfo3
(
   id int,
   name   varchar(20),
   password varchar(10),
   email    varchar(20),
   QQ      varchar(15),
   tel        varchar(15)
)
ON chapterfilegroup;
```

执行上面的语句，就可以在 chapter3 数据库中的 chapterfilegroup 文件组里创建 userinfo3 数据表。执行效果如图 3.4 所示。

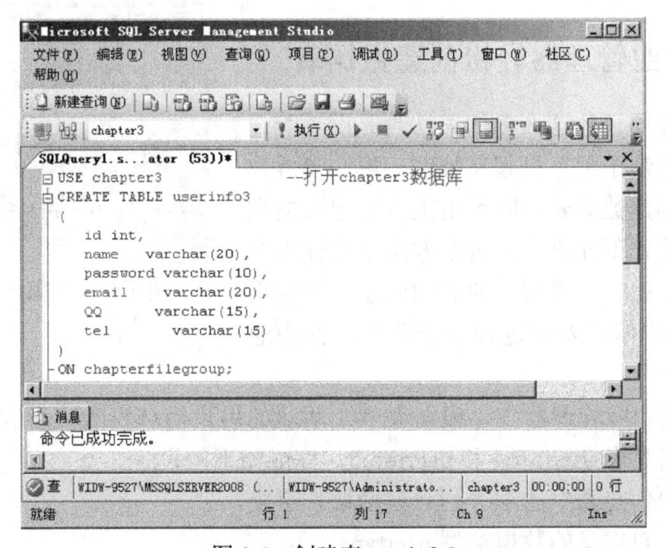

图 3.4　创建表 userinfo3

3.2.6 见识一下临时表

所谓临时表，就不是数据库中永久存在的表。临时表又分为本地临时表和全局临时表。本地临时表是以“#”开头的数据表，在当前用户下可用；全局临时表是以“##”开头的数据表，所有用户都可以使用。临时表就好像是超市的购物车，当购物的时候需要，结账后就不再需要了。临时表的创建语法与一般的数据表创建是一样的，只是临时表通常都存放在 tempdb 数据库中。另外，就是临时表的名字都要以“#”或“##”作为前缀。

【示例 6】 创建一个临时表（#usertemp1），表中的字段信息如表 3-6 所示。

表 3-6　用户信息临时表（#usertemp1）

编　号	字 段 名	数 据 类 型	说　明
1	id	int	编号
2	name	varchar(20)	用户名
3	password	varchar(10)	密码

根据题目要求，创建临时表 usertemp1 的语句如下：

```
CREATE TABLE  #usertemp1
(
  id int,
  name     varchar(20),
  password  varchar(10)
)
```

执行上面的语句后，就可以在 tempdb 数据库中创建一个名为#usertemp1 的临时表。执行效果如图 3.5 所示。

注意：虽然当前打开的数据库是 chapter3，但是临时表依旧会创建在 tempdb 数据库中。

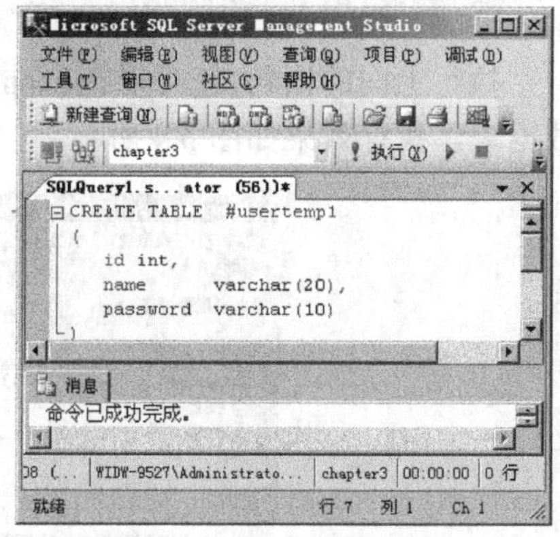

图 3.5　创建临时表#usertemp1

3.2.7 使用企业管理器轻松创建数据表

创建数据表需要记住这么多的语法真是麻烦啊，相信读者也已经厌烦了吧？打起精神吧，现在告诉你一个简单的方法创建数据表，既不用担心忘记数据类型的名称又不用怕记不住语法，这个方法就是使用企业管理器。显示企业管理器威力的时间到了，把使用 SQL 语句创建用户信息表的过程在企业管理器中通过示例 7 演练演练。

【示例 7】 在企业管理器中，根据表 3-5 所示的用户信息表的字段信息分别按如下两个要求创建用户信息表 userinfo4 和 userinfo5。完成如下的设置。

（1）设置用户信息表中的编号列为自动增长字段。

（2）使用用户自定义的数据类型 usertype。

根据题目的要求，要在企业管理器中创建数据表，在本例中仍然将表创建在数据库

chapter3 中。无论创建的数据表有什么要求，都需要在表的设计页面中来完成。下面就先来见识一下表的设计页面。非常简单哦，只需要在 SQL Server 企业管理器的对象资源管理器中找到 chapter3 数据库并展开文件夹，然后再右击其中的“表”节点，在弹出的右键菜单中选择“新建表”选项，出现如图 3.6 所示界面。

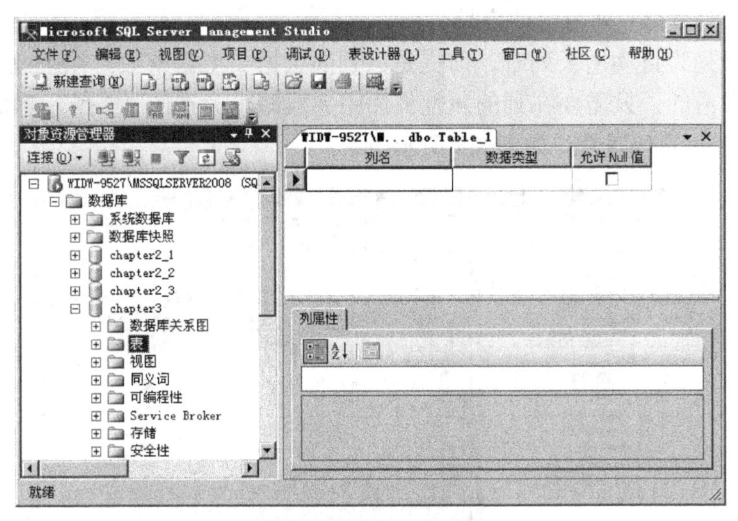

图 3.6　表设计器界面

图 3.6 所示的界面就是创建数据表的操作界面，被称为数据表的设计界面。所有关于数据表的操作都要在该界面中完成。下面就使用该界面分别完成本题的两个小题。

1. 自动增长字段

根据题目的要求，要先录入用户信息表的基本内容，然后将表中的编号列为自动增长字段。完成这个要求要分为如下 3 个步骤。

（1）按照表 3-5 的要求，录入用户信息表的信息

在图 3.6 所示的界面中，录入用户信息表的列名和数据类型，其中数据类型是可以通过下拉列表选择的。录入后效果如图 3.7 所示。

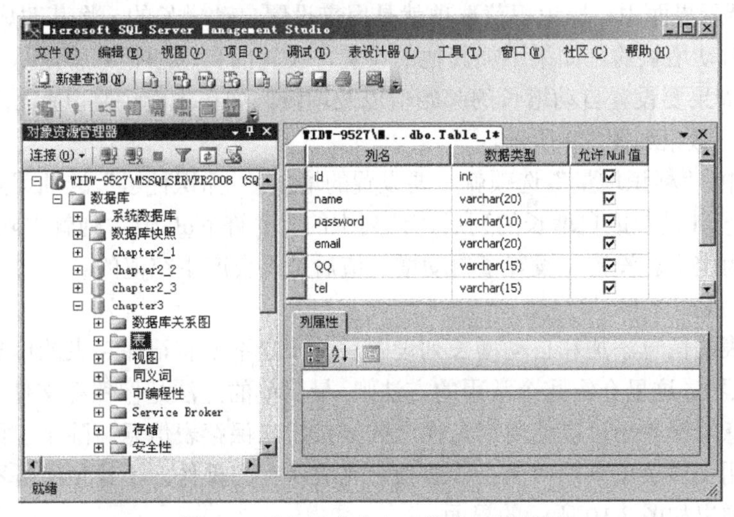

图 3.7　录入用户信息表信息后的效果

在图 3.7 中，可以看到数据类型后面还有一列“允许 Null 值”，该列是做什么的呢？没错，正如字面的意思就是设置该列是否允许不输入值的，默认情况下，都会将其选中即可以不输入值的。这种是否为空的限制也被称为非空约束。关于非空约束的定义将在第 4 章中详细讲解。

（2）设置编号（id）列为自动增长

设置某一个列为自动增长列时，前提是该列的数据类型是整数。在企业管理器中设置自动增列是很容易的，只需要在列的属性界面中完成即可。在图 3.7 所示界面中，单击 id 所在的行，找到 id 的列属性，如图 3.8 所示。

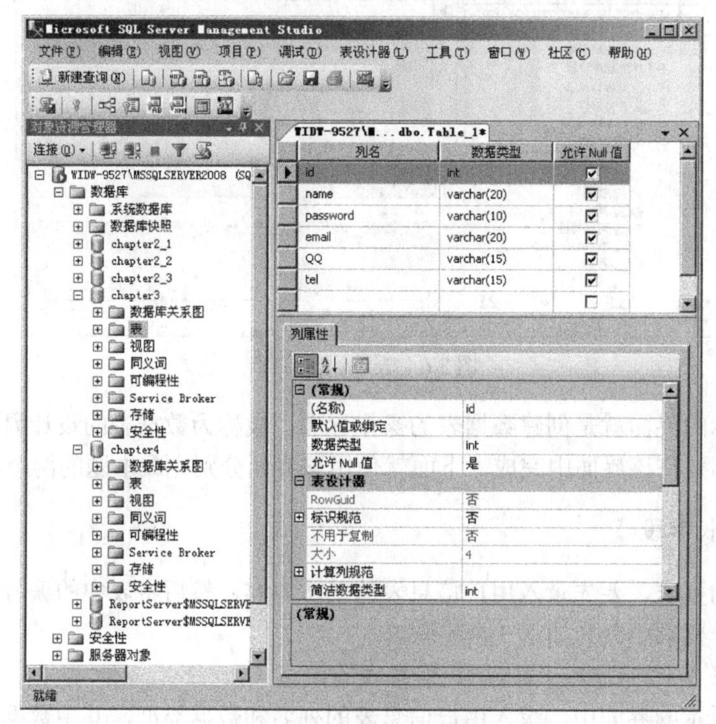

图 3.8　id 的列属性界面

在图 3.8 所示界面中，标识规范选项就是用来设置自动增长的，将其改成“是”，即可将该列设置成自动增长的。如果不加其他的设置，设置的自动增长列就是从 1 开始每次增加 1 的效果。如果要设置自动增长的起始值以及增量，如在本例中将其起始值设置成 1，增量设置成 10，效果如图 3.9 所示。

在图 3.9 中，“标识增量”选项就是要设置的增量，“标识种子”选项就是初始值。读者会发现，在将 id 设置成自增长的列后，该列中的“允许 Null 值”列就去除了选中状态，也就是不允许为空了。没错，设置了自动增长值后是不会产生空值的。

（3）给表命名

在完成了表的信息添加和自动增长列设置后，一定不要忘记保存表的信息哦！保存表的信息方法有很多，这里介绍几个常用的方法吧。最简单的方法是像保存文件一样用 Ctrl+S 组合键，不愿意用键盘还可以使用工具栏上的按钮来保存表信息。除了上面的两种方法外，还可以使用文件菜单下的“保存”选项来完成保存的操作。不论使用哪种方法保存表的信息，都会弹出如图 3.10 所示的界面。

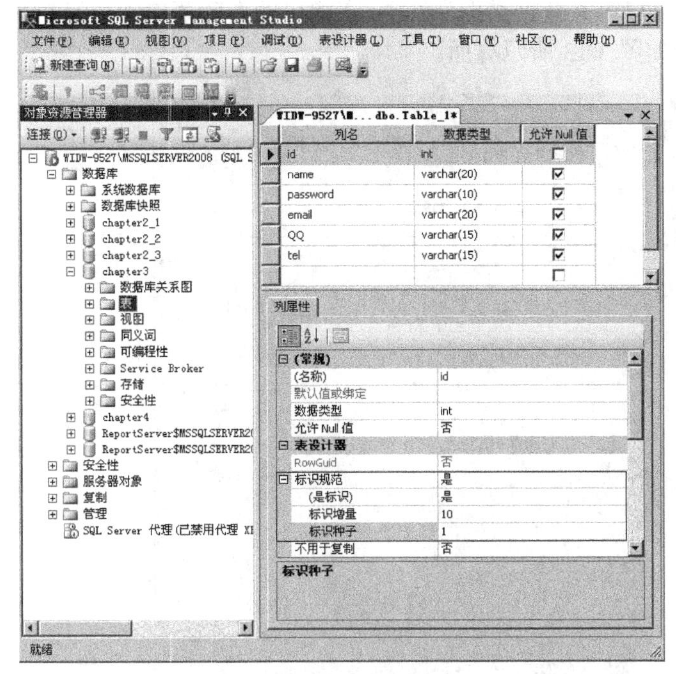

图 3.9　设置自动增长列

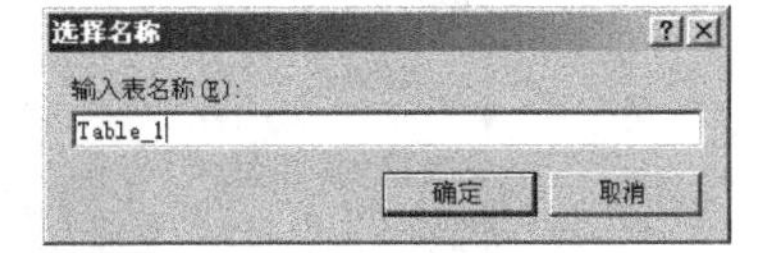

图 3.10　保存表信息界面

在图 3.10 所示界面中，输入表的名称，按照本题的要求输入“userinfo4”，单击“保存”按钮，即可完成 userinfo4 的创建操作。还有一点需要注意哦，那就是名字不要与 chaper3 中的数据表重名！完成保存操作后，在 chapter3 数据库中的“表”节点下，就会出现 userinfo4 表的名字了，如图 3.11 所示。

2. 用户自定义的数据类型

在设置自定义数据类型之前，不要忘记先创建自定义数据类型。在本题中就先创建一个用户自定义的数据类型，然后再使用该数据类型。具体操作分为如下两个步骤完成。

（1）创建自定义数据类型 usertype

创建自定义数据类型前先要找到创建用户定义数据类型的位置，它就在 chapter3 数据库中的“可编程性”节点的“类型”节点里，如图 3.12 所示。

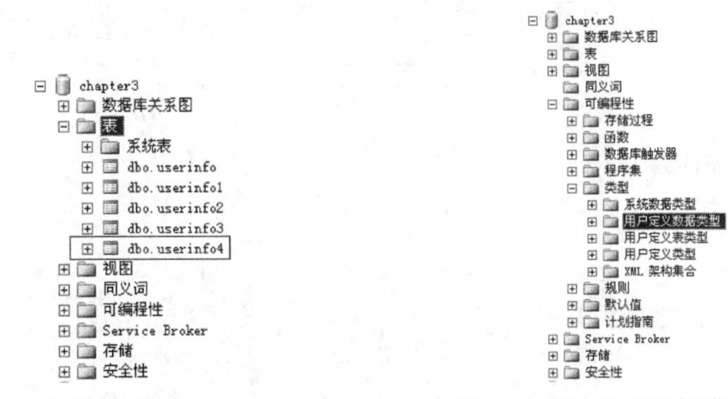

图 3.11　表节点下的 userinfo4　　　图 3.12 用户定义数据类型的位置

在图 3.12 所示界面中，右击“用户定义数据类型”选项，在弹出的右键菜单中选择“新建用户定义数据类型”选项，弹出如图 3.13 所示界面。

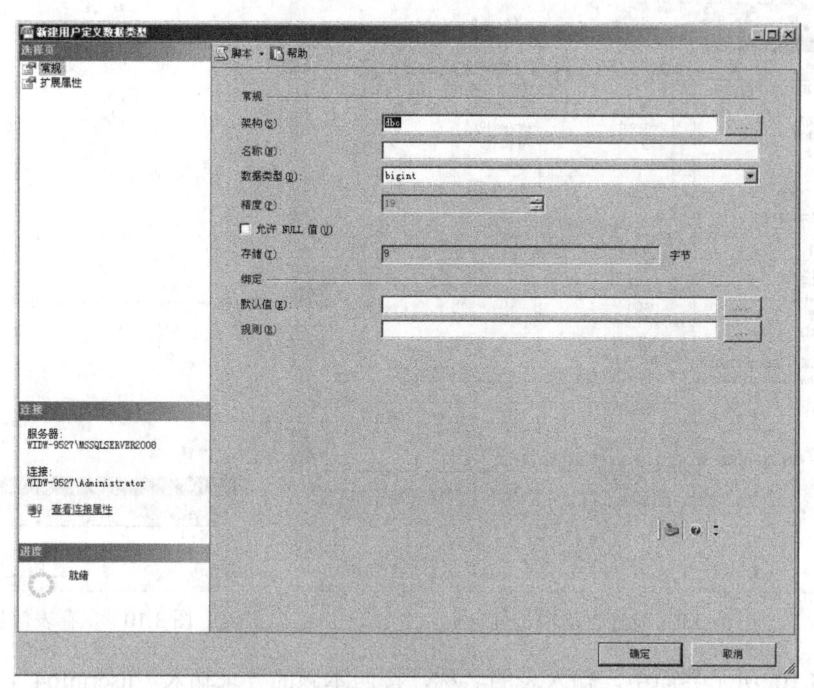

图 3.13　新建用户定义数据类型界面

在图 3.13 所示的界面中，输入自定义数据类型的名称，然后选择一个数据类型并输入该数据类型的长度。这里，自定义数据类型的名称是 usertype，数据类型是 varchar，长度是 20。输入后的效果如图 3.14 所示。

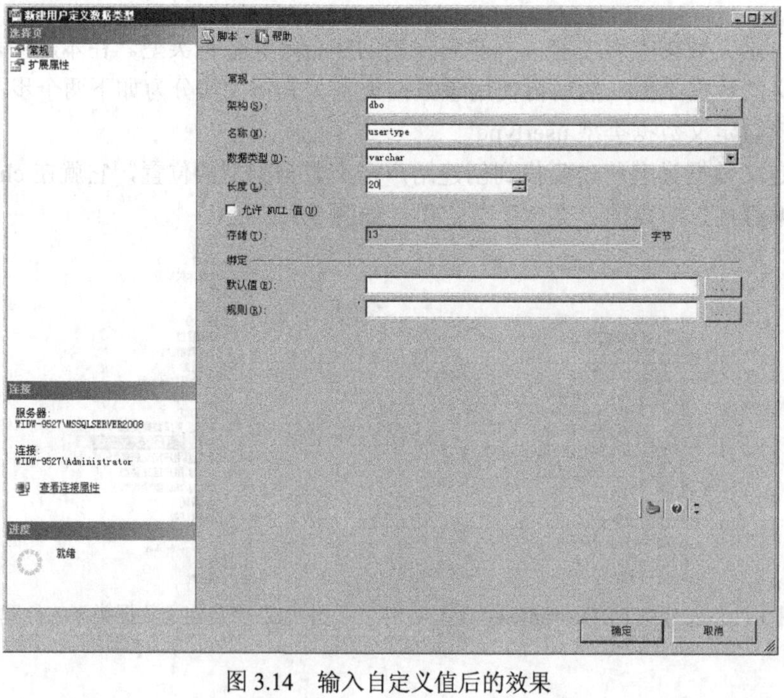

图 3.14　输入自定义值后的效果

在图 3.14 所示界面中，单击“确定”按钮，即可完成自定义数据类型的添加操作。

（2）在表设计器中使用自定义数据类型

设置好自定义数据类型后，在使用该数据类型时与系统的数据类型是一样的。自定义的数据类型也会出现在表设计器数据类型的下拉列表框中。与（1）的方法一样，先将用户信息表的字段信息输入表设计器中，然后将需要使用 varchar(20)数据类型的列设置成用户自定义数据类型即可。完成操作后，将表的名称保存成 userinfo5。具体的操作与（1）的方法相同，请读者自己尝试模仿一下吧。这里，为了确保读者能够找到用户自定义数据类型，将表设计器的数据类型显示出来，如图 3.15 所示。

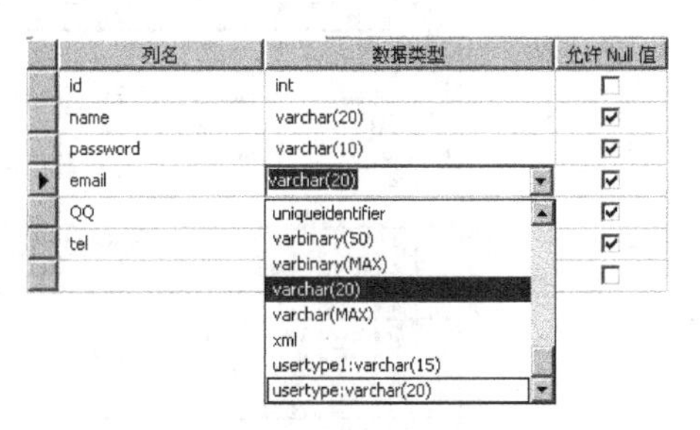

图 3.15　自定义数据类型显示的位置

从图 3.15 可以看出，自定义的数据类型会显示在数据类型列表的最后面。

通过示例 7 的讲解，相信读者已经发现了使用企业管器创建数据表还是很方便的吧！但是，读者也不要放松对 SQL 语句的学习哦！

3.2.8　使用 SP_HELP 看看表的骨架

数据表创建好后，如何查看一下数据表呢？当然，用企业管理器就可以看容易地查看数据了。如果不使用企业管理器如何查看数据表的信息呢？有很多方法可以查看数据表的信息，这里先介绍使用 SP_HELP 存储过程来查看数据表的信息。查看的语句如下：

```
SP_HELP table_name;
```

这里，table_name 是数据表的名称。在查看数据表之前，不要忘记用 USE 语句指定要使用的数据库哦。

【示例 8】 使用存储过程 SP_HELP 查看用户信息表（userinfo）的表信息。

根据题目的要求，查看的语句如下：

```
SP_HELP userinfo;
```

执行上面的语句，效果如图 3.16 所示。

在图 3.16 中查询结果划分成了 5 个部分，下面分别说明这 5 部分显示的信息都是什么。

- 第 1 部分：显示表创建时的基本信息，包括数据表的名称、类型和创建时间以及拥有者。
- 第 2 部分：显示表中列的信息，包括列的名称、数据类型和长度等信息。
- 第 3 部分：显示表中自动增长列的信息。由于在表 userinfo 中没有自动增长列，因此在本图中没有自动增长列。
- 第 4 部分：显示表中的全局唯一标识符列。在每一个数据表中只能有一个全局唯一标识符列。在表 userinfo 中也没有设置全局唯一标识符列。
- 第 5 部分：显示表存在的文件组。在本图中显示的是 userinfo 存放在主文件组（PRIMARY）中。

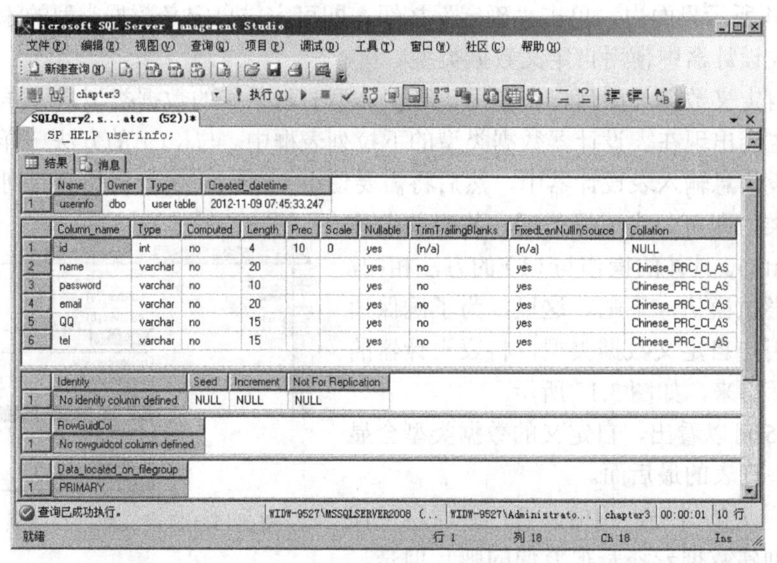

	Name	Owner	Type	Created_datetime
1	userinfo	dbo	user table	2012-11-09 07:45:33.247

	Column_name	Type	Computed	Length	Prec	Scale	Nullable	TrimTrailingBlanks	FixedLenNullInSource	Collation
1	id	int	no	4	10	0	yes	(n/a)	(n/a)	NULL
2	name	varchar	no	20			yes	no	yes	Chinese_PRC_CI_AS
3	password	varchar	no	10			yes	no	yes	Chinese_PRC_CI_AS
4	email	varchar	no	20			yes	no	yes	Chinese_PRC_CI_AS
5	QQ	varchar	no	15			yes	no	yes	Chinese_PRC_CI_AS
6	tel	varchar	no	15			yes	no	yes	Chinese_PRC_CI_AS

	Identity	Seed	Increment	Not For Replication
1	No identity column defined.	NULL	NULL	NULL

	RowGuidCol
1	No rowguidcol column defined.

	Data_located_on_filegroup
1	PRIMARY

图 3.16　userinfo 表的信息

说明：使用存储过程 SP_HELP 不仅可以查看表的信息，也可以查看数据库的其他对象以及用户自定义的数据类型等信息。查询方法很简单，只需要执行 SP_HELP 存储过程即可，而不需要再添加表名了。直接使用 SP_HELP 查询的效果，如图 3.17 所示。

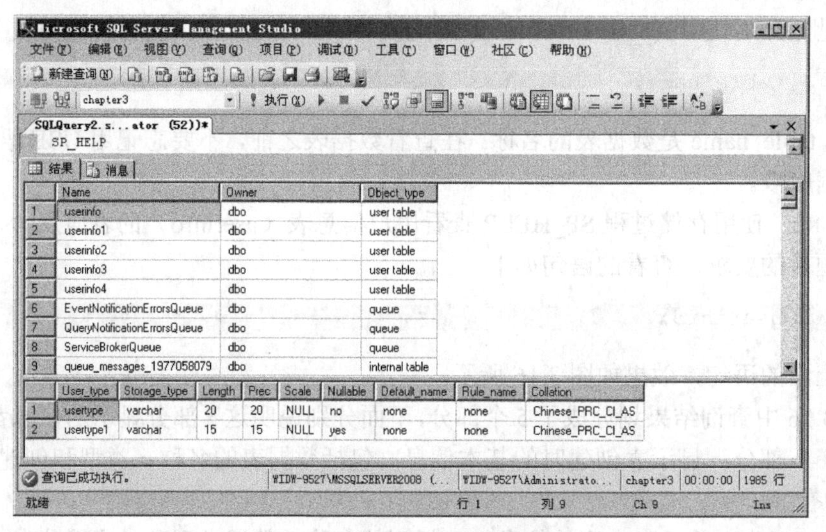

	Name	Owner	Object_type
1	userinfo	dbo	user table
2	userinfo1	dbo	user table
3	userinfo2	dbo	user table
4	userinfo3	dbo	user table
5	userinfo4	dbo	user table
6	EventNotificationErrorsQueue	dbo	queue
7	QueryNotificationErrorsQueue	dbo	queue
8	ServiceBrokerQueue	dbo	queue
9	queue_messages_1977058079	dbo	internal table

	User_type	Storage_type	Length	Prec	Scale	Nullable	Default_name	Rule_name	Collation
1	usertype	varchar	20	20	NULL	no	none	none	Chinese_PRC_CI_AS
2	usertype1	varchar	15	15	NULL	yes	none	none	Chinese_PRC_CI_AS

图 3.17　SP_HELP 查询的效果

在图 3.17 的查询结果中有两个部分组成，一部分用于显示数据库 chapter3 中所有的数据对象信息，一部分用于显示数据库 chapter3 中自定义的数据类型信息。

3.2.9　使用 sys.objects 查看表的信息

看了存储过程 SP_HELP 查看的结果，读者觉得有点混乱吧。如果你只想知道数据表的创建信息，现在告诉你一个相对简单点的方法，那就是使用系统表 sys.objects 来查看。

虽然查看的结果显示清晰，但是使用的 SQL 语句就要复杂一些了。下面就使用示例 9 来演示如何使用 sys.objects 来查看表的信息。

【示例 9】 使用系统表 sys.objects 查看 userinfo 表的信息。

根据题目的要求，查看 userinfo 表的信息语句如下：

```
select * from sys.objects where name='userinfo' ;
```

执行上面的语句，就可以将 userinfo 表的创建信息显示出来。效果如图 3.18 所示。

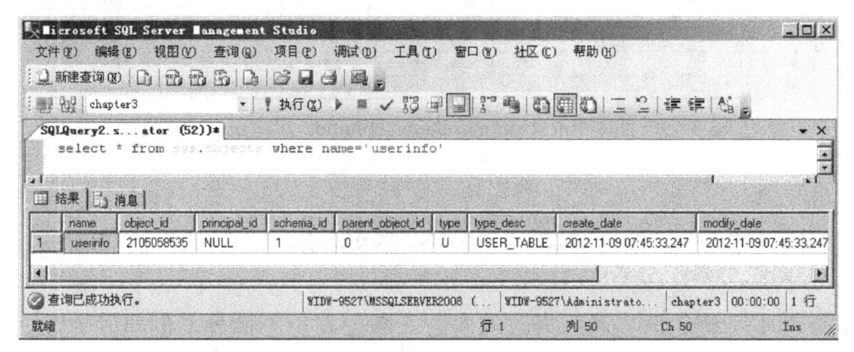

图 3.18　使用 sys.objects 查看 userinfo 表信息

从图 3.18 的查询结果中，可以看出使用 sys.objects 系统表可以查看到 userinfo 表的创建时间、修改时间以及表的类型等信息。学习了查看 userinfo 表的信息，相信读者已经看出，在 sys.objects 中的 name 列就是要查找的数据对象名称，也就是说，要查询哪个数据对象就将 name 后的对象名改成要查找的对象即可。当然，也可以使用 sys.objects 系统表不加任何条件查看数据库中所有的数据对象。

3.2.10　使用 Information_schema.columns 查看表的信息

在前面的两个小节中分别使用了存储过程和系统表来查看表的信息，除了这两种方法外，还可以使用系统视图 Information_schema.columns 来查看表的信息。通过这个系统视图可以查看出表中的列信息，但是不包括表的创建信息。具体的查看方法使用示例 10 来告诉读者。

【示例 10】 使用 Information_schema.columns 查看 userinfo 表的信息。

根据题目要求，查看 userinfo 表的信息语句如下：

```
select * from Information_schema.columns where table_name='userinfo';
```

执行上面的语句，效果如图 3.19 所示。

从图 3.19 中，可以看出通过 Information_schema.columns 视图可以查看到 userinfo 表所属的数据库名、列名以及列的数据类型等信息。

说明： 前面讲过的使用 SP_HELP、sys.objects 和 Information_schema.columns 这 3 种查询表信息的方式，它们都在什么时候使用呢？SP_HELP 主要用于查询表中所有的信息，包括表的创建信息、列信息以及其他的信息；sys.objects 主要用于查询表的创建信息；Information_schema.columns 用于查询表的列信息。知道了它们的用途，读者可以根据自己的需要自行选择了吧！

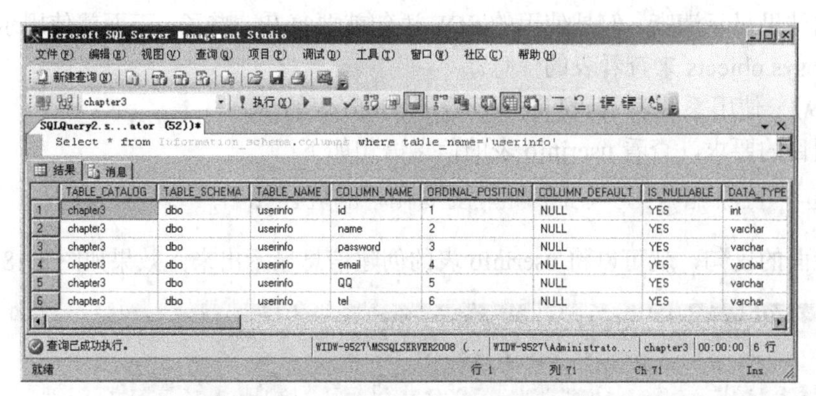

图 3.19　使用 Information_schema.columns 查看 userinfo 表

3.3　修改数据表

任何事务都不可避免地会遇到修改的问题，数据表也不例外。创建好的数据表都可以修改它的哪些内容呢？告诉你吧，其实几乎所有的内容都是可以修改的，包括修改字段的数据类型、添加或减少表中的字段、修改表中字段名字以及给表改名等。另外，还有一个好工具可以帮助我们修改数据表，那就是企业管理器。在本节中，将为读者详细讲述如何修改数据表。

3.3.1　改一改表中的数据类型

表中的数据类型，可以说是最常修改的一项内容了。之所以说它是最常修改的，其实多半是由于数据表的设计人员在设计表时设计的长度不够或者是创建表时写错了。修改数据类型是一件很容易的事情哦，请看下面的语法吧。

```
ALTER TABLE table_name
ALTER COLUMN column_name  datatype;
```

其中：

- table_name：表名。要修改的数据表名，在执行修改语句时，也要先使用 USE 语句打开表所在的数据库。
- column_name：列名。数据表中的列名。如果不清楚表中的列名，可以先查看一下表的信息再进行修改。
- datatype：数据类型。给表中列新设置的数据类型。能够设置新类型的前提是该字段中存放的值能够兼容新设置的类型。通常，都是在表中还没有存放数据时修改数据类型。

【示例 11】 修改用户信息表（userinfo），将其中的用户名列（name）的数据类型改成 varchar(30)。

根据题目要求，只是将数据类型的长度更改了一下，具体的语句如下：

```
USE chapter3                          --打开 chapter3 数据库
ALTER TABLE userinfo
ALTER COLUMN name varchar(30);
```

执行上面的语句后，就可以将用户信息表（userinfo）中的姓名列（name）的数据类型更改成 varchar(30)了。执行效果如图 3.20 所示。

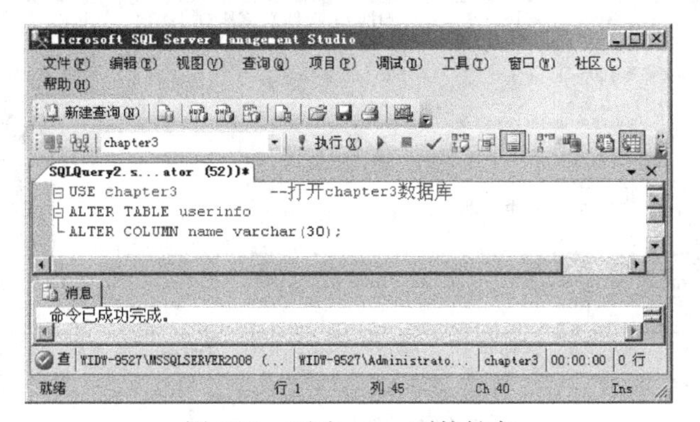

图 3.20　更改 name 列的长度

3.3.2　更改表中字段的数目

如果一张数据表创建好了，根据实际的项目需求需要添加或删除一些字段，这时就可以用到修改表中字段数目的语句了。修改表中字段数目的语句比较简单，但是也得读者认真记忆，以免混淆。

（1）向表中添加字段

```
ALTER TABLE table_name
ADD column_name datatype;
```

其中：

- table_name：表名。
- column_name：新添加的列名。列名不能与表中已经存在的列重名，因此在添加列时最好先查看一下表中现有列的信息。
- datatype：数据类型。

（2）删除表中的字段信息

```
ALTER TABLE table_name
DROP COLUMN column_name;
```

其中：

- table_name：表名。
- column_name：列名。删除后的字段可不能恢复了，在删除前可要考虑清楚了。

【示例 12】 向用户信息表（userinfo）中添加一个备注列（remark），数据类型是 varchar(50)。

根据题目要求，查看了用户信息表后，发现备注列（remark）在用户信息表中没有重名。具体的语句如下：

```
USE chapter3;
ALTER TABLE userinfo
ADD remark varchar(50);
```

执行上面的语句后，就在用户信息表 userinfo 中就增加了备注列（remark）。执行效果如图 3.21 所示。

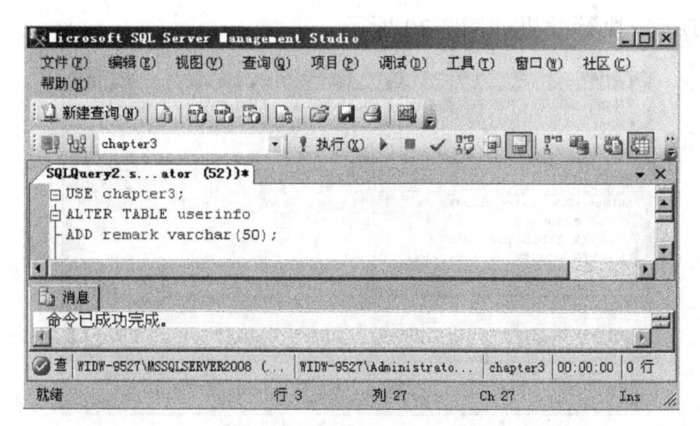

图 3.21　添加 remark 列

【示例 13】 删除在示例 12 中为用户信息表（userinfo）添加的备注列（remark）。

根据题目的要求，删除字段的语句如下：

```
USE chapter3;
ALTER TABLE userinfo
DROP COLUMN remark;
```

执行上面的语句，就可以将用户信息表（userinfo）中的备注列（remark）删除了。执行效果如图 3.22 所示。

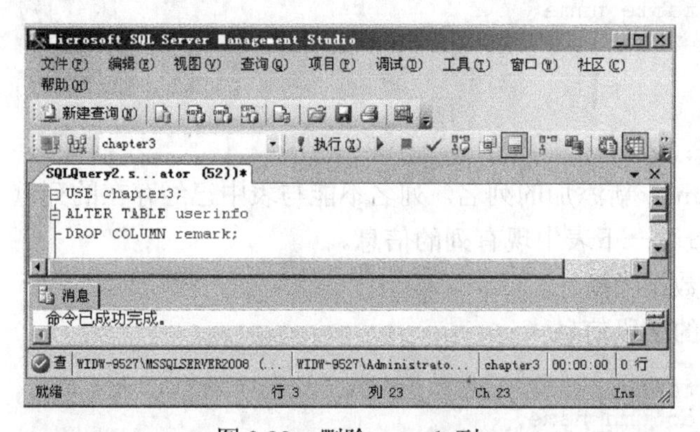

图 3.22　删除 remark 列

3.3.3　给表中的字段改名

要想给表中的字段改名，用 ALTER 语句可就不行喽。那用什么语句来给表中的字段改名呢？如果读者已经学习过了第 2 章，在第 2 章中修改数据库的名字用什么来着？没错，就是用存储过程 sp_rename 来完成的。这里，也可以通过 sp_rename 来修改字段的名字。具体的语法如下：

```
sp_rename 'tablename.columnname','new_columnname';
```

其中：

- tablename.columnname：原来表中的字段名。记住，表中的字段名要加上单引号。

- new_columnname：新字段名。新字段名也要加上单引号，并且不能与其他的字段名重名。

【示例 14】 将用户信息表（userinfo）中的用户名（name）字段的名字更改成 username。

根据题目的要求，对用户名字段改名，username 在用户信息表中没有与之重复的。修改语句如下：

```
sp_rename 'userinfo.name','username';
```

执行上面的语句，就可以将用户信息表（userinfo）中的用户名（name）字段的名字改成 username 了。执行效果如图 3.23 所示。

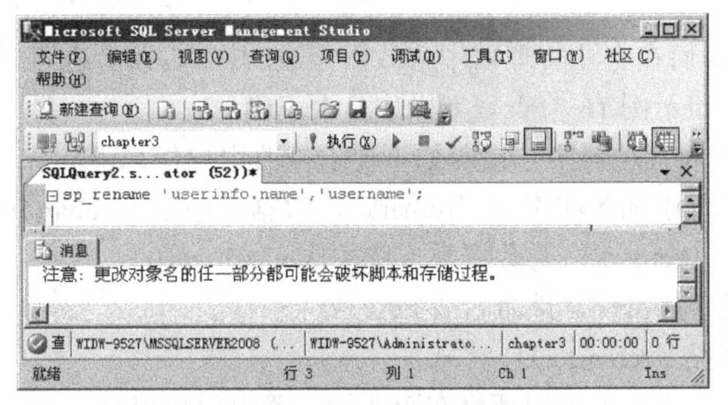

图 3.23　将列名 name 更改成 username

从图 3.23 中，虽然没有看到“执行成功”的字样，但是列名已经更改了。读者可以利用 select*from Information_schema.columns where table_name='userinfo'语句查看一下效果。

3.3.4　给数据表也改个名

既然表中的字段名可以更改，数据表的名字能改吗？答案是肯定，但是不能用 ALTER 语句修改。也要用 sp_rename 语句来修改，这回修改语句可与修改数据库名字的语句类似了。把你想到的和下面的语法对照一下，看看是不是想对了呢？

```
sp_rename old_tablename,new_tablename;
```

这里，old_tablename 是原来的表名，new_tablename 是修改后的表名。在更改表名的时候也要记得留意一下数据库中是否有你要创建的表名。另外，在修改表名之前还要将该表存在的数据库用 USE 打开。

【示例 15】 将用户信息表（userinfo）的名字修改成（newuserinfo）。

根据题目要求，新表名 newuserinfo 在 chapter3 数据库中不存在。修改的语句如下：

```
sp_rename userinfo,newuserinfo;
```

执行上面的语句，在 chapter3 中就没有名为 userinfo 的数据表了，而多了一个名字为 newuserinfo 的数据表。执行效果如图 3.24 所示。

3.3.5　使用企业管理器更容易修改表

有了在企业管理器中创建表的基础，使用企业管理器修改数据表就很容易了。下面就

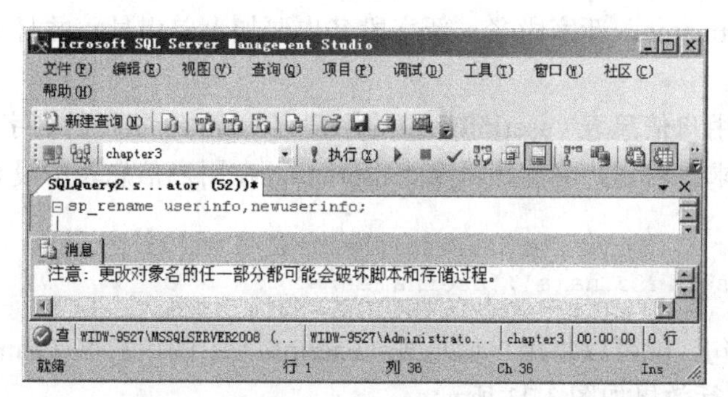

图 3.24　将表 userinfo 更改成 newuserinfo

用示例 16 演示一下如何在企业管理器中修改数据表的操作。读者也可以根据自己的想法尝试修改一下，然后对照示例 16 检查一下操作是否正确。

【示例 16】 在企业管理器中，按照如下要求修改用户信息表 userinfo。

（1）向用户信息表添加备注字段（remark），数据类型是 varchar(50)

（2）将备注字段（remark）的数据类型修改成 varchar(100)

（3）将备注字段（remark）重命名成 remarks

（4）删除备注字段（remarks）

根据题目的要求，这 4 个小题都将在企业管理器中用户信息表（userinfo）的表设计界面中完成。那么，就先见识一下修改表时的表设计界面吧。在企业管理器中的对象资源管理器里，展开 chapter3 数据库节点，在其中的“表”节点下，右击 userinfo 表，在弹出的右键菜单中选择“设计”选项，如图 3.25 所示。

下面就在图 3.25 所示的界面中，按照题目的顺序演示如何修改数据表。

（1）添加字段操作很简单哦，只要在图 3.25 所示的界面中，tel 所在行的下方，单击“列名”所对应的单元格，并录入列名 remark，数据类型为 varchar(50)即可。录入后的效果如图 3.26 所示。

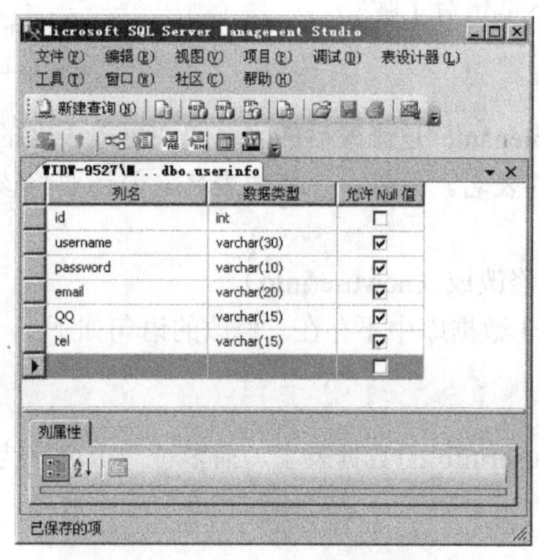

图 3.25　userinfo 表的设计界面

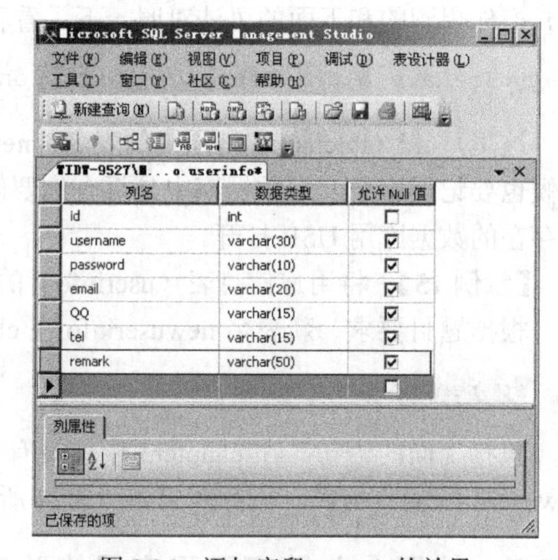

图 3.26　添加字段 remark 的效果

添加字段后，记得要保存表的信息。保存信息后就完成了第 1 小题的任务了。

（2）修改 remark 字段的数据类型在图 3.26 所示的界面中操作就可以了，直接将 remark

字段的数据类型 varchar(50)改成 varchar(100)。效果如图 3.27 所示。

同样，也要将图 3.27 所示的结果保存后才完成修改操作哦！

（3）重命名 remark 字段，与修改 remark 字段的数据类型相似，在图 3.27 所示的界面中操作就可以了。操作方法就是直接单击 remark 所在的单元格，然后将其改成 remarks 即可。效果如图 3.28 所示。

修改 remark 字段的名称后，保存即可。

（4）删除 remarks 字段在图 3.28 所示的界面中操作就可以，右击 remarks 字段所在的行，在弹出的右键菜单中选择“删除列”选项，即可将该列删除。删除后也不要忘记保存表信息！

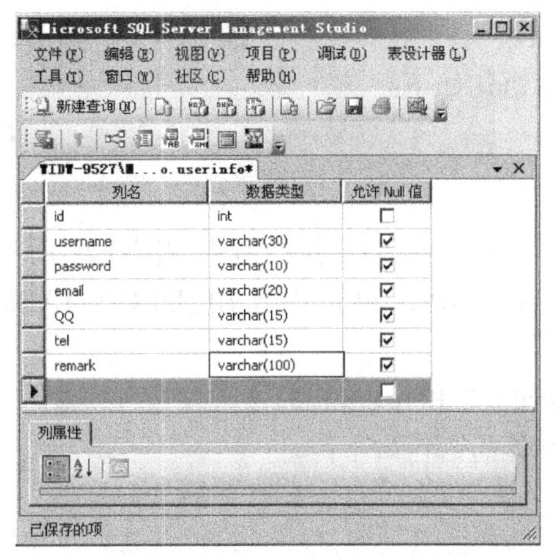

图 3.27　修改 remark 字段的数据类型

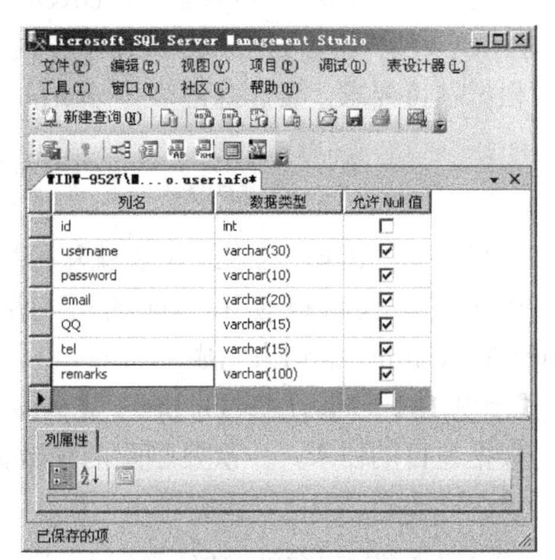

图 3.28　重命名 remark 字段

说明： 在示例 16 中讲解了在企业管理器中修改表的一些操作，除了这些操作外，还可以进行将表中的列删除、给列设置成标识列等操作。

3.4　删除数据表

当不再需要某一个数据表时，可以通过 SQL 语句或者是企业管理器将其删除。但是，删除后的数据表就很难恢复了。因此，在删除数据表前一定要先将数据表备份一下，以免带来不必要的损失哦！

3.4.1　删除数据表的语法

删除数据表的语法要比前面介绍的创建、修改数据表的语法简单多了，记住 DROP 关键字就差不多了！创建和修改数据表时每次只能创建或修改一张数据表，但是删除的时候则可以一次删除多张数据表！这就像盖房子一样，房子得一层一层地盖，但是拆房子却可以通过爆破一下把整个房子都拆了。拆了很难恢复了，读者一定要小心地对待删除表的操作啊！删除数据表的语法如下：

```
DROP TABLE database_name.table_name1, database_name.table_name2,…
```

其中：

- ❑ database_name：数据库名。要删除的表所在的数据库名。如果已经把表所在的数据库打开了，那么，数据库名就可以省略了。但是，要删除其他数据库中的表，就要加上数据库名。
- ❑ table_name：表名。

3.4.2　使用 DROP 语句去掉多余的表

通过学习 DROP TABLE 删除数据表的语句，读者已经清楚如何删除数据表了吧！下面就通过下面几个例子来应用一下 DROP TABLE 语句。

【示例 17】 删除 chapter3 数据库中的 userinfo1。

根据题目要求，要删除的表是 userinfo1。删除语句如下：

```
USE chapter3
DROP TABLE userinfo1;
```

执行上面的语句，userinfo1 表就从数据库 chapter3 中移除了。执行效果如图 3.29 所示。

该示例不仅可以使用上面的语句删除表 userinfo1，也可以使用 DROP TABLE chapter3.userinfo1 语句来完成。

【示例 18】 同时删除 chapter3 数据库中的 userinfo2 和 userinfo3。

根据题目的要求，一次要删除两张数据表。具体的语句如下：

```
USE chapter3;
DROP TABLE userinfo2, userinfo3;
```

执行上面的语句，就可以将表 userinfo2 和 userinfo3 从数据库 chapter3 中移除了。执行效果如图 3.30 所示。

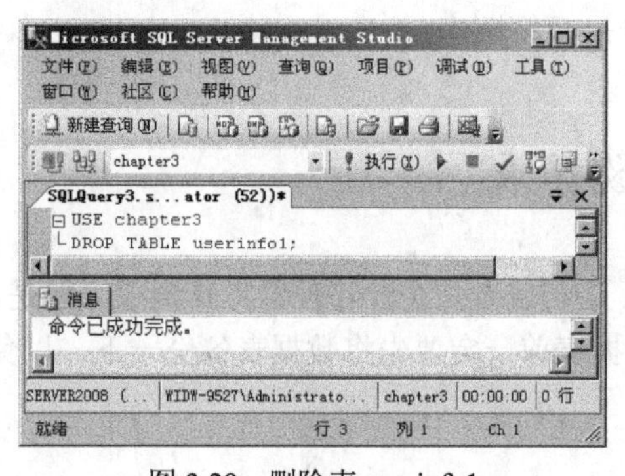

图 3.29　删除表 userinfo1

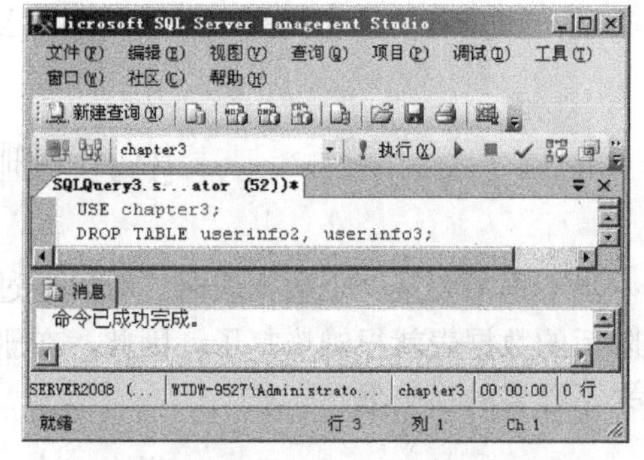

图 3.30　删除表 userinfo2 和 userinfo3

注意：如果要删除的数据表在数据库中不存在，在执行删除语句后，会出现如图 3.31 所示的错误提示。

3.4.3　使用企业管理器轻松删除表

现在就来讲解在企业管理器中最简单的一个表操作了，那就是删除数据表。在企业管理器中删除数据表时不需要使用表设计器，直接使用鼠标就可以操作了。下面就用示例 19

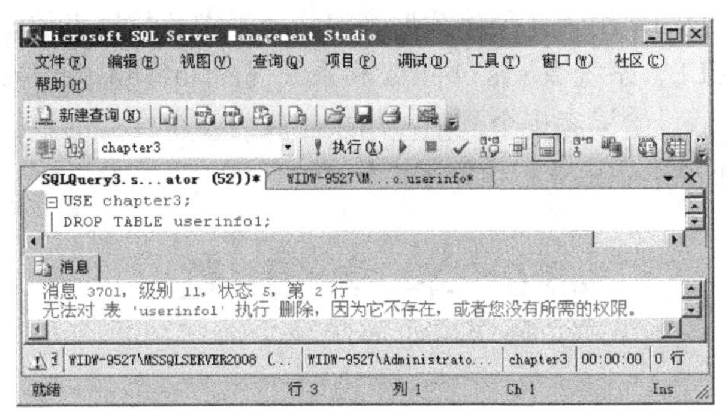

图 3.31　删除不存在表的错误提示

来演示删除操作。

【示例 19】 在企业管理器中删除 userinfo 表。

在对象资源管理器里，右击要删除的数据表 userinfo，在弹出的右键菜单中选择“删除”选项，弹出如图 3.32 所示的界面。

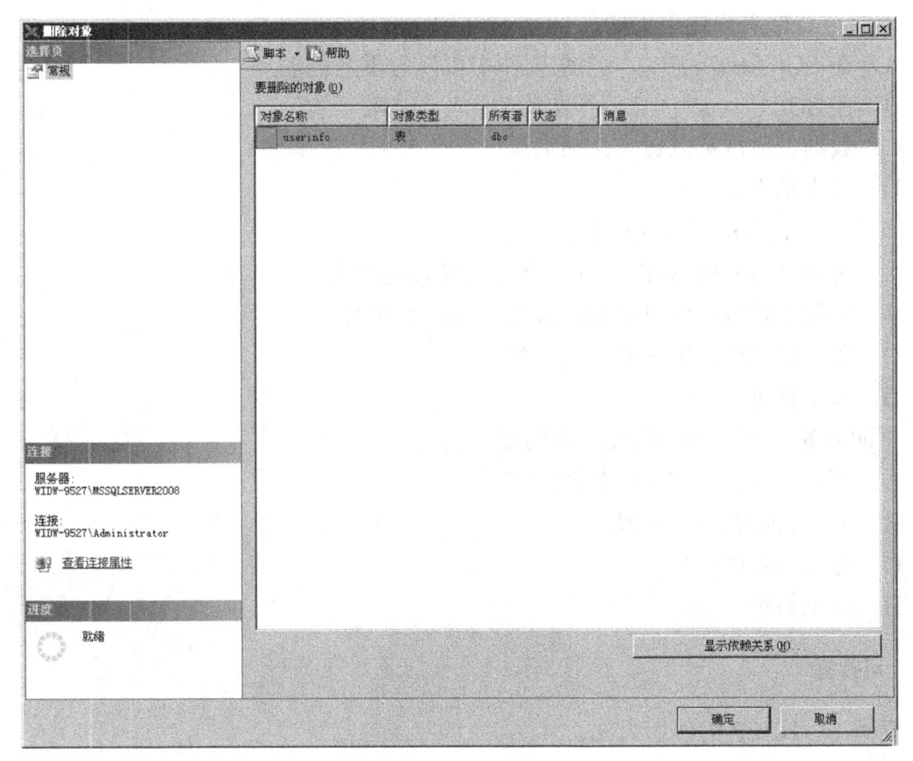

图 3.32　删除表界面

在图 3.32 所示的界面中，单击“确定”按钮即可将 userinfo 表删除了。

3.5　本 章 小 结

在本章中主要讲解了 SQL Server 里数据表字段的数据类型、使用 SQL 语句和企业管理器创建数据表、修改数据表以及删除数据表。其中，在讲解数据类型时着重讲解了整型、浮点型以及字符串类型的使用。在创建数据表部分除了讲解数据表的创建，还讲解了如何使用存储过程 SP_HELP、系统表 sys.objects 和系统视图 Information_schema.columns 来查看数据表的信息。最后，给读者提个醒吧，如果想成为一个优秀的数据库管理器员，还是要记牢 SQL 语句，不能单靠企业管理器来操作的。

3.6 本 章 习 题

一、填空题

1．常见的数据类型有________。

2．创建数据表使用的是________。

3．临时表时以________为前缀。

二、选择题

1．下面对数据表描述正确的是________。

A．在 SQL Server 中，一个数据库中可以有重名的表

B．在 SQL Server 中，一个数据库中表名是唯一的

C．数据表通常都以数字来命名

D．以上都不对

2．下面对创建表的描述正确的是________。

A．可以使用 CREATE 语句创建不带字段的空表

B．在创建表时，就可以为表设置自动增长字段

C．在创建表时，字段名可以重复

D．以上都对

3．下面对修改数据表的描述正确的是________。

A．可以修改表中字段的数据类型

B．可以删除表中的字段

C．可以将表重命名

D．以上都对

三、问答题

1．简述 SP_HELP 的使用方法。

2．如何给表重命名。

3．如何在其他文件组上创建数据表。

四、操作题

创建名为 test 的数据表（自定义表结构），并对表做如下操作。

（1）将表中的第 1 个字段删除。

（2）将表中的第 2 个字段改名。

（3）将表 test 的名字更改成 newtest。

第 2 篇　表操作基础

第 4 章　约束表中的数据

在 SQL Server 数据库中，约束是对表中数据制约的一种手段。通过约束的帮助，可以增强表中数据的有效性以及完整性。约束可以理解成是一种规则或者要求，它规定了在数据表中哪些字段可以输入什么样的值。在现实生活中，也有很多与约束类似的例子，比如，在马路上分为机动车道和非机动车道，在机动车道上只能机动车通行，在非机动车道上只能非机动车通行，否则就会造成重大的交通事故。

本章的主要知识点如下：

- ❑ 为什么要使用约束
- ❑ 主键约束
- ❑ 外键约束
- ❑ 默认值约束
- ❑ 检查约束
- ❑ 唯一约束
- ❑ 非空约束

4.1　为什么要使用约束

在第 3 章中已经学习过如何在 SQL Server 数据库中创建数据表了，显然没有约束也是可以创建数据表的。那么，为什么还要学习给表设置约束呢？约束都能给我们带来哪些好处呢？带着这两个问题，我们进入下面的学习。

首先解决第 1 个问题，为什么要使用约束。下面看一张学生信息表中的数据，如表 4-1 所示。

表 4-1　学生信息表

学　号	姓　名	年　龄	性　别	专　业
120001	张三	20	男	软件技术
120001	张三	20	男	软件技术
120002	王五	210	女	会计
120003	刘六	23	23	工程管理
120004	周七	22	男	土木工程
120005	久久	21	男	

在表 4-1 的数据中找找问题，看看是否存在如下问题呢？

（1）有两个学号是 120001 的学生记录，并且两条记录完全相同。

（2）学号是 120002 的王五同学的年龄是 210。

（3）学号是 120003 的刘六同学的性别是 23。

（4）学号是 120005 的久久同学的专业信息是空的。

上面的 4 个问题是向数据表中录入数据时常见的错录或漏录的问题。那么，如何避免这些问题的产生呢？这就是我们要解决的第 2 个问题了，约束给我们带来的好处。先认识一下 SQL Server 中的约束，再考虑应该用哪种约束解决上面的 4 个问题吧。

在 SQL Server 数据库中主要包括主键约束、外键约束、默认值约束、检查约束、唯一约束和非空约束。这 6 种约束的给我们带来的好处如下。

- 主键约束：在一张数据表中只能设置一个主键约束。它主要是用来确保列的唯一性的。另外，设置主键约束的列不能够为空。主键约束的列可以由 1 列或多列来组成，由多列组成的主键被称为联合主键。有了主键约束，在数据表中就不用担心出现重复的行了。
- 外键约束：是这 6 种约束中唯一一个涉及到两张表的约束。它可以确保两张表中数据的一致性和完整性。比如：在录入学生的专业信息时，只能录入学校已经开设的专业，不能随意录入专业。也就是说，有了外键约束，在数据表中就可以保证数据的准确性了。
- 默认值约束：一张表中可以设置多个默认值约束的列。但是，每一个列默认值只有一个。这就好像是家里的电源开关，默认的时候是关着的，使用的时候是开着的。有了默认值约束，在数据表中设置默认值约束的列就不会出现空值了。
- 唯一约束：一张表中可以设置多个唯一约束的列。唯一约束与主键约束有些相似，也是确保列值不重复的，不同的是唯一约束可以允许列有空值存在并且可以设置多个唯一约束。有了唯一约束，就可以确保数据表中某些列的值是唯一的。
- 检查约束：一张表中也可以设置多个检查约束。它主要是用来规定表中某一列输入值的取值范围的。它可以规定在某一列只能输入哪些值，或者一个具体的范围。比如：在学生性别列上只能输入“男”或“女”，在学生年龄列上只能输入 30 以下的数。有了检查约束，就可以避免向表中输入一些垃圾数据了。
- 非空约束：一张表中也可以设置多个非空约束。它主要是用来规定某一列必须要输入值。有了非空约束，就可以避免表中出现空值了。

知道了这 6 种约束的好处了，现在就来看看如何设置约束来避免出现表 4-1 中出现的 4 个问题了。

（1）针对学号 120001 的张三有两条重复的记录，可以将学号列设置成主键约束。这样，就能够确保学号在学生信息表中是唯一的并且又没有空值。

（2）针对学号 120002 的王五年龄是 210 的问题，可以在年龄列上设置一个检查约束，确保年龄在 18～45 之间。

（3）针对学号 120003 的刘六性别是 23 的问题，也可以通过设置检查约束来解决。将性别列设置成只能输入“男”或“女”。

（4）针对学号 120005 的久久专业为空的问题，可以将专业列设置非空约束。这样，就必须在录入学生信息时，录入专业信息了。另外，通常情况下，学校的管理系统中都会有一张专业信息表，学生信息表中的专业都来源于专业信息表。这时，就可以将学生信息表中的专业设置成与专业信息表中专业信息的外键约束。

看来，约束还真的有用呦！刚才讲的都是纸上谈兵，下面让我们来动手在 SQL Server 中真正地使用这些约束吧。

4.2　主键约束——PRIMARY KEY

使用主键约束请记住 PRIMARY KEY 这个关键字，通常主键的名字都会以 PK 开头的。主键约束几乎在每张数据表都存在，主要是用来确保表中数据的唯一性。主键约束在使用时也很简单，可以通过 SQL 语句来创建也可以通过 SQL Server 的企业管理器来创建。下面就尽你所能来模仿吧。

4.2.1　在建表时直接加上主键约束

主键约束在创建表时很容易就可以加上，但是，要记住主键约束在每张数据表中只有一个。在设置主键约束时要先确定表中主键约束是单列的主键约束还是由多列组成的联合主键约束。在创建主键约束时可以通过下面两种语法规则来创建。

1．使用 SQL 语句设置列级主键约束

所谓列级主键约束就是在数据列的后面直接使用 PRIMARY KEY 关键字设置，并不指明主键约束的名字。这时的主键约束名字是由数据库系统自动生成的。具体的语法如下所示。

```
CREATE TABLE_NAME table_name
(
COLUMN_NAME1  DATATYPE PRIMARY KEY,
COLUMN_NAME2  DATATYPE,
COLUMN_NAME3  DATATYPE
  ......
)
```

上面的语法规则读者可以看出来，它与创建表时的语法规则是类似的，只是在需要设置主键约束列的后面加上了 PRIMARY KEY 而已。但是，如果需要设置联合主键时就不能再使用设置列级主键约束的方法了。

2．使用 SQL 语句设置表级主键约束

所谓表级主键约束，也是在创建数据表时创建的，但是可以指定主键约束的名字。另外，设置表级主键约束可以设置联合主键。具体的语法如下：

```
CREATE TABLE_NAME table_name
(
COLUMN_NAME1  DATATYPE,
COLUMN_NAME2  DATATYPE,
COLUMN_NAME3  DATATYPE
......
[CONSTRAINT constraint_name] PRIMARY KEY(COLUMN_NAME1, COLUMN_NAME2,…)
)
```

这里，[CONSTRAINT constraint_name]是用来设置主键约束名字的，可以省略。省略

后主键约束的名字依然是由系统自动产生的。通常，在创建表级主键约束时，都会为其指定一个名字，这样能够方便对约束的管理。在 PRIMARY KEY 后面的括号里可以放置 1 个或多个用于设置主键约束的列，这些列之间用逗号隔开就可以了。

上面的两个语法格式记住了吗？现在就要开始演练了！

【示例 1】 创建一个水果商店的商品信息表，表结构如表 4-2 所示。并分别通过设置列级和表级主键约束的方法为编号设置主键约束。

表 4-2　水果信息表（fruitinfo）

编号	列　名	数 据 类 型	中 文 释 义
1	id	INT	编号
2	name	VARCHAR(20)	名称
3	price	DECIMAL(6,2)	价格
4	origin	VARCHAR(20)	产地
5	tel	VARCHAR(15)	供应商联系方式
6	remark	VARCHAR(200)	备注

（1）使用列级约束设置的方法创建主键约束，语句如下：

```
CREATE TABLE fruitinfo
(
  id INT PRIMARY KEY,
  name VARCHAR(20),
  price DECIMAL(6,2),
  origin VARCHAR(20),
  tel   VARCHAR(15),
  remark VARCHAR(200)
)
```

（2）使用表级约束设置的方法创建主键约束，语句如下：

```
CREATE TABLE fruitinfo
(
  id INT,
  name VARCHAR(20),
  price DECIMAL(6,2),
  origin VARCHAR(20),
  tel   VARCHAR(15),
  remark VARCHAR(200),
  PRIMARY KEY(id)
)
```

这里，PRIMARY KEY(id)就代表了给 id 列设置了主键约束，但是没有给主键约束起名字。读者可以试着给主键约束起个名字。

通过上面的两种方式就在数据库中创建了水果信息表（fruitinfo），下面通过 sys.objects 表来查看一下是否真的创建成功了。查询语句如下所示，如果不清楚查询语句的写法可以参考第 3 章中关于 sys.objects 表的讲解。

```
select name,type,type_desc
from sys.objects
where parent_object_id=object_id('fruitinfo') and type='PK';
```

结果如图 4.1 所示。

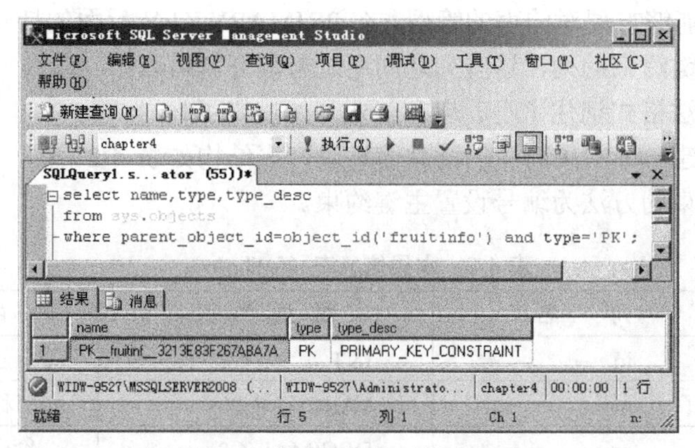

图 4.1　查看主键是否创建界面

在图 4.1 所示的结果中，可以看到 name 列中显示的就是主键的名字。

4.2.2　在修改表时加上主键约束

如果在创建数据表时忘记了设置主键约束或者是还没有想好将哪个列设置成主键约束，不用怕，主键约束也可以在修改表的时候加上。但是，在修改表时添加主键约束，就必须要使用表级约束的方式来添加了。

修改表时添加主键约束，依然使用 ALTER TABLE 语句来完成。具体语法如下：

```
ALTER TABLE table_name
ADD CONSTRAINT pk_name PRIMARY KEY(column_name1, column_name2,…)
```

其中：

- pk_name：是要设置的主键名称。
- column_name1，column_name2,…：是要设置成主键的列，可以是 1 到多个列，多个列之间用逗号隔开。

有了语法，就让我们来练习一下吧。

【示例 2】 将水果信息表（fruitinfo）的编号列设置成主键。假设水果信息表已经存在但是没有设置主键。

使用 ALTER TABLE 语句设置主键，语句如下：

```
ALTER TABLE fruitinfo
ADD CONSTRAINT pk_fruitinfo PRIMARY KEY(id);                --添加主键约束
```

上面的语句执行成功后，就可以为 fruitinfo 表创建一个名为 pk_ fruitinfo 的主键约束了。通过 sys.objects 表查看创建后的结果如图 4.2 所示。查询语句与示例 1 相同。

通过图 4.2 的所示的结果，就可以看到刚才创建的 pk_fruitinfo 主键约束已经加入到水果信息表中了。

4.2.3　去除主键约束

如果表中的主键约束出现误加的情况或者想换一个列作为主键约束，首先要做的是去

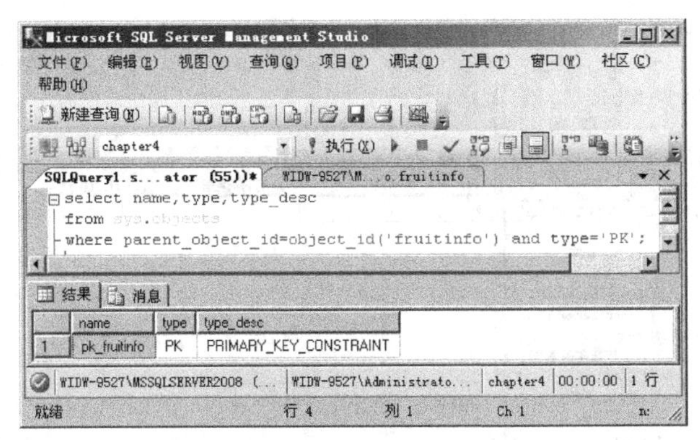

图 4.2　添加主键约束 pk_fruitinfo

除表中当前的主键约束，然后再重新创建主键约束。将表中的主键约束去除是很容易的事情，就像买东西的时候需要挑来挑去，扔东西的时候只需要直接扔到垃圾箱就可以了。去除主键约束的语法如下：

```
ALTER TABLE table_name
DROP CONSTRAINT pk_name
```

其中：

- table_name：要去除主键约束的表名。
- pk_name：主键约束的名字。

注意：如果想去除某张表中的主键约束时，不知道主键约束的名字，可以通过 sys.objects 先查看一下表中主键约束的名字，然后再删除。

【示例 3】 将水果信息表（fruitinfo）中的主键约束去除。

在示例 2 中为水果信息表添加的主键名称是 pk_fruitinfo，有了主键名称，去除主键就很容易了。语句如下：

```
ALTER TABLE FRUITINFO
DROP CONSTRAINT PK_FRUITINFO;
```

执行上面的语句后，水果信息表（fruitinfo）中就没有主键约束了。

4.2.4　使用企业管理器轻松使用主键约束

前面的几个小节里，读者已经知道了如何使用 SQL 语句来添加和去除主键约束。可能读者觉得用语句操作主键约束太繁琐了，还要记那么多的语法。现在就教给大家一个最简单的方法，在企业管理器中使用主键约束。为了能够显示出企业管理器的方便性，用企业管理器重新完成示例 1～示例 3 的练习。

【示例 4】 使用企业管理器在创建水果信息表时添加主键约束。

使用企业管理器完成主键约束的添加，只需如下两个步骤即可。

（1）创建水果信息表

打开企业管理器，展开 chapter4 数据库，然后右击表文件夹，在弹出的右键菜单中选择“新建表”选项，界面如图 4.3 所示。

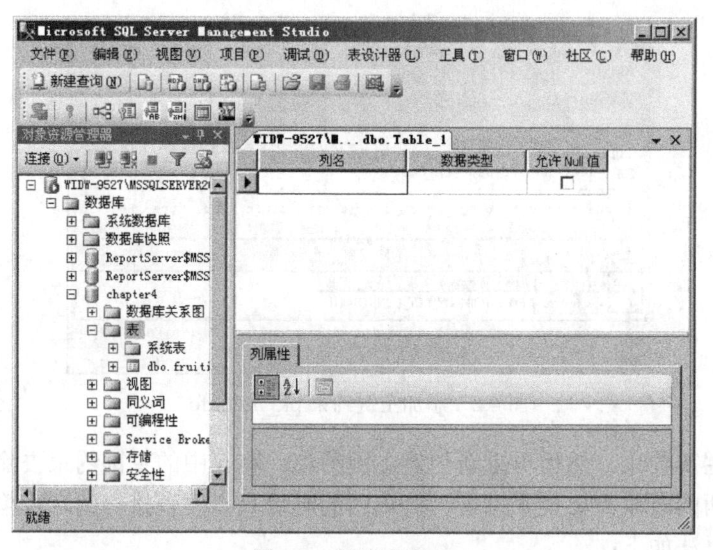

图 4.3　新建表窗口

在图 4.3 所示的界面中，录入表 4-2 所示表结构中的字段信息。录入后效果如图 4.4 所示。

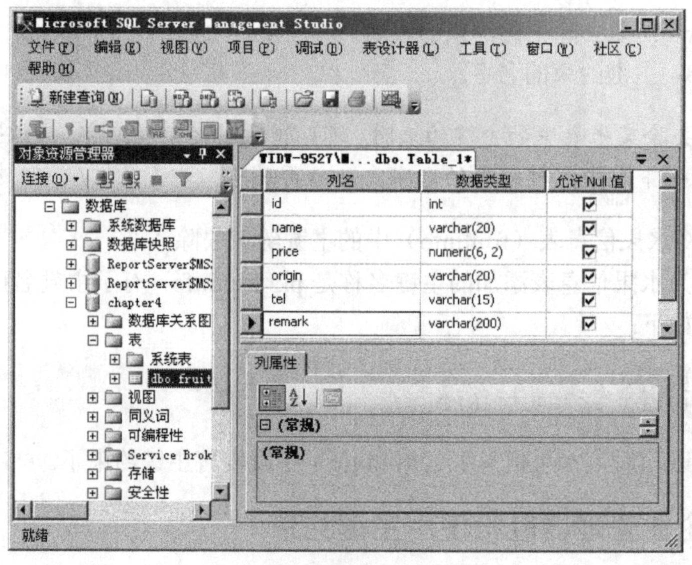

图 4.4　水果信息表的结构

（2）添加主键约束

有了图 4.4 的表结构，就意味着已经前进一大步了。下面再向前冲刺一下就完成了。在图 4.4 所示的界面中，右击要设置成主键约束的列，如图 4.5 所示。

在图 4.5 所示的右键菜单中，选择“设置主键”选项，即可完成主键的设置。如果是多列需要设置成联合主键，可以按下 Ctrl 键加选要设置成主键的列，然后再使用右键菜单中的“设置主键”选项设置。另外，也可以选中要设置主键的列后，单击工具栏上的图标来设置主键。设置成主键的列，在列的前面会出现一个小钥匙的图标。这样就完成了主键的设置。还有，最后一定要保存数据表！

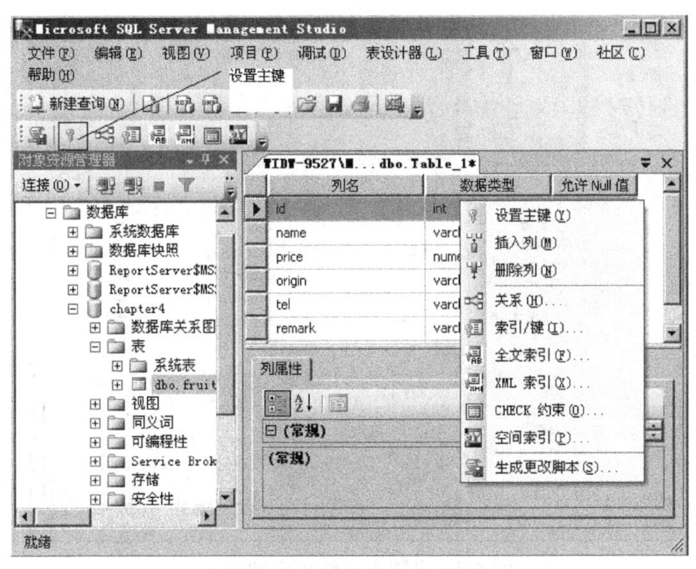

图 4.5　列操作的右键菜单

【示例 5】 使用企业管理器在修改水果信息表时添加主键约束。

在修改表时添加主键约束就更加简单了，不需要创建表，只需要打开表就可以创建了。记住，还是两个步骤。

（1）打开要添加主键约束的数据表的设计页面

打开企业管理器，展开 chapter4 数据库，右击 fruitinfo 表，在出现的右键菜单中选择“设计”选项，打开表的设计界面，如图 4.6 所示。

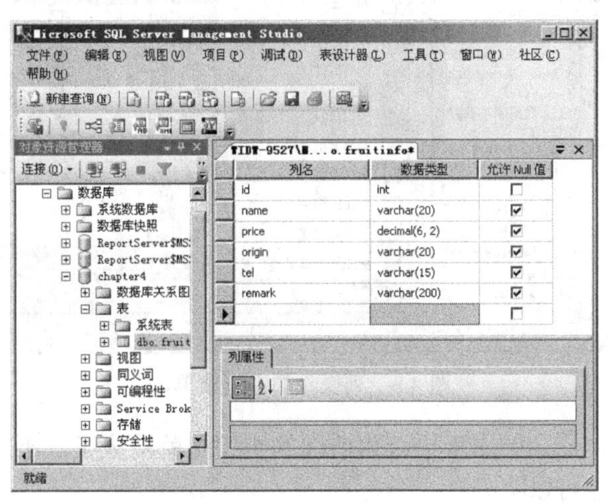

图 4.6　fruitinfo 的设计页面

（2）设置主键约束

在图 4.6 所示的界面中，右击要设置主键的 id 列，在弹出的右键菜单中选择“设置主键”选项，即可完成主键约束的设置。设置后的效果如图 4.7 所示。

【示例 6】 删除水果信息表中的主键约束。

通过前面的示例 5 和示例 6，相信读者已经了解了企业管理器是如何设置主键约束的了。那么去除主键约束的方法，你想到了吗？很简单，就是右击设置为主键约束的列，在

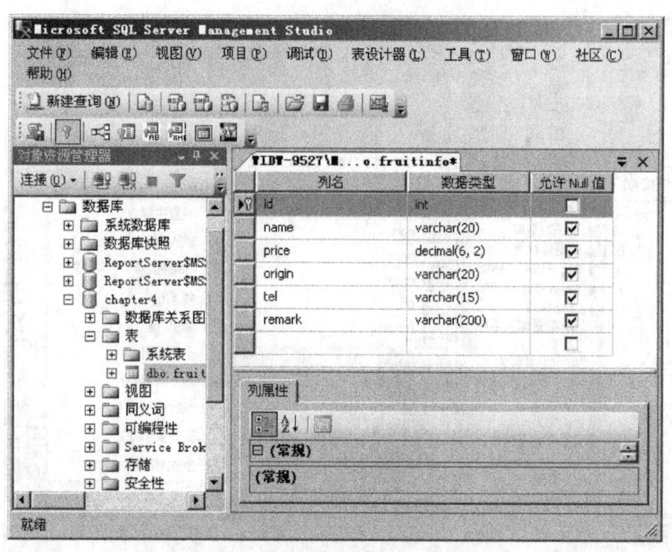

图 4.7　设置主键约束后的效果

弹出的右键菜单中（如图 4.8 所示），选择“删除主键”选项，即可完成删除主键的操作。

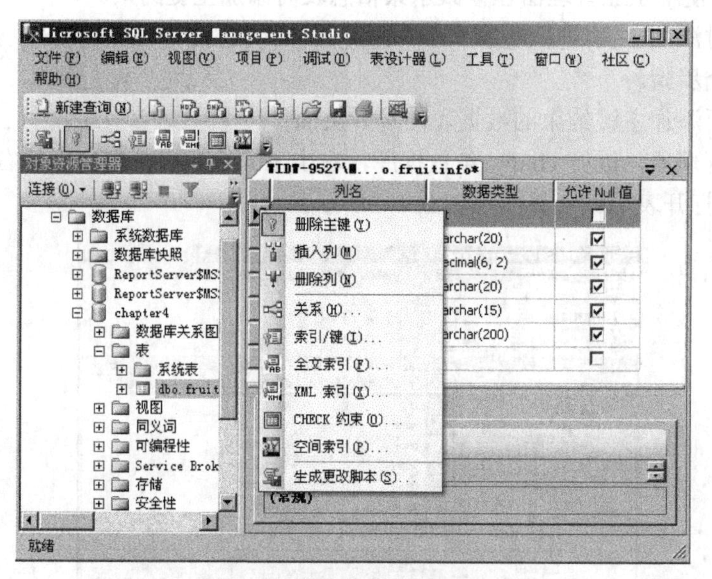

图 4.8　列操作的右键菜单

删除主键约束后，原来的主键约束列前面的小钥匙就消失了。不要高兴得太早哟，记得要保存对表的操作才可以啊！

4.3　外键约束——FOREIGN KEY

外键约束是唯一一个与两张表相关的约束，它主要的用途就是制约数据表中的数据，能够确保数据表中数据的有效性。这就好像是去书店购买图书，只能购买书店中有的图书，不能想买什么书就有什么书。回到数据库中也是一样，在购买图书时只能选择书店中显示的图书列表中的图书，无法选择其他的图书。如果对这样的数据不加以约束，就会出现一些购买书店中没有的图书这样的无效数据。

4.3.1　在建表时直接加上外键约束

外键约束相对于其他的约束，在设置时有些复杂，但是它又是一个比较重要的约束。因此，请读者要认真学习外键约束的设置方法。外键约束在创建表时就可以添加，但有一个前提就是与这个外键约束相关的那张数据表也已经存在了。否则，就会出现错误了！在创建表时加上外键约束的语法如下：

```
CREATE TABLE table_name
(
col_name1  datatype,
col_name2  datatype,
col_name3  datatype,
CONSTRAINT fk_name FOREIGN KEY (col_name1,…) REFERENCES
referenced_table_name(ref_col_name1,…)
)
```

其中：

- fk_name：外键约束的名字，通常以 fk 开头。
- col_name1：要设置成外键约束的列名，可以由多个列组成。
- referenced_table_name：被引用的表名。
- ref_col_name1：被引用的表中的列名，也可以由多个列组成。

从上面的语法中，可以看出语法中的前半部分都是创建表时用到的，只有最后一句是需要读者记忆的。既然如此，就来演练一下吧。

在演练之前，先来创建一下演练时要用的数据表。仍然用表 4-2 所示的水果信息表为例，再为其创建一张水果供应商信息表，并将其水果信息表中的供应商联系方式换成水果供应商信息表中的编号。这样，两张表的结构就变成了表 4-3 和表 4-4 的样子。

表 4-3　水果供应商信息表（supplierinfo）

编号	列名	数据类型	中文释义
1	id	INT	编号
2	name	VARCHAR(20)	供应商名称
3	tel	VARCHAR(15)	电话
4	remark	VARCHAR(200)	备注

表 4-4　水果信息表（fruitinfo）

编号	列名	数据类型	中文释义
1	id	INT	编号
2	name	VARCHAR(20)	名称
3	price	DECIMAL(6,2)	价格
4	origin	VARCHAR(20)	产地
5	supplierid	INT	供应商编号
6	remark	VARCHAR(200)	备注

创建水果供应商信息表的语句如下：

```
CREATE TABLE supplierinfo
(
  id int primary key,
  name varchar(20),
  tel   varchar(15),
  remark varchar(200)
)
```

将上面的语句在 SQL Server 的企业管理器中执行一下，即可完成水果供应商信息表的创建。示例 7 将演示为表 4-4 中的水果信息表创建外键约束。

【示例 7】 在创建水果信息表（fruitinfo）时，为供应商编号创建外键约束。

根据表 4-4 的结构，创建水果信息表的语句如下：

```
CREATE TABLE fruitinfo
(
  id INT PRIMARY KEY,
  name VARCHAR(20),
  price DECIMAL(6,2),
  origin VARCHAR(20),
  supplierid  INT,
  remark VARCHAR(200)
 CONSTRAINT fk_fruit FOREIGN KEY(supplierid) REFERENCES supplierinfo(id)
                                        -创建外键约束
)
```

执行上面的语句后，就可以为水果信息表（fruitinfo）中的供应商编号创建外键约束。查看是否创建了外键约束，依然可以使用 sys.objects 这个系统表来查看。只是查询语句有些变化，语句如下：

```
select name,type,type_desc
from sys.objects
where parent_object_id=object_id('fruitinfo') and type='F';
                                  --查找在 fruitinfo 表中约束类型是外键约束的信息
```

运行结果如图 4.9 所示。

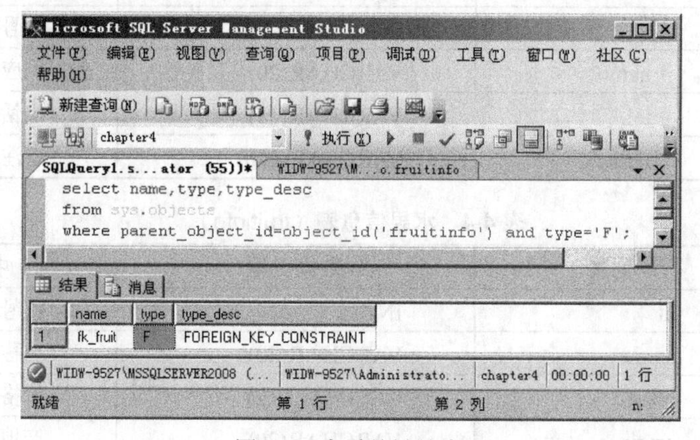

图 4.9　查看外键约束

从图 4.9 所示的结果可以看出，在最后的约束信息框中外键约束 fk_fruit 已经创建了。

说明：除了通过 sys.objects 系统表来查看外键约束之外，还可以通过系统表 sys.foreign_keys 来查看。但是，通过系统表 sys.foreign_keys 查看出来的外键约束是该数据库中存在的所有外键约束。如果读者按照示例 7 的要求创建了外键约束，在当前使用的数据库中也没有其他的外键约束，那么，查询结果就和图 4.10 所示的结果一致。

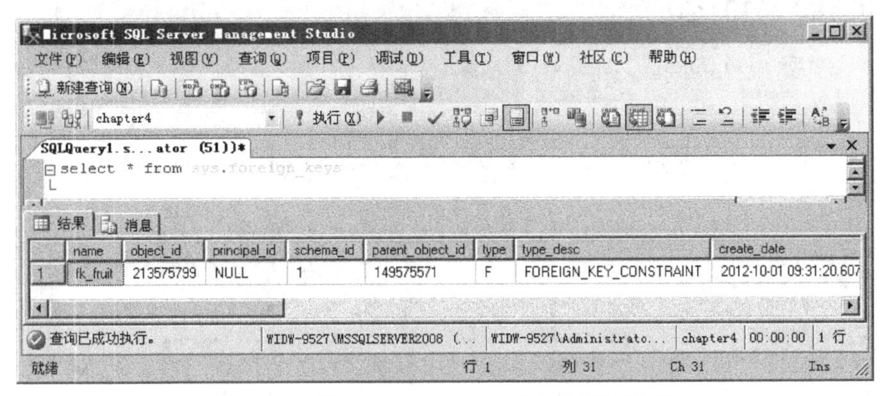

图 4.10　从 sys.foreign_keys 中查看外键约束

4.3.2　在修改表时加上外键约束

如果已经创建了数据表，但是忘记了添加外键约束怎么办呢？当然是不需要重新创建数据表了，只需要在修改表的语句中加上外键约束就可以了。在修改表时添加外键约束的语法如下：

```
ALTER TABLE table_name
ADD CONSTRAINT fk_name FOREIGN KEY(col_name1,…) REFERENCES
referenced_table_name(ref_col_name1,…);
```

其中：

- fk_name：外键约束的名字，通常以 fk 开头。
- col_name1：要设置成外键约束的列名，可以由多个列组成。
- referenced_table_name：被引用的表名。
- ref_col_name1：被引用的表中的列名，也可以由多个列组成。

说明：在添加外键约束前，要确保表中要设置外键约束列的值全部都符合引用表中对应的列值，否则就会出现添加外键约束失败的错误。通常情况下，会在表中还没有添加数据的情况下，为数据表添加约束。

下面就使用上面的语句，来演练一下如何在已经存在的数据表上添加外键约束吧！

【示例 8】 假设表 4-3、表 4-4 中所示的水果供应商信息表（supplierinfo）和水果信息表（fruitinfo）已经存在，现为水果信息表中水果供应商编号（suppelierid）设置成与水果供应商编号（id）的外键。

假设水果信息表中还没有数据，这样在设置外键约束就不会出现错误了。具体的设置语句如下：

```
ALTER TABLE fruitinfo
ADD CONSTRAINT fk_supperlierid FOREIGN KEY(suppelierid) REFERENCES
supplierinfo(id);
```

执行上面的语句后，就可以为水果信息表 fruitinfo 添加外键约束了。效果如图 4.11 所示。

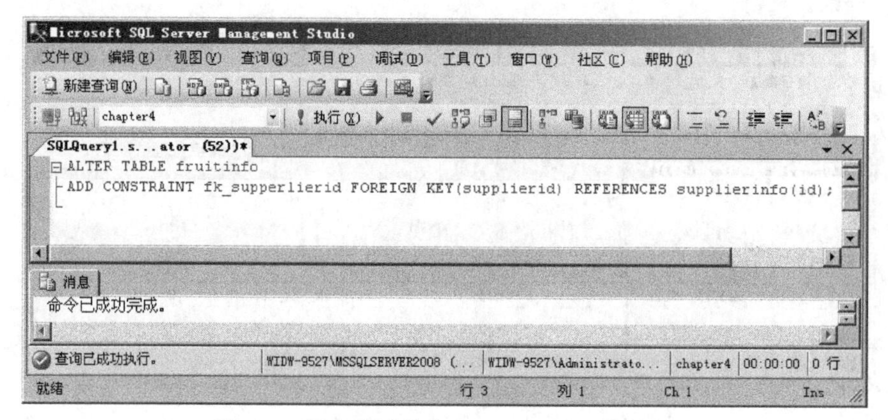

图 4.11　添加外键约束 fk_supperlierid 的效果

4.3.3　去除外键约束

外键约束既然能够添加，当然也能够去除。使用 SQL 语句去除外键约束时，最重要的就是要知道你要去除的外键约束名称。这样好像是在商场买东西，去退货时都需要购买凭证一样。但是，如果真的记不起来了，也是可以通过会员卡号来查找的。对于数据库来说，虽然忘记了外键约束的名字，但是应该知道要去除外键约束的表名。在前面的内容中已经学习了 sys.objects 可以查看外键约束是否创建成功。当然，咱也可以通过它来查看外键约束的名称。

如果已经知道了要删除的外键约束名称，那么，恭喜你，你已经完成了删除外键约束一般的工作。具体的去除外键约束的语句如下：

```
ALTER TABLE table_name
DROP CONSTRAINT fk_name;
```

其中：

- table_name：要去除外键约束的表名。
- fk_name：外键约束的名字。

如果读者是按照顺序来阅读本章内容的，相信你已经发现上面的语法与去除主键的语法是相似的，只不过在约束名字的位置是外键约束名字而已。所以，只要掌握了去除主键约束的语法，去除外键约束的语法就不需要再重复记忆了。

【示例 9】 去除水果信息表（fruitinfo）中名为 fk_supperlierid 的外键约束。

知道了外键约束的名字又知道外键约束在哪个表中，只需要套用一下去除外键约束的语法就可以去除约束了。具体的语句如下：

```
ALTER TABLE fruitinfo
DROP CONSTRAINT fk_supperlierid;                    --删除外键约束
```

通过上面的语句，就可以去除外键约束 fk_supperlierid。运行效果如图 4.12 所示。读者还可以通过 sys.objects 表查看是否还存在该外键约束。

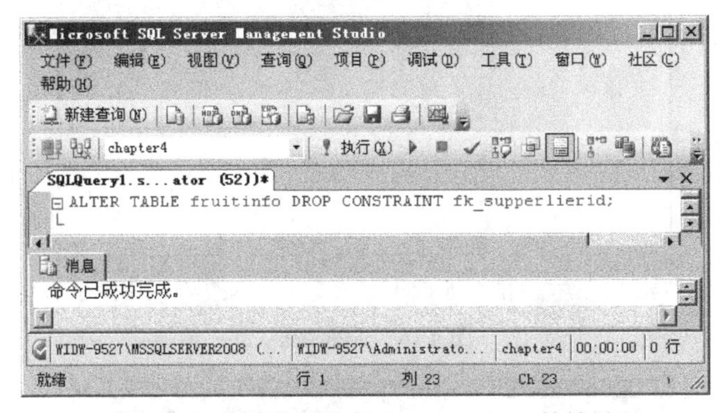

图 4.12　删除外键约束 fk_supperlierid 的效果

4.3.4　使用企业管理器轻松使用外键约束

通过前面对外键约束的讲解，相信读者已经发现使用外键约束比主键约束还麻烦。既然主键约束可以使用企业管理器来操作，那么，外键约束也是可以通过企业管理器来操作的。但是，即使可以用企业管理器来操作外键约束，也会比设置主键约束稍微复杂一些。因此，下面的内容请读者一定要认真地学习呦！为了对比企业管理器操作外键约束的方法，仍然以示例 7～示例 9 为例，重新使用企业管理来管理外键约束。由于在企业管理器中，在创建表时添加外键约束与修改表时添加外键约束都非常相似，这里就将添加和修改表时添加外键约束都合并到了一起来讲解。

【示例 10】 使用企业管理器来添加水果信息表（fruitinfo）与水果供应商信息表（supplierinfo）的外键约束。

在企业管理器中，完成添加或修改水果信息表添加外键约束需要如下 3 个步骤。

（1）打开水果信息表的设计页面

在企业管理器中，使用鼠标右击水果信息表，在弹出的右键菜单中选择“设计”选项，出现水果信息表的设计页面，如图 4.13 所示。如果是添加表，要先在企业管理器中的数据库界面中右击表节点，在弹出的右键菜单中选择“新建表”选项，创建后的效果也与图 4.13 一致。

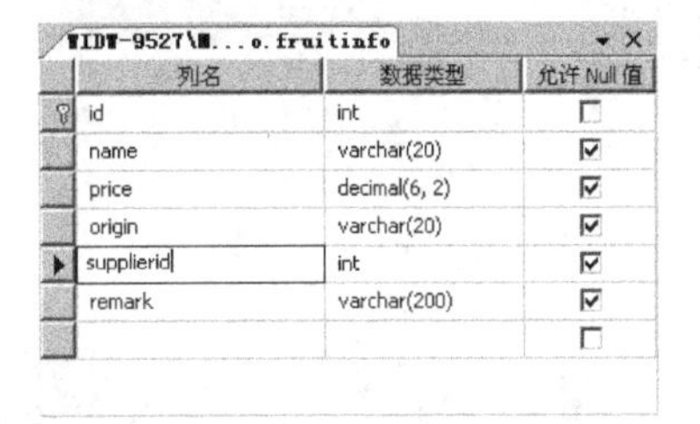

图 4.13　水果信息表（fruitinfo）的设计页面

（2）打开表的关系页面

在图 4.13 所示的页面中，使用鼠标右击表设计页面，在弹出的右键菜单中选择“关系”选项，出现图 4.14 所示的页面。

（3）添加外键约束

如果操作到了图 4.14 所示的界面，那么，现在就可以添加外键约束。在图 4.14 所示的界面中，单击“添加”按钮，效果如图 4.15 所示。

现在可以回忆一下，外键约束是创建两张表中的字段关系的。那么，如何设置呢？很简单，在图 4.15 所示的界面中，单击“表和列规范”后面的按钮，弹出如图 4.16 所示的界面。

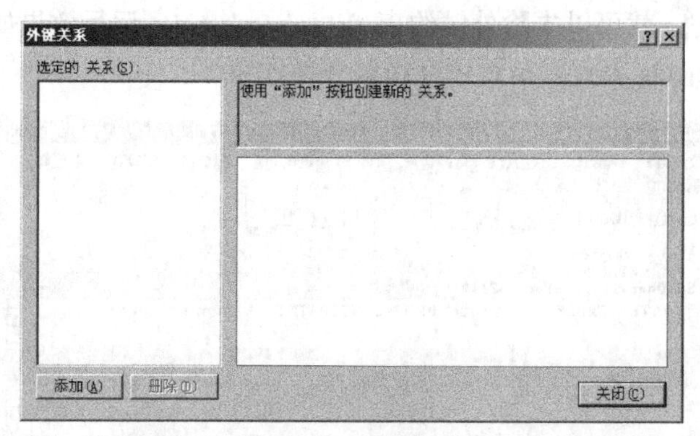

图 4.14　关系界面

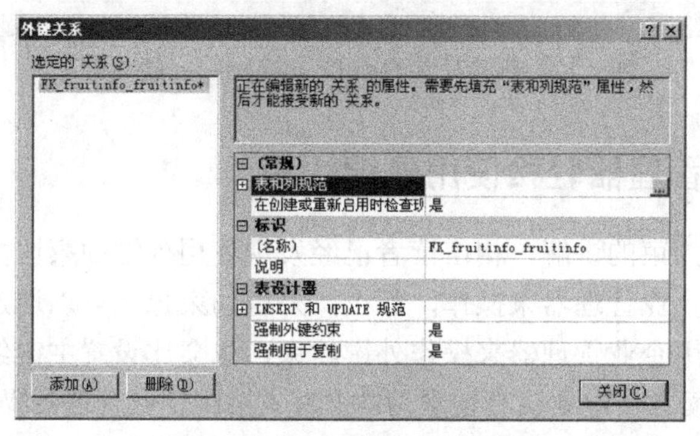

图 4.15　添加外键关系界面

从图 4.16 所示的界面中，可以看到在图的左侧是主键表，右侧是外键表。根据本题的要求给水果信息表添加外键约束，那么，外键表就是水果信息表（fruitinfo），主键表就是水果供应商信息表（supplierinfo）。根据要求在图 4.16 中填入必要信息后，效果如图 4.17 所示。

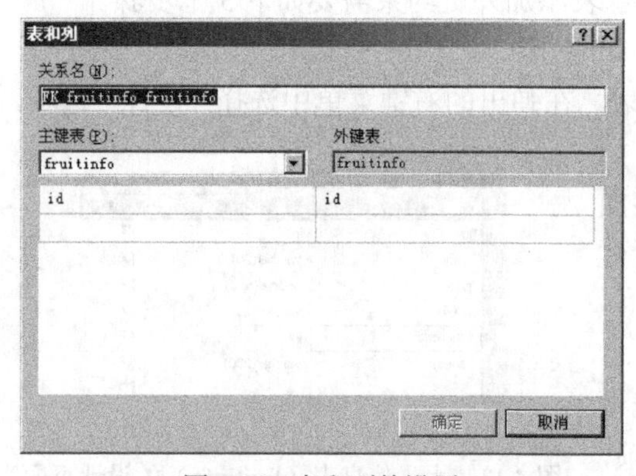

图 4.16　表和列的设置

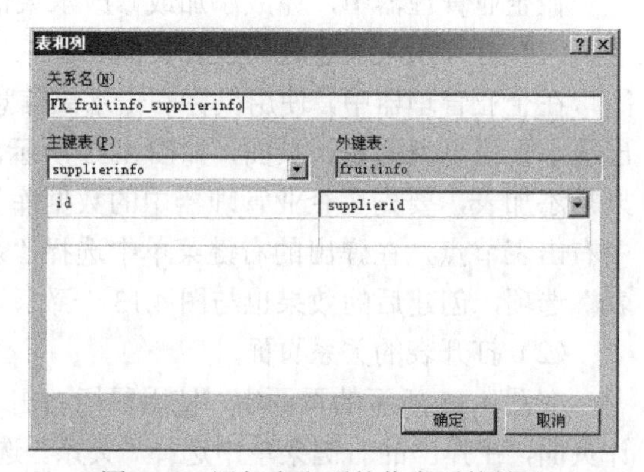

图 4.17　添加表和列的信息后的效果

在图 4.17 中，单击"确定"按钮，即可完成对水果信息表外键约束的设置。此外，还可以在图 4.17 中的关系名处，重新定义外键约束的名字。

这样，通过上面讲解的 3 个步骤就可以完成对外键约束的设置。读者可以发现在企业管理器中设置外键约束，就比使用创建外键约束的语法容易得多了！

【示例 11】 使用企业管理器删除水果信息表中添加的外键约束。

在企业管理器中，删除外键约束要比添加外键约束容易得多。主要分为如下 3 个步骤。

（1）打开水果信息表的设计页面

水果信息表的设计页面，读者已经不陌生了吧，在示例 10 中就已经见过了，这里不再多说。按照示例 10 的操作打开水果信息表的设计页面就可以了。

（2）打开关系界面

水果信息表的关系界面也不陌生吧？现在把它打开吧。效果如图 4.18 所示。

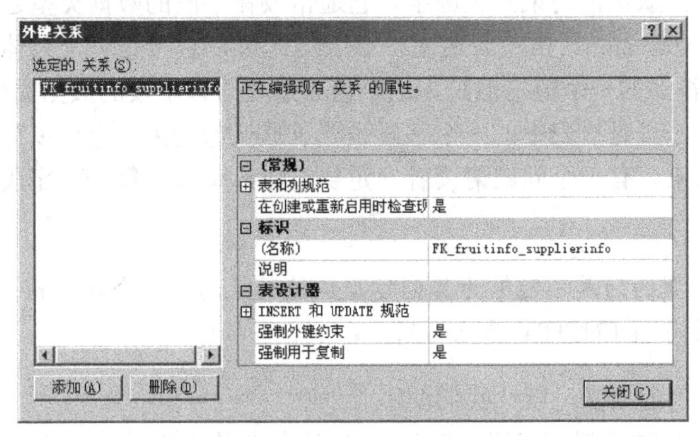

图 4.18　水果信息表的关系界面

（3）删除外键约束

从图 4.18 所示的界面中，可以看出在水果信息表中只有一个外键约束，就是在示例 10 中创建的。现在要将其删除，只需要选中这个外键约束的名字，然后单击“删除”按钮即可将外键约束去除了。

4.4　默认值约束——DEFAULT

如果不学习数据库，默认值约束的这个称呼是不会听过的。但是，默认值应该是听说过的吧？当在网上注册用户时，总会有一些信息是你还没有填写就已经显示出来的，比如：性别，通常会默认一个“男”或“女”；是否同意使用协议，通过会默认一个“是”。那么，这些默认值会当你不修改这些信息时，直接填入到你的注册信息中的。当去旅游景点游玩时，购买门票如果不出示一些特殊的优惠证件，一定会按照旅游景点门票的实际价格付费的。那么，这个实际价格就是默认值。把这些默认值放到数据库中，就被称为了默认值约束。

4.4.1　在建表时添加默认值约束

默认值约束在创建表时就可以添加，通常是在什么情况下需要添加默认值约束呢？一般添加默认值约束的字段有两种比较常见的情况，一种是该字段不能为空，一种是该字段添加的值总是某一个固定值。比如：当用户注册信息时，数据库中会有一个字段来存放用户的注册时间，注册时间实际上就是当前的时间，因此，可以为该字段设置一个当前时间（可以通过 getdate()函数来设置）为默认值。在创建表时添加默认值约束的语法如下：

```
CREATE TABLE_NAME table_name
(
COLUMN_NAME1  DATATYPE DEFAULT constant_expression,
COLUMN_NAME2  DATATYPE,
COLUMN_NAME3  DATATYPE
  ......
)
```

其中：

- DEFAULT：默认值约束的关键字。它通常放在字段的数据类型之后。
- constant_expression：常量表达式，该表达式可以直接是一个具体的值也可以是通过表达式得到的一个值。但是，这个值必须要与该字段的数据类型相匹配。

上面的语法中，只是给表中的一个字段设置了默认值约束。也可以为表中的多个字段同时设置默认值约束。有一个问题请读者一定要记住，那就是每一个字段都只能设置一个默认值约束。

说明： 有两个类型的列是不能够为其创建默认值约束的，一个是 timestamp 类型的列，一个是具有 IDENTITY 属性的列。

有了设置默认值的语法，就让我们演练一下吧。

【示例 12】 在创建水果信息表（fruitinfo）时为水果产地列（origin）添加一个默认值“海南”。水果信息表（fruitinfo）的表结构如表 4-2 所示。

根据在创建表时添加默认值的语法，创建水果产地列的默认值为“海南”的语句如下：

```
CREATE TABLE fruitinfo
(
  id INT PRIMARY KEY,
  name VARCHAR(20),
  price DECIMAL(6,2),
  origin VARCHAR(20) DEFAULT '海南',
  tel   VARCHAR(15),
  remark VARCHAR(200)
)
```

由于商品产地列的数据类型是 VARCHAR(20)，默认值“海南”满足该数据类型要求。通过上面的语句就可以为水果信息表中水果产地列设置默认值约束。执行效果如图 4.19 所示。

如果读者在运行上面的语句时也出现了图 4.19 所示的效果，那么就可以通过 sys.objects 来查看到为水果信息表创建的默认值约束了。

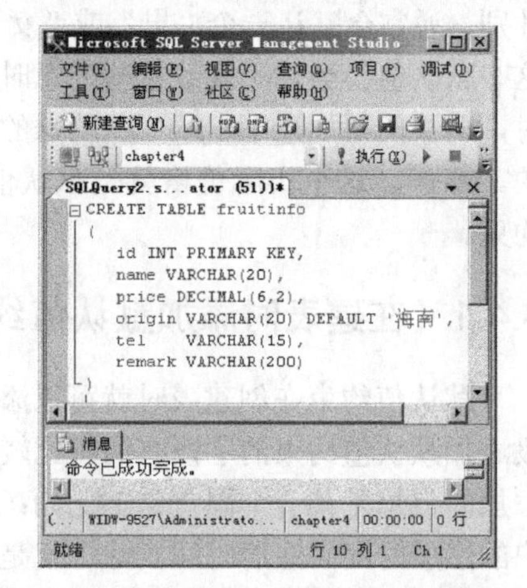

图 4.19　在建表时给水果产地添加默认值

4.4.2　在修改表时添加默认值约束

与前面讲过的主键约束和外键约束一样，默认值约束也可以在修改表时再添加。但是，不能给同一个列再添加默认值约束了。在修改表时添加默认值约束，通过 ALTER TABLE 语句就可以完成。具体的语句如下：

```
ALTER TABLE table_name
ADD CONSTRAINT default_name DEFAULT constant_expression FOR col_name;
```

其中：

- table_name：表名。它是要创建默认值约束列所在的表名。
- default_name：默认值约束的名字。该名字可以省略，省略后系统将会为该默认值约束自动生成一个名字。系统自动生成的默认值约束名字通常是 df_表名_列名_随机数这种格式的。
- DEFAULT：默认值约束的关键字。如果省略默认值约束的名字，那么 DEFAULT 关键字直接放到 ADD 后面，同时去掉 CONSTRAINT。
- constant_expression：常量表达式，该表达式可以直接是一个具体的值也可以是通过表达式得到的一个值。但是，这个值必须要与该字段的数据类型相匹配。
- col_name：设置默认值约束的列名。

注意：当不设置默认值约束名称时，在修改表时添加默认值约束的语法可修改为如下形式。

```
ALTER TABLE table_name
ADD CONSTRAINT default_name DEFAULT constant_expression FOR col_name;
                                                      --设置默认值约束
```

看到了上面的语法，相信读者已经迫不及待地想试一下如何在修改时创建默认值约束了。还有，如果在已经创建默认值约束的列再添加默认值约束会发生什么事情呢？下面就分别来演练吧。

【示例 13】 给水果信息表（fruitinfo）中的备注列（remark）添加默认值约束，将其默认值设置成“保质期为 1 天”。

由于水果信息表中的备注列没有添加过默认值约束，并且该列的数据类型是 varchar(200)，因此，设置默认值“保质期为 1 天”是满足要求的。具体的设置语句如下：

```
ALTER TABLE fruitinfo
ADD CONSTRAINT df_fruitinfo_remark  DEFAULT '保质期为 1 天' FOR remark;
                                                --为 remark 列设置默认值约束
```

执行上面的语句后，就可以为水果信息表（fruitinfo）的备注列（remark）添加一个名为 df_fruitinfo_remark 的默认值约束了。效果如图 4.20 所示。

图 4.20　为水果信息表中的备注列添加默认值

【示例 14】 给水果信息表（fruitinfo）中的备注列（remark）再添加一次默认值约束，将其默认值设置成“保质期为 2 天”。

由于水果信息表（fruitinfo）中的备注列（remark）已经被示例 13 添加了一个默认值约束了，那么再添加一个默认值约束会发生什么呢？添加默认值约束的语句如下：

```
ALTER TABLE fruitinfo
ADD CONSTRAINT df_fruitinfo_remark1  DEFAULT '保质期为 2 天' FOR remark;
```

执行上面的语句后，会发生如下问题，如图 4.21 所示。

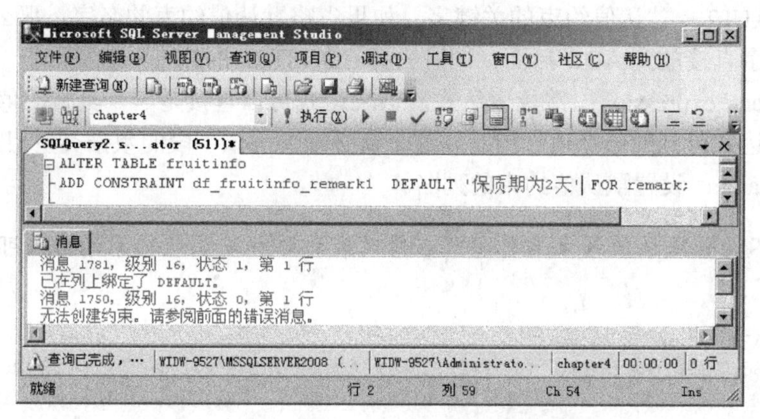

图 4.21　为一个列添加多个默认值约束的错误提示

从图 4.21 中就可以看出，给表中的每一个列只能添加一个默认值约束。

4.4.3　去除默认值约束

当表中的某个字段不再需要默认值时，去除默认值约束是非常容易的。有的读者会想到，直接将默认值变成是 NULL 不就可以了吗？其实，这个想法是很好的，但是不可能成功。原因就是前面在添加默认值时说过，一个列的只能有一个默认值，已经设置了默认值的列就不能够再重新设置了。如果想重新设置也只能先将其默认值删除，然后再添加。因此，当默认值不再需要时，只能将其删除掉。删除默认值约束的语法如下：

```
ALTER TABLE table_name
DROP CONSTRAINT df_name;
```

这里，df_name 就是默认值约束的名字。

读者从上面的语法中可以看出，删除约束的方法都很相似，只是约束的名字不同而已。下面就请读者运用上面的语法完成示例 15 的练习。

【示例 15】 将水果信息表（fruitinfo）中添加的名为 df_fruitinfo_remark 的默认值约束删除。

在本示例中已经清楚地知道了要删除默认值约束的名字，如果不清楚要删除的默认值约束名字就需要使用 SYS.OBJECTS 先查询一下了。删除 df_fruitinfo_remark 默认值约束的语句如下：

```
ALTER TABLE fruitinfo
DROP CONSTRAINT df_fruitinfo_remark;                    --删除默认值约束
```

执行上面的语句后，就可以将默认值约束 df_fruitinfo_remark 从 fruitinfo 表中移除了。效果如图 4.22 所示。

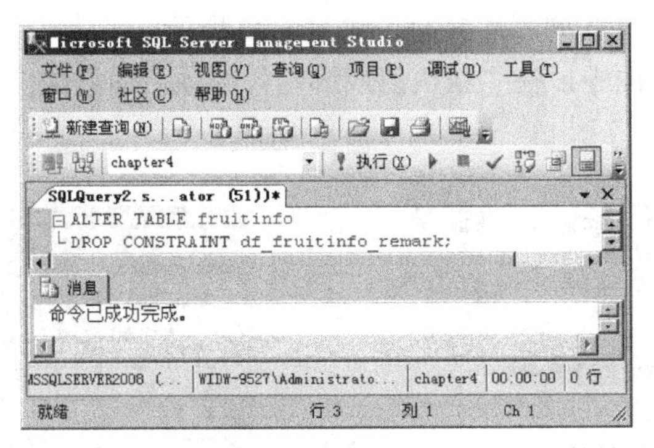

图 4.22　删除默认值约束 df_fruitinfo_remark 的效果

4.4.4　使用企业管理器轻松使用默认值约束

在企业管理器中添加和删除默认值约束是很简单的，只要记住给列添加默认值约束时要使默认值与列的数据类型匹配，如果是字符类型的还要加上单引号。下面就将示例 12、示例 13 以及示例 15 在企业管理器中演练一下。

【示例 16】 在企业管理器中，创建水果信息表（fruitinfo）并在水果产地列（origin）添加默认值“海南”。

在企业管理器中，创建表的同时添加默认值约束的步骤分为如下 3 步。

（1）打开创建表界面

在对象资源管理器中，展开要创建数据表的数据库节点，并右击该数据库下的表节点，在弹出的右键菜单中选择“新建表”选项，界面如图 4.23 所示。

（2）录入水果信息表的列信息

在图 4.23 所示的界面中，录入表 4-2 所示的水果信息表的列信息并将表保存成 fruitinfo。录入后的效果如图 4.24 所示。

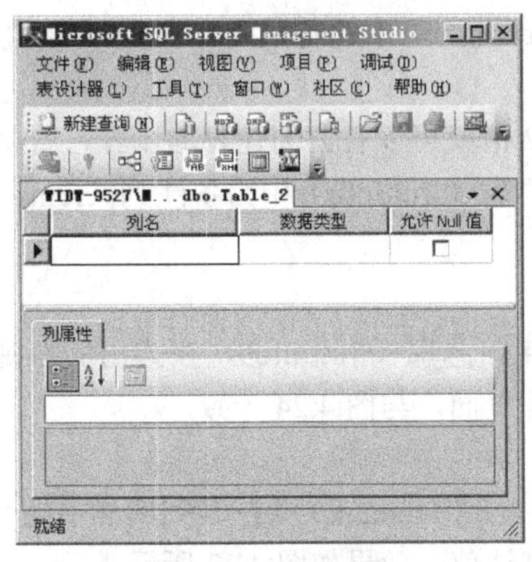

图 4.23　表的设计界面

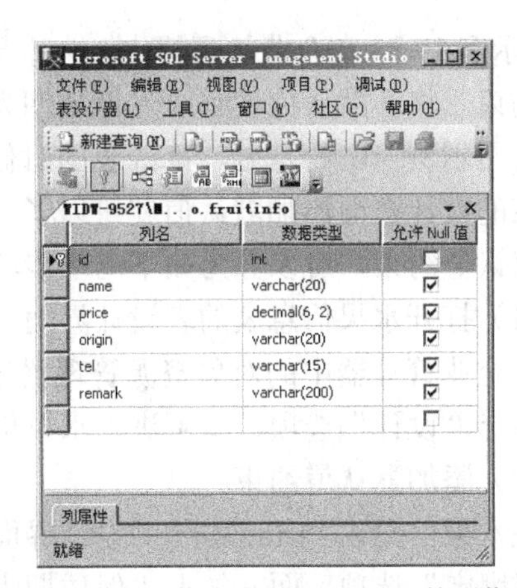

图 4.24　水果信息表（fruitinfo）的列信息

（3）设置默认值

根据题目要求，要对水果产地列设置默认值“海南”。在图 4.24 所示的界面中选择水果产地（origin）列，并展开列属性界面，如图 4.25 所示。

在图 4.25 所示的界面中，在“默认值或绑定”选项后面添加上“海南”作为默认值。效果如图 4.26 所示。

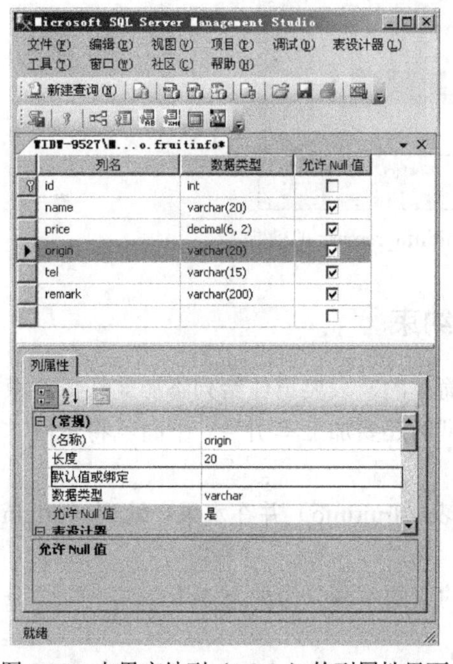

图 4.25　水果产地列（origin）的列属性界面

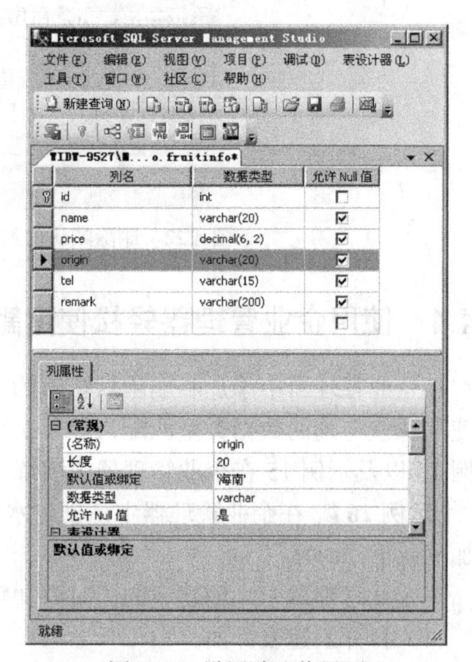

图 4.26　设置默认值界面

在图 4.26 所示的界面中，单击“保存”的图标即可完成默认值的添加操作。

说明：在企业管理器中给表中列设置默认值时，可以对字符串类型的数据省略单引号，如果省略了单引号，系统会在保存表信息时自动为其加上单引号的。

【示例 17】 在企业管理器中，为水果信息表（fruitinfo）中的备注列（remark）添加默认值约束，将其默认值设置成“保质期为 1 天”。

有了示例 16 的基础，修改表的时候再添加默认值就可以省去创建表的步骤，直接进入到表的设计页面添加默认值就可以了。在水果信息表（fruitinfo）中为备注列（remark）添加默认值约束，可以分为如下两个步骤。

（1）打开水果信息表的表设计界面

在企业管理器中的对象资源管理器里，右击水果信息表（fruitinfo），在弹出的右键菜单中选择“设计”选项，即可进入水果信息表的设计页面，与图 4.24 一致。

（2）添加默认值约束

在水果信息表（friutinfo）的设计界面里，选择备注列（remark）并在其列属性中的“默认值或绑定”选项后面，加上“保质期为 1 天”的默认值。效果如图 4.27 所示。

现在已经大功告成了，就差保存了。在图 4.27 所示的界面中，单击“保存”的图标即可完成默认值的添加操作。

【示例 18】 在企业管理器中，删除水果信息表（fruitinfo）中备注列的默认值约束。

在企业管理器中，删除默认值与添加默认值很相像，只是在删除的时候将默认值清空就可以了。当然，删除默认值的操作也要在水果信息表的设计界面来完成。同样，也分为两个步骤。

（1）打开水果信息表的设计页面

在企业管理器中的对象资源管理器里，右击水果信息表（fruitinfo），在弹出的右键菜单中选择“设计”选项，即可进入水果信息表的设计页面，与图 4.24 一致。

（2）去除默认值

在企业管理器中去除默认值时，只需要将要去除默认值的列的默认值清空即可。将水果信息表（fruitinfo）中备注列（remark）中默认值清空的效果如图 4.28 所示。

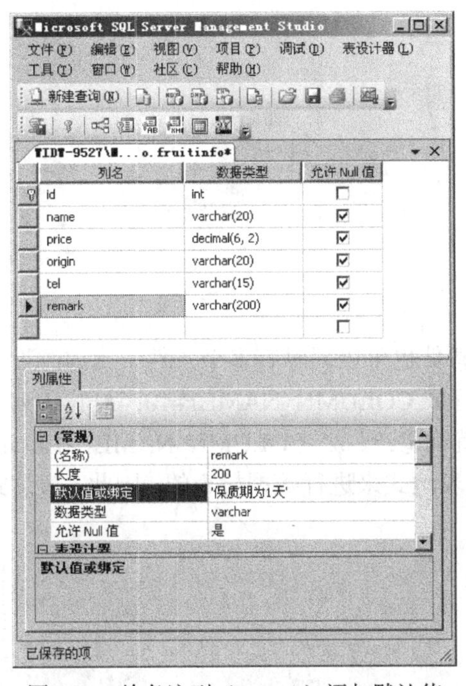

图 4.27　给备注列（remark）添加默认值

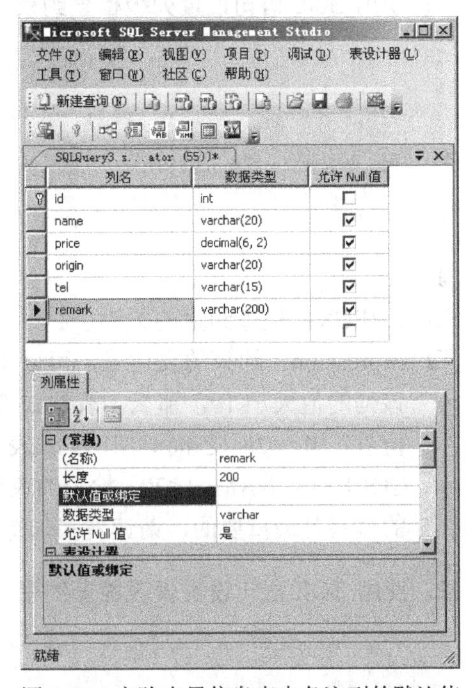

图 4.28　去除水果信息表中备注列的默认值

一定还要记住，清空默认值后，还要保存！

通过上面的 3 个示例，相信读者就可以完全掌握在企业管理器中使用默认值的方法了。任何一种方法只要多加练习，一定会牢牢掌握的。

4.5　检查约束——CHECK

所谓检查约束，从字面上的意思理解就是用来对数据进行检查的。质量检查员都听说过吧，在每件商品出厂前都会对商品的各种标准进行核对，核对正确后才能够将检验合格的标签贴到商品上。贴了检验合格的标签后才能够正常地流通到市场上。检查约束的作用就是为了确保数据表添加的数据是有效的，在添加之前对数据的一种检查。

4.5.1　在建表时添加检查约束

检查约束在一张数据表中可以有多个，但是每一列只能设置一个检查约束。虽然检查约束可以帮助数据表检查数据确保数据的正确性，但是也不能给每一个列都设置检查约束，否则，就会影响数据表中数据操作的效率。因此，在给表设置检查约束前，也要尽可能地确保设置检查约束的列是否真的有用。

说了这么多，相信读者已经迫不及待地想知道如何设置检查约束了。在建表时就可以同时将检查约束设置好，这样也省去了以后设置的麻烦。建表时添加检查约束的语法有两种形式。不管使用哪种形式，请读者记住了检查约束的关键字是 CHECK。

1．使用 SQL 语句设置列级检查约束

```
CREATE TABLE_NAME table_name
(
COLUMN_NAME1  DATATYPE CHECK(expression),
COLUMN_NAME2  DATATYPE,
COLUMN_NAME3  DATATYPE,
  ……
)
```

其中：

- CHECK：检查约束的关键字。
- expression：约束的表达式，可以是 1 个条件也可以同时有多个条件。比如：设置该列的值大于 10，那么，表达式就可以写成 COLUMN_NAME1>10；设置该列的值在 10～20 之间，那么，表达式就可以写成 COLUMN_NAME1>10 and COLUMN_NAME1<20。检查约束全是靠表达式来进行数据检查的。因此，表达式的编写是最重要的，请读者多加练习。

2．使用 SQL 语句设置表级检查约束

```
CREATE TABLE_NAME table_name
(
COLUMN_NAME1  DATATYPE
COLUMN_NAME2  DATATYPE,
COLUMN_NAME3  DATATYPE,
  ……
CONSTRAINT ck_name CHECK(expression),
CONSTRAINT ck_name CHECK(expression),
…
)
```

其中：

- ck_name：检查约束的名字。它要写在 CONSTRAINT 关键字的后面，并且检查约束的名字不能重名。检查约束的名字通常是以 ck_开头的。CONSTRAINT ck_name 部分省略后，系统会自动为检查约束设置一个名字，系统设置的名字通常是“ck_表名_列名_随机数”的形式。
- CHECK(expression)：检查约束的定义。

了解了上面的两种语法形式，就可以很容易地为表创建检查约束了。下面就来演练这

两种添加检查约束的语法吧。

【示例 19】 在创建水果信息表（fruitinfo）时，给水果价格列（price）添加检查约束。要求水果的价格都要大于 0 元。

下面使用添加检查约束的两种方法，分别在创建水果信息表时给水果价格列添加检查约束。

（1）使用在列级添加检查约束的语法

创建表并添加检查约束，语句如下：

```
CREATE TABLE fruitinfo
(
  id INT PRIMARY KEY,
  name VARCHAR(20),
  price DECIMAL(6,2) CHECK(price>0),
  origin VARCHAR(20),
  tel    VARCHAR(15),
  remark VARCHAR(200)
)
```

执行上面的语法，就可以为水果信息表（fruitinfo）中的水果价格列（price）添加检查约束。以后再向该列输入值时，都必须要大于 0。

（2）使用在表级添加检查约束的语法

创建表并添加检查约束，语句如下：

```
CREATE TABLE fruitinfo
(
  id INT PRIMARY KEY,
  name  VARCHAR(20),
  price  DECIMAL(6,2),
  origin  VARCHAR(20),
  tel     VARCHAR(15),
  remark VARCHAR(200),
  CHECK(price>0)
)
```

执行上面的语句，同样可以为水果信息表（fruitinfo）中的水果价格列（price）添加检查约束。但是，有一个问题读者要注意，在用第 1 种方法创建表并添加检查约束后，不能直接再使用第 2 种方法创建表了，否则，就会出现该表已经存在的错误提示。因此，在完成了第 1 种方法后，读者要记得先将水果信息表删除，然后再用第 2 种方法创建表并添加检查约束。效果如图 4.29 所示。

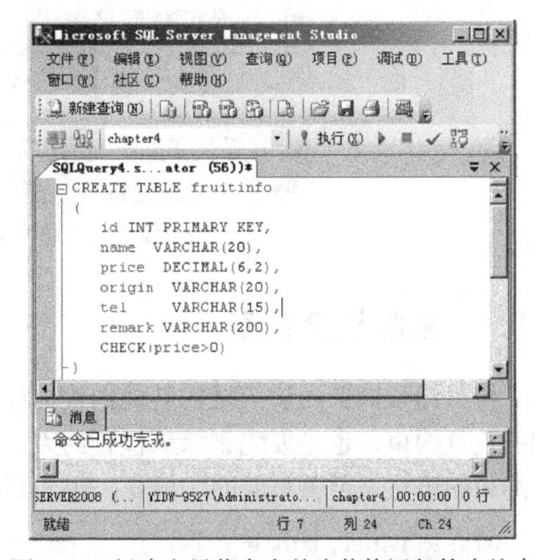

图 4.29　创建水果信息表并为价格添加检查约束

4.5.2　在修改表时添加检查约束

如果在创建表时没有直接添加检查约束，也可以在修改表的时候来添加检查约束。在修改表时只能给没有添加检查约束的列添加检查约束。修改表时添加检查约束也是通过使用 ALTER TABLR 语句来完成的，记住下面的语法形式，你就可以完成在修改表时添加检查约束的操作了。

```
ALTER TABLE table_name
ADD CONSTRAINT ck_name CHECK(expression);
```

其中：

- table_name：表名。
- CONSTRAINT ck_name：添加名为 ck_name 的约束。该语句可以省略，省略后系统会为添加的约束自动生成一个名字。
- CHECK(expression)：检查约束的定义。CHECK 是检查约束的关键字，expression 是检查约束的表达式。

下面就将示例 19 中添加的检查约束在创建水果信息表后添加，请看示例 20 的操作吧！

【示例 20】 先按照表 4-2 的要求创建水果信息表（fruitinfo），然后再给水果价格列（price）添加检查约束。要求水果价格大于 0。

创建水果信息表的语句在示例 1 中就已经提及过了，这里就不再演示了。下面就直接为水果信息表（fruitinfo）中的水果价格列（price）添加检查约束，语句如下：

```
ALTER TABLE fruitinfo
ADD CONSTRAINT ck_fruitinfo_price CHECK(price>0);
```

这里，在添加检查约束时，给其检查约束命名为 ck_fruitinfo_price。也可以省略 CONSTRAINT ck_fruitinfo_price 部分不直接给检查约束命名，而是由系统自动为其命名。执行上面的语句就可以为水果信息表（fruitinfo）中的水果价格列（price）添加检查约束了。效果如图 4.30 所示。

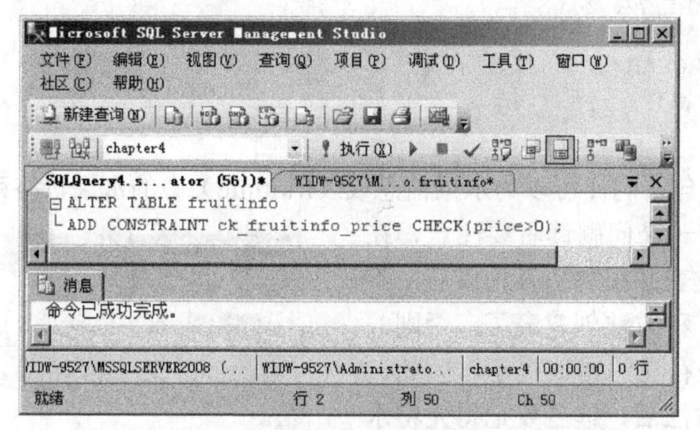

图 4.30　修改水果信息表时给价格列添加检查约束

4.5.3　去除检查约束

检查约束同前面讲解过的其他约束一样，都是不能够直接修改的。读者要想更改某一列的检查约束，也是要先删除该检查约束，然后再为其重新创建检查约束。因此，删除检查约束的语法是至关重要的，但是，也与其他的约束删除类似。具体的语法形式如下：

```
ALTER TABLE table_name
DROP CONSTRAINT ck_name;
```

其中：

- table_name：表名。
- ck_name：检查约束的名字。

相信上面的语法形式，读者已经不陌生了，已经在删除约束部分出现过多次了。下面就利用这个语法来完成示例 21。

【示例 21】 删除在示例 20 中为水果信息表（fruitinfo）中水果价格列（price）添加的检查约束 ck_fruitinfo_price。

知道了约束的名字还有其所在的表，删除约束就是轻而易举的事了。删除检查约束的语句如下：

```
ALTER TABLE fruitinfo
DROP CONSTRAINT ck_fruitinfo_price;                    --删除检查约束
```

执行上面的语句，就可以将水果信息表中的水果价格列的检查约束删除了。效果如图 4.31 所示。

当然，如果你还不知道要删除的检查约束叫什么名，那么，还是按老规矩通过 sys.objects 来查看一下吧！

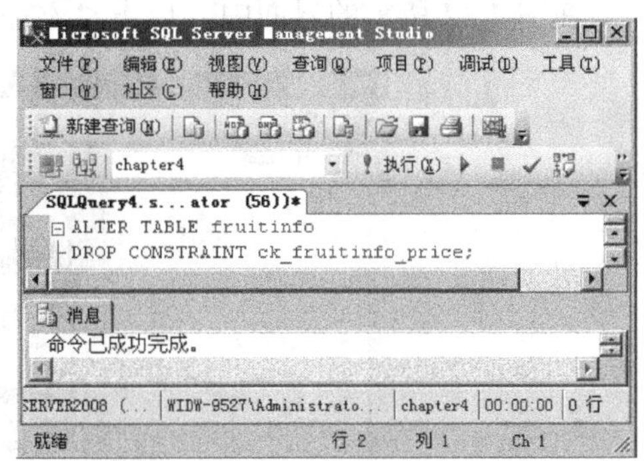

图 4.31　删除价格列的检查约束

4.5.4　使用企业管理器轻松使用检查约束

通过企业管理器来操作检查约束也是很简单的一件事，可以说有了前面的基础，读者面对这个问题是小菜一碟的事。怎么使用企业管理器来操作检查约束呢？仍然是按老办法，重写示例 19～示例 21。如果读者有足够的信心，可以自己先来尝试一下，如果遇到问题了再来查阅下面的答案。

【示例 22】 在企业管理器中，创建水果信息表时为水果价格列添加检查约束，要求水果价格要大于 0 元。

如果要在企业管理器中在创建表的同时为表中的列添加检查约束，可以通过下面的 3 个步骤完成。实际上，读者也可以根据前面在企业管理器中操作约束的经验，自己摸索一下添加检查约束的方法。

（1）打开创建表的界面并录入表的信息

在企业管理器的对象资源管理器中，展开要创建数据表的数据库节点，并右击该数据库下的表节点，在弹出的右键菜单中选择“新建表”选项，即可打开创建表的界面。与图 4.23 一致。根据表 4-2 所示的水果信息表的结果录入表的信息。

（2）打开 CHECK 约束的界面

右击水果信息表的设计界面，在弹出的右键菜单中选择“CHECK 约束”，出现图 4.32 所示的界面。

从图 4.32 所示的界面中，可以看出水果信息表（fruitinfo）中所有的存在的检查约束。目前该图显示的结果是当前没有检查约束。

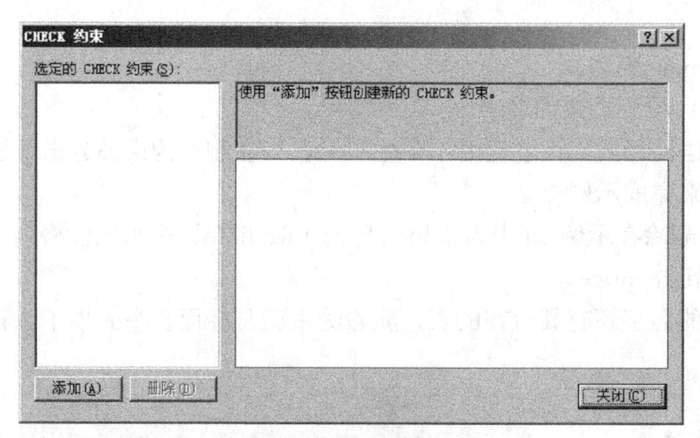

图 4.32　CHECK 约束界面

（3）添加检查约束

在图 4.32 所示的界面中，单击“添加”按钮，出现图 4.33 所示界面。

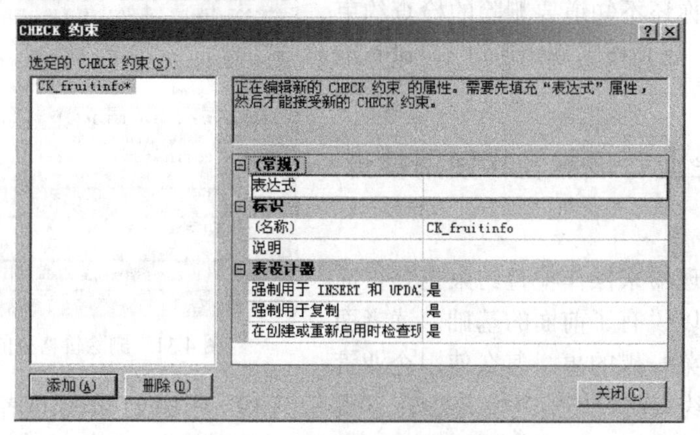

图 4.33　添加检查约束界面

在图 4.33 所示的界面中，在“表达式”选项后面填入商品价格大于 0 的检查约束。效果如图 4.34 所示。

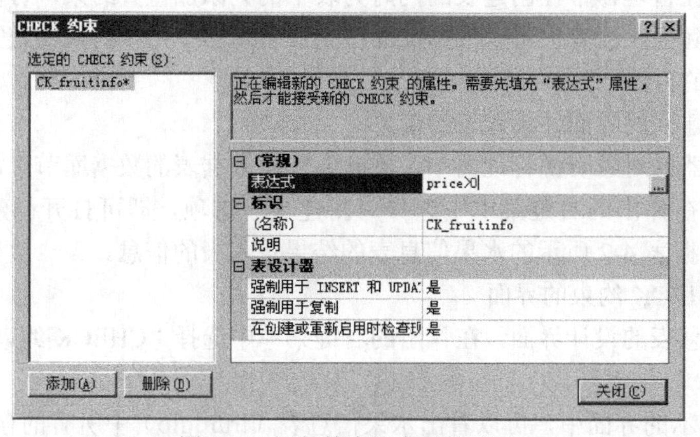

图 4.34　添加检查约束后的效果

在图 4.34 所示的界面中，单击“关闭”按钮并保存表信息，即可完成检查约束的添加。

【示例 23】 在企业管理器中，修改水果信息表时为水果价格列添加检查约束，要求水果价格要大于 0 元。

在修改水果信息表时为水果价格列添加检查约束，就相当于是从示例 22 中的第 2 个步骤开始做起，分为两个步骤就可以完成。那么，读者不能怕麻烦一定要重新练习一下，这样才能更好地掌握对检查约束的使用。

（1）打开添加检查约束的界面

展开水果信息表的设计页面，并右击该界面，在弹出的右键菜单中选择“CHECK 约束”选项。出现图 4.32 所示的界面。

（2）添加检查约束

在图 4.32 所示的界面中，单击“添加”选项，在该界面中的“表达式”选项后面填入检查约束的表达式。效果与图 4.34 一致。添加检查约束后，要关闭该界面。

通过上面的两个步骤就可以完成对检查约束的添加，但是，也不忘记保存表信息。

【示例 24】 在企业管理器中，删除水果信息表中水果价格列的检查约束。

删除水果信息表中水果价格列的检查约束很简单，与前面讲过的删除外键约束非常相像。读者可以先不看下面的操作，自己动手操作一下。删除检查约束通常可以分为两个步骤操作。

（1）打开表的检查约束界面

表的检查约束界面与图 4.32 类似，目前水果信息表经过前面的两个示例的操作，只有一个检查约束。效果如图 4.34 所示。

（2）删除指定的检查约束

在图 4.34 所示的界面中，选择为水果价格列添加的检查约束 CK_fruitinfo，单击“删除”按钮，即可删除该检查约束。

4.6　唯一约束——UNIQUE

唯一约束的名字看起来就很霸道吧。其实，它也是名副其实的霸道约束。那么，它是如何霸道呢？首先，唯一约束是用来确保列中值的唯一性，其次，它还能够同时为表中的多个列设置唯一约束。在什么情况下，会考虑为表中的列设置唯一约束呢？想一想，如果是一个学生信息表，需要确保唯一的列有学生的学号、学生的身份证号以及学生的图书卡号等信息。有这么多列都需要确保唯一性，可见唯一约束有用吧。

4.6.1　在建表时加上唯一约束

说到唯一约束，读者一定会想起来主键约束也可以确保唯一啊！但是，主键约束是在一个表中只能有一个的，如果要想给多个列设置唯一性，还是需要使用唯一约束的。在创建表时就可以直接为表中的列设置唯一约束。在建表时添加唯一约束可以通过下面两种语法形式来完成。请记住唯一约束的关键字 UNIQUE。

1. 使用 SQL 语句设置列级唯一约束

设置列级的唯一约束就很简单了，只要在列的数据类型后面加上 UNIQUE 关键字就可以了。具体的语法如下：

```
CREATE TABLE_NAME table_name
(
COLUMN_NAME1  DATATYPE UNIQUE,
COLUMN_NAME2  DATATYPE,
COLUMN_NAME3  DATATYPE
  ……
)
```

这里，就是给 COLUMN_NAME1 列设置了唯一约束，也可以同时给多个列设置唯一约束。

2. 使用 SQL 语句设置表级唯一约束

表级唯一约束的创建就要比列级麻烦一些，但是也不是很难的。表级唯一约束的添加，还是在所有列定义的后面直接添加。具体的语法如下：

```
CREATE TABLE_NAME table_name
(
COLUMN_NAME1  DATATYPE,
COLUMN_NAME2  DATATYPE,
COLUMN_NAME3  DATATYPE
  ……
CONSTRAINT uq_name UNIQUE(col_name1),
CONSTRAINT uq_name UNIQUE(col_name2),
…
)
```

其中：

- ❑ CONSTRAINT：在表中定义约束时的关键字。
- ❑ uq_name：唯一约束的名字。唯一约束的名字可以省略，省略时也要将其前面的 CONSTRAINT 关键字一并省略。如果省略了唯一约束的名字，系统会为其自动生成一个“UQ_表名_随机数”形式的名字。
- ❑ UNIQUE(col_name)：UNIQUE 是定义唯一约束的关键字，不可省略。col_name 是定义唯一约束的列名。

有了上面的两种语法形式，就可以在创建表时添加唯一约束了。至于用哪种方法全凭读者的喜好，但是在学习的时候还是两种方法都尝试一下吧。

【示例 25】 分别使用上面的两种语法，在创建水果信息表（fruitinfo）时将水果名称列（name）设置成唯一约束。

（1）使用列级添加唯一约束的语法

创建表并添加检查约束，语句如下：

```
CREATE TABLE fruitinfo
(
   id INT PRIMARY KEY,
   name VARCHAR(20) UNIQUE,
   price DECIMAL(6,2),
   origin VARCHAR(20),
   tel    VARCHAR(15),
   remark VARCHAR(200)
)
```

执行上面的语法，就可以为水果信息表（fruitinfo）中的水果名称列（name）添加唯一约束。

（2）使用表级添加检查约束的语法

创建表并添加检查约束，语句如下：

```
CREATE TABLE fruitinfo
(
  id INT PRIMARY KEY,
  name  VARCHAR(20),
  price  DECIMAL(6,2),
  origin  VARCHAR(20),
  tel     VARCHAR(15),
  remark VARCHAR(200),
  UNIQUE (name)
)
```

执行上面的语句，就可以为水果信息表中的名称列添加唯一约束了。

4.6.2　在修改表时添加唯一约束

在创建表时添加唯一约束有两种方法，而在修改表时添加唯一约束只有 1 种方法。读者可以对比之前学习过的几种约束，看看在修改表时添加唯一约束有什么变化。另外，还需要读者注意的问题就是，在已经存在的表中添加唯一约束，要保证添加唯一约束的列中存放的值没有重复的。在修改表时添加唯一约束的语法如下：

```
ALTER TABLE table_name
ADD CONSTRAINT uq_name UNIQUE(col_name);
```

其中：

- table_name：表名。
- CONSTRAINT uq_name：添加名为 uq_name 的约束。该语句可以省略，省略后系统会为添加的约束自动生成一个名字。
- UNIQUE (col_name)：唯一约束的定义。UNIQUE 是唯一约束的关键字，col_name 是表中的列名。如果想要同时为多个列设置唯一约束，就要省略掉唯一约束的名字，名字由系统自动生成。

现在就来演练一下上面的语法吧，多动手才能学得快啊！

【示例 26】 给水果信息表（fruitinfo）中的供应商联系方式（tel）加上唯一约束。

将水果信息表中的供应商联系方式设置成唯一约束，语句如下：

```
ALTER TABLE fruitinfo
ADD CONSTRAINT uq_fruitinfo_tel UNIQUE(tel); --添加唯一约束
```

执行上面的语句，就为水果信息表中的 tel 列添加了一个名为 uq_fruitinfo_tel 的唯一约束。

4.6.3　去除唯一约束

任何一种约束都是可以删除的，删除唯一约束的方法也很简单。根据前面删除约束的经验，读者应该清楚只要咱知道了约束的名字就可以删掉，就好像知道了电话号码就可以打电话一样。删除唯一约束的语法如下：

```
ALTER TABLE table_name
DROP CONSTRAINT uq_name;
```

- table_name：表名。
- uq_name：唯一约束的名字。

读者已经非常了解这个语法了，实际应用一下就可以更好地掌握了。

【示例 27】 删除水果信息表（fruitinfo）中供应商联系方式（tel）列的唯一约束。

供应商联系方式（tel）列的唯一约束是在示例 27 中添加的，名字是 uq_fruitinfo_tel。删除该约束的语句如下：

```
ALTER TABLE fruitinfo
DROP CONSTRAINT uq_fruitinfo_tel;                    --删除唯一约束
```

执行上面的语句，就可以将名为 uq_fruitinfo_tel 的唯一约束删除了。

4.6.4　使用企业管理器轻松使用唯一约束

在 SQL Server 数据库中，通常会把唯一约束和索引放在一起操作。关于索引的定义将在本书后面的章节中讲解。由于唯一约束不需要设置任何表达式，因此它在企业管理器中的设置也是非常简单的。下面就让我们一起感受一下在企业管理器中是如何使用唯一约束的吧！对于唯一约束的操作仍然参考示例 25～示例 27 的应用，在企业管理器中演示如何添加以及删除唯一约束的操作。

【示例 28】 在企业管理器中，给水果信息表（fruitinfo）中的水果名称（name）加上唯一约束。

在本例中综合了示例 25 和示例 26 的应用，无论是在创建表的时候添加唯一约束，还是在修改表时添加唯一约束都需要在表的设计界面中完成。只不过在创建表时添加唯一约束，需要填入表的字段信息。为了满足读者迫不及待的心情，本例主要演示如何在修改该表时添加唯一约束。给水果信息表中的水果名称添加唯一约束分为如下 3 个步骤。

（1）打开水果信息表的设计页面

在企业管理器的对象资源管理器中，找到水果信息表，然后右击该表，在弹出的右键菜单中选择“设计”选项，弹出图 4.35 所示界面。

（2）打开添加唯一约束的界面

要给表添加唯一约束，右击表的设计页面，在弹出的右键菜单中选择“索引/键”选项，弹出图 4.36 所示界面。

从图 4.36 的界面中，可以看到在没有添加唯一约束时，表中就已经有了一条信息。请读者仔细看一下，不难发现这个信息就是之前创建的主键信息。也就是说在这个界面中显示的信息有主键信息也有唯一键的信息，实际上还有索引的信息。

（3）添加唯一约束

在图 4.36 所示的界面中，单击“添加”按钮，界面变成图 4.37 所示的界面。

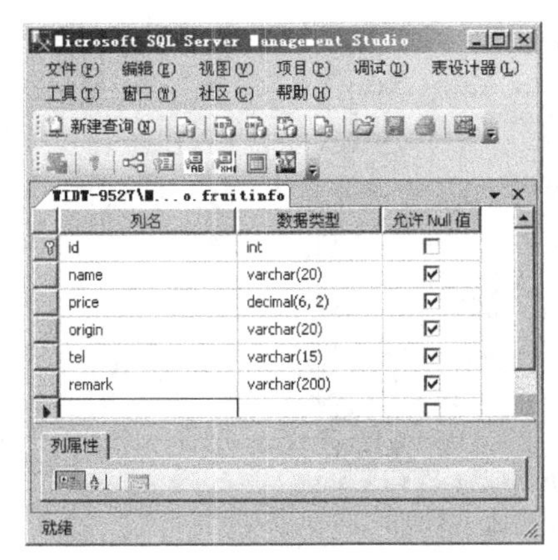

图 4.35　水果信息表的设计界面

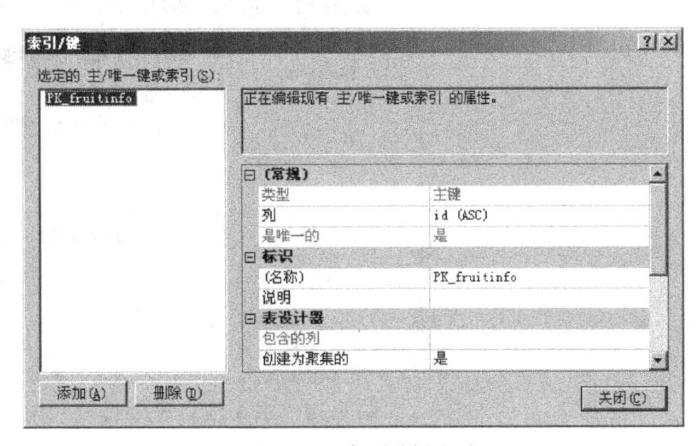

图 4.36　索引/键界面

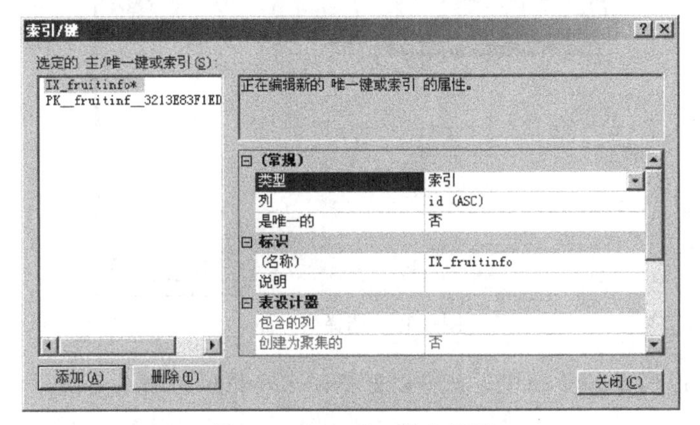

图 4.37　添加唯一约束界面

既然在一个界面中可以添加多种对象，就需要对该界面进行解读了，具体说明如下。

- 类型：选择要添加键的类型，分为两种——索引和唯一键。虽然在显示的时候有主键的选项，但是主键约束不是在这个界面添加的，请参考本章中 4.2 节主键约束的使用。
- 列：选择要设置成唯一约束/索引的列。
- 是唯一的：有两个选项，一个是“是”，一个是“否”。通常唯一约束都会选择“是”。
- 名称：唯一约束/索引的名字。通常唯一约束的名字以 UQ 开头，索引的名字以 IX 开头。

在图 4.37 所示的界面中，为水果信息表中的水果名称列添加唯一约束的设置如图 4.38 所示。

在图 4.38 的界面中，单击“关闭”按钮，并保存表的信息即可完成对水果信息表中水果名称列唯一约束的添加操作。

说明： 细心的读者会发现，在图 4.38 中的列名 name 后面有一个“（ASC）”。它是什么意思呢？ASC 是升序排列的意思，除了 ASC 之外还有 DESC，也就是降序排列的意思。这种排序主要体现在数据表的查询中，目前还看不出什么效果。设置是升序还是降序，是在选择列的时候指定的，选择列时会出现图 4.39 所示的界面。

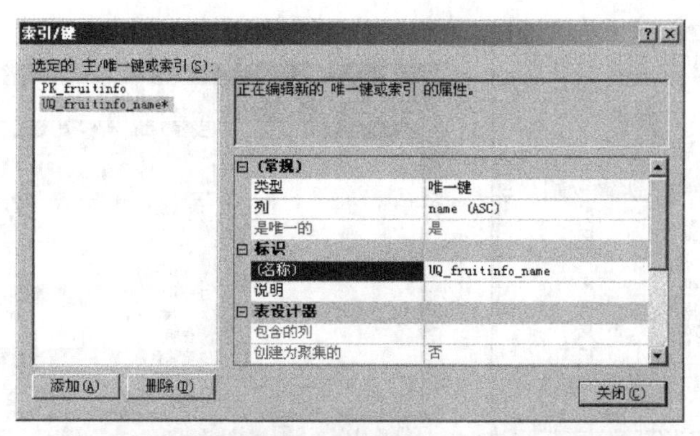

图 4.38　水果信息表中设置水果名称为唯一约束

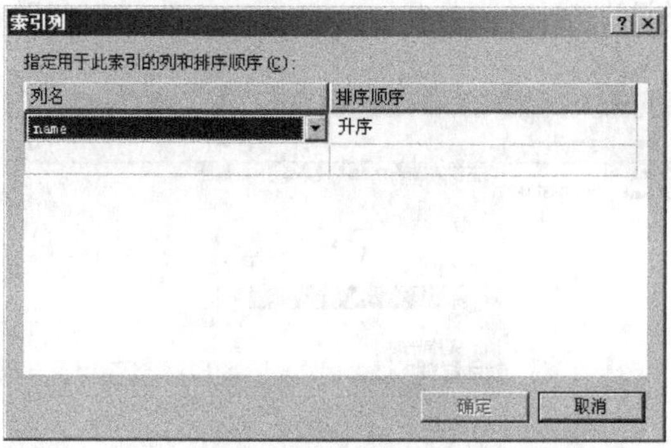

图 4.39　选择列界面

在图 4.39 所示的界面中，就可以选择列名和排序的顺序了。

【示例 29】 删除水果信息表中水果名称列的唯一约束。

删除约束永远都是相对容易的事，删除唯一约束也不例外。通过下面两个步骤就可以轻松地将唯一约束删除了。

（1）打开水果信息表的设计界面

与示例 28 的第 1 个步骤一样，请读者自行参照该步骤打开，这里就不再多说了。

（2）打开索引/键界面并删除唯一约束

打开索引/键界面的方法与示例 28 的第 2 个步骤一致，打开后的界面如图 4.40 所示。

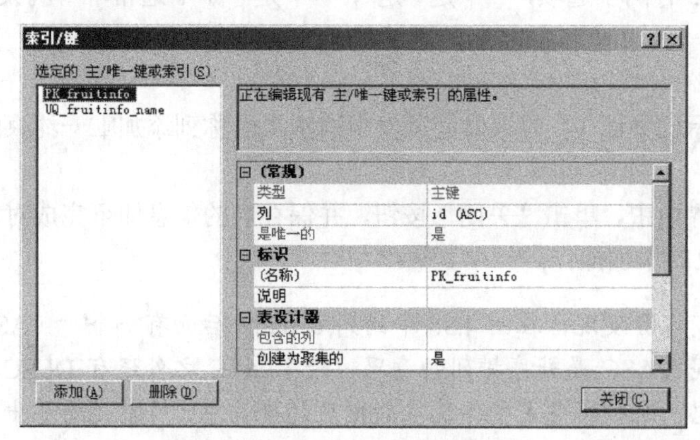

图 4.40　索引/键界面

在图 4.40 所示界面中，选择 UQ_fruitinfo_name 的唯一约束，单击“删除”按钮，然后再单击“关闭”按钮并保存表的信息，即可完成对水果信息表中水果名称列唯一约束的删除操作。

4.7　非空约束——NOT NULL

非空约束就是用来确保列中必须要输入值的一种手段。有时设置其他约束时，也会自动将该列设置成非空约束的，比如：设置主键约束时就会将该列自动设置成非空约束。非空约束也可以理解成是检查约束的一种，要求在该列中必须输入值。在实际的应用中，非空约束也是非常必要的，比如：在网上注册一个用户信息时，必须要输入用户名、密码等必要信息，否则注册的用户就毫无意义，同时也会给数据库中增加很多垃圾信息。

4.7.1　在建表时添加非空约束

非空约束通常都是在创建数据表时就添加了，添加非空约束是很简单的。添加的语法也就一种，并且在数据表中也可以为同列设置唯一约束。当然，设置主键约束的列就不必再设置非空约束了。下面就让我们感受一下最简单的约束是如何添加的。具体的语法如下：

```
CREATE TABLE_NAME table_name
(
COLUMN_NAME1  DATATYPE NOT NULL,
COLUMN_NAME2  DATATYPE NOT NULL,
COLUMN_NAME3  DATATYPE
  ……
)
```

读者对上面的语法已经不陌生了吧，没错，添加非空约束就是在列的数据类型后面加上 NOT NULL 关键字。上面的语法中还有一个特点，就是没有给唯一约束设置名字，其实唯一约束是本章学过的约束中唯一一个没有名字的约束。

【示例 30】 根据表 4-2 的要求，创建水果信息表，要求水果的名称不能为空，价格也不能为空。

创建水果信息表时，要将水果信息表中的水果编号设置成主键，因此也相当于不能为空了。创建的具体语句如下：

```
CREATE TABLE fruitinfo
(
   id INT PRIMARY KEY,
   name VARCHAR(20) NOT NULL,
   price DECIMAL(6,2)  NOT NULL,
   origin VARCHAR(20),
   tel    VARCHAR(15),
   remark VARCHAR(200)
)
```

执行上面的语句，就可以完成创建水果信息表并为水果信息表中的名称和价格列加上非空约束了。运行效果如图 4.41 所示。

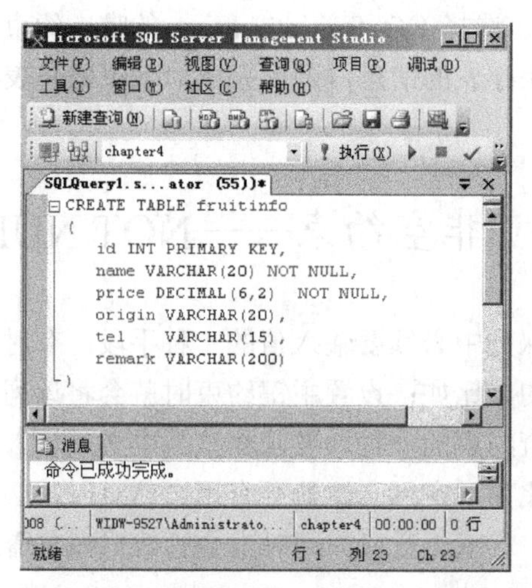

图 4.41　创建水果信息表并添加非空约束

4.7.2　在修改表时添加非空约束

非空约束比较特殊，与前面所讲过的其他约束在添加时大不相同。请读者认真学习它的不同之处。实际上，在修改表时添加非空约束与在数据表中修改列的定义是相似的。具体的语法如下：

```
ALTER TABLE table_name
ALTER COLUMN col_name datatype NOT NULL;
```

其中：

- table_name：表名。
- col_name：列名。要为其加上非空约束的列。
- datatype：数据类型。列的数据类型，如果不修改数据类型，还要使用原来的数据类型。
- NOT NULL：非空约束的关键字。

通过上面的语法就可以很容易地对表中的列添加唯一约束了。下面就来体会一下它的作用的吧。

【示例 31】 为水果信息表（fruitinfo）中的供应商联系方式列（tel）添加非空约束。

在添加非空约束之前，先要查看一下水果信息表中供应商联系方式列的数据类型，然后再进行添加。查询后可以知道，tel 列的数据类型是 VARCHAR(15)。同时，如果在水果信息表中的供应商联系方式列里已经存在了空的记录，那么需要将空的记录删除或更改成其他信息，否则无法添加非空约束。添加非空约束的语句如下：

```
ALTER TABLE fruitinfo
ALTER COLUMN tel VARCHAR(15) NOT NULL;
```

执行上面的语句后，就可以将水果信息表（fruitinfo）中的供应商联系方式（tel）设置成非空约束了。运行效果如图 4.42 所示。

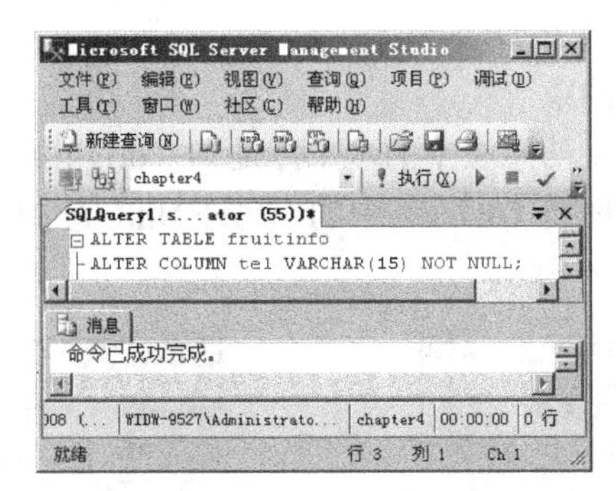

图 4.42　给水果信息表中供应商联系方式列添加非空约束

4.7.3　去除非空约束

非空约束的删除与其他约束也是不同的，由于非空约束没有名字，因此不能够像之前学习的删除约束的方法来删除。读者可以思考一下，没有设置非空约束的列用什么表示呢？答案是用 NULL 表示，但是这个 NULL 可以省略不写。也就是说，某个列要取消非空约束就意味着该列可以为空，因此，可以用在修改时添加非空约束的语法，将 NOT NULL 变成 NULL 就可以了。具体的语法如下：

```
ALTER TABLE table_name
ALTER COLUMN col_name datatype NULL;
```

这下读者高兴了吧，不用再多记一个新语法了，只要将上一小节语法中的 NOT NULL 换成 NULL 就可以了。下面读者就可以根据上面的语法，将示例 31 中的水果信息表里的供应商联系方式改成可以为空的形式。

4.7.4　使用企业管理器轻松使用非空约束

非空约束用企业管理器来管理是更加容易的，应该说，非空约束是最适合在企业管理器操作的了。在企业管理器中操作非空约束，真的是只需动动鼠标就可以了。那么，现在要做的就是找到动鼠标的位置即可。下面就通过一个综合示例来讲解如何在企业管理器中管理非空约束。

【示例 32】 使用示例 30 运行后的水果信息表。对其中的水果产地列（origin）添加非空约束，取消水果名称列（name）的非空约束。

一部分读者一定找到了非空约束操作时动鼠标的位置了吧。如果还没找到，现在就告诉你，动鼠标的位置就在水果信息表的设计页面中。在本例中添加或取消非空约束，都使用下面的两个步骤就可以完成。

（1）打开表的设计界面

在企业管理器的对象资源管理器中，右击水果信息表，在弹出的右键菜单中选择“设计”选项，即可看到在完成了示例 30 的语句后水果信息表的设计界面，如图 4.43 所示。

在图 4.43 中设置非空约束动鼠标的位置，就在数据类型后面的“允许 Null 值”的列中。从图上可以看出 id、name 和 price 列的“允许 Null 值”列都处于未选中的状态，这就表明它们是设置了非空约束的。相反，剩余列的“允许 Null 值”列都处于选中状态，这就表明它们是可以为空的。

（2）根据要求设置非空约束

按照题目的要求，将水果信息表中的水果产地列（origin）中的“允许 Null 值”列里的选中状态去掉；将水果名称列（name）中的“允许 Null 值”列里的未选中状态变成选中状态。设置后，效果如图 4.44 所示。

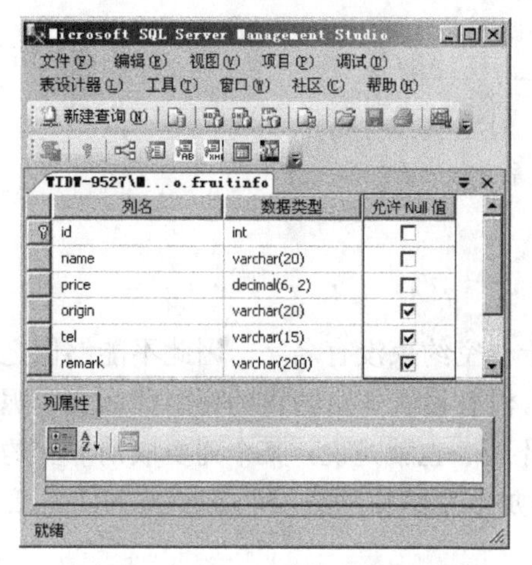

图 4.43　水果信息表的表设计界面

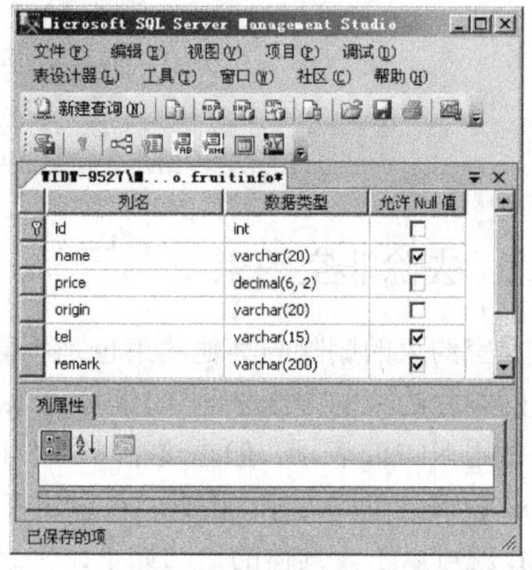

图 4.44　水果信息表中设置非空约束的效果

在完成了图 4.44 的设置后，要记得保存表信息。这样，就完成了在水果信息表中的非空约束设置。

在示例 32 中并没有讲解在创建表时如何设置非空约束，其实是与修改表时设置非空约束一样的，只不过在创建表时还需要将表的字段信息一起加入。

注意：在企业管理器中操作表时，保存表数据时经常会出现如图 4.45 所示的界面。

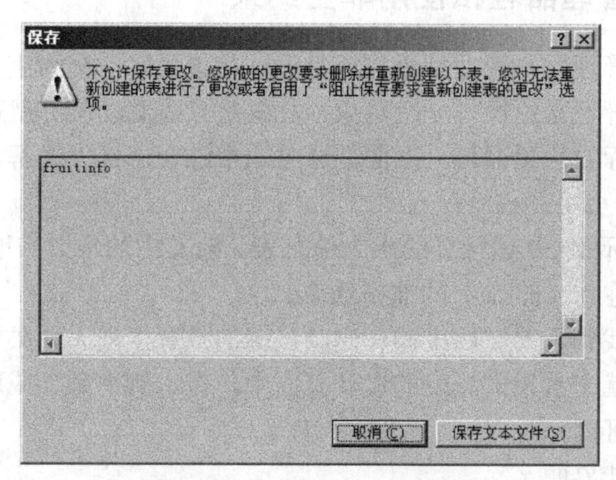

图 4.45　保存表时出现的错误

在这个错误提示中，可以看到并不是修改表的错误而是对表的设置阻碍了修改数据表。要更改这个设置，只需要单击企业管理器中菜单栏的“工具”|“选项”命令，在弹出的选项界面中，展开 Designers 选项，并选择“表设计器和数据库设计器”选项，如图 4.46 所示。

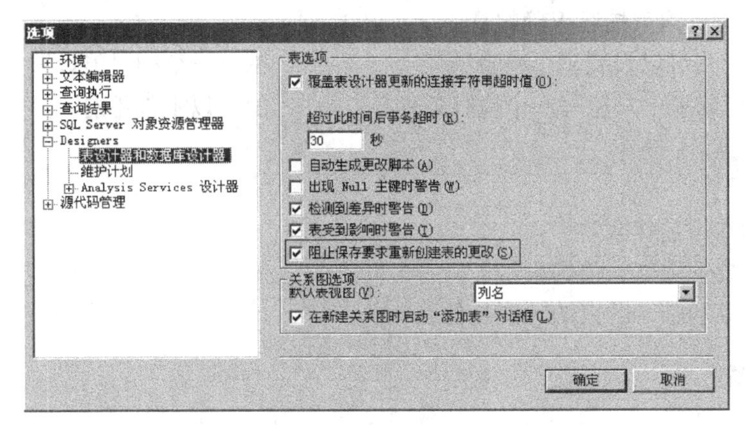

图 4.46 “工具”菜单下的“选项”界面

在图 4.46 所示的界面中，可以看到“阻止保存要求重新创建表的更改”选项处于选中状态。去掉该选项的选中状态后，即可完成数据表的保存操作。

4.8 本 章 小 结

在本章中主要讲解了 SQL Server 数据库中的 6 种约束：主键约束、外键约束、默认值约束、检查约束、唯一约束以及非空约束的使用方法。通过对这 6 种约束的使用方法的讲解，读者应该能够熟练地掌握使用 T-SQL 如何操作约束，以及在企业管理器中如何操作约束。另外，通过本章的学习，读者也应该能够找到使用 T-SQL 语句操作这 6 种约束时语法的一些规律，找到了这些规律就能方便读者对语法的理解和记忆。只要读者在数据表中灵活使用这些约束，一定会使数据表中数据的完整性有所加强的！

4.9 本 章 习 题

一、填空题

1．约束主要有________。
2．外键约束的关键字是________。
3．默认值约束的关键字是________。

二、选择题

1．关于主键约束描述正确的是________。
   A．一张表中可以有多个主键约束　　B．一张表中只能有一个主键约束
   C．主键约束只能由一个字段组成　　D．以上都不对
2．下面哪一个约束要涉及两张表________。
   A．外键约束　　B．主键约束
   C．检查约束　　D．唯一约束

3．下面对检查约束描述正确的是________。

A．一个列可以设置多个检查约束　　B．一个列只能设置一个检查约束

C．检查约束中只能写一个检查条件　　D．以上都不对

三、问答题

1．约束的作用是什么？

2．为什么要使用默认值约束？

3．主键约束和唯一约束的区别是什么？

四、操作题

使用表 4-2 所示的水果信息表（fruitinfo）完成如下的约束操作。

（1）给水果信息表中的编号列设置主键约束。

（2）给水果价格列设置检查约束，要求水果价格在 1～10 元之间。

（3）给水果名称列设置唯一约束。

（4）删除之前设置的所有约束。

第5章　管理表中的数据

通过前面几章的学习，读者已经清楚如何创建数据库和数据表了。但是，只有数据库和数据表是没有什么用的，这就好像是一个清水房什么都没有是无法居住的。如果想要住在这个房子里，就需要对这个清水房装修。装修就是在清水房中使用一些装饰材料以及一些家居用品等。数据库也是需要装修才能够使用的！那么，在数据库中使用的装修材料是什么呢？呵呵，只能是数据了呗。如何用数据装修数据表呢？请读者认真学习本章带给你的内容吧。

本章的主要知识点如下：

- 如何向数据表中添加数据
- 修改数据表中的数据
- 删除数据表中的数据

5.1　向数据表中添加数据——INSERT

装修房子的第一步就是要将购买的材料放到清水房中，有了这些材料就能够开始装修房子了，否则只能看着清水房了。同样的道理，数据表中有了数据，数据库才有意义啊！那么，如何向数据表中添加数据，就是管理数据表的一个重要环节了。向数据表中添加数据可以通过SQL语句，也可以通过使用企业管理器来完成。下面就给读者一一道来吧！

5.1.1　INSERT语句的基本语法形式

使用SQL语句向数据表中添加数据前，要先弄清楚添加语句的语法规则。读者先要记住的是添加语句使用的关键字INSERT。如果以后你看到INSERT开头的SQL语句，就可以想想这是不是向数据表添加数据的操作呢。在实际应用中添加语句的语法形式有很多，在本小节中介绍一个比较常用的INSERT语句的语法形式，具体格式如下所示。

```
INSERT INTO table_name(column_name1, column_name2,……)
VALUES(value1,value2,……);
```

其中：

- table_name：表名。在向该表中添加数据时不要忘了要将表所在的数据库打开。
- column_name：列名。需要添加数据的列名，如果没有指定任何列名，意味着是向表中所有列添加数据。
- value：值。向数据表中指定列添加的值，值与表中的列是一一对应的。不仅个数要一致，数据类型也要一致才可以。另外，如果没有指定列名，插入值对应列的顺序就是数据表中列的存放顺序。

5.1.2　给表里的全部字段添加值

向表中所有的字段同时插入值，是一个比较常见的应用。实际上，向表中的全部字段添加值也是 INSERT 语句形式中最简单的一种了。下面就用示例 1 来演示一下如何应用 INSERT 语句向表中全部字段添加值。在演示之前，先来了解一下在本章中要操作的数据表吧，如表 5-1 所示。

表 5-1　游戏账号信息表（gameaccount）

编号	列　名	数 据 类 型	中 文 释 义
1	id	INT	账号
2	name	VARCHAR(20)	昵称
3	password	VARCHAR(20)	密码
4	level	INT	等级
5	gamegroup	VARCHAR(20)	游戏组
6	points	INT	积分
7	email	VARCHAR(20)	邮箱
8	remark	VARCHAR(200)	备注

根据表 5-1 的结构，创建游戏账号信息表（gameaccount）的语句如下所示。另外，本章的数据表全部创建在数据库 chapter5 中。

```
USE chapter5;
CREATE TABLE gameaccount
(
  id INT  PRIMARY KEY,
  name VARCHAR(20),
  password VARCHAR(20),
  level   INT,
  gamegroup VARCHAR(20),
  points    INT,
  email   VARCHAR(20),
  remark  VARCHAR(200)
);
```

【示例 1】 向游戏账号信息表（gameaccount）中添加数据，如表 5-2 所示。

表 5-2　游戏账号信息表添加的数据

账号	昵称	密码	等级	游戏组	积分	邮箱	备注
1	跑得快	112233	1	初级联盟	100	pao@126.com	无

向游戏账号信息表（gameaccount）中添加表 5-2 所示的数据，具体的语句如下：

```
USE chapter5;
INSERT INTO gameaccount
VALUES(1,'跑得快','112233',1,'初级联盟',100,'pao@126.com','无');
```

执行上面的语句，就可以向游戏账号信息表中添加一条数据了。执行效果如图 5.1 所示。

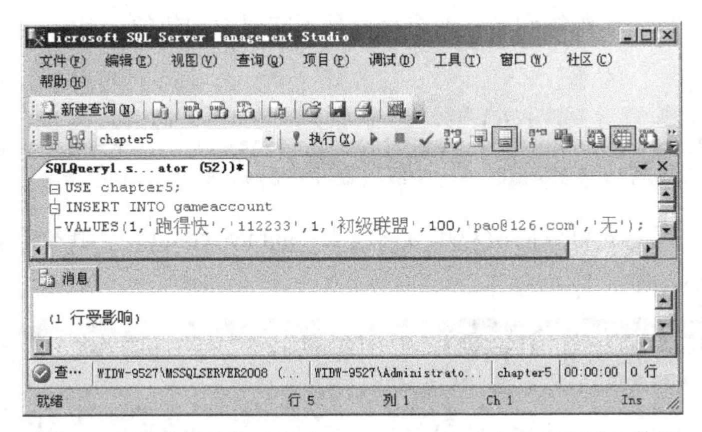

图 5.1　向游戏账号信息表（gameaccount）中全部字段插入数据

从图 5.1 中，可以看到执行上面的语句后给出的消息是“1 行受影响”，这就意味着有一条数据插入到数据表中了。读者是不是很想查看一下数据表中是否有这条数据呢？很简单，记住下面的语句就可以查看到表中的数据了。

```
SELECT * FROM table_name;
```

其中，table_name 就是表的名字。这里，将 table_name 换成是 gameaccount 就可以查询了。查询效果如图 5.2 所示。

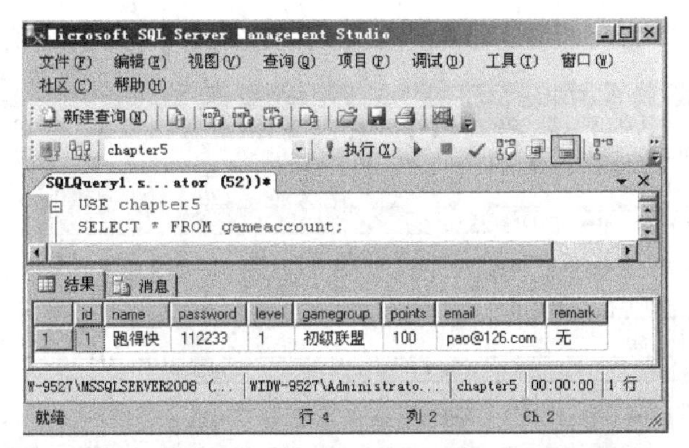

图 5.2　游戏账号信息表（gameaccount）中的数据

看到了图 5.2 所示的查询结果，读者这回放心了吧，数据真的存放在数据表中了。

5.1.3　给需要的字段添加值

在实际工作中，添加数据时并不是每次都需要向表中的所有字段添加值的。当然，这个问题也不难解决，还是用 INSERT 语句就可以解决了，只不过在插入数据时需要指定字段名才可以。学习任何 SQL 语句，实际操作是最重要的了。下面就让我们一起走进示例 2 吧。

【示例 2】　向游戏账号信息表（gameaccout）中插入表 5-3 所示的数据。

表 5-3　游戏账号信息表添加的数据

账号	昵称	密码	等级	游戏组	积分	邮箱	备注
2	乐呵呵	123456	2	中级联盟	230		

从表 5-3 中可以看出邮箱和备注两个字段是不需要添加值的，因此，添加的 SQL 语句如下：

```
USE chapter5;
INSERT INTO gameaccount(id,name,password,level,gamegroup,points)
VALUES(2,'乐呵呵','123456',2,'中级联盟',230);
```

执行上面的语句，就可以向游戏账号信息表（gameaccount）中填入一条数据了。执行效果如图 5.3 所示。

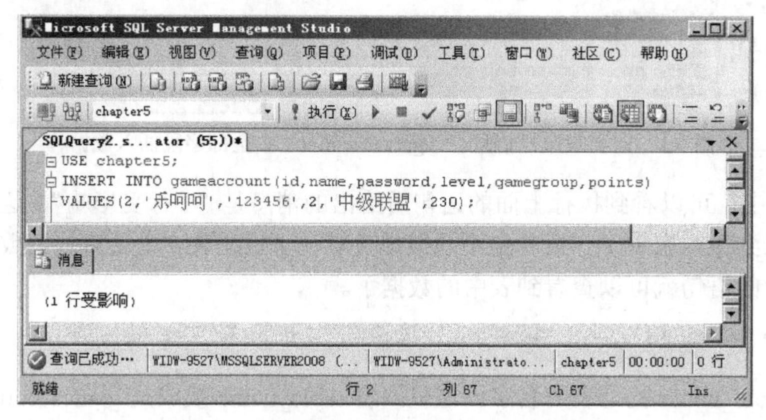

图 5.3　向游戏账号信息表指定字段插入值

下面利用 SELECT 语句查看一下插入数据后的效果吧，如图 5.4 所示。

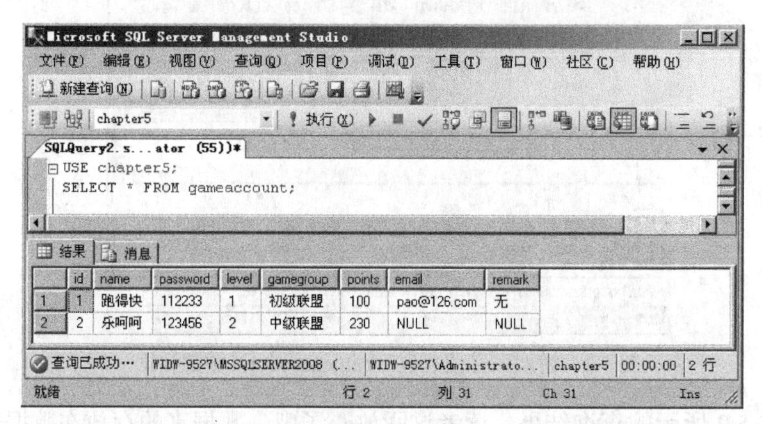

图 5.4　游戏账号信息表（gameaccount）中的数据

从图 5.4 查询的信息中，可以看出在示例 2 中没有添加的数据的 email 和 remark 列的值都是 NULL 而不是 “ ”。这个问题需要读者注意哦！

5.1.4　给自增长字段添加值

什么是自增长字段呢？就是在第 3 章中给读者介绍的标识列，想起来了吧。自增长字段只能在整型的字段上设置，并且在设置时可以为其指定该列开始的值以及每次增长的值。读者可能会问了，自增长字段都已经有值了，为什么还需要添加值呢？另外，直接向自增长字段中添加值可以吗？既然有这么多的疑问，现在就给读者一一解答吧。先说一下，为什么会有向自增长字段添加值的需求，实际上大部分的原因是由于自增长字段的值只能按顺序增加，如果将其中的某一个序号所对应的数据删除掉，系统是不会为其补充该值的。还是做个形象点的解释吧，如图 5.5 所示。图 5.5 中左边的表格中是数据表的全部数据，图 5.5 中右边的表格中是在左边表格的基础上去掉一条数据后的效果。其中，账号列是自增长字段。

账号	昵称	密码
1	天下第一	112233
2	最牛人	223344
3	就爱玩	334455
4	天下无敌	445566
5	肯定赢	556677

→

账号	昵称	密码
1	天下第一	112233
2	最牛人	223344
4	天下无敌	445566
5	肯定赢	556677

图 5.5　数据表中数据删除前和删除后的效果

从图 5.4 中，可以看出删除一条数据后，账号所在列值就缺少了 3 这个值。如果继续向该表中添加数据，账号列也不会再添加 3 这个值了，而是继续从 5 开始向上加。

有的时候需要将不连续的值补充，就需要先将自增长字段的自动插入属性设置成 OFF。具体的设置语法如下所示。

```
SET IDENTITY_INSERT table_name ON;
```

这里，IDENTITY_INSERT 就是自增长字段自动插入值的属性，table_name 是表名。如果要将该属性恢复就将上面语句中的 ON 改成 OFF 就可以了。下面就用示例 3 来尝试一下吧。

【示例 3】 向游戏账号信息表（gameaccount1）中根据表 5-4 添加数据。

为了配合自增长字段的使用，新创建一个游戏账号信息表（gameaccount1），其中列只取 gameaccount 表中的前 3 列（如表 5-1 所示），并将其中的账号列设置成自增长的。创建 gameaccount1 表的语法如下：

```
USE chapter5;
CREATE TABLE gameaccount1
(
  id  INT  PRIMARY KEY IDENTITY(1,1),
  name VARCHAR(20),
  password VARCHAR(20),
);
```

通过上面的语句，就可以在数据库 chapter5 中创建数据表 gameaccount1 了。

有了游戏账号信息表（gameaccount1），就可以向该表插入数据了。要添加的数据如表 5-4 所示。

表 5-4　需要添加的数据

账　号	昵　称	密　码
	不怕输	123456
3	不着急	123123

从表 5-4，可以看出需要向数据表中添加 2 条记录，第 1 条记录中的账号不需要输入，由自增长字段自动添加；第 2 条记录的账号列手动添加。具体的添加语句如下：

```
use chapter5;
INSERT INTO gameaccount1
```

```
VALUES('不怕输','123456');
SET IDENTITY_INSERT gameaccount1 ON;
INSERT INTO gameaccount1(id,name,password)
VALUES(3,'不着急','123123');
SET IDENTITY_INSERT gameaccount1 OFF;
```

执行上面的语句，就可以向游戏账号信息表（gameaccount1）中添加 2 条数据。执行效果如图 5.6 所示。

向游戏账户信息表（gameaccount1）中插入 2 条记录后，查询游戏账户信息表（gameaccount1），效果如图 5.7 所示。

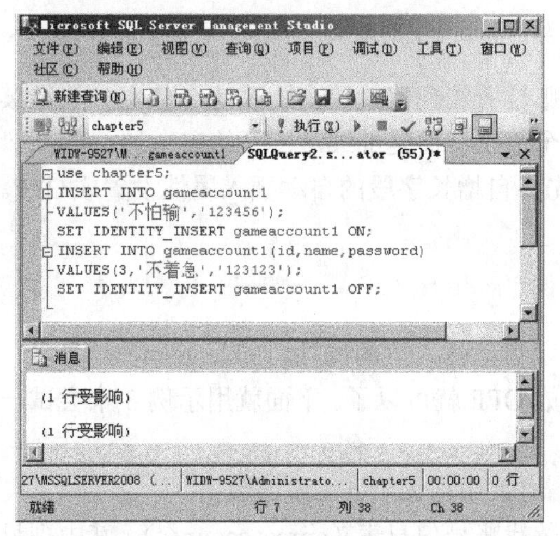

图 5.6　向自增长字段插入值

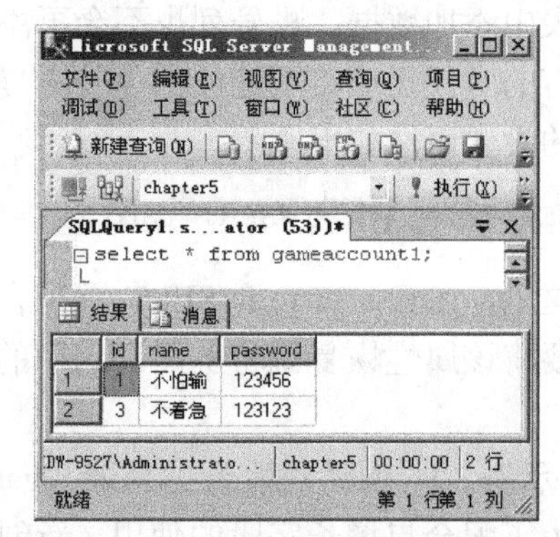

图 5.7　插入 2 条记录后的游戏账户信息表

从图 5.7 的添加结果可以看出，第 1 条记录中 id 列使用了自增长序列的第 1 个值；第 2 条记录中 id 列使用的是手动添加的值“3”。问读者一个小问题吧，如果再向游戏账户信息表（gameaccount1）中插入值时，id 列中的值是“2”还是“4”呢？记住，一定是“4”，因为自增长序列一定是在该列的最大值基础上进行增加的。

很多读者会有这样的想法吧，如果向自增长字段中添加值，而不将该表的 IDENTITY_INSERT 属性值设置成 ON 会出现什么错误呢？下面仍然以向游戏账号信息表（gameaccount1）插入值为例来测试如下的语句。

```
USE chapter5;
INSERT INTO gameaccount1
VALUES(2,'游戏王',123321);
```

执行上面的语句会发生什么呢？会发生如下的错误，如图 5.8 所示。

这回看到图 5.8 所示的错误提示信息了吧，IDENTITY_INSERT 属性的值为 ON 时才可以向自增长字段中插入值。除了这个提示，读者还会发现一个信息“仅当使用了列列表”，这个信息的意思是使用 INSERT 语句时，要加上插入列的列名，否则也无法向自增长列中插入值。请读者根据示例 3 的语句，自己尝试着改一下吧！

5.1.5　向表中添加数据时使用默认值

在第 4 章中介绍约束时提到过默认值约束的概念，它的作用是设置默认值约束的列不

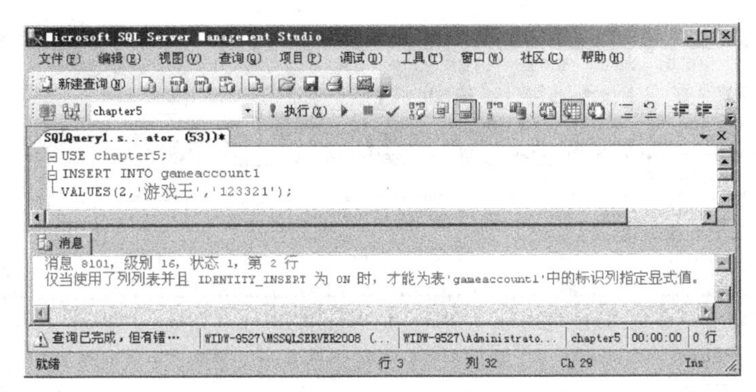

图 5.8　向自增长列插入值时出现的错误

插入值时自动采用已经设置好的默认值。比如：游戏账号信息表（gameaccount）中的备注列，在不添加具体的备注信息时，默认让其添加“无”。这种情况下，可以在创建游戏账号信息表（gameaccount）时，为其备注字段设置默认值约束，默认值是“无”。在本章已经创建过游戏账号信息表（gameaccount）了，请读者使用下面的语句给该表的备注列加上默认值“无”。

```
USE chapter5
ALTER TABLE gameaccount
ADD CONSTRAINT df_gameaccount DEFAULT '无' FOR remark;
```

执行上面的语句后，就可以为游戏账号信息表（gameaccount）的备注字段添加默认值约束了。下面就通过示例 4 来演示默认值字段的使用效果。

【示例 4】 向游戏账号信息表（gameaccount）中添加如表 5-5 所示的数据。

表 5-5　游戏账号信息表添加的数据

账号	昵称	密码	等级	游戏组	积分	邮箱	备注
3	快快跑	987654	1	初级联盟	100	paopao@126.com	无
4	不会玩	123456	0	初级联盟	10	game121@126.com	积分不足

根据表 5-5 所示的数据，第 1 条数据中的备注字段是“无”，可以在插入的时候利用默认值。具体的语句如下：

```
USE chapter5;
INSERT INTO gameaccount(id,name,password,level,gamegroup,points,email)
VALUES(3,'快快跑','987654',1,'初级联盟',100,'paopao@126.com');
INSERT INTO gameaccount
VALUES(4,'不会玩','123456',0,'初级联盟',10,'game121@126.com','积分不足');
```

执行上面的语句，就可以为游戏账户信息表（gameaccount）添加 2 条数据了。执行效果如图 5.9 所示。

从图 5.9 所示的效果，可以看出数据已经加入到账户信息表中，那么，第 1 条数据中备注字段的值究竟是不是“无”呢？下面就来查询一下游戏账户信息表看看效果，如图 5.10 所示。

哈哈，在图 5.10 中 id 列是 3 的这条记录中，remark 列的值是“无”吧。这就是默认值约束的应用喽！

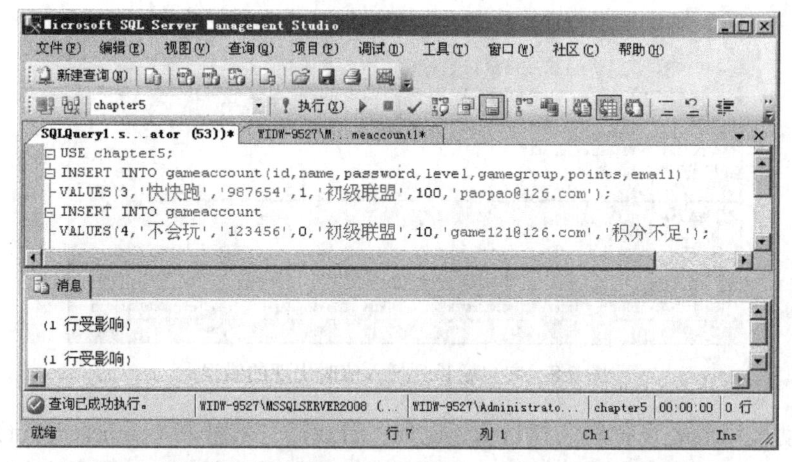

图 5.9　向游戏账户信息表（gameaccount）中的默认值列插入值

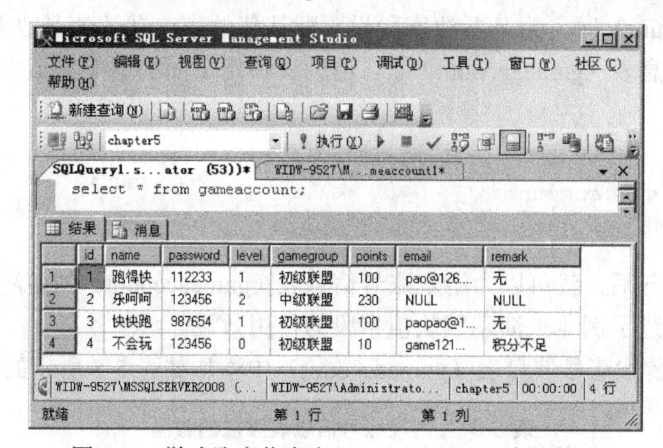

	id	name	password	level	gamegroup	points	email	remark
1	1	跑得快	112233	1	初级联盟	100	pao@126....	无
2	2	乐呵呵	123456	2	中级联盟	230	NULL	NULL
3	3	快快跑	987654	1	初级联盟	100	paopao@1...	无
4	4	不会玩	123456	0	初级联盟	10	game121...	积分不足

图 5.10　游戏账户信息表（gameaccount）中的数据

5.1.6　表中的数据也能复制

如果你用过计算机，相信一定做过复制和粘贴的操作吧？也就是说，在计算机中很多的文档都是可以复制的，那么数据表中的数据可以复制吗？当然可以复制了，但是要有条件限制的。表和表之间的数据复制，要遵守列的个数和数据类型一致性的原则。并且，可以有选择地复制表中一部分列中的数据。将 table_name2 中的数据加入到 table_name1 中具体的语法如下：

```
INSERT INTO table_name1(column_name1, column_name2,……)
SELECT column_name_1, column_name_2,……
FROM table_name2
```

其中：

- ❑ table_name1：插入数据的表。
- ❑ column_name1：表中要插入值的列名。
- ❑ column_name_1：table_name2 中的列名。
- ❑ table_name2：取数据的表。

在示例学习之前，还要提醒读者在 INSERT INTO 后的列名个数与 SELECT 后的列名个数要一致，它们的数据类型也要一致。下面就通过示例 5 来演示如何复制表中的数据。

【示例 5】 将表 gameaccount 中的游戏昵称和密码复制到表 gameaccount1 中。

由于在表 gameaccount1 中编号列 id 是自增长的，因此，不需要再向该列赋值了。根据题目要求，具体的语句如下：

```
USE chapter5
INSERT INTO gameaccount1(name,password)
SELECT name,password
FROM gameaccount;
```

执行上面的语句，就可以将 gameaccount 表中的数据复制到 gameaccount1 表中了。执行效果如图 5.11 所示。

从图 5.11 中可以看出，已经给 gameaccount1 中添加了 4 条记录。查询 gameaccount1 表效果如图 5.12 所示。

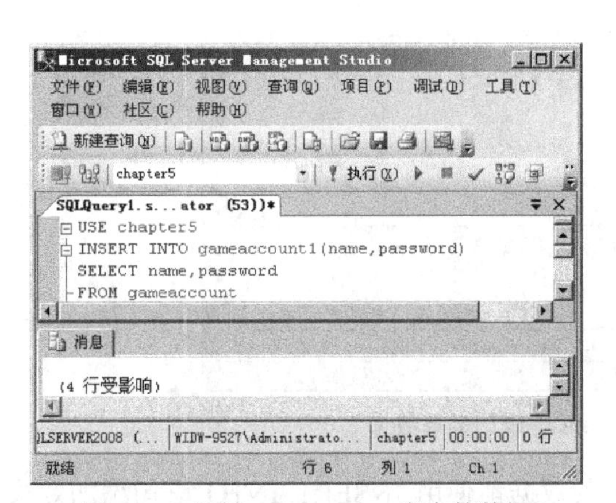

图 5.11　复制 gameaccount 表中的数据

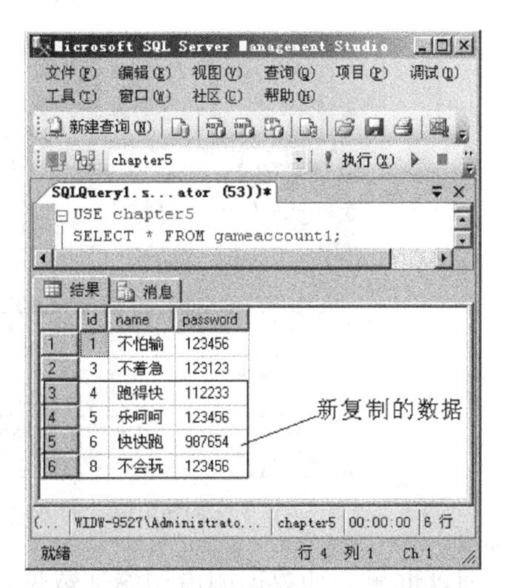

图 5.12　gameaccount1 表中的数据

5.1.7　一次多添加几条数据

在前面的几个小节中，也同时向表中加入过多条记录。但是，实际上只是批量地执行 INSERT INTO 语句。同样的操作，却要重复地写语句既浪费时间又影响了数据库执行的性能。那么，有没有办法只用一条语句，就能进行批量地增加数据呢？肯定有啊，记住下面的语法规则就可以一次添加多条数据了。

```
INSERT INTO table_name(column_name1, column_name2,…)
VALUES(value1,value2,value3,….),
      (value1,value2,value3,….),
      ……
```

其中，在 VALUES 后面列出要添加的数据，每条数据之间用“,”隔开就可以了。下面就用示例 6 来演示如何一次添加多条数据。

【示例 6】 向游戏账号信息表（gameaccount）中添加表 5-6 中的数据。

表 5-6　游戏账号信息表添加的数据

账号	昵称	密码	等级	游戏组	积分	邮箱	备注
5	一枝独秀	112233	1	初级联盟	100	yzdx@126.com	加油
6	天外飞仙	213456	3	高级联盟	500	twfx@126.com	快升级了
7	笨笨熊	876986	1	初级联盟	150	bbx@126.com	快升级了

根据表 5-6 中的数据，向 gameaccount 表中添加数据的语句如下所示。

```
USE chapter5
INSERT INTO gameaccount
VALUES(5,'一枝独秀','112233',1,'初级联盟',100,'yzdx@126.com','加油'),
      (6,'天外飞仙','213456',3,'高级联盟',500,'twfx@126.com','快升级了'),
      (7,'笨笨熊','876986',1,'初级联盟',100,'bbx@126.com','快升级了');
```

执行上面的语句，就可以一次向 gameaccount 表添加 3 条数据。执行效果如图 5.13 所示。

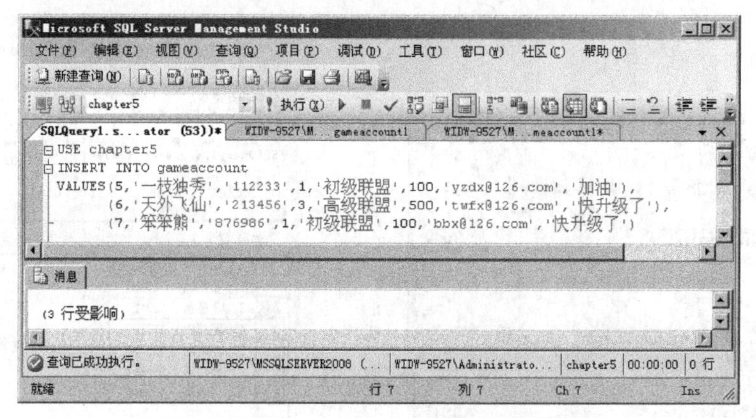

图 5.13　向表 gameaccount 中添加多条数据

通过批量添加数据的语句添加数据，与每条数据都使用 INSERT INTO 语句添加效果是一样的。查询 gameaccount 表数据，效果如图 5.14 所示。

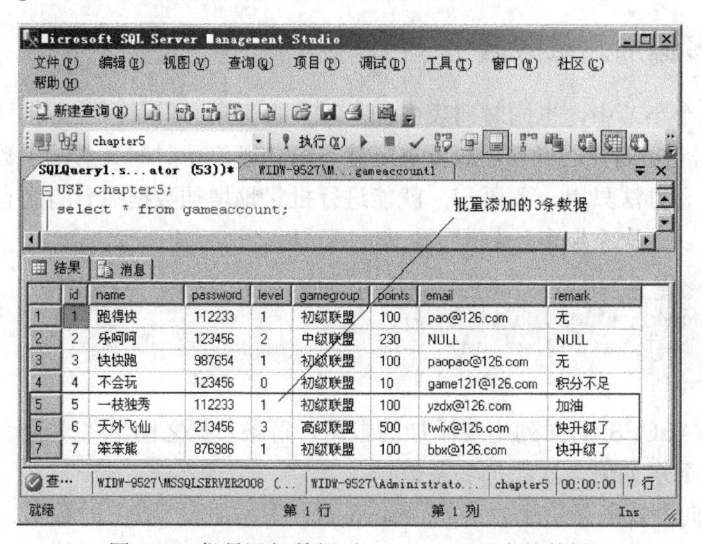

图 5.14　批量添加数据后 gameaccount 表的数据

5.2　修改表中的数据——UPDATE

如果房子装修好后，你觉得材料不好或者是颜色不好就需要更换了。数据表中的数据也是一样的，如果发现数据出现了问题也是允许修改的。数据表中的数据也是一样的，当发现存放的数据不符合要求时，就需要修改数据了。

5.2.1　UPDATE 语句的基本语法形式

修改数据表中的数据使用的是 UPDATE 语句，修改数据表的语句也有很多种形式。这里，只给出一个通用的形式以便读者学习。其余的形式将在下面的小节中详细讲解。修改数据表的一般语法如下：

```
UPDATE table_name
SET   column_name1=value1, column_name2=value2 …
WHERE conditions
```

其中：

- table_name：表名。要修改的数据表表名，通常要先打开该数据表所在的数据库。请读者注意，一次只能修改一张表。
- column_name：列名。需要修改列的名字，value 是指给列设置的新值。
- conditions：条件。按条件有选择地更新数据表中的数据。如果省略了该条件，也就是省略了 WHERE 语句，就代表修改数据表中的全部记录。

5.2.2　将表中的数据全部修改

在上面的修改数据表的语法中，去掉 WHERE 语句就可以了。很简单吧。但是，修改表中的全部数据可不是一个常用的操作哦，就好像把我们装修好的房子重新装修了。尽管不常用，还是要学习吧。下面就用示例 7 来演示一下如何修改表中的全部数据吧。先声明一下，所谓修改表中的全部数据，只是没有修改条件而不是指一定要把表中的所有列的数据都修改了！

【示例 7】 修改游戏账号信息表（gameaccount）中的备注信息列（remark），将其全部修改成“无”。

根据题目要求，只是修改游戏账号信息表的一列，也就是在 UPDATE 中的 SET 语句后只有一个列。具体的语句如下：

```
USE chapter5
UPDATE gameaccount
SET remark='无';
```

执行上面的语句，就可以将游戏账号信息表中 remark 列的值修改成了“无”。具体的执行效果如图 5.15 所示。

从图 5.15 中，可以看出通过上面的修改语句，修改了表中的 7 条记录。修改后如何查看修改的结果呢？没错，还是老办法，用 SELECT 语句就可以了。游戏账号信息表修改后的效果如图 5.16 所示。

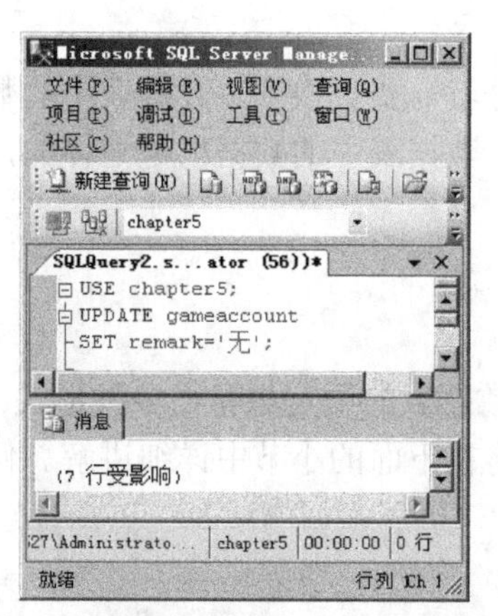

图 5.15　修改游戏账号信息表中的备注信息

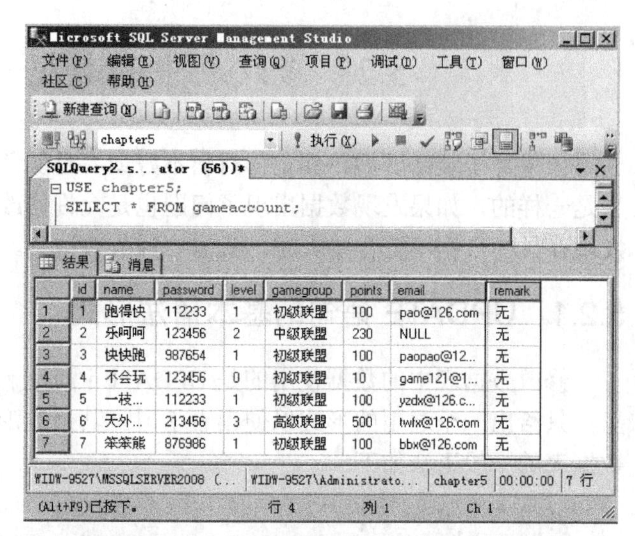

	id	name	password	level	gamegroup	points	email	remark
1	1	跑得快	112233	1	初级联盟	100	pao@126.com	无
2	2	乐呵呵	123456	2	中级联盟	230	NULL	无
3	3	快快跑	987654	1	初级联盟	100	paopao@12...	无
4	4	不会玩	123456	0	初级联盟	10	game121@1...	无
5	5	一枝...	112233	1	初级联盟	100	yzdx@126.c...	无
6	6	天外...	213456	3	高级联盟	500	twfx@126.com	无
7	7	笨笨熊	876986	1	初级联盟	100	bbx@126.com	无

图 5.16　修改游戏账号信息表 remark 列的效果

通过图 5.16 就可以一目了然了吧，上面的修改语句确实是将游戏账号信息表中 remark 列全部修改成了“无”。请读者自己尝试一下，将游戏账号信息表的所有的积分（points）和等级（level）列分别修改成 0 和 1。

5.2.3　只修改想要修改的数据

所谓只修改想要修改的数据，就是指想按照什么条件修改哪条记录就修改哪条记录，比如：将积分在 100 以下的都修改成 100，将等级是 1 级的都修改成 2 级等。如果想按条件修改数据表中的数据，就需要在 UPDATE 语句中使用 WHERE 子句了。下面就用示例 8 来演示 WHERE 子句是如何使用的。

【示例 8】 将游戏账号信息表（gameaccount）中的账号等级是 1 的全部修改成 2。

根据题目的要求，修改游戏账号信息表的条件只有一个，并且要修改的列只有账户等级列。具体的修改语句如下：

```
USE chapter5;
UPDATE gameaccount
SET level=2
WHERE level=1;
```

通过上面的语句，就可以将游戏账号信息表中账号等级是 1 的全部修改成 2 了。执行效果如图 5.17 所示。

从图 5.17 中，可以看出执行上面的修改语句后，修改了账号信息表中的 4 条记录。查询游戏账号信息表，效果如图 5.18 所示。

读者看了图 5.18 的查询结果后，可能会有这样一个疑问吧？在游戏账号信息表中现在一共有 5 条记录的等级都是 2，如何知道修改语句执行成功了呢？呵呵，其实这个并不难啊，可以换个角度看，如果游戏账号信息表中没有等级是 1 的记录了，那么不就说明修改成功了嘛。

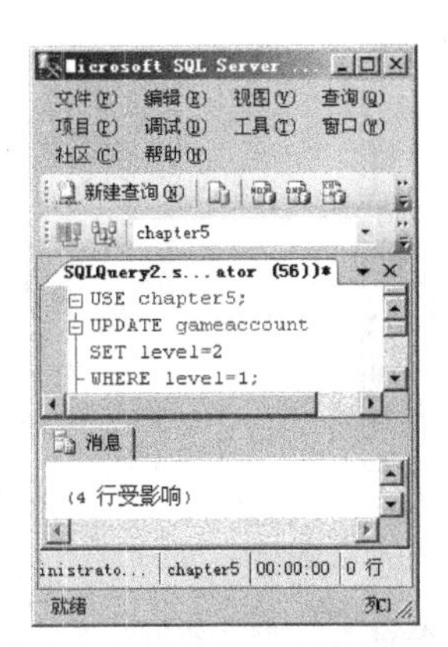

图 5.17　修改游戏账号信息表中账号等级是 1 的记录

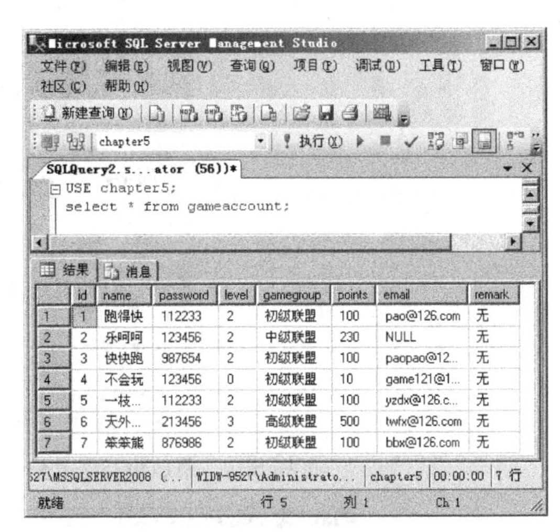

	id	name	password	level	gamegroup	points	email	remark
1	1	跑得快	112233	2	初级联盟	100	pao@126.com	无
2	2	乐呵呵	123456	2	中级联盟	230	NULL	无
3	3	快快跑	987654	2	初级联盟	100	paopao@12...	无
4	4	不会玩	123456	0	初级联盟	10	game121@1...	无
5	5	一枝...	112233	2	初级联盟	100	yzdx@126.c...	无
6	6	天外...	213456	3	高级联盟	500	twfx@126.com	无
7	7	笨笨熊	876986	2	初级联盟	100	bbx@126.com	无

图 5.18　修改账号等级后的效果

5.2.4　修改前 N 条数据

如果在修改数据时，想完成把账号等级是 2 的记录只修改 1 条，应该怎么办呢？仔细想一下，用前面给出的 UPDATE 语句形式是无法完成的吧。不要紧，现在就告诉你修改的方法。用 TOP 关键字！具体的语法形式如下：

```
UPDATE TOP (n) table_name
SET column_name1=value1, column_name2=value2...
WHERE condition;
```

这里，TOP (n)中的 n 是指前几条记录，是一个整数。其余的语句都在前面的 UPDATE 语句中解释过了，这里就不再赘述了。下面就请读者一起通过示例 9 来体验一下如何使用 TOP 关键字吧。

【示例 9】 修改游戏账号信息表（gameaccount）中等级是 2 的前 2 条记录，将其备注信息修改成“这是刚修改过的”。

根据题目要求，该语句中应该用 WHERE 子句来限制条件，并用 TOP(2)来确定修改 2 条记录。修改语句如下：

```
USE chapter5;
UPDATE TOP(2) gameaccount
SET remark='这是刚修改过的'
WHERE level=2;
```

执行上面的语句，就可以将 level 为 2 的前 2 条记录修改了。执行效果如图 5.19 所示。

这回为了能够让修改有一个直观的效果，特地将 remark 字段修改成了“这是刚修改过的”。查询修改后的游戏账号信息表，效果如图 5.20 所示。下面就请读者在图 5.20 所示的效果中找到修改的 2 条记录。

5.2.5　根据其他表的数据更新表

上面几个修改数据表的例子都是通过自己指定数据来修改的，如果你要修改的数据在

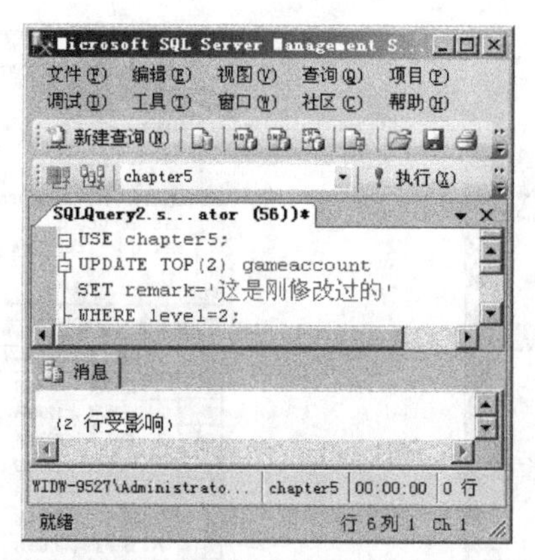

图 5.19　修改游戏账号信息表中等级为 2 的前 2 条记录

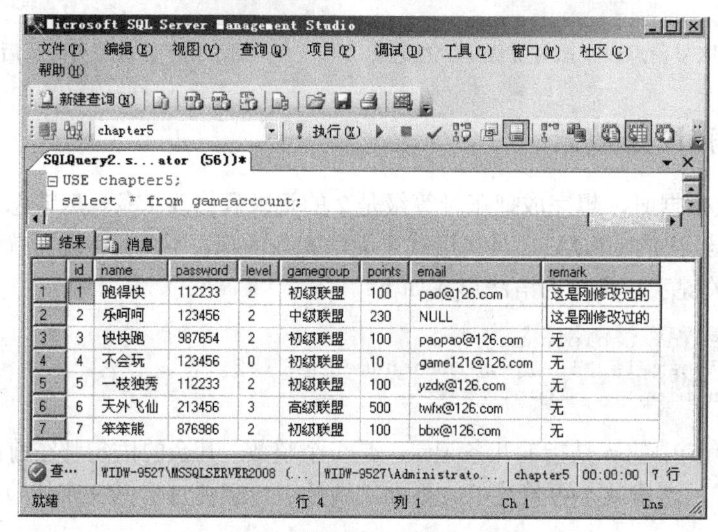

	id	name	password	level	gamegroup	points	email	remark
1	1	跑得快	112233	2	初级联盟	100	pao@126.com	这是刚修改过的
2	2	乐呵呵	123456	2	中级联盟	230	NULL	这是刚修改过的
3	3	快快跑	987654	2	初级联盟	100	paopao@126.com	无
4	4	不会玩	123456	0	初级联盟	10	game121@126.com	无
5	5	一枝独秀	112233	2	初级联盟	100	yzdx@126.com	无
6	6	天外飞仙	213456	3	高级联盟	500	twfx@126.com	无
7	7	笨笨熊	876986	2	初级联盟	100	bbx@126.com	无

图 5.20　修改游戏账号信息表后的效果

数据库中的另一张表中已经存在了，可不可以直接复制过来使用呢？当然是可以的，但是这可不像在 Excel 表格中复制数据那么简单。如果读者要想完成从另一个表复制数据的操作，就要记住如下的语句了。

```
UPDATE table_name
SETcolumn_name1=table1_name.column_name1,
   column_name2=table1_name.column_name2...
FROM table1_name
WHERE conditions
```

其中：

- table_name：表名。要更新的数据表名称。
- column_name1：列名。要修改数据表中的列名。
- table1_name：表名。要复制数据的数据表名称。
- table1_name.column_name1：列名。要复制数据的列，记住，一定要在列名前面加上表名。
- conditions：条件。它是指按什么条件来复制表中的数据。

记住了上面的语法规则，就可以在修改数据表时使用其他表中的数据了。下面就用示例 10 来实际演练一下吧。在演练之前要先创建一张数据表并存入一些数据，以便复制数据使用哦。创建一张游戏账号等级信息表，表的结构如表 5-7 所示。

表 5-7　游戏账号等级信息表（gamelevel）

序　号	字 段 名	数 据 类 型	描　述
1	id	int	等级编号
2	level	int	等级
3	points	int	积分

上面的游戏账号等级信息表主要描述了每种等级对应的积分情况。根据上面的表结构创建数据表的语句如下：

```
USE chapter5;
CREATE TABLE gamelevel
(
  id INT  PRIMARY KEY identity(1,1),
  level   INT,
  points INT,
);
```

执行了上面的创建数据表的语句后，再为其添加如表 5-8 所示的数据。我们要复制的数据来源就创建好了。

表 5-8　游戏账号等级信息表添加的数据

编号（id）	等级（level）	积分（points）
1	1	100
2	2	500
3	3	1000

如果读者是按顺序阅读本章内容的，那么，对于批量向数据表中添加数据的操作是不会陌生的。下面就来操练一下吧。具体的语句如下：

```
INSERT INTO gamelevel
VALUES(1,100),(2,500),(3,1000);
```

执行上面的语句后，游戏账号等级信息表中就有 3 条数据了。

【示例 10】 将游戏账号信息表中的积分信息按照游戏账号等级信息表中每个等级对应的积分进行更新。

根据题目的要求，要更新游戏账号信息表中的积分信息，更新的语句如下：

```
USE chapter5;
UPDATE gameaccount
SET points=gamelevel.points
FROM gamelevel
WHERE gameaccount.level=gamelevel.level;
```

执行上面的语句，就可以将游戏账号信息表中的积分根据游戏账号等级信息表进行更新了。执行效果如图 5.21 所示。

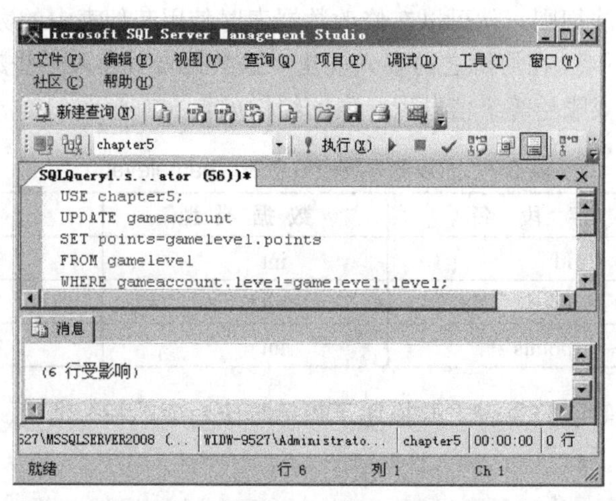

图 5.21　更新游戏账号信息表中的积分

从图 5.21 所示的执行效果中，可以看出游戏账号信息表中的 6 行数据已经被更新了。更新后的游戏账号信息表中的数据如图 5.22 所示。

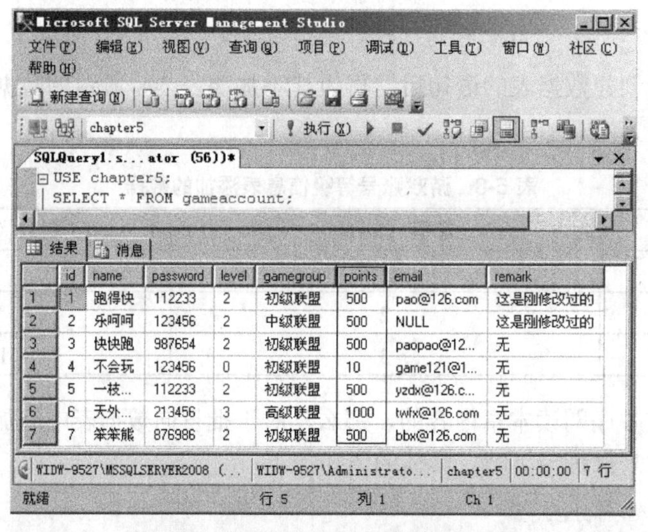

	id	name	password	level	gamegroup	points	email	remark
1	1	跑得快	112233	2	初级联盟	500	pao@126.com	这是刚修改过的
2	2	乐呵呵	123456	2	中级联盟	500	NULL	这是刚修改过的
3	3	快快跑	987654	2	初级联盟	500	paopao@12...	无
4	4	不会玩	123456	0	初级联盟	10	game121@1...	无
5	5	一枝...	112233	2	初级联盟	500	yzdx@126.c...	无
6	6	天外...	213456	3	高级联盟	1000	twfx@126.com	无
7	7	笨笨熊	876986	2	初级联盟	500	bbx@126.com	无

图 5.22　游戏账号信息表更新后的效果

从图 5.22 中可以看出，在游戏账号信息表中，积分（points）列中有一个值是 10，该值为什么没有被更新呢？找到答案了吗，没错，就是因为该行中等级（level）是 0，在游戏账号等级信息表中没有这个等级哦！

5.3　使用 DELETE 语句删除表中的数据

如果房子装修好后，觉得有些东西实在是不太合适或者是不喜欢了，也是可以直接拆掉或者扔掉的吧。数据表中的数据也是一样的，如果某些数据已经没有作用了，就可以将其去除了。众所周知，扔东西是最简单的了。那么，删除数据表中的数据也是最简单的了。但是，要注意哦，删除的数据就不那么容易恢复了，就像扔了的东西不容易找回来是一样的。

5.3.1　DELETE 语句的基本语法形式

在删除数据表中的数据前，如果不能确定这个数据以后是否还会有用，一定要对其数据先进行备份哦！删除数据表中的数据使用的语法很简单，一般的语法形式如下：

```
DELETE FROM table_name
WHERE conditions;
```

其中：

- table_name：表名。要删除数据的数据表名称。
- conditions：条件。按照指定条件删除数据表中的数据，如果没有指定删除条件就是要删除表中的全部数据了。

另外，在上面的语句中也可以将 DELETE 后面的 FROM 关键字省略。

5.3.2　清空表中的数据

所谓清空表中的数据，就是删除表中的全部数据。换句话说，就是在使用删除语句时不加 WHERE 子句。下面就用示例 11 来演示一下如何清空表中的数据。

【示例 11】 将游戏账号等级信息表中的数据全部删除。

根据题目的要求，删除游戏账号等级信息表（gamelevel）中的数据语句如下：

```
USE chapter5;
DELETE FROM gamelevel;
```

执行上面的语句，游戏账号等级信息表中的数据就消失了。执行效果如图 5.23 所示。

从图 5.23 的执行结果中，可以看到已经有 3 行数据被删除了。删除后就剩下一张空表了，效果如图 5.24 所示。

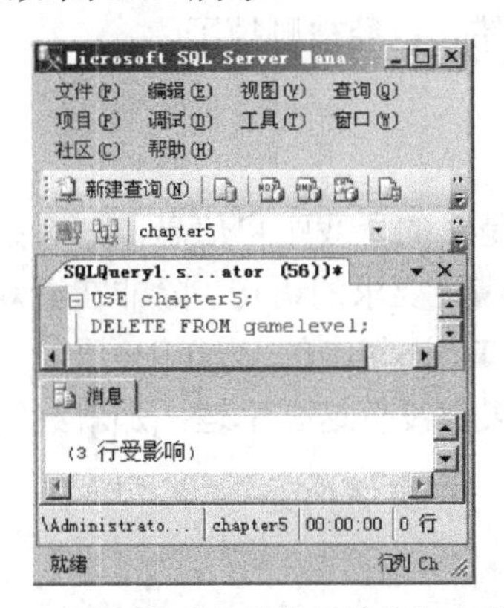

图 5.23　删除游戏账号等级信息表中的数据

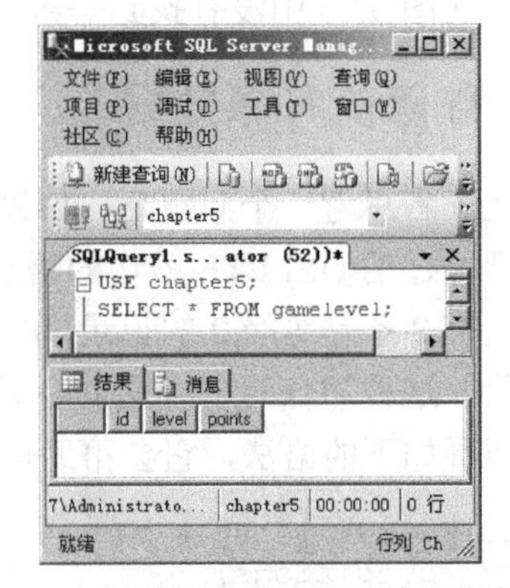

图 5.24　清空后的游戏账号等级信息表

从图 5.24 中，可以看出虽然将游戏账号等级信息表中的数据删掉了，但是表的结构还是保留的。

5.3.3　根据条件去掉没用的数据

在实际应用中，删除表中全部数据的操作是不太常用的，就像刚装修的房子全部拆除的可能性是比较小的。但是，不要忘了删除表中数据的语法中可以有 WHERE 语句啊，这就是按条件删除数据。下面就在示例 12 中学习一下如何按条件删除表中的数据吧。

【示例 12】 将游戏账号信息表中等级是 0 的记录删掉。

根据题目要求，只删除等级是 0 的记录，删除语句如下：

```
USE chapter5;
DELETE FROM gameaccount
WHERE level=0;
```

执行上面的语句，就可以将游戏账号信息表中等级是 0 的记录删掉了。执行效果如图 5.25 所示。

从图 5.25 中可以看出，影响了表中的 1 条记录，也就是原来表中只有 1 条记录等级是 0。删除后查看游戏账号信息表，效果如图 5.26 所示。

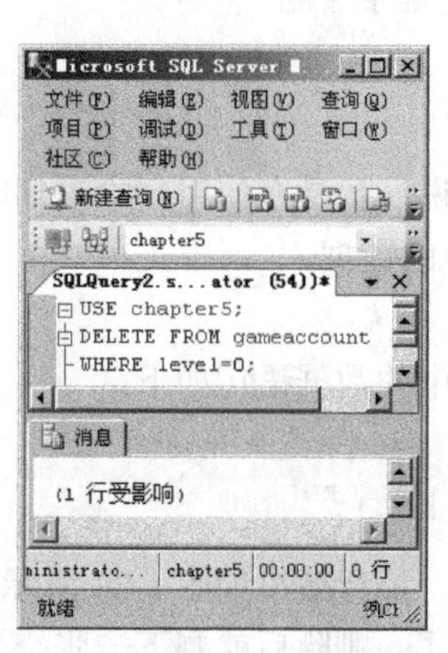

图 5.25　删除等级是 0 的记录

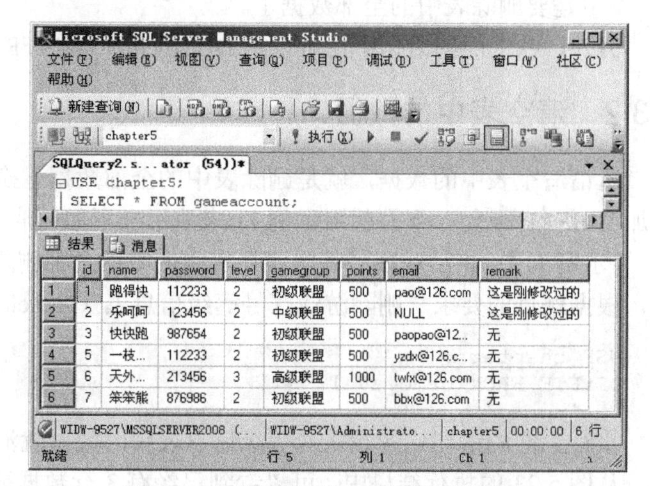

图 5.26　删除等级是 0 的记录后的效果

读者在图 5.26 中没有找到等级是 0 的记录吧！没错，已经被删掉了。

5.3.4　删除前 N 条数据

先让读者思考一个问题吧，如果想删除 2 条等级是 2 的游戏账户信息，怎么办呢？回忆之前学习过的 DELETE 语句的语法形式，没有能够满足要求的语句。除非在游戏账号信息表中只有 2 条是等级 2 的记录，才可以通过在 DELETE 语句中的 WHERE 语句里设置条件来删除。这种巧合的事情发生的概率太小了吧。如果你没有这么幸运，那就继续向下学习吧。请看如下的语法，它会帮助你哦。

```
DELETE TOP(N) table_name
WHERE conditions;
```

其中：TOP(N)就是用来指定删除前 N 条记录的。TOP(2)就是指前 2 条记录。

下面就通过示例 13 来解答刚才给读者出的思考题。

【示例 13】 从游戏账户信息表中删除 2 条等级是 2 的游戏账户信息。

根据题目要求，删除 2 条记录使用 TOP(2)就可以了，删除语句如下：

```
USE chapter5;
DELETE TOP(2) gameaccount
WHERE level=2;
```

执行上面的语句，就可以删除 2 条等级是 2 的记录了。执行效果如图 5.27 所示。

从图 5.27 中，可以看出结果是“2 行受影响”，也就是仅删除了 2 条等级是 2 的记录。删除后查询游戏账号信息表，效果如图 5.28 所示。

图 5.27　删除 2 条等级是 2 的记录

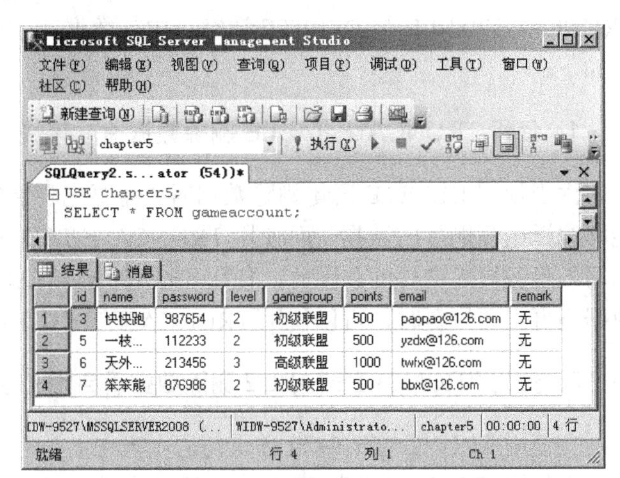

图 5.28　删除 2 条等级是 2 的记录后的效果

只看图 5.28 还看不出删除了哪 2 条记录，请读者对比图 5.26 的效果，找到删除的是哪 2 条记录。

5.3.5　使用 TRUNCATE TABLE 语句也能清空表中的数据

前面已经说过在清空表中的数据时，可以使用 DELETE 语句来完成。实际上，除了使用 DELETE 语句外，还可以使用 TRUNCATE TABLE 语句来清空表中的数据。TRUNACTE TABLE 语句的语法很简单，只需要在其后面加上表名就可以了。具体的语法形式如下所示。

```
TRUNCATE TABLE table_name;
```

其中，table_name 就是表名，同样在删除之前还要打开表所在的数据库。

【示例 14】 使用 TRUNCATE TABLE 语句删除游戏账号信息表（gameaccount）中的数据。

根据题目要求，删除游戏账号信息表中的数据，语句如下：

```
TRUNCATE TABLE gameaccount;
```

执行上面的语句，就可以将游戏账号信息表中的数据全部删除了。执行效果如图 5.29 所示。

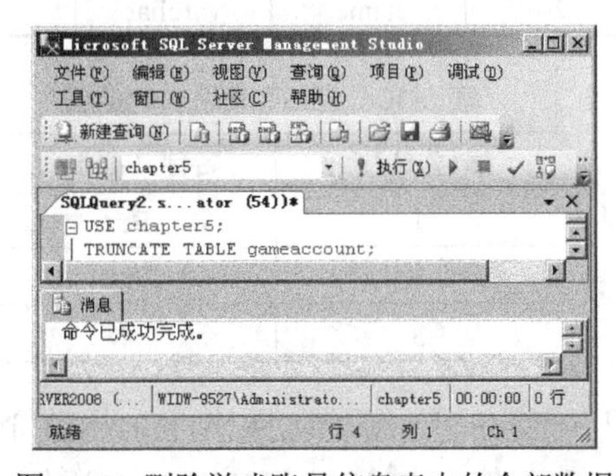

图 5.29　删除游戏账号信息表中的全部数据

从图 5.29 的执行效果可以看出，在执行了 TRUNCATE TABLE 语句后并没有像执行 DELETE 语句时会出现“影响几行”的消息提示，而是出现“命令已成功完成”的消息提示了。很显然，TRUNCATE TABLE 语句就和 DELETE 语句不是一种类型的语句，读者可以回忆一下，在什么时候你见过“命令已成功完成”的这种消息提示呢？请读者翻到本书的第 2 章或者第 3 章，一定会知道类似的消息提示。没错，实际上，TRUNCATE TABLE 也属于数据定义语言，与 CREATE 、DROP 和 ALTER 是一类的。

通过上面的示例相信读者已经了解了 TRUNCATE TABLE 的基本用法，那么，TRUNCATE TABLE 与 DELETE 清空表中的数据有什么区别呢？主要区别有两个，具体说明如下。

1. 使用 TRUNCATE TABLE 删除数据速度较快

由于使用 DELETE 语句删除数据时，需要把删除的信息写入到事务日志文件中，这样能够编译恢复删除的数据。而使用 TRUNCATE TABLE 语句删除数据，是不会将删除的信息写入事务日志文件的。因此，使用 TRUNCATE TABLE 删除数据的速度较快。当表中的数据不再需要恢复时，可以使用 TRUNCATE TABLE 语句来完成删除操作。

2. 使用 TRUNCATE TABLE 删除数据后自增长字段重新编号

在使用 TRUNCATE TABLE 语句清空表中的所有记录后，表中的自增长字段会重新编号；而使用 DELELE 删除表中的全部记录后，表中的自增长字段会继续累加。为了验证 TRUNCATE TABLE 与 DELETE 删除数据后对自增长字段的影响，新创建一张数据表 TEST，表结构如表 5-9 所示。

创建好 TEST 表后，向表中添加如表 5-10 所示的数据。

创建 TEST 表并添加数据的语句如下：

```
USE chapter5;
CREATE TABLE TEST
(
   id  int identity(1,1),
   name varchar(20)
);
INSERT INTO TEST VALUES('桌子'),('椅子'),('书');
```

执行上面的语句，TEST 表中的数据如图 5.30 所示。

表 5-9　TEST 表结构

序号	字段名	数据类型	描述
1	id	int	编号
2	name	varchar	名称

表 5-10　TEST 表添加的数据

编号（id）	名称（name）
1	桌子
2	椅子
3	书

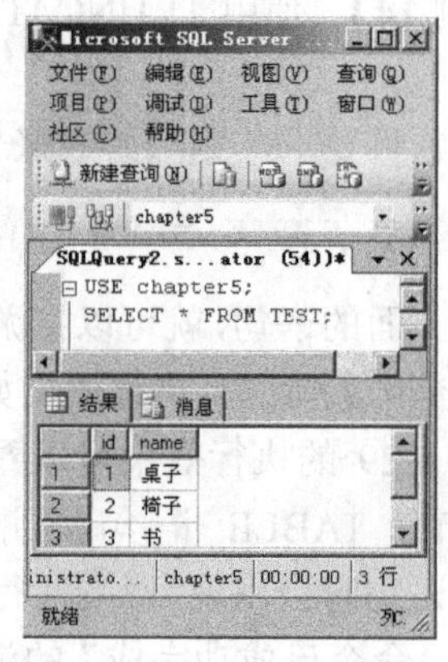

图 5.30　TEST 表中的数据

下面分别使用 TRUNCATE TABLE 语句和 DELETE 语句删除 TEST 中的数据。

（1）使用 TRUNCATE TABLE 语句删除 TEST 表中的数据

在删除之前，记住在图 5.30 中，id 是自增长列并且序号已经变成 3 了。删除语句如下所示。

```
USE chapter5;
TRUNCATE TABLE TEST;
```

执行上面的语句后，TEST 表中就没有数据了。下面就到了最关键的时候了，向 TEST 表中再插入一条数据，语句如下：

```
USE chapter5;
INSERT INTO TEST VALUES('本');
```

下面就要揭晓答案了，查询 TEST 表中的数据，看看 id 究竟是几呢？如图 5.31 所示。

从图 5.31 中，可以看到 id 值是 1，也就是说使用 TRUNCATE TABLE 语句删除数据后，自增长列是重新计数的。

（2）使用 DELETE 语句删除 TEST 表中的数据

目前，在 TEST 表中只有一条数据，id 为 1。下面就使用 DELETE 语句将其删除，语句如下：

```
USE chapter5;
DELETE TEST;
```

执行上面的语句，TEST 表中的数据也就被删除了。下面也同样再向 TEST 表中添加 1 条记录，看看 id 的变化。添加数据的语句如下：

```
USE chapter5;
INSERT INTO TEST VALUES('书包');
```

好了，这回查看 TEST 表，看看 id 是多少了。如图 5.32 所示。

图 5.31　使用 TRUNCATE TABLE 删除数据后自增长列的变化

图 5.32　使用 DELETE 删除数据后自增长列的变化

这回看到 id 的变化了吧，id 的值是 2，也就是说通过 DELETE 删除数据后，自增长列的序号是在原来的基础上继续增加的。

5.4　使用企业管理器操作数据表

经历了前面使用 SQL 语句对数据表中数据的添加、修改以及删除的操作，相信读者已经厌倦了。这么多的语句，要记住它们真麻烦啊。现在就教给你一个简单的方法吧，使用企业管理器来操作数据表。

企业管理器不用多说，读者也知道了，它就是一个用鼠标操作的友好界面。使用企业管理器操作表中的数据，可谓是最能够体现它的便利了。下面通过示例 15 来演示如何在企业管理器中添加数据、修改数据以及删除数据。

【示例 15】 在企业管理器中对游戏账号信息表做如下操作。

（1）向数据表中添加如表 5-11 所示的数据。

（2）修改编号是 1 的记录，将其积分修改成 2000。

（3）删除编号是 1 的记录。

表 5-11　游戏账号信息表添加的数据

账号	昵称	密码	等级	游戏组	积分	邮箱	备注
1	剪刀石头布	112233	1	初级联盟	100	jzstb@126.com	无
2	寻梦	223344	2	中级联盟	500	xm@126.com	无
3	九尾白狐	334455	1	初级联盟	100	jwbh@126.com	无

无论对游戏账号信息表做添加、修改还是删除操作，都需要在游戏账号信息表的表编辑界面中完成。游戏账号信息表的编辑界面，需要在企业管理器里的对象管理器中，展开 chapter5 数据库，并右击该数据库中的表 gameaccount，在弹出的右键菜单中选择“编辑前 200 行”选项，即可见到该界面了，如图 5.33 所示。

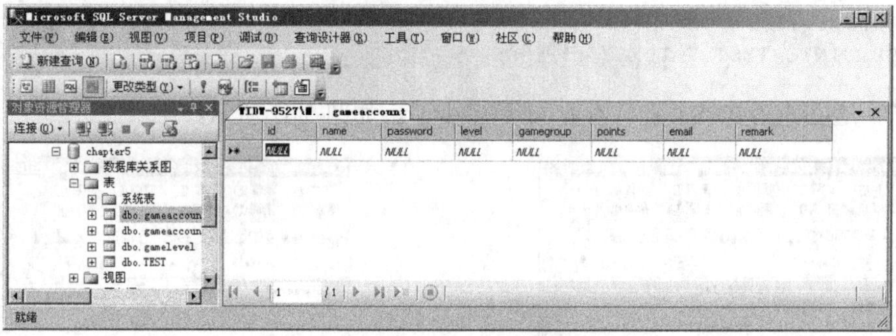

图 5.33　游戏账号信息表的编辑界面

本题的 3 个小问，都可以在图 5.33 所示的界面中完成。下面分别讲解如下。

（1）添加表 5-11 所示的数据，就像在 Excel 表中输入信息一样。录入表 5-11 的信息后，效果如图 5.34 所示。

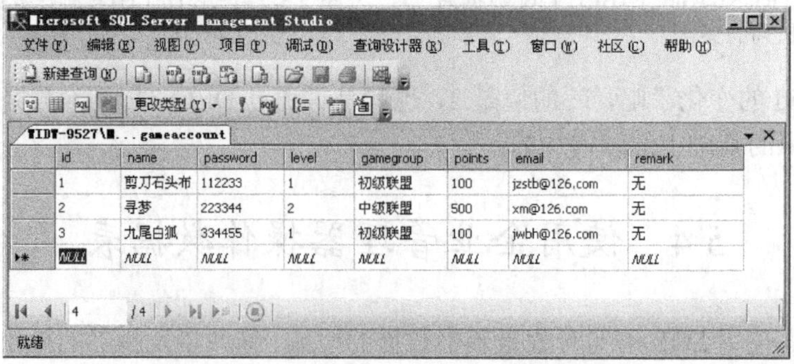

图 5.34　向 gameaccount 表中添加数据

添加数据后如何保存呢？在企业管理器中，为表添加数据不用刻意地去保存数据，只需要把光标移动到下一行，就保存了上一行的数据了。

（2）将 id 是 1 的记录，积分改成 2000 也很简单。只需要在图 5.34 所示的界面中，直接将 id 为 1 的列所对应的 points 列改成 2000 就可以了。效果如图 5.35 所示。

id	name	password	level	gamegroup	points	email	remark
1	剪刀石头布	112233	1	初级联盟	2000	jzstb@126.com	无
2	寻梦	223344	2	中级联盟	500	xm@126.com	无
3	九尾白狐	334455	1	初级联盟	10	jwbh@126.com	无
NULL	NULL	NULL	NULL	NULL	NULL	NULL	NULL

图 5.35　修改 id 为 1 的 points 列

从图 5.35 可以看出，当前游戏账号信息表的状态是“单元格已修改”，修改数据后，仍然将光标移动到其他单元格中，就可以保存该数据了。

（3）删除数据会稍微复杂一些。删除编号是 1 的记录，需要先单击要删除的记录使其处于选中状态，然后右击该记录，在弹出的右键菜单中选择“删除”选项，弹出如图 5.36 所示的界面。

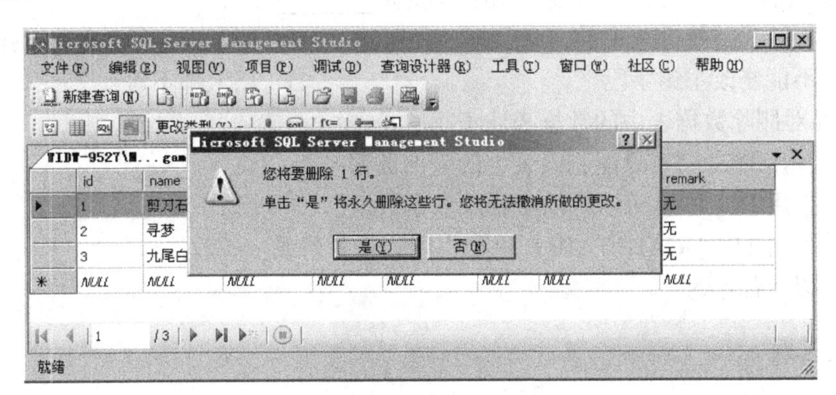

图 5.36　删除提示界面

在图 5.36 所示的界面中，单击“是”按钮，即可将所选的记录删除了。

说明： 如果要删除多条记录，不用一条一条地选择。只需要按住 Shift 或 Ctrl 键的同时选中要删除的记录，然后一起删除就可以了。

5.5　本 章 小 结

本章主要讲解了如何使用 SQL 语句和企业管理器向数据表中添加数据、修改数据以及删除数据。在添加数据部分，着重讲解了如何给自增长字段添加值、复制表中的数据以及批量添加数据；在修改数据部分，着重讲解了如何修改前 N 条记录以及如何在修改时使用其他表中的数据；在删除数据部分，着重讲解了如何删除前 N 条记录，同时也讲解了 TRUNCATE TABLE 语句与 DELETE 语句的区别。希望读者通过本章的学习，能够熟练地使用 SQL 语句来操作数据表中的数据。当然，企业管理器也得会用。

5.6　本章习题

一、填空题

1．向表中添加数据使用的关键字是________。
2．修改表中数据使用的关键字是________。
3．删除表中数据使用的关键字是________。

二、选择题

1．下面对向数据表中插入数据的描述正确的是________。
　A．可以一次向表中的所有字段插入数据
　B．可以根据条件向表中的字段插入数据
　C．可以一次向表中插入多条数据
　D．以上都对
2．下面对修改数据表中的数据描述正确的是________。
　A．一次只能修改表中的一条数据　　B．可以指定修改前 N 条数据
　C．不能修改主键字段　　D．以上都不对
3．下面对删除数据表中的数据描述正确的是________。
　A．使用 DELETE 只能删除表中的全部数据
　B．使用 DELETE 可以删除 1 条或多条数据
　C．使用 TRUNCATE TABLE 语句也能删除 1 条或多条数据
　D．以上都不对

三、问答题

1．INSERT 语句的基本语法形式是什么？
2．UPDATE 语句的基本语法形式是什么？
3．DELETE 与 TRUNCATE TABLE 的区别是什么？

四、操作题

使用表 5-1 所示的游戏账号信息表，完成如下 SQL 语句的编写。

（1）向游戏账号信息表中任意添加 5 条数据。
（2）将游戏账号信息表中前 3 条记录的游戏等级加 1。
（3）删除所有游戏等级为 1 的游戏账号信息。

第 6 章　查询语句入门

查询操作可谓是数据表中最重要的一个操作了。如果没有查询语句，那么数据表中的数据有什么变化都不知道。这就好像有一个仓库只能存取东西，但是就是不知道里面有多少东西一样。知道它的重要性了吧，其实在上一章中读者就使用过查询语句查询表中的数据，那就是 SELECT 语句。在本章中将继续学习 SELECT 查询语句更多的用法。

本章的主要知识点如下：

- ❑ 运算符的使用
- ❑ 如何书写简单的查询语句
- ❑ 如何在查询语句中使用聚合函数

6.1　运　算　符

运算符这个词读者应该不陌生吧，在学习数学或者是编程语言时，都学习过运算符。在 SQL Server 数据库中，也可以使用在 SQL 语句中使用运算符，特别是查询语句中。有了运算符，就可以对数据表中的数据做一些常用的统计、比较等操作了。因此，运算符是很重要的哦。在 SQL Server 数据库中，运算符主要包括算术运算符、比较运算符、逻辑运算符以及位运算符等。下面就将逐一讲解每一类运算符的使用。

6.1.1　算术运算符

所谓算术运算符，读者肯定会想到就是用来进行数学运算的呗。没错，就是你想到的这些运算符。它主要包括加法、减法、乘法、除法、取余数和取商等运算符。具体运算符的使用方法如表 6-1 所示。

表 6-1　算术运算符

运算符	说　明
+	对两个操作数进行加法运算，如果是两个字符串类型的操作数，则可以将两个字符串连接到一起。比如：'a'+'b'='ab'
–	对两个操作数进行减法运算
*	对两个操作数进行乘法运算
/	对两个操作数进行除法运算，返回商，例如：10/3=3
%	对两个操作数进行取余运算，返回余数，例如：10%3=1

现在就用示例来具体地解读每种运算符的具体使用方法。在讲解示例之前，先要告诉读者 SELECT 语句不仅可以在查询数据表数据时使用，也可以直接使用，相当于赋值或者是运算使用。在下面的示例中一律使用 SELECT 语句直接通过算术运算符运算，不使用数

据表，以便读者更好地理解运算符的使用。

【示例 1】 使用“+”、“-”运算符，计算 100 与 200、0.6 与 1.9 的和与差。

根据题目的要求，使用“+”、“-”运算符运算的语句如下：

```
SELECT 100+200, 0.6+1.9, 100-200, 0.6-1.9;
```

运算结果如图 6.1 所示。

读者可以看到在使用 SELECT 语句时，并没有指定要使用的数据库而是默认地用了 master 数据库。实际上，如果不直接操作数据表是不需要指定数据库的！

【示例 2】 使用“*”运算符，计算 100 与 200、1.6 与 0.2 的积。

根据题目的要求，使用“*”运算符运算的语句如下：

```
SELECT 100*200, 1.6*0.2;
```

运算结果如图 6.2 所示。

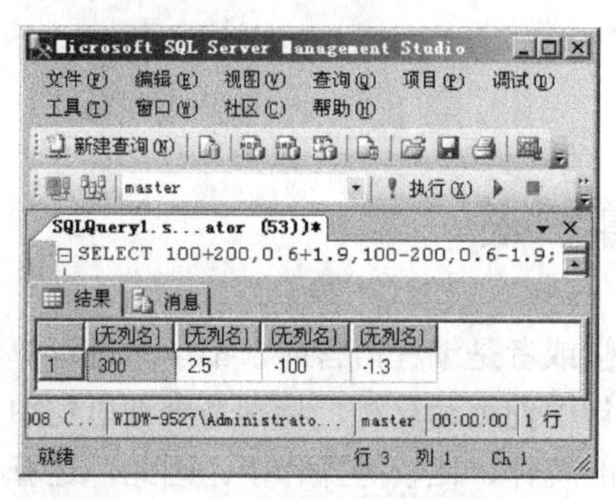

图 6.1　加、减法运算符的使用

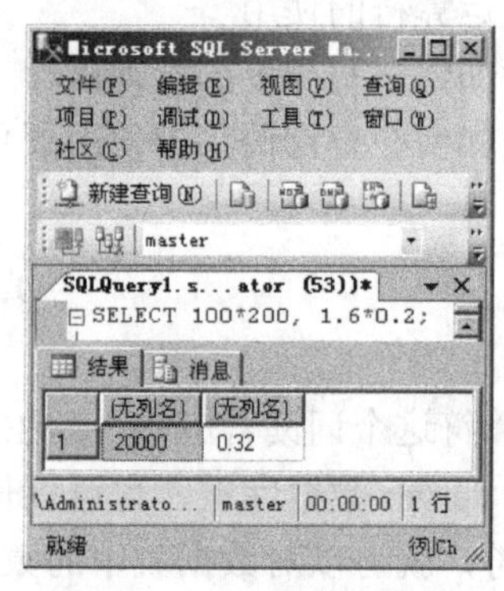

图 6.2　乘法运算符的使用

【示例 3】 使用“/”、“%”运算符，计算 500 与 100、300 与 200、1.5 与 0.2 的商和余数。

运用“/”、“%”运算符计算的语句如下：

```
SELECT 500/100,500%100,300/200,300%200, 1.5/0.2, 1.5%0.2;
```

运算结果如图 6.3 所示。

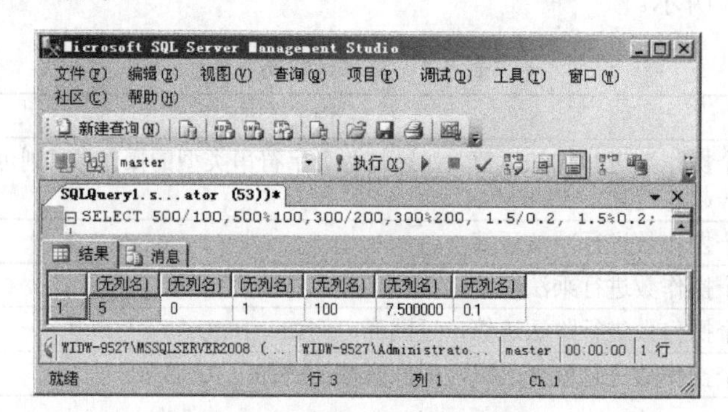

图 6.3　除法和取余运算符的使用

从图 6.3 的结果中可以看出，如果两个数能够整除时，余数就为 0。即使是小数之间做取余运算也是得到余数，并且余数也是小数。比如：1.5%0.2=0.1。

6.1.2　比较运算符

比较运算符是用来对两个操作数进行比较的。读者可以想想，两个操作数之间比较结果应该是什么呢？通过比较运算符运算的结果不是具体的数值，而是用布尔类型表示的，即 TRUE 或 FALSE。在 SQL Server 数据库中，比较运算符主要有大于、小于、大于等于、小于等于和不等于等，具体的使用方法如表 6-2 所示。

表 6-2　比较运算符

运　算　符	说　　明	运　算　符	说　　明
>	大于	<>	不等于
<	小于	!=	不等于
>=	大于等于	!<	不小于
<=	小于等于	!>	不大于

在表 6-2 所列出的运算符中，表示不等于的有两种方式：“<>”和“!=”，它们在使用上没有任何区别，就根据你自己的喜好来选择吧。这里需要注意的是，在 SELECT 语句后面不能够直接使用比较运算符对值进行比较。比较运算符通常会用在查询语句中的 WHERE 子句或者是 T-SQL 编程时的语句中。因此，比较运算符的具体使用方法将在本章的查询部分详细讲解。

6.1.3　逻辑运算符

逻辑运算符与比较运算符有些相似，运算的结果都是布尔类型的。逻辑运算符也主要应用于查询语句的 WHERE 子句中。在 SQL Server 数据库中，逻辑运算符主要有 and、or、not、all 和 in 等。逻辑运算符的具体使用方法如表 6-3 所示。

表 6-3　逻辑运算符

运算符	说　　明
AND	与运算符。用于两个操作数比较时，当两个操作数同时为 TRUE 时，结果才是 TRUE；否则是 FALSE
OR	或运算符。用于两个操作数比较时，当两个操作数同时为 FALSE 时，结果才是 FALSE；否则是 TRUE
NOT	非运算符。对任意运算结果的布尔类型值取反。即表达式的结果为 TRUR 时，通过 NOT 运算符运算后，结果为 FALSE；否则为 TRUE
ALL	用于判断是否都满足条件。比如：100>ALL(10,30,50,60)，100 要大于 ALL 后面的每一个值时，结果是 TRUE，否则为 FALSE
ANY	用于判断是否有一个值满足条件。比如：100>ANY(40,101)，只要在 ANY 后面有一个数是大于 100 的，结果就是 TRUE，否则就是 FALSE
SOME	与 ANY 的使用方法相同
IN	判断某一个值是否在 IN 后面的指定范围内。比如：100 IN (100，200，300)，如果在 IN 后面的数值中有 100，那么结果为 TRUE，否则为 FALSE
BETWEEN	判断某一个值是否在一个范围内。通常情况下，BETWEEN 与 AND 连用，表示一个具体的范围。比如：100 BETWEEN 50 AND 200，如果 100 在 50～200 之间，结果是 TRUE，否则是 FALSE
EXISTS	判断是否能查询出数据。通常在子查询中使用

关于逻辑运算符的具体使用方法也将在后面的查询中详细讲解。这里，只需要读者先了解一下逻辑运算符的表示方法。

6.1.4　位运算符

位运算符实际上就相当于是对数值的运算，因此，也可以在 SELECT 语句后面直接使用。在 SQL Server 数据库中，位运算符有按位与、按位或和按位异或 3 种。位运算符的具体使用方法如表 6-4 所示。

表 6-4　位运算符

运算符	说　明
&	按位与，是将两个操作数转换成二进制数，然后按位进行比较，如果比较的对应，两位同时为 1 则结果为 1，否则全都是 0
|	按位或，是将两个操作数转换成二进制数，然后按位进行比较，如果比较的对应两位同时为 0 则结果为 0，否则全都是 1
^	按位异或，是将两个操作数转换成二进制数，然后按位进行比较，如果比较的对应两位的值相同则结果为 0，否则是 1

由于位运算符可以直接应用在 SELECT 语句后面，那下面就让我们先一睹为快吧。

【示例 4】 使用按位与运算符计算 5 与 2，使用按位或运算符计算 10 与 8，使用按位异或运算符计算 10 与 6 的结果。

使用位运算符运算的语句如下：

```
SELECT 5&2, 10|8, 10^6;
```

运算结果如图 6.4 所示。

看了图 6.4 的运算结果，读者有些糊涂了吧，怎么能得出这样的结果。现在就给你分析一下吧，先要把位运算的操作数转换成二进制数，然后再运算。比如：5 的二进制表示是 00000101，2 的二进制表示是 00000010，那么，按位或的结果是 00000000。因此，结果就是 0 了。其他的操作数在这里就不一一转换了，请读者自己转换一下，然后再对比一下运算结果。

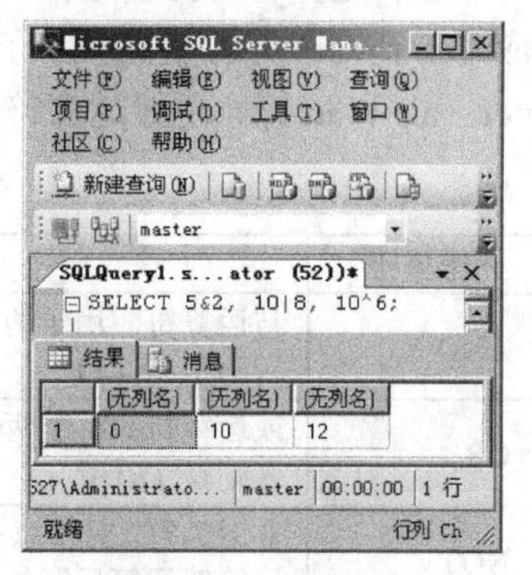

图 6.4　位运算符的使用

6.1.5　其他运算符

除了上面的 4 类运算符之外，还有一元运算符、赋值运算符等。赋值运算符就是等号，用“=”来表示，这里就不多说了。所谓一元运算符，就是对一个表达式或操作数进行运算的，具体的使用方法如表 6-5 所示。

表 6-5　一元运算符

运　算　符	说　明
+	表示操作数的值是正值
−	表示操作数的值是负值
~	返回表达式的结果或操作数的补数，也称取反运算。该运算通常用于二进制数的取反运算，将一个二进制数的每一位，是 0 的换成 1，是 1 的换成 0

一元运算符也是可以在 SELECT 语句后面直接使用的，“+” 和 “-” 运算符比较简单，只是给操作数前面加上一个符号而已。下面就重点学习取反运算符的使用。

【示例 5】 使用一元运算符中的取反运算符给 10 取反。

使用～运算符对 10 取反的语句如下：

```
SELECT ~10;
```

运算结果如图 6.5 所示。

从图 6.5 的运算结果中，读者又迷糊了吧。那咱们还是来先把 10 转换成二进制数看看，10 的二进制是 00000000 00001010，~10 的结果是 11111111 11110101，这样第 1 位是 1 表示是负数，那么，取补码就应该是 10000000 00001011，转换成十进制数结果就是-11 了。

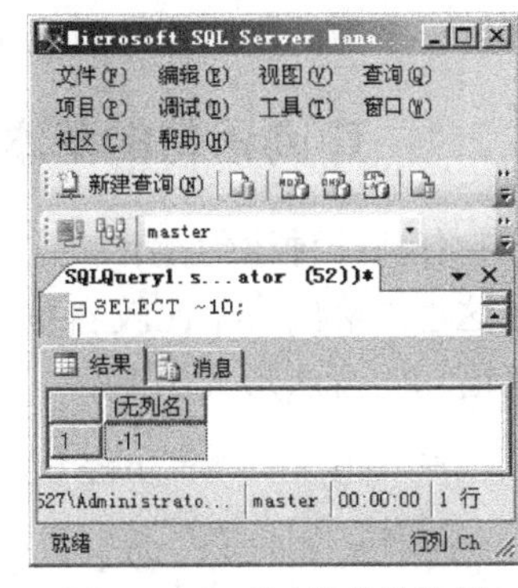

图 6.5　取反运算符的使用

说明： 补码的取值方法是，对于所有的有符号整数，最高位 1 的表示负数，最高位 0 的表示正数。一般来讲，有符号正整数按位取反后就是其相反数减 1，负数取反就是相反数加 1。

6.1.6　运算符也是有顺序的

读者学习到这里，就意味着运算符已经学完了。虽然运算符学完了，但是如果要在一个表达式中使用多个运算符时，运算符之间也是有顺序的。这就像去银行办理业务，如果你是 VIP 客户，那么就会优先的。下面就用表 6-6 来说明运算符的优先级是什么样的。

表 6-6　运算符的优先级

顺　序	运　算　符
1	~
2	*、%、/
3	+、–、&
4	=（判断相等）、>、<、>=、<=、!=、!>、!<
5	^、|
6	NOT
7	AND
8	ALL、SOME、ANY、BETWEEN、OR
9	=（赋值）

从表 6-6 所示的运算符的优先级，可以看出最后执行的是赋值运算符、最先执行的是取反运算符。在实际的应用中，也不必总是考虑每个表达式中要先执行什么后执行什么，只需要把先执行的内容用括号括起来，这样就可以避免一些不必要的麻烦了。

6.2　简 单 查 询

在本节中介绍的简单查询是指对一张表的查询操作。查询操作是对表操作的一个重要操作，使用的关键字是 SELECT。读者对于这个关键字可能不陌生了，但是真正使用好查询还真不是一件容易的事啊。因此，打好基础是关键，只有掌握了简单查询才能更好地掌握下一章中的复杂查询。准备好了吗？让我们一起进入查询语句的世界吧。

6.2.1　查询语句的基本语法形式

任何一种语句都有特定的语法形式，查询语句也不例外。查询语句的语法形式很复杂，在这里先给出一个比较容易理解的形式，对于其他的形式将在后面的内容中继续讲解。查询语句的语法形式如下：

```
SELECT column_name1, column_name2, column_name3……
FROM table_name
WHERE conditions;
```

其中：

- column_name1：列名。要在查询结果中显示的列信息，多个列之间用逗号隔开。如果在查询中想查看表中的全部信息，列名就不用一一列出了，直接用“*”号代替就可以了。
- table_name：表名。要查询数据的表名。在查询前也要先打开该表所使用的数据库。
- conditions：条件。按什么条件来查询数据。条件可以是 1 到多个，多个条件之间就会用到前面我们学过的运算符了，最常用的是逻辑运算符。

6.2.2　把表里的数据都查出来

从数据表中查询全部数据，这个操作读者肯定用到过。在上一章对表的操作中，经常会使用这种方法来验证操作结果。如果你没记住，也不要紧，现在跟着示例 6 再演练一下就明白了。在演练之前，先说明一下本章中使用的数据库和数据表。数据库使用 chapter6。数据表使用小说信息表，统计小说的信息应该有什么呢？一部小说，通常要知道它的名字、作者、类型和点击率等信息。具体的表结构如表 6-7 所示。

表 6-7　小说信息表（novelinfo）

编号	列　名	数 据 类 型	中 文 释 义
1	id	INT	编号
2	name	VARCHAR(20)	名称
3	author	VARCHAR(20)	作者
4	noveltype	VARCHAR(20)	类型（网络版、纸版、手机版）
5	role	VARCHAR(20)	主角
6	CTR	INT	点击率
7	remark	VARCHAR(200)	备注

由于本章只是对数据表中的内容做查询操作，因此，还要先为表中输入一些数据。表中输入的数据如表 6-8 所示。

表 6-8 小说信息表中的数据

编号	名称	作者	类型	主角	点击率	备注
1	斗破苍穹	天蚕土豆	网络版	萧炎	100	无
2	斗罗大陆	唐家三少	网络版	唐三	120	无
3	极品公子	烽火戏诸侯	网络版	叶无道	100	无
4	101 条花斑狗	史密斯	纸版	NULL	200	中国对外翻译出版公司
5	10 号公寓	诸葛宇聪	纸版	NULL	300	中国华侨出版社

创建小说信息表并录入数据的语句如下：

```
USE chapter6;
CREATE TABLE novelinfo
(
  id INT IDENTITY(1,1) PRIMARY KEY,
  name VARCHAR(20),
  author VARCHAR(20),
  noveltype VARCHAR(20),
  role VARCHAR(20),
  CTR  INT,
  remark VARCHAR(200)
);
INSERT INTO novelinfo VALUES('斗破苍穹','天蚕土豆','网络版','萧炎',100,'无'),
        ('斗罗大陆','唐家三少','网络版','唐三',120,'无'),
        ('极品公子','烽火戏诸侯','网络版','叶无道',100,'无'),
        ('101 条花斑狗','史密斯','纸版',' NULL',200,' 中国对外翻译出版公司'),
        ('10 号公寓','诸葛宇聪','纸版','NULL',300,' 中国华侨出版社')
```

执行上面的语句，就可以完成小说信息表的创建。下面就该使用 SQL 语句来查询小说信息表了。

【示例 6】 查询小说信息表（novelinfo）的全部数据。

根据题目的要求，要查询小说信息表中的全部数据。那么，并不需要知道表中的列名，只需要使用“*”代替列名就可以了。查询语句如下：

```
USE chapter6;
SELECT * FROM novelinfo;
```

执行上面的语句，就可以查看表中的全部数据了。执行效果如图 6.6 所示。

读者可以将图 6.6 的查询结果与表 6-8 所示的数据对比一下，对比后就会发现原来查询表中的全部记录就是如此简单的啊。

6.2.3 查看想要的数据

虽然查询表中的全部记录是很简单的事情，那么，每次都是要查询表中的数据为何还要学习其他的查询语句呢？原因很简单，虽然衣柜里有很多衣服，但并不是每次洗衣服时都要全部拿出来洗一次，都是只洗脏衣服的。数据表也是一样，通常情况下，并不需要每次都查询表中的全部记录。另外，每次都从表中查询全部数据，也会影响查询效率。因此，

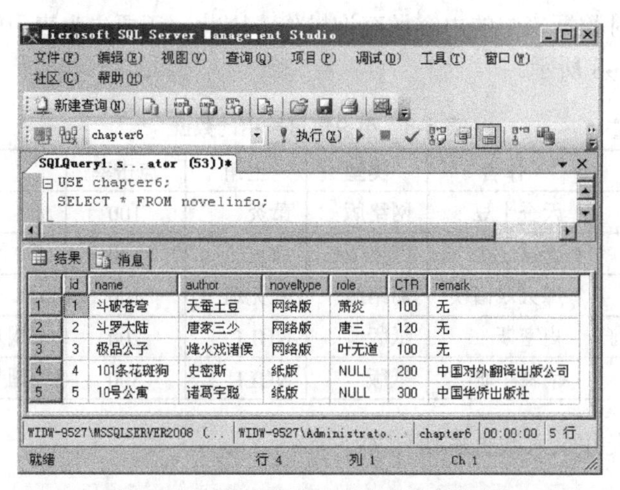

图 6.6　查询小说信息表中的全部数据

学习如何查询想要的数据还是很重要的。下面就通过示例 7 来演示一下。

【示例 7】查询小说信息表（novelinfo）表中的小说名称（name）和小说作者（author）。

在查询之前，先要明确一下查询的语法规则，要查询出哪个列的信息就在 SELECT 语句中指定该列名。具体的查询语句如下：

```
USE chapter6;
SELECT name,author FROM novelinfo;
```

执行上面的语句，就可以查询到指定列名的相关数据了。执行效果如图 6.7 所示。

从图 6.7 中可以看出，显示的结果中只含有 SELECT 语句后面指定的小说名称和小说作者的数据了。

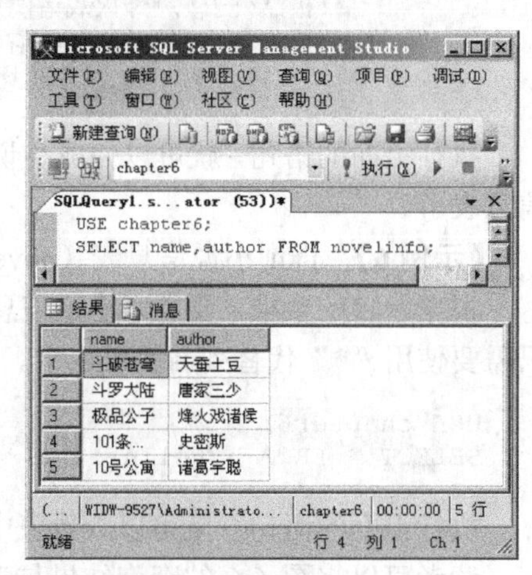

图 6.7　查询指定列的数据

6.2.4　给查询结果中的列换个名称

通过前面的示例 6 和示例 7，读者已经对查询语句有所了解了。在查询的结果中，看到的列标题就是数据表中的列名。如果不是表的设计者，有时真的很难知道字段的意义啊。那么，如何能够按照自己的意愿去定义列名呢？在 SQL Server 中，可以使用给列定义别名的方法来完成。并且，在给列定义别名时，有如下 3 种方法。下面就带你认识一下吧。

（1）使用 AS 关键字给列设置别名

```
SELECT column_name1 AS '别名 1', column_name2 AS '别名 2', column_name3 AS '
别名 3'......
FROM  table_name
```

其中，在 AS 后面的名字就是给其前面的列定义的别名。

（2）使用空格给列设置别名

```
SELECT column_name1  '别名 1', column_name2  '别名 2', column_name3  '别名 3'......
```

```
FROM  table_name
```

其中，空格后面的名字就是给其前面的列设置的别名。

（3）使用等号给列设置别名

```
SELECT  '别名 1'=column_name1,  '别名 2'=column_name1, '别名 3'=column_
name1……
FROM  table_name
```

其中，等号前面的名字就是给其后面的列设置的别名。

读者可以想想，上面的 3 种方式中哪种是最常用的呢？实际上，第一种方法是最常用的，不仅可以让列名和别名之间有个区分，又可以让其看起来更舒服些。虽然第一种方法是最常用的，但是其他的方法也要掌握哦。

下面就用示例 8 来演示一下如何运用这 3 种方法给列设置别名。

【示例 8】 查询小说信息表，显示小说的名称、作者名称以及点击率信息。并分别使用上面的 3 种的方式为列设置别名。

根据题目的要求，只需要在 SELECT 后面指定 3 个列名。查询语句如下：

（1）使用 AS 关键字设置别名

```
USE chapter6;
SELECT name AS '名称',author AS '作者',CTR AS '点击率'
FROM novelinfo;
```

执行上面的语句，就可以将 SELECT 后面指定列的内容查询出来了。执行效果如图 6.8 所示。

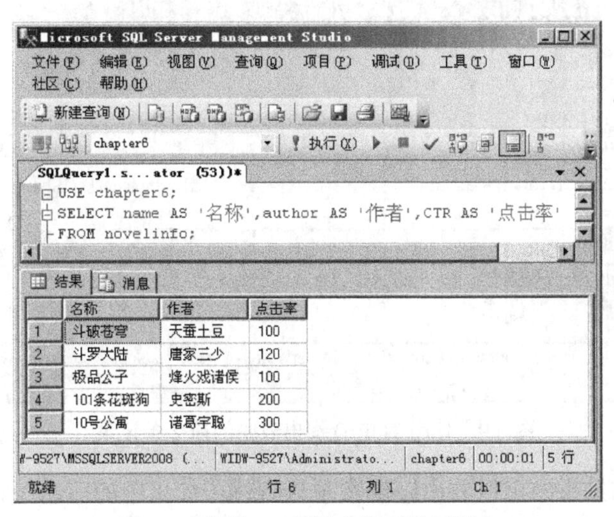

图 6.8　使用 AS 关键字给列设置别名

（2）使用空格给列设置别名

```
USE chapter6;
SELECT name  '名称',author  '作者',CTR  '点击率'
FROM novelinfo;
```

执行上面的语句，也可以完成与（1）同样的效果。

（3）使用等号给列设置别名

```
USE chapter6;
SELECT  '名称'=name, '作者'=author, '点击率'=CTR
FROM novelinfo;
```

执行上面的语句，也可以完成与（1）同样的效果。

6.2.5　使用 TOP 查询表中的前几行数据

在前面的查询中，虽然可以指定要显示的列，但是查询的数据也是表中的数据。每次都要显示表中的所有数据，如果数据很少的时候速度还不会受到影响，如果数据量很大时就会造成查询时间过长、数据库访问速度降低的情况。当然，在 SQL Server 中会有办法解决这个问题的，那就是使用 TOP 关键字来限制显示结果的数量。TOP 关键字可以帮助读者每次仅返回查询结果的前 N 行。具体的使用方法请读者认真学习示例 9。

【示例 9】 查询小说信息表中的前 2 条记录。显示出小说的名称以及小说类型的信息。

根据题目要求，在 SELECT 语句后面列出小说名称和小说类型的字段就可以了，并在前面加上 TOP(2)。具体的语句如下：

```
USE chapter6;
SELECT TOP(2) name as '名称',noveltype as '类型' FROM novelinfo;
```

执行上面的语句，就可以查询出小说信息表的指定列的前 2 条记录了。执行效果如图 6.9 所示。

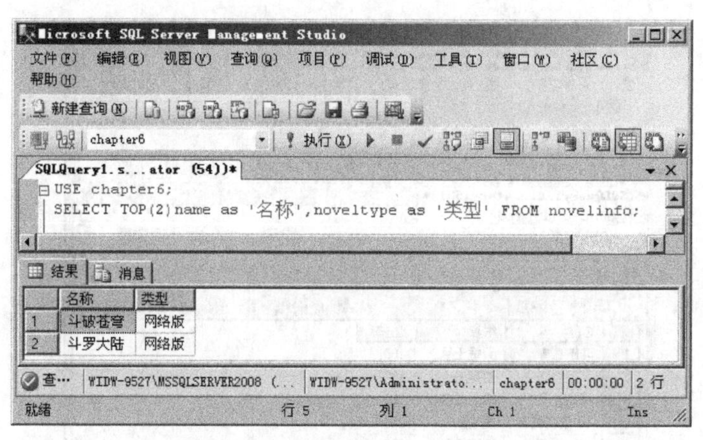

图 6.9　使用 TOP 查询出表中的前 2 条记录

从图 6.9 的查询结果中可以看出，确实是只查询了结果中的前两条记录了。

6.2.6　在查询时去除重复的结果

在查询操作时有时希望去除一些重复的数据，以便查看数据。其实这个并不难实现，只需要在 SELECT 语句后面加上 DISTINCT 关键字就可以了。实际上，在真正的数据表中两条完全重复的记录是很少见，只是某一列或多列重复的记录会多一些。无论是去除表中重复的记录，还是去除某列的重复值，DISTINCT 关键字都可以帮你搞定。

【示例 10】 查询小说信息表，显示小说的类型，并去除重复的信息。

根据题目要求，在 SELECT 语句后面加上小说类型的字段，并在其前面加上 DISTINCT 关键即可。查询语句如下：

```
USE chapter6;
SELECT DISTINCT noveltype FROM novelinfo;
```

执行上面的语句，即可查看到小说信息表中的小说类型信息了。执行效果如图 6.10 所示。

从图 6.10 所示的结果中可以看出，在小说信息表中只有 2 个小说类型。

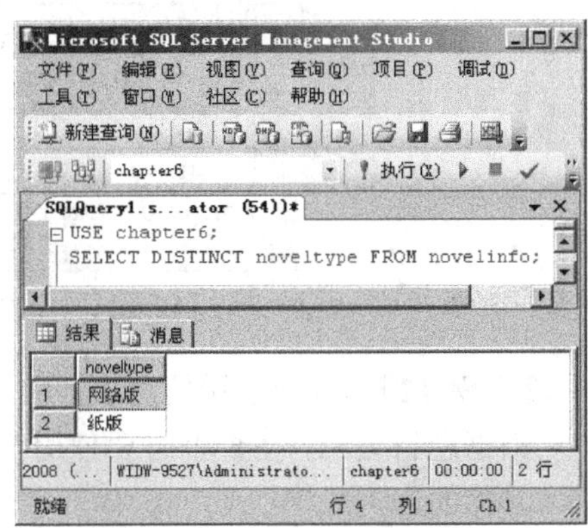

图 6.10　DISTINCT 关键字的使用

6.2.7　查询结果也能排序

在一些大型的网站上，读者经常会看到一些流行音乐排行榜、人气排行榜等等信息。这些信息也可以通过从数据库中查询数据来获得。读者可以想一想，在查询语句中什么时候对结果进行排序呢？当然是在查询语句的最后面对其查询结果进行排序了。对查询结果进行排序要使用 ORDER BY 语句来完成。对查询结果排序的语法格式如下所示。

```
SELECT column_name1, column_name2, column_name3……
FROM table_name
WHERE conditions
ORDER BY column_name1 DESC|ASC, column_name2 DESC|ASC……
```

这里，除了 ORDER BY 语句外，其他语句在前面的查询语句的语法中已经解释过了，这里就不再解释了。ORDER BY 子句后面可以放置 1 列或多列，在每一列后面还要指定该列的排序方式，DESC 代表的是降序排列，ASC 代表的是升序排列。如果不对数据表中的数据进行排列，默认的排序方式是升序排列。

【示例 11】 查询小说信息表，并对小说信息表中的点击率进行降序排列。

根据题目要求，可以将表中的全部数据查询出来，然后再使用 ORDER BY 排序。具体的语句如下：

```
USE chapter6;
SELECT * FROM novelinfo ORDER BY CTR DESC;
```

执行上面的语句，就可以将查询结果按照 CTR 列降序排列了。执行效果如图 6.11 所示。从图 6.11 的结果可以看出，查询结果确实是按照 CTR 列从大到小排列的。

6.2.8　含有 NULL 值的列也能查看

在前面的查询语句中都是查询表中的全部数据，如何按某个条件来查询数据呢？那就要用到查询语句中的 WHERE 子句了。在 WHERE 子句中就可以指定按什么条件来查询数据。数据表中的 NULL 值是会经常出现的，NULL 值通常是指没有录入数据的列，那如何查看含有 NULL 值的列呢？请看下面 WHERE 语句第一个应用吧。

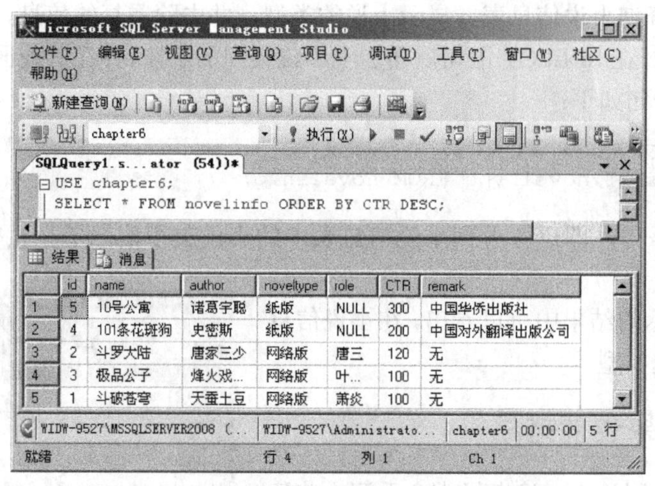

图 6.11　对查询结果使用 ORDER BY 排序

【示例 12】　查询小说信息表，并显示出所有小说主角是 NULL 值的数据。

根据题目要求，在查询时要使用 WHERE 子句来限制只查询出小说主角是 NULL 的数据。具体的语句如下：

```
USE chapter6;
SELECT * FROM novelinfo WHERE role is NULL;
```

执行上面的语句，就可以查到主角为 NULL 的数据了。执行效果如图 6.12 所示。

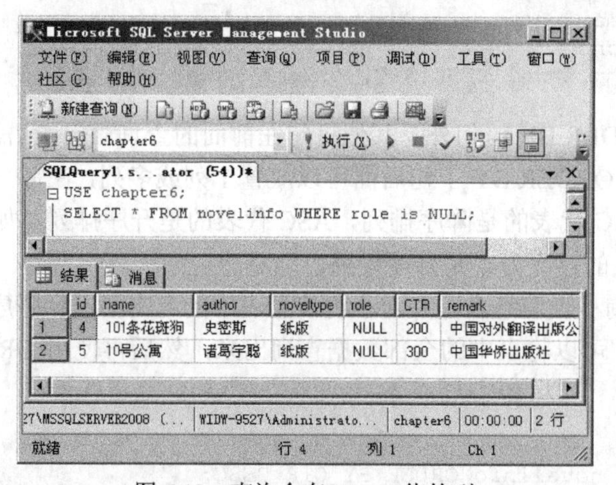

图 6.12　查询含有 NULL 值的列

这里，需要注意一下查询含有 NULL 值的列，需要使用“列名 is NULL”的语法格式而不能直接使用“列名='NULL'”的格式。

6.2.9　模糊查询用 LIKE

所谓模糊查询，就好像在百度中搜索东西一样，输入一个词或一句话就会输出与之相关的内容。在数据库中，模糊查询是通过 LIKE 关键字来完成的。但是，在学习 LIKE 关键字之前读者先要记住几个通配符，如表 6-9 所示。

表 6-9　通配符

运　算　符	说　　明
%	表示 0 到多个字符
_	表示一个单个字符
[]	表示含有[]内指定的字符

知道了表 6-8 中的通配符，现在就可以使用 LIKE 进行模糊查询了。如果想表示“不像….”的意思，可以使用“NOT LIKE”来查询。

【示例 13】 查询小说信息表，并查询出小说名字中含有“10”的信息。

根据题目要求，小说名字含有“10”就意味着这个“10”可以在小说名字的开头、中间以及结尾中任意位置出现。具体的查询语句如下：

```
USE chapter6;
SELECT * FROM novelinfo WHERE name LIKE '%10%';
```

执行上面的语句，就可以查询出小说名字中含有“10”的信息了。执行效果如图 6.13 所示。

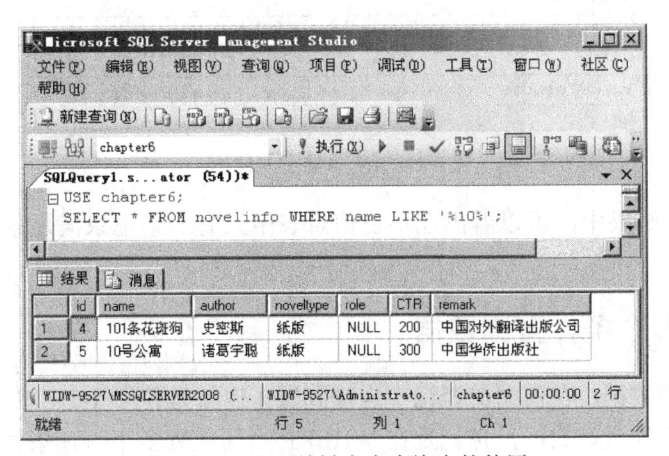

图 6.13　LIKE 关键字在查询中的使用

这里，“%10%”就代表了查询小说名称中是否含有“10”。如果想查询不含有“10”的小说名称，那么，可以使用“NOT LIKE”来查询。读者可以自己试试哦。

6.2.10　查询某一范围用 IN

在前面运算符的学习里已经学习过 IN 的使用了，它主要用于判断某个值是否在指定的范围内。那么，什么时候使用 IN 呢？比如：需要查询年龄是否在指定年龄中。IN 关键字在 WHERE 语句中使用的方法如下：

```
SELECT column_name1, column_name2, column_name3……
FROM table_name
WHERE column_name IN (value1,value2,…)
```

这里，在 IN 关键字前面的是数据表中的列名，IN 后面括号中是具体的值。但是，要注意 IN 后面的内容数据类型要一致。具体的使用方法请看示例 14。

【示例 14】 查询小说信息表，显示出作者是史密斯或者是欧阳小梅的小说信息。

根据题目要求，WHERE 语句的写法应该是 author IN('史密斯','欧阳小梅')，具体的语句如下：

```
USE chapter6;
SELECT * FROM novelinfo
WHERE author IN('史密斯 ','欧阳小梅');
```

执行上面的语句，就可以将符合条件的作者所对应的小说信息查询出来了。执行效果如图 6.14 所示。

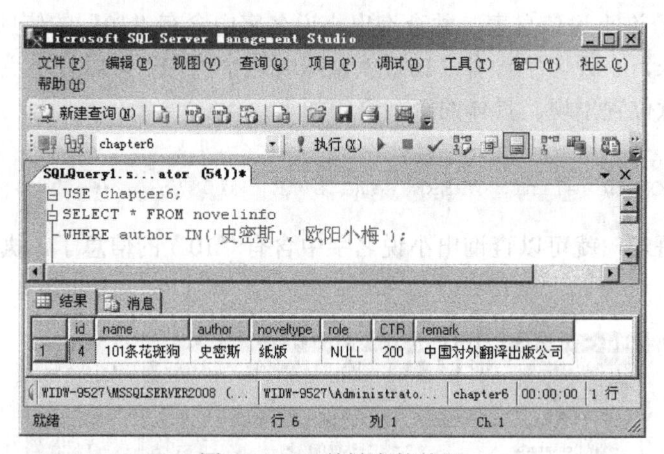

图 6.14　IN 关键字的使用

从图 6.14 的结果中，可以看出在小说信息表中只有一条记录满足条件，即作者是史密斯。

6.2.11　根据多个条件查询数据

根据条件查询数据，在前面的查询中也提到过，也就是使用 WHERE 关键字的查询语句。所谓按多个条件查询数据，也就是在 WHERE 后面放置多个查询条件，那么，这些条件之间用什么连接到一起呢？前面的运算符可不是白学的啊，通常情况下使用逻辑运算符来连接多个连接条件。

【示例 15】 查询小说信息表，显示纸版并且点击率在 100 以上的小说信息。

从题目的要求来看，需要在 WHERE 后面加上两个条件并且两个条件之间用“and”来连接。具体的语句如下：

```
USE chapter6;
SELECT * FROM novelinfo
WHERE  noveltype='纸版' and CTR>100;
```

执行上面的语句，就可以查询出符合 WHERE 后面条件的数据了。执行效果如图 6.15 所示。

从图 6.15 可以看出，查询的结果中既要满足小说类型是纸版的，又要满足点击率大于 100。如果查询的条件是只满足其中一条即可，那么就可以使用 OR 关键字连接条件了。

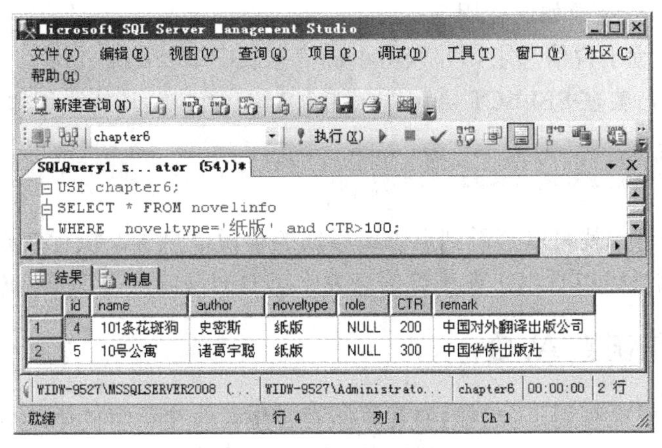

图 6.15　多条件的查询语句

6.3 聚合函数

聚合函数是数据库系统中众多函数中的一类，它的重要应用就是在查询语句中使用。在 SQL Server 数据库中聚合函数主要包括求最大值的函数 MAX、求最小值的函数 MIN、求平均值的函数 AVG 以及求和函数 SUM、求记录的行数 COUNT。读者这回知道了吧，原来聚合函数就 5 个。那么，这 5 个函数什么时候用呢？就和它们的字面意思一样，一般都用于查询和统计表中的数据。

6.3.1 求最大值函数 MAX

先认识一下求最大值的函数 MAX，通常情况下，求最大值的列都要是数值类型的，否则就没有比较的意义了。在实际应用中，当需要得到商品的最高价格、小说的最高点击率时，都可以使用这个最大值函数 MAX 来祝你一臂之力。

【示例 16】 查询小说信息表，并取得小说信息表中最高的点击率信息。

根据题目要求，要在 SELECT 语句后面加上 MAX 函数。具体语句如下：

```
USE chapter6;
SELECT MAX(CTR) FROM novelinfo;
```

执行上面的语句，就可以查看到最高的点击率了。执行效果如图 6.16 所示。

从图 6.16 所示的结果可以看出，小说信息表中小说的最高点击率是 300。

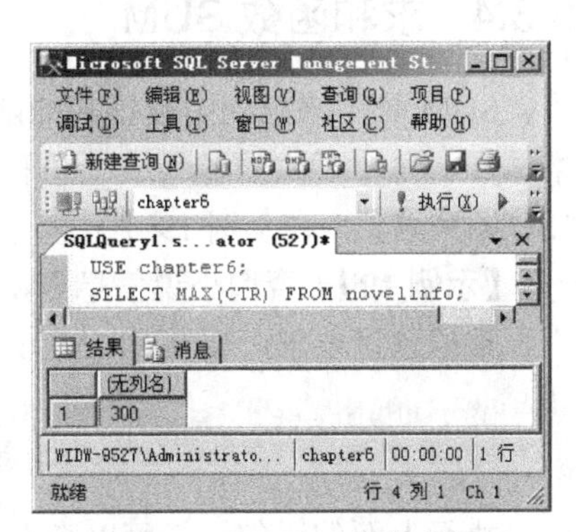

图 6.16　MAX 函数的使用

6.3.2 求最小值函数 MIN

取最小值也是经常会用到的，比如：查看价格最低的商品信息、查看成绩最低的学生信息等。求最小值函数 MIN 与 MAX 的使用方法类似，都是用“MIN(列名)”的形式来表示的。同样，只能对数值类型的列取最小值。

下面就来看一下 MIN 函数如何使用吧。

【示例 17】 查询小说信息表，并取得小说信息表中最低的点击率。

根据题目要求，要在 SELECT 语句后面加上 MIN 函数。具体语句如下：

```
USE chapter6;
SELECT MIN(CTR) FROM novelinfo;
```

执行上面的语句，就可以查看到点击率最低的小说信息了。执行效果如图 6.17 所示。从图 6.17 的结果可以看出，在小说信息表中小说的最低点击率是 100。

6.3.3　求平均值函数 AVG

取平均值函数就更有用了，当需要计算所有学生某一个科目的平均分、计算所有商品的平均价格时，就要考虑使用求平均值函数了。求平均值函数用 AVG 来表示，用来计算数值类型列的平均值，它的用法仍然是“AVG(列名)”。下面就来看看示例 18 吧。

【示例 18】 查询小说信息表，并取得小说信息表中的平均点击率。

根据题目要求，要在 SELECT 语句后面加上 AVG 函数。具体语句如下：

```
USE chapter6;
SELECT AVG(CTR) FROM novelinfo;
```

执行上面的语句，就可以查看到所有小说的平均点击率了。执行效果如图 6.18 所示。从图 6.18 所示的结果中可以看出，小说信息表中所有小说的平均点击率是 164。

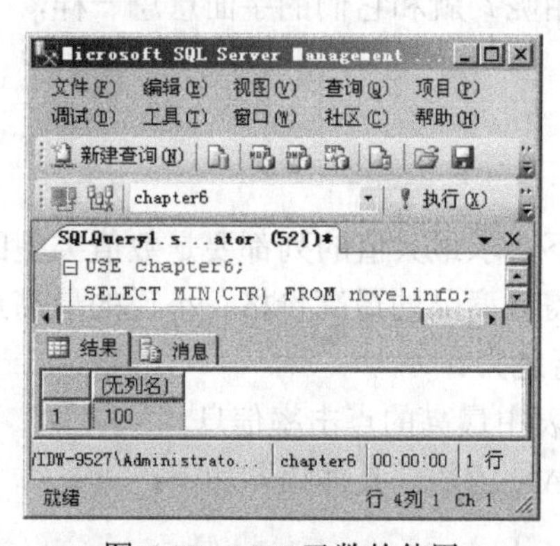

图 6.17　MIN 函数的使用

图 6.18　AVG 函数的使用

6.3.4　求和函数 SUM

SUM 是用来求列中数据和的函数。它也是一个比较常用的函数，比如，计算商品的价格总和、每个学生的各科成绩总和等。SUM 函数也是对数值类型列求和的，它的用法是“SUM(列名)”。在示例 19 中就演示了如何使用 SUM 函数求和。

【示例 19】 查询小说信息表，并取得小说信息表中点击率的总和。

根据题目要求，要在 SELECT 语句后面加上 SUM 函数。具体语句如下：

```
USE chapter6;
SELECT SUM (CTR) FROM novelinfo;
```

执行上面的语句，就可以查看到所有小说的点击率之和了。执行效果如图 6.19 所示。

从图 6.19 的查询结果可以看出，小说信息表中小说的点击率之和是 820。

6.3.5　求记录行数 COUNT

COUNT 函数的用法与前面的 4 个聚合函数略有不同，它通常是用来计算查询结果中的行数。那么，它有什么用途呢？比如：查询成绩在优秀以上的学生个数、查询某一类商品的数量等。COUNT 的使用方法很简单，使用“COUNT(*)”就代表了查询结果的记录行数。下面就来验证一下 COUNT(*)的用法吧。

【示例 20】 查询小说信息表，并取得小说信息表中纸版小说的数目。

根据题目要求，要在 SELECT 语句后面加上 COUNT 函数，并且还要加上 WHERE 条件。具体语句如下：

```
USE chapter6;
SELECT COUNT(*) FROM novelinfo WHERE noveltype='纸版';
```

执行上面的语句，就可以查看到纸版小说的数目了。执行效果如图 6.20 所示。

从图 6.20 的查询结果可以看出，在小说信息表中有两本纸版小说。

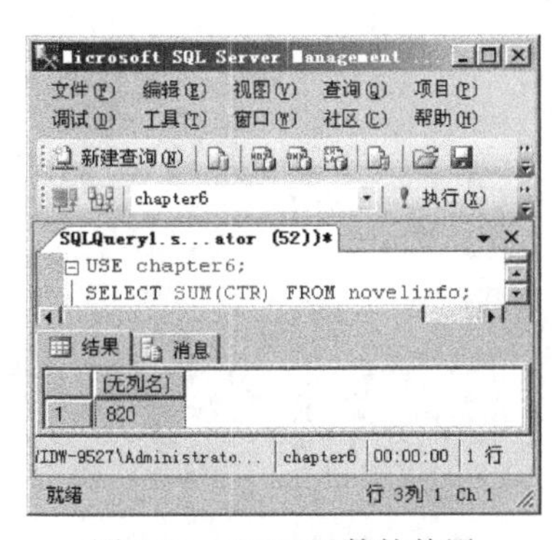

图 6.19　SUM 函数的使用

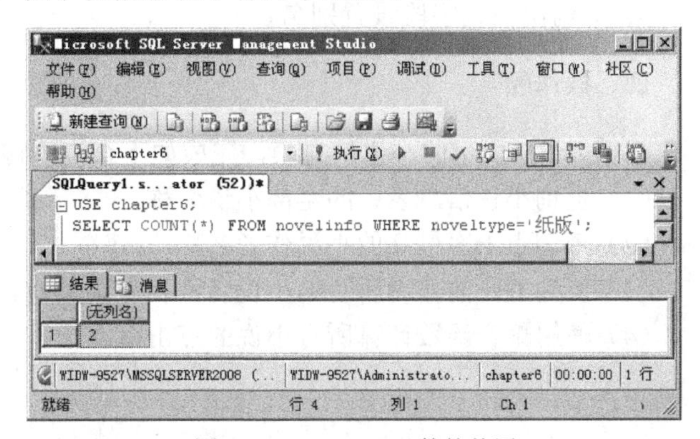

图 6.20　COUNT 函数的使用

6.4　本 章 小 结

本章主要讲解了在 SQL 语句中常用的运算符、简单的查询语句以及聚合函数在查询语句中的使用。在运算符部分主要讲解了在 SQL 中常用的算术运算符、比较运算符、逻辑运算符、位运算符以及其他运算符；在查询语句部分重点讲解了基本查询语句的语法形式以及几种常用的简单查询方法；在聚合函数部分，除了讲解何为聚合函数，还讲解了如何在查询语句中应用聚合函数来查询数据。相信读者通过本章的学习，已经对查询语句有所了解了，那么，就充满信心地进入下一章查询语句提高的学习吧。

6.5　本 章 习 题

一、填空题

1．常用的运算符有________。

2．逻辑运算符包括＿＿＿＿＿＿＿。
3．查询表中的前几行使用的关键字是＿＿＿＿＿。

二、选择题

1．模糊查询使用的关键字是＿＿＿＿＿。

A．AVG　　B．LIKE　　C．IN　　D．以上都不对

2．求和的聚合函数是＿＿＿＿＿。

A．AVG　　B．MIN　　C．SUM　　D．COUNT

3．给查询结果排序的关键字是＿＿＿＿＿。

A．GROUP　　B．TOP　　C．ORDER BY　　D．以上都不对

三、问答题

1．运算符的运算优先级是什么？
2．如何去除查询结果中的重复数据？
3．如何给查询字段设置别名？

四、操作题

根据表 6-7 所示的小说信息表，完成如下查询语句。

（1）查询小说信息表中的全部小说名称。
（2）查询点击率最高的小说作者名称。
（3）查询姓张的作者所写的小说名称和小说类型。
（4）使用聚合函数计算所有小说的点击率。

第 7 章　查询语句提高

在上一章中读者已经对查询语句有所了解了，细心的读者可能会发现前面的查询中都针对一张数据表。如果查询语句每次只能查询一张数据表，那么，在数据库中的数据表之间就不会有任何关系了。但实际上，这些数据表之间是有联系的，比如：表之间的主外键关系。在本章中就将告诉读者如何同时从多个数据表中查询数据以及如何处理查询的结果集。

本章的主要知识点如下：

- ❑ 如何使用子查询
- ❑ 如何使用分组查询
- ❑ 如何使用多表查询
- ❑ 如何对结果集进行运算

7.1 子　查　询

所谓子查询，就是在一个查询语句中嵌套另一个查询。也就是说，在一个查询语句中可以使用另一个查询语句中得到的查询结果。这就好像是在网上报名参加考试，首先要得到准考证的编号，然后用这个编号去参加考试一样。本节将讲解在子查询中经常使用的 4 个关键字：IN、ANY、SOME 以及 EXISTS。

7.1.1 使用 IN 的子查询

IN 关键字在前面的运算符中已经说过了，就是用来判断某个列是否在某个范围内。在子查询中，通常用在查询结果的前面，用于判断查询结果中是否有符合条件的数据。具体的用法如下：

```
SELECT column_name1, column_name2,…
FROM table_name1
WHERE column_name IN(SELECT column_name11 FROM table_name2 WHERE conditions);
```

其中：IN 关键字后面的查询就是一个子查询，并且在 IN 后面的查询语句只能返回一列值。另外，IN 后面查询语句返回值的数据类型要与 IN 前面列的数据类型相兼容才可以呦。此外，在 WHERE 语句中不仅可以有子查询，也可以放置一些其他的查询条件，这些查询条件之间用逻辑运算符相关联就可以了。

在开始学习 IN 关键字的子查询的示例之前，先来创建一下本章要使用的数据库和数据表。本章要使用的数据库命名为 chapter7。在数据库 chapter7 中，创建晚会节目信息表以及节目类型信息表。晚会节目信息表中应该有哪些字段呢？想想每年我们都要看的春节晚会，就应该想到一些字段内容了吧。应该有节目名称、节目类型、演员、是否伴舞以及节目时间等字段。节目类型表中记录节目的类型，也便于后面多表查询时使用。节目类型表中的字段包括类型编号和类型名称。具体的表结构如表 7-1 和表 7-2 所示。

表 7-1　节目信息表（programinfo）

编号	列　　名	数据类型	中文释义
1	id	INT	编号
2	name	VARCHAR(20)	节目名称
3	actor	VARCHAR(20)	演员
4	programtype	INT	节目类型编号
5	programtime	DECIMAL（4,2）	节目时长
6	author	VARCHAR(20)	节目作者
7	remark	VARCHAR(200)	备注

表 7-2　节目类型信息表（typeinfo）

编号	列　　名	数据类型	中文释义
1	id	INT	编号
2	name	VARCHAR(20)	节目名称

在数据库 chapter7 中，创建节目信息表和节目类型信息表的语句如下：

```
USE chapter7;
CREATE TABLE programinfo
(
  id INT identity(1,1) PRIMARY KEY,
  name VARCHAR(20),
  actor VARCHAR(20),
  programtype INT,
  programtime DECIMAL(4,2),
  author VARCHAR(20),
  remark  VARCHAR(200)
);
CREATE TABLE typeinfo
(
  id INT identity(1,1) PRIMARY KEY,
  name VARCHAR(20)
);
```

执行上面的语句，就可以创建节目信息表和节目类型信息表了。创建好这两张数据表，分别向这两张表中输入表 7-3 和表 7-4 所示的数据。

表 7-3　节目信息表中的数据

编号	名　　称	演员	类型	节目时长	节目作者	备注
1	我爱我家	刘晶	1	2.7	周名	无
2	团结就是力量	杨晓等	1	4	贾羽	合唱
3	三天三夜	王晓可	1	5	陈默	无
4	江南 style	朱雨等	2	7	刘青	无

续表

编号	名　　称	演员	类型	节目时长	节目作者	备注
5	变换扑克	王菲菲	3	10	王菲菲	无
6	踩球	章欢	5	15	章欢	无
7	我们是一家人	陈新等	2	10	陈新	无

表 7-4　节目类型信息表中的数据

编　　号	名　　称	编　　号	名　　称
1	歌舞类	4	访谈类
2	语言类	5	杂技类
3	魔术类		

向这两张数据表中添加数据的语句如下：

```
USE chapter7;
INSERT INTO programinfo VALUES('我爱我家','刘晶',1,2.7,'周名','无'),
                              ('团结就是力量','杨晓等',1,4,'贾羽','合唱'),
                              ('三天三夜','王晓可',1,5,'陈默','无'),
                              ('江南 style','朱雨等',2,7,'刘青','无'),
                              ('变换扑克','王菲菲',3,10,'王菲菲','无'),
                              ('踩球','章欢',5,15,'章欢','无'),
                              ('我们是一家人','陈新等',2,10,'陈新','无');
INSERT INTO typeinfo VALUES('歌舞类'),('语言类'),('魔术类'),('访谈类'),('杂技
类');
```

执行上面的语句，这两张数据表中的数据就创建好了。

有了这两张数据表，就可以使用本章的各种查询语句尽情地查询了。下面就来看 IN 关键字如何在子查询中使用吧。

【示例 1】 使用子查询来查询歌舞类和语言类节目。

根据题目要求，在 WHERE 语句的子查询中查询类型信息表中的类型名称。具体语句如下：

```
USE chapter7;
SELECT * FROM programinfo
WHERE programtype IN (SELECT id FROM typeinfo WHERE name='歌舞类' OR name=
'语言类');
```

执行上面的语句，就可以将节目信息表中所有歌舞类和语言类的节目全部查询出来。执行效果如图 7.1 所示。

从图 7.1 所示的查询结果中可以看出，把节目类型编号是 1 或 2 的信息全部都查询出来了（1 代表歌舞类，2 代表语言类）。也就是说，子查询的结果就应该是 1 和 2。如果想查询不是歌舞类和语言类的节目时，可以使用“NOT IN”关键字来查询。读者这回体会到子查询的便利了吧。如果没有子查询，那么，这个查询用第 6 章的知识是无法完成的。

7.1.2　使用 ANY 的子查询

ANY 关键字也是在子查询中经常使用的，通常都会使用比较运算符来连接 ANY 得到

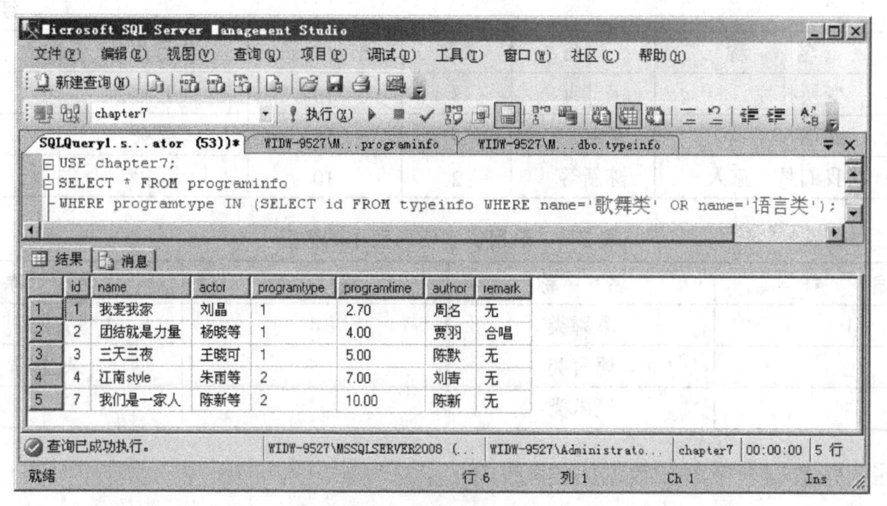

图 7.1　IN 在子查询中的使用

的结果。它可以用于比较某一列的值是否全部都大于 ANY 后面子查询中查询的结果，或者小于 ANY 后面子查询中的查询的结果等操作。使用 ANY 的语法如下：

```
SELECT column_name1, column_name2,…
FROM table_name1
WHERE column_name  operator ANY(SELECT column_name11 FROM table_name2 WHERE
conditions);
```

这里，operator 就是用于列与 ANY 后面所有的查询结果进行比较的运算符。运算符包括“=”、“>”、“<”、“！=”、“>=”和“<=”等。

【示例 2】 使用子查询来查询语言类节目时长大于歌舞类节目时长的节目信息。

根据题目要求，要首先查询出所有歌舞类的节目时长。具体语句如下：

```
USE chapter7;
SELECT programtime FROM programinfo
WHERE programtype = (SELECT id FROM typeinfo WHERE name='歌舞类' );
```

执行上面的语句，就可以将节目信息表中所有歌舞类节目的时长查询出来。下面就要开始使用语言类的节目时长与其比较了。这里，为了让读者能够更好地理解 ANY 关键字的使用，直接在查询中使用语言类节目的编号“2”进行查询。查询语句如下：

```
USE chapter7;
SELECT * FROM programinfo
WHERE programtime >ANY
 (SELECT programtime FROM programinfo
WHERE programtype = (SELECT id FROM typeinfo WHERE name='歌舞类' )
AND programtype=2;
```

执行上面的语句，就可以查询语言类节目时长大于歌舞类节目时长的信息了。执行效果如图 7.2 所示。

从图 7.2 所示的查询结果中可以看出，ANY 前面的运算符就“>”就代表了对 ANY 后面子查询的结果中任意值进行是否大于的判断。如果要判断小于可以使用“<”，判断不等于可以使用“！=”。与 ANY 关键字功能一样的是 ALL 关键字，在实际应用中使用哪个关

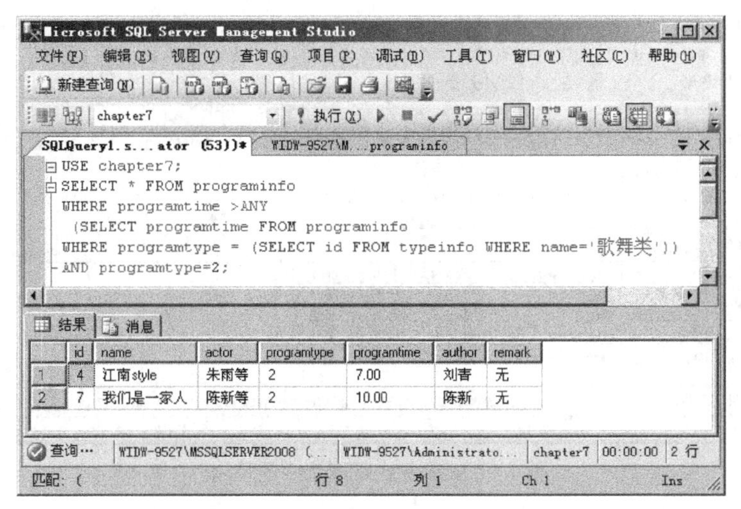

图 7.2　ANY 在子查询中的使用

键字都可以。读者可以在上面的示例中尝试应用一下 ALL 关键字，看看查询结果是否一样呢？

7.1.3　使用 SOME 的子查询

SOME 关键字的用法与 ANY 的用法非常类似，但是意义却有所不同。SOME 通常用于比较满足查询结果中的任意一个值，而 ANY 是要满足所有值才可以。因此，在实际应用中，可要特别注意查询条件哟。SOME 在子查询中应用的语句如下：

```
SELECT column_name1, column_name2,…
FROM table_name1
WHERE column_name  operator SOME(SELECT column_name11 FROM table_name2
WHERE conditions);
```

这里，operator 就是用于列与 SOME 后面任意一个查询结果值进行比较的运算符。运算符包括“=”、“>”、“<”、“！=”、“>=”和“<=”等。

【示例 3】 查询节目信息表，并使用 SOME 关键字选出所有歌舞类和杂技类的节目信息。

根据题目要求，从节目类型表中查询出歌舞类和杂技类节目的类型编号，然后再使用节目信息表中的类型编号与其比较。查询语句如下：

```
USE chapter7;
SELECT * FROM programinfo
WHERE programtype=SOME(SELECT id FROM typeinfo WHERE name='歌舞类' OR name=
'杂技类');
```

执行上面的语句，就可以查询节目信息表中的歌舞类和杂技类的节目信息。执行效果如图 7.3 所示。

从图 7.3 所示的查询结果中可以看出，所有的歌舞类和杂技类节目全部查询出来了。读者是否想到了前面有一个关键字也可以完成与其相同的功能。没错，这就是 IN 关键字。也就是说，当在 SOME 运算符前面使用“=”时，就代表了 IN 关键字的用途。

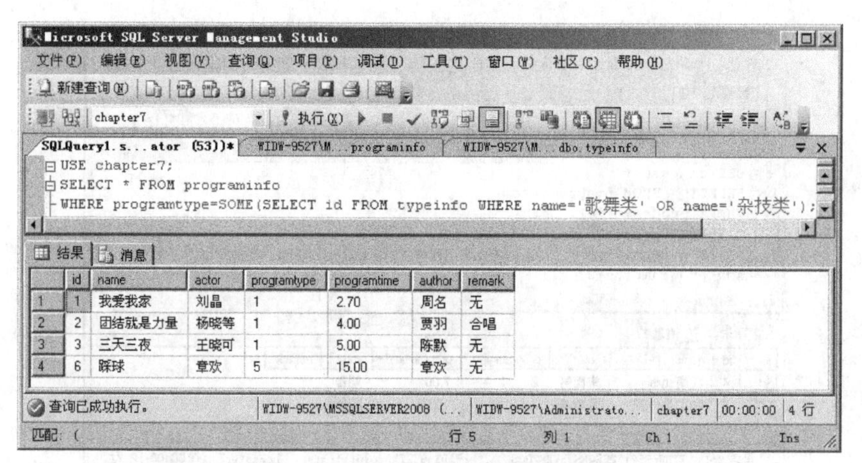

图 7.3　SOME 在子查询中的使用

7.1.4　使用 EXISTS 的子查询

EXISTS 关键字代表“存在”的意思。它应用于子查询中，只要子查询返回的结果为空，那么，返回就是 true，否则就是 false。通常情况下 EXISTS 关键字用在 WHERE 语句中。EXISTS 在子查询中使用的语法如下：

```
SELECT column_name1, column_name2,…
FROM table_name1
WHERE EXISTS (SELECT column_name11 FROM table_name2 WHERE conditions);
```

这里，当 EXISTS 后面的查询语句能够查询出数据，那么，就查询出所有符合条件的数据，否则，就不输出任何数据。

【示例 4】　查询节目信息表，并选出与节目类型表中一致的节目信息。

为了能够体现查询效果，在节目信息表中添加数据如表 7-5 所示。

表 7-5　添加节目信息表中的数据

编号	名称	演员	类型	节目时长	节目作者	备注
1	江西口技	王明史	8	10	王明史	口技

向表中添加这条数据后，就可以开始写语句了。查询语句如下：

```
USE chapter7;
SELECT * FROM programinfo
WHERE EXISTS(SELECT * FROM typeinfo WHERE programinfo.
programtype=typeinfo.id);
```

执行上面的语句，就可以查询出所有符合条件的数据了。执行效果如图 7.4 所示。

从图 7.4 所示的查询结果中可以看出，并没有将后来添加的记录查询出来，主要是因为该记录的节目类型编号在节目类型信息表中不存在。当然，针对同一个题目，查询语句也可以有多种写法，这里，只是演示 EXISTS 关键字的用法而已。读者也可以使用其他的查询语句试着完成这个问题。看到这个查询语句，想必读者也会有些迷惑吧，programinfo. programtype 是什么意思呢？为什么不直接写 programtype 呢？那是因为在这个查询语句中用了两张数据表，为了能够区分每个列的来源，要在列前面加上该列所在的表名。这种用

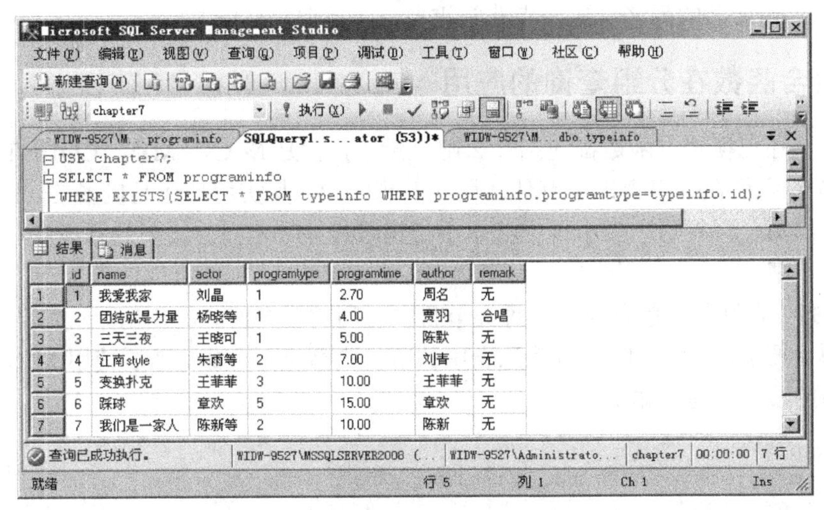

id	name	actor	programtype	programtime	author	remark
1	我爱我家	刘晶	1	2.70	周名	无
2	团结就是力量	杨晓等	1	4.00	贾羽	合唱
3	三天三夜	王晓可	1	5.00	陈默	无
4	江南style	朱雨等	2	7.00	刘青	无
5	变换扑克	王菲菲	3	10.00	王菲菲	无
6	踩球	章欢	5	15.00	章欢	无
7	我们是一家人	陈新等	2	10.00	陈新	无

图 7.4　EXISTS 在子查询中的使用

法还将在本章后面的小节中用到，请读者认真体会。

7.2　分组查询

在学习分组查询之前，读者先要弄清楚什么是分组。在现实生活中，经常会用到分组，比如：扫雪时经常会将一个班级分成几个小组，分别完成不同的扫雪任务；开运动会时，经常会将每类比赛报名的运动员进行分组，分别进行小组中的预赛。在数据库中的分组也是同一个意思，将数据按照一定条件进行分组，然后统计每组中的数据。

7.2.1　分组查询介绍

分组查询主要应用在数据库的统计计算中。在任何一个应用软件中都不会缺少统计查询的，因此，分组查询是至关重要的。分组查询使用 GROUP BY 子句来完成，具体的语法如下：

```
SELECT column_name1, column_name2,…
FROM table_name1
[WHERE] conditions
GROUP BY column_name1, column_name2……
[HAVING] conditions
[ORDER BY] column_name1, column_name2……;
```

其中：

- GROUP BY：分组查询的关键字。在其后面写的是按其分组的列名，并且可以按照多列进行分组。
- HAVING：在分组查询中使用条件的关键字。该关键字只能用在 GROUP BY 语句后面。它的作用与 WHERE 语句类似，都表示查询的条件。但是，在执行效率上略有不同。在 7.2.3 小节中将详细讲解 HAVING 的用法。

在上面的语法中，WHERE、HAVING 和 ORDER BY 都是可以省略的，根据实际需要自行添加就可以了。另外，在分组查询还经常会使用到聚合函数。并且，在分组查询中 SELECT 语句后面还有一些说道呢！那就是，在 SELECT 语句后面只能出现聚合函数和

GROUP BY 语句后面的列名。这一点非常重要，千万要记住啊！

7.2.2　聚合函数在分组查询的应用

读者应该还记得聚合函数都包括什么吧？没错，就是 MAX、MIN、COUNT、AVG 和 SUM 这 5 个。它们在分组查询中有什么用呢？想一想，其实用处还是挺多的，比如：查看一下谁是小组第一，在每一类小说中哪本小说销量最差等信息。既然这么有用，就让我们一起尝试一下吧。

【示例 5】 查询节目信息表中，每类节目中时间的最短值。

根据题目要求，可以按照节目信息表中的节目类型进行分组，然后使用 MIN 函数来获取时间最短的节目。语句如下：

```
USE chapter7;
SELECT programtype,MIN(programtime)
FROM programinfo
GROUP BY programtype;
```

执行上面的语句，就可以按照指定的分组找到节目时间的最短值。执行效果如图 7.5 所示。

从图 7.5 所示的查询结果中可以看出，在节目信息表中共有 5 种类型的节目，每种类型节目的最短值显示在每种类型的后面。那么，如果要查看语言类节目中时间最短的是哪一个节目，应该怎么查询呢？可以使用在上一节中介绍的子查询来完成。下面就让我们见识一下示例 6 的查询方法吧。

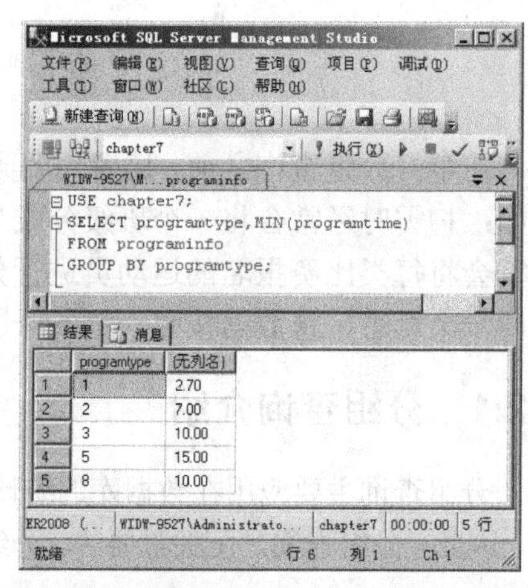

图 7.5　聚合函数 MIN 在子查询中的使用

【示例 6】 查看语言类节目中时间最短的节目信息。

在写具体的查询语句之前，先要查看一下语言类最短的节目时间，然后再查看这个最短时间对应的节目信息。为了使查询语句简单，假设已经知道语言类节目的类型编号是 2。语句如下：

```
USE chapter7;
SELECT * FROM programinfo
WHERE programtime=(SELECT MIN(programtime) FROM programinfo WHERE
programtype=2);
```

执行上面的语句，就可以查看题目要求的节目信息了。执行效果如图 7.6 所示。

从图 7.6 所示的查询结果中可以看出，查询出了语言类节目时间长度是 7 的节目信息。同样，也可以使用 MAX 函数查看出节目时间最长的节目信息。

7.2.3　在分组查询中也可以使用条件

在讲解分组查询的语法时，读者已经知道了在分组查询中也是可以加上条件的。在分组查询中使用条件，既可以使用 WHERE 子句也可以使用 HAVING 子句。它们究竟有什么区别呢？它们的区别很简单，那就是根据它们在查询语句的位置决定的。WHERE 子句要

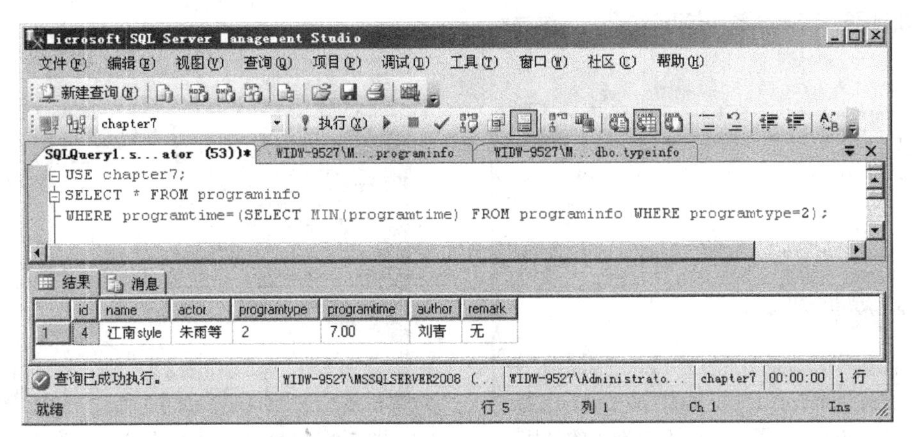

图 7.6　聚合函数在子查询中的使用

放在 GROUP BY 子句之前，也就是说它能够先按条件筛选数据后，再对数据进行分组；HAVING 子句要放在 GROUP BY 子句之后，也就是说要对数据先进行分组，然后再对其按条件进行数据筛选。读者既然知道了它们在执行查询时的区别，那么，哪个子句效率更高一些呢？当然是 WHERE 子句了。因此，在分组查询的实际应用中，使用 WHERE 语句作为条件判断是用得比较多的。另外，还有一点最重要的区别就是，使用 HAVING 语句作为条件，条件后面的列只能是在 GROUP BY 子句后面出现过的列。

【示例 7】 分别使用 WHERE 和 HAVING 子句进行分组查询。按节目类型进行分组并查询出姓王的演员所表演的节目类型编号以及节目的数量。

在本题中，分组的列是节目类型编号，条件是姓王的演员。使用 WHERE 和 HAVING 子句查询如下。

（1）使用 WHERE 语句作为条件判断

```
USE chapter7;
SELECT programtype,count(*) FROM programinfo
WHERE actor like '王%'
GROUP BY programtype
```

执行上面的语句，就可以查看到姓王的所表演的节目类型编号以及节目个数。执行效果如图 7.7 所示。

从图 7.7 所示的查询结果中可以看出，含有姓王的演员的节目类型编号是 1 和 3，并且每类节目都只有 1 个。

（2）使用 HAVING 子句作为条件判断

```
USE chapter7;
SELECT programtype,count(*) FROM programinfo
GROUP BY programtype,actor
HAVING actor like '王%'
```

执行上面的语句，也可以完成与（1）相同的效果。执行效果如图 7.8 所示。

从图 7.8 所示的查询结果中可以看出，确实是与图 7.7 的查询结果一致的。但是，在 GOURP BY 子句后面出现了两个列，那是因为如果不出现两个列就无法在 HAVING 子句中对 actor 列进行判断了。因此，在这种情况下，一般会选择使用 WHERE 子句来完成。

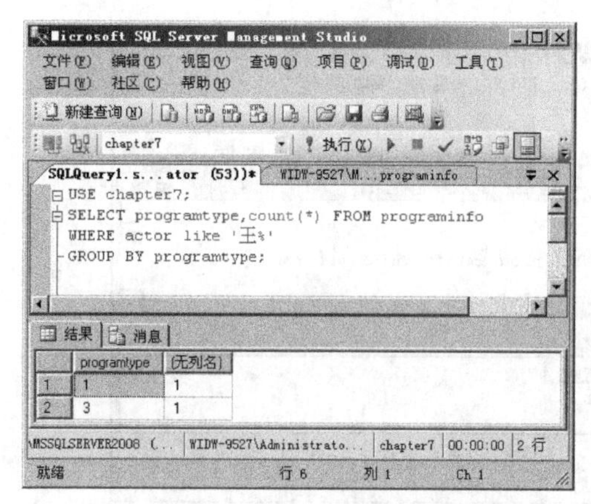

图 7.7　WHERE 子句在分组查询中的使用

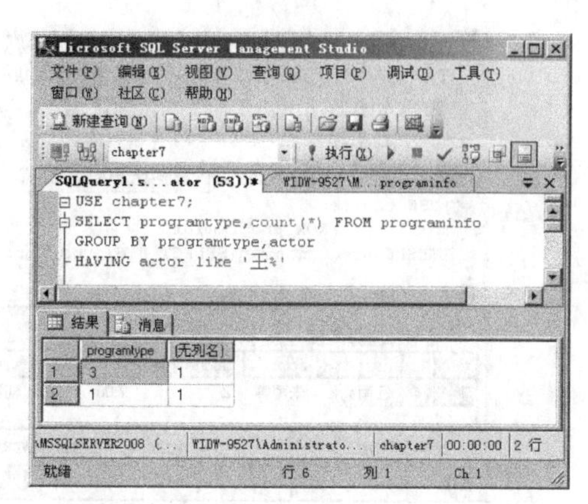

图 7.8　HAVING 子句在分组查询中使用

7.2.4　分组查询结果也能排序

在分组查询语法中最后一个子句 ORDER BY 就是对查询结果进行排序的。ORDER BY 子句会放到所有查询子句的最后出现，表示对查询结果进行排序。在排序的时候也是按照列的升序和降序排列的，并且，也可以同时对多个列进行排序。但是在分组查询中，ORDER BY 后面的列也要是 GROUP BY 子句中出现过的列才可以。

【示例 8】 使用 ORDER BY 子句进行查询。查询出每种类型节目所占用的时间，并按节目类型编号进行降序排列。

查询所占用的时间可以使用聚合函数 SUM 来完成。具体的查询语句如下：

```
USE chapter7;
SELECT programtype,SUM(programtime) FROM programinfo
GROUP BY programtype
ORDER BY programtype DESC;
```

执行上面的语句，就可以将每种类型节目所占用的时间查询出来，并对其节目类型编号进行降序排列。执行效果如图 7.9 所示。

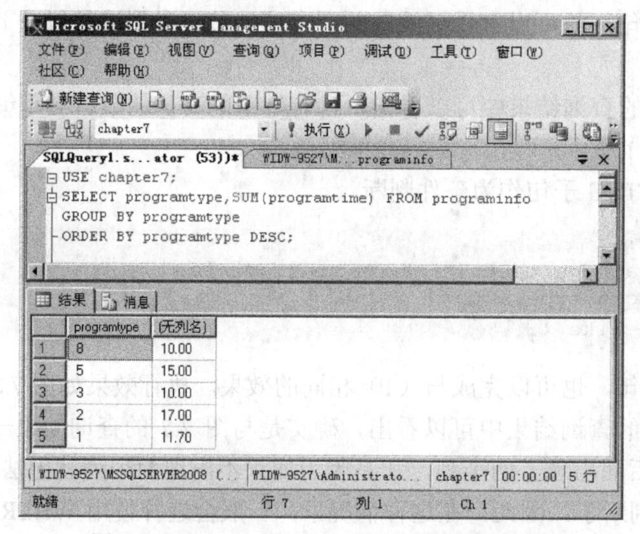

图 7.9　ORDER BY 子句在分组查询中的使用

从图 7.9 所示的查询结果中可以看出，查询结果按照节目类型列（programtype）进行了降序排列。

7.3　多 表 查 询

在前面的查询中，已经涉及到两张表之间的查询了。实际上，也可以实现涉及更多张表的查询，只要表与表之间有一些相关的内容，就可以放在一起查询。多表查询主要内容包括表之间的自连接查询、外连接查询以及内连接查询。在实际应用中，几乎每一个软件系统中都是会用到多表查询的。

7.3.1　笛卡尔积

笛卡尔积是针对一种多表查询的特殊结果来说的，它的特殊之处就在于多表查询时没有指定查询条件，查询的是多个表中的全部记录。那么，读者可以想一想，如果不指定查询条件，结果会是什么样的呢？是全部数据的罗列，还是把全部数据都挤到一行中，或者是其他的形式？不管怎么样，任何事情还是要以事实说话的，下面就用示例 9 来看看笛卡尔积究竟是什么样的。

【示例 9】 不使用任何条件查询节目信息表和节目类型信息表中的全部数据。

从题目来看，该查询语句只需要在 SELECT 语句中用“*”代替所有列，并在 FROM 后面列出两张表的名字。查询语句如下：

```
USE chaper7;
SELECT * FROM programinfo,typeinfo;
```

执行上面的语句，就可以见证笛卡尔积究竟是什么样的了。执行效果如图 7.10 所示。

从图 7.10 所示的查询结果可以看出，查询结果中的数据好多啊，共有 9 列、40 行。那么，这个行数和列数是怎么从两张表的数据中得到的呢？请读者看一看，列数是否是两张数据表中列的总和，行数是否是两张数据表中行的乘积呢？在节目信息表中，共有 7 列 8 行；在节目类型信息表中，共有 2 列 5 行。那么，读者可以将其列和行按照要求进行加和乘的运算，看看是不是得到了 9 和 40 呢。没错，笛卡尔积的结果就是每张表中列的和、行的乘积。

注意：在使用多表连接查询时，一定要设定查询条件，否则就会产生笛卡尔积。笛卡尔积会降低数据库的访问效率。因此，每一个数据库的使用者都要避免查询结果中笛卡尔积的产生。

7.3.2　同一个表的连接——自连接

查询语句不仅可以查询多张表中的内容，还可以同时连接多次同一张数据表。那么，把这种同一张表的连接称为自连接，也就是自己连接自己的意思。但是，在查询时要分别为同一张表设置不同的别名。下面就通过示例 10 来学习一下什么是自连接。

【示例 10】 使用自连接查询。查询出演出者和节目作者是同一个人的节目信息。

从题目的信息来看，演出者和节目作者都在节目信息表中，比较这两个字段相等就得

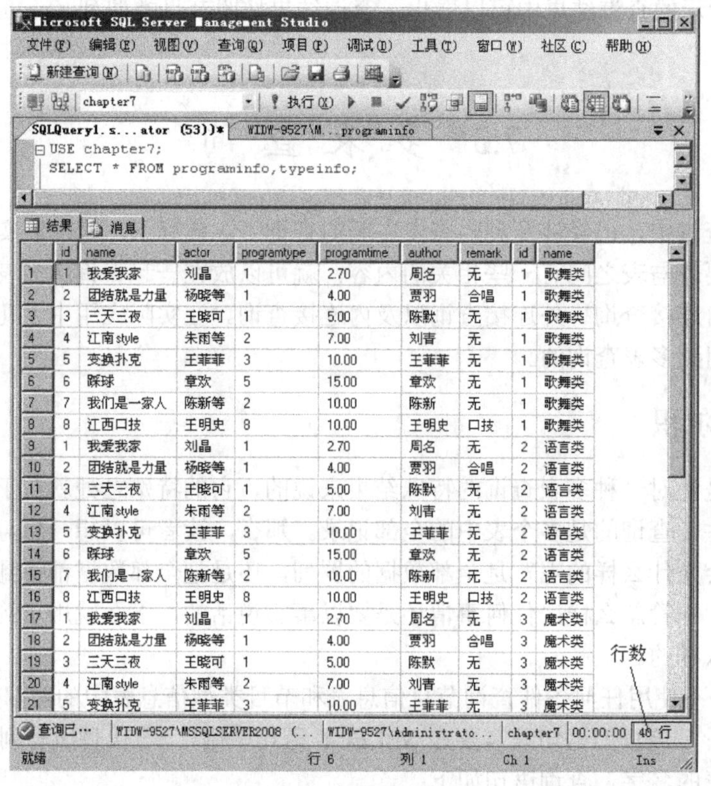

	id	name	actor	programtype	programtime	author	remark	id	name
1	1	我爱我家	刘晶	1	2.70	周名	无	1	歌舞类
2	2	团结就是力量	杨晓等	1	4.00	贾羽	合唱	1	歌舞类
3	3	三天三夜	王晓可	1	5.00	陈默	无	1	歌舞类
4	4	江南style	朱雨等	2	7.00	刘青	无	1	歌舞类
5	5	变换扑克	王菲菲	3	10.00	王菲菲	无	1	歌舞类
6	6	踩球	章欢	5	15.00	章欢	无	1	歌舞类
7	7	我们是一家人	陈新等	2	10.00	陈新	无	1	歌舞类
8	8	江西口技	王明史	8	10.00	王明史	口技	1	歌舞类
9	1	我爱我家	刘晶	1	2.70	周名	无	2	语言类
10	2	团结就是力量	杨晓等	1	4.00	贾羽	合唱	2	语言类
11	3	三天三夜	王晓可	1	5.00	陈默	无	2	语言类
12	4	江南style	朱雨等	2	7.00	刘青	无	2	语言类
13	5	变换扑克	王菲菲	3	10.00	王菲菲	无	2	语言类
14	6	踩球	章欢	5	15.00	章欢	无	2	语言类
15	7	我们是一家人	陈新等	2	10.00	陈新	无	2	语言类
16	8	江西口技	王明史	8	10.00	王明史	口技	2	语言类
17	1	我爱我家	刘晶	1	2.70	周名	无	3	魔术类
18	2	团结就是力量	杨晓等	1	4.00	贾羽	合唱	3	魔术类
19	3	三天三夜	王晓可	1	5.00	陈默	无	3	魔术类
20	4	江南style	朱雨等	2	7.00	刘青	无	3	魔术类
21	5	变换扑克	王菲菲	3	10.00	王菲菲	无	3	魔术类

图 7.10　产生笛卡尔积

用同一个表了。查询语句如下：

```
USE chapter7;
SELECT  a.name,  a.actor,  a.author,  a.programtime  FROM  programinfo  a,
programinfo b
WHERE a.actor=b.author;
```

执行上面的语句，就可以将演出者和作者是同一个人的节目信息查询出来了。执行效果如图 7.11 所示。

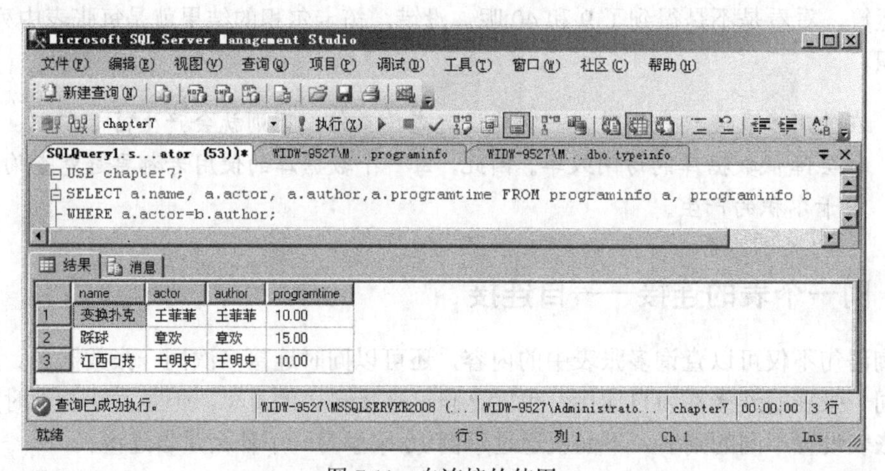

	name	actor	author	programtime
1	变换扑克	王菲菲	王菲菲	10.00
2	踩球	章欢	章欢	15.00
3	江西口技	王明史	王明史	10.00

图 7.11　自连接的使用

从图 7.11 所示的查询结果中可以看出，结果都是演出者（actor）和作者（author）是同一个人的节目信息。请读者思考一个问题，如果在 SELECT 后面只写一个“*”，那么查询结果会是什么样呢？读者可以尝试一下，看看结果是否是显示两次节目信息表的数据呢。

7.3.3 能查询出额外数据的连接——外连接

在前面的所有查询语句中，查询结果全部都是需要符合条件才能够查询出来。换句话说，如果执行查询语句后没有符合条件的结果，那么，在结果中就不会有任何记录。在本小节中要学习的外连接，会给你带来不同的查询效果哟。通过外连接查询，可以在查询出符合条件的结果后还能显示出某张表中不符合条件的数据。外连接查询包括左外连接、右外连接以及全连接。先来具体看一下外连接查询的基本语法吧。

```
SELECT column_name1, column_name2,…….
FROM table1 LEFT| RIGHT| FULL OUTER JOIN table2
ON conditions;
```

其中：

- table1：数据表 1。通常在外连接中被称为左表。
- table2：数据表 2。通常在外连接中被称为右表。
- LEFT OUTER JOIN：左外连接。使用左外连接时得到的查询结果中，除了符合条件的查询结果部分，还要加上左表中余下的数据。
- RIGHT OUTER JOIN：右外连接。使用右外连接时得到的查询结果中，除了符合条件的查询结果部分，还要加上右表中余下的数据。
- FULL OUTER JOIN：全连接。使用全外连接时得到的查询结果中，除了符合条件的查询结果部分，还要加上左表和右表中余下的数据。
- ON：设置外连接中的条件。与 WHERE 子句后面的写法一样。

下面通过示例 11 来分别演示左外连接、右外连接以及全外连接的使用。

【示例 11】 分别使用 3 种外连接查询节目信息表和节目类型信息表。

由于节目信息表和节目类型信息表是通过节目类型编号字段关联的，因此，可以将两张表中节目类型编号相等作为查询条件。为了能够更好地看出 3 种外连接的区别，首先将两张数据表中，根据节目类型编号相等作为条件时的记录查询出来。语句如下：

```
USE chapter7;
SELECT * FROM programinfo,typeinfo
WHERE programinfo.programtype=typeinfo.id;
```

执行上面的语句，效果如图 7.12 所示。

从图 7.12 所示的查询结果可以看出，在查询结果左侧是节目信息表中符合条件的全部数据；右侧是节目类型信息表中符合条件的全部数据。下面就分别使用 3 种外连接来根据示例 11 的条件查询数据，请读者注意观察查询效果。

（1）使用左外连接查询

使用左外连接查询，将节目信息表作为左表，节目类型信息表作为右表。查询语句如下：

```
USE chapter7;
SELECT * FROM programinfo LEFT OUTER JOIN typeinfo
ON programinfo.programtype=typeinfo.id;
```

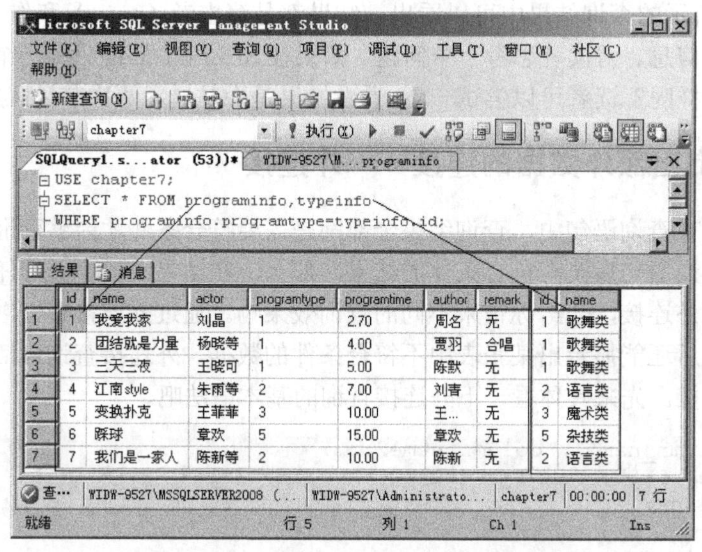

图 7.12 满足等值条件的所有记录

执行上面的语句，就可以完成左外连接的查询了。执行效果如图 7.13 所示。

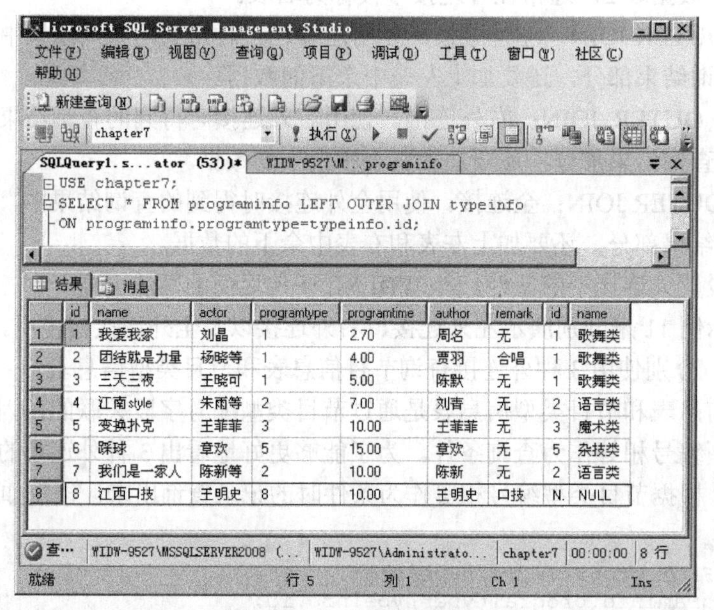

图 7.13 左外连接的使用

从图 7.13 中可以看出，最后一条记录就是在节目信息中的信息，而在类型信息表中没有对应的数据。由于右表中没有与之对应的数据，因此所有的数据全部都用 NULL 代替。

（2）使用右外连接查询

将节目信息表作为左表，节目类型信息表作为右表。查询语句如下：

```
USE chapter7;
SELECT * FROM programinfo RIGHT OUTER JOIN typeinfo
ON programinfo.programtype=typeinfo.id;
```

执行上面的语句，就可以完成右外连接的查询了。执行效果如图 7.14 所示。

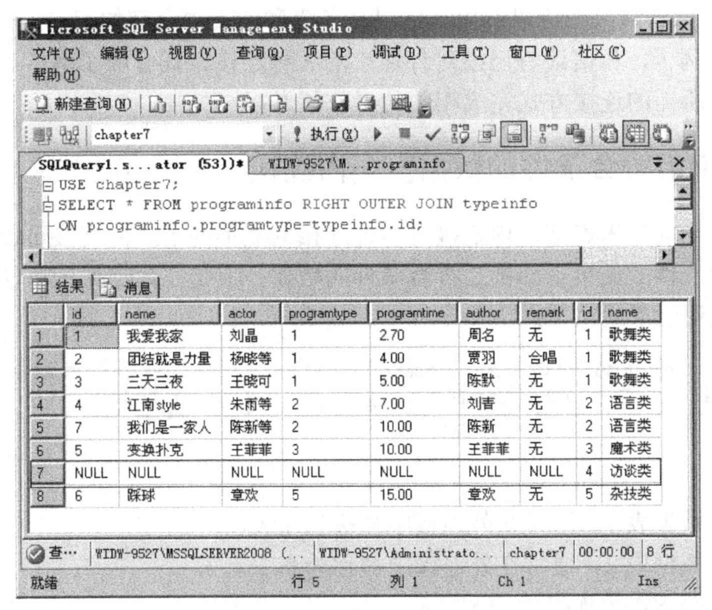

图 7.14　右外连接的使用

从图 7.14 所示的结果可以看出，第 7 条记录是左表节目信息表中不存在的数据了。由于左表中没有与之对应的数据，因此所有的数据全部都用 NULL 代替。

（3）使用全外连接

将节目信息表作为左表，节目类型信息表作为右表。查询语句如下：

```
USE chapter7;
SELECT * FROM programinfo FULL OUTER JOIN typeinfo
ON programinfo.programtype=typeinfo.id;
```

执行上面的语句，就可以完成全外连接的查询了。执行效果如图 7.15 所示。

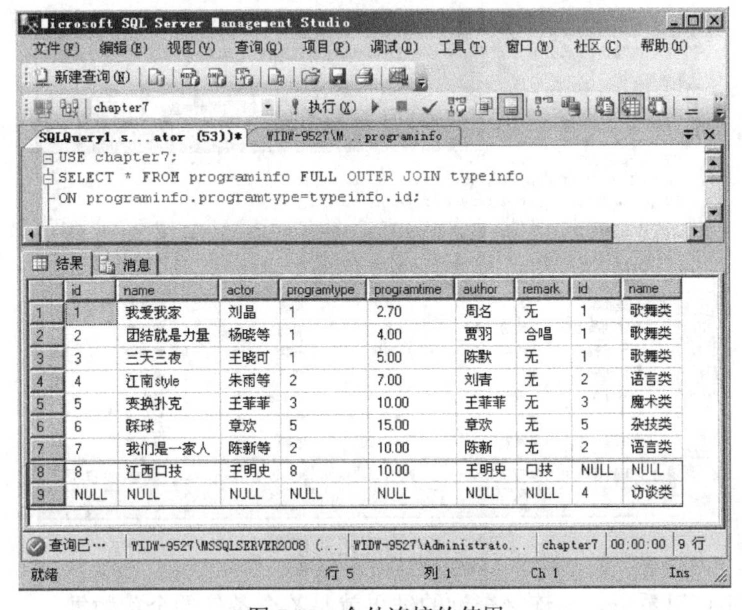

图 7.15　全外连接的使用

从图 7.15 所示的结果中可以看出，结果是左表和右表中全部的记录。

通过上面的例子，相信读者已经对外连接的 3 种连接方式有所了解了。在以后的应用中，就可以选择所需的连接方式完成相关的操作了。

7.3.4　只查询出符合条件的数据——内连接

与外连接对应的是内连接，内连接可与外连接截然不同了。内连接可以理解成是等值连接，也就是说查询的结果全部都是符合条件的数据。但是，内连接的语法形式与外连接很相似。具体的语法形式如下：

```
SELECT column_name1, column_name2,……
FROM table1  INNER JOIN table2
ON conditions
```

其中：

- ❑ table1：数据表 1。通常在外连接中被称为左表。
- ❑ table2：数据表 2。通常在外连接中被称为右表。
- ❑ INNER JOIN：内连接的关键字。
- ❑ ON：设置内连接中的条件。与外连接中的 ON 关键字是一样的。

下面就用示例 12 来演示如何使用内连接。

【示例 12】 使用内连接查询节目信息表和节目类型信息表。

在使用内连接查询时，使用的条件仍然是节目信息表和节目类型信息表中的节目编号相等。查询语句如下：

```
USE chapter7;
SELECT * FROM programinfo INNER JOIN typeinfo
ON programinfo.programtype=typeinfo.id;
```

执行上面的语句，就可以完成内连接查询了。执行效果如图 7.16 所示。

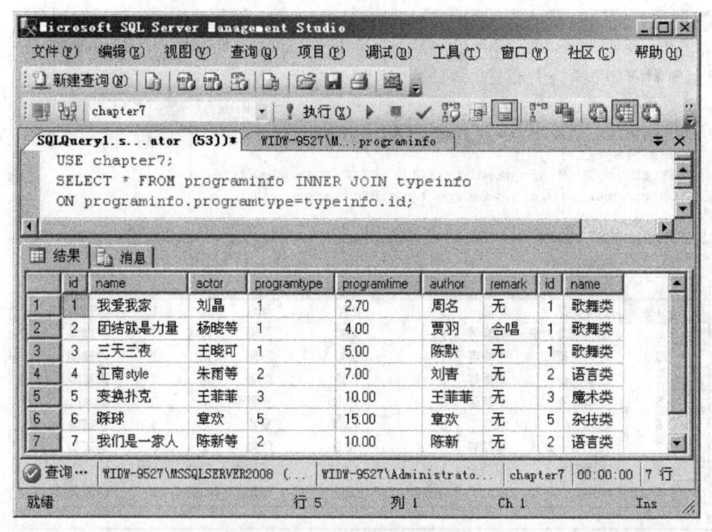

图 7.16　内连接的使用

从图 7.16 中可以看出，内连接查询的结果就是符合条件的全部数据。

7.4　结果集的运算

前面讲的全都是查询语句的写法，执行完每一个查询语句后，都会得到一个结果集。那么，可以一次查看多个结果集吗？当然是可以的，在本节中就带读者来体会如何操作结果集。

7.4.1　使用 UNION 关键字合并查询结果

所谓合并查询结果就是将两个或更多的查询结果放到一个结果集中显示，但是合并结果是有条件的，那就是必须要保证每一个结果集中的字段和数据类型一致。UNION 关键字就是用于合并多个结果集的，具体的语法如下：

```
SELECT column_name1, column_name2,…FROM table_name1
UNION[ALL]
SELECT column_name1, column_name2,…FROM table_name1;
UNION
……
ORDER BY column_name
```

其中：

- UNION：合并查询结果的关键字。结果中会去掉相同的行。
- UNION ALL：与 UNION 类似，但是在结果中不会去掉重复的行。
- ORDER BY：对结果集进行排序。在对结果集进行排序时，是对第一个查询中的字段进行排序的。

下面就用示例 13 来演示如何使用 UNION 合并查询结果。

【示例 13】查询节目信息表中的节目编号和节目名称以及节目类型信息表中的类型编号与类型名称，并将两个查询结果使用 UNION 关键字合并。

根据题目要求，也就是完成两个查询语句，并将两个查询用 UNION 关键字连接。查询语句如下：

```
USE chapter7;
SELECT id, name FROM programinfo
UNION
SELECT id, name FROM typeinfo;
```

执行上面的语句，就可以将两个查询结果合并成一个查询结果集了。执行效果如图 7.17 所示。

从图 7.17 所示的查询结果中可以看出，将节目信息表和节目类型信息表中的数据都合并到一个结果集中了。另外，在查询结果中可以按照合并后的结果升序排列。

7.4.2　排序合并查询的结果

在示例 13 中，读者已经看到了查询结果默认的排序方式是升序排列。那么，能够改变这种排序方式吗？当然可以了，在前面的合并查询结果集语法中就有 ORDER BY 子句。也就是说，可以使用 ORDER BY 子句对合并后的结果集进行排序。下面就将示例 13 的查询结果进行排序。

【示例 14】 将示例 13 的结果按照 id 列进行降序排列。

降序排列使用的是 DESC 关键字，具体的查询语句如下：

```
USE chapter7;
SELECT id, name FROM programinfo
UNION
SELECT id, name FROM typeinfo
ORDER BY id DESC;
```

执行上面的语句，就可以将查询结果按照编号列 id 降序排列。执行效果如图 7.18 所示。

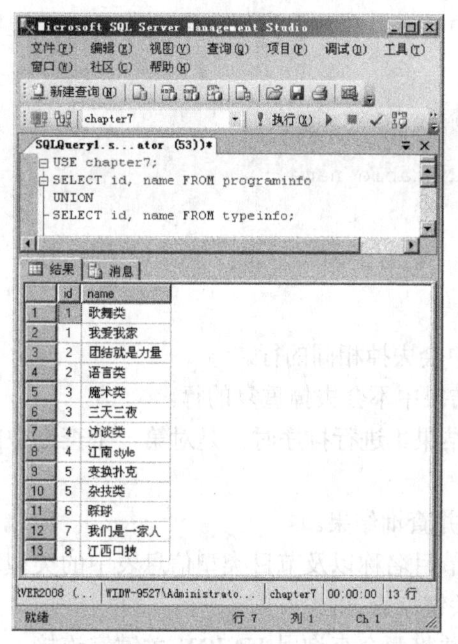

图 7.17　使用 UNION 关键字合并查询结果

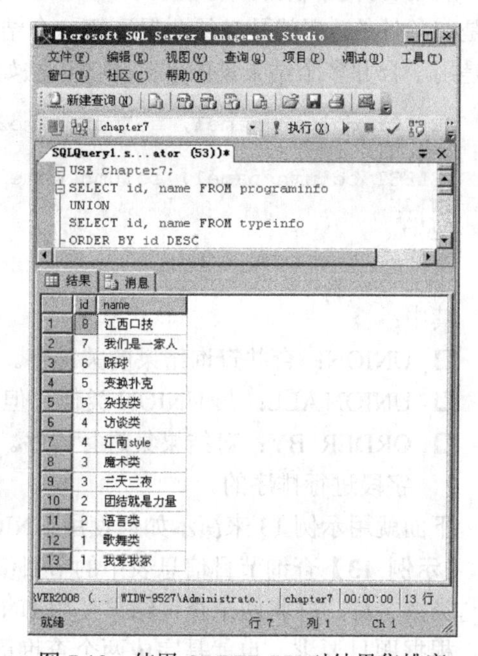

图 7.18　使用 ORDER BY 对结果集排序

从图 7.18 中可以看出，查询结果确实是按照 id 进行了降序排列。

7.4.3　使用 EXCEPT 关键字对结果集差运算

结果集不仅可以进行合并运算，也可以进行差运算。差运算并不是简单地对结果集的内容进行减法运算，而是从一个结果集中去除另一个结果集中的内容。EXCEPT 关键字的用法与 UNION 类似，语法如下：

```
SELECT column_name1, column_name2,…FROM table_name1
EXCEPT
SELECT column_name1, column_name2,…FROM table_name1;
EXCEPT
……
ORDER BY column_name
```

这里，EXCEPT 就是连接结果集之间的关键字，用于集合差值的运算。读者可能还会犯糊涂，不要紧！通过下面的示例 15 你就可以完全清楚它的用法了。

【示例 15】 查询节目信息表中的信息。使用结果集运算去除所有歌舞类节目。

如果要去除所有歌舞类节目，假设已经知道了歌舞类节目的类型编号是 1，那么，就可以将该查询作为 EXCEPT 后面的查询了。查询语句如下：

```
USE chapter7;
SELECT* FROM programinfo
EXCEPT
SELECT* FROM programinfo WHERE programtype=1;
```

执行上面的语句，就可以得到第 1 个查询结果去除第 2 个查询结果的值。执行效果如图 7.19 所示。

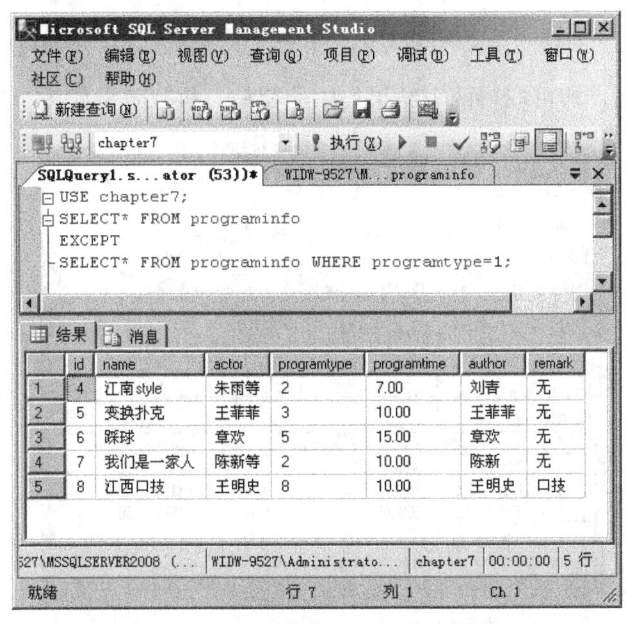

图 7.19　使用 EXCEPT 对结果集进行差运算

从图 7.19 所示的结果中可以看出，已经不含有节目类型编号（programtype）是 1 的节目信息了。但是，请读者一定要记住，进行差集运算时也要保证 EXCEPT 前后的两个结果集列的个数和数据类型一致。

7.4.4　使用 INTERSECT 关键字对结果集交运算

结果集除了合并和求差运算外还有一种比较常用的运算，那就是取交集。交集这个概念对于读者来说已经不陌生了，也就是取两个结果集中的公共部分呗。对结果集取交集使用 INTERSECT 关键字，它的语法形式也与前面的合并、求差运算类似，具体的语法形式如下：

```
SELECT column_name1, column_name2…FROM table_name1
INTERSECT
SELECT column_name1, column_name2…FROM table_name1;
INTERSECT
……
ORDER BY column_name
```

这里，INTERSECT 就是用来连接结果集求交集的。有了前面对集合操作的基础，交集运算就容易得多了。

【示例 16】 查询节目信息表。并使用 INTERSECT 关键字得到所有歌舞类的节目信息。

要通过 INTERSECT 关键字得到歌舞类的节目信息，也就是说歌舞类节目就是得到的交集了。那么，INTERSECT 后面的查询就应该查到所有歌舞类节目信息。这里，歌舞类节目的类型编号也是已知的，即为 1。查询语句如下：

```
USE chapter7;
SELECT* FROM programinfo
INTERSECT
SELECT* FROM programinfo WHERE programtype=1;
```

执行上面的语句，即可取得两个结果集中的交集。执行效果如图 7.20 所示。

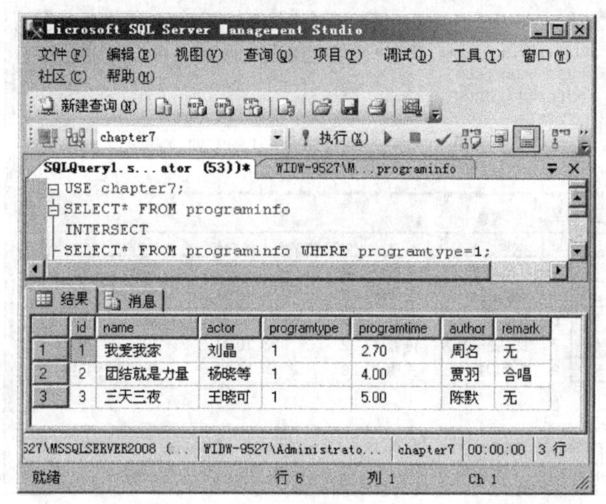

图 7.20　使用 INTERSECT 关键字取得结果集的交集

从图 7.20 所示的结果可以看出，确实是只查询出了节目类型（programtype）是 1 的节目信息。

说明：集合运算符 UNION、EXCEPT 和 INTERSECT 也是有优先级的，INTERSECT 的优先级是最高的。其余的 UNION、EXCEPT 优先级是一样的，谁先在前面就先执行谁。当然，优先级也可以通过加括号进行控制。

7.5 本 章 小 结

通过本章的学习，读者应该对查询语句有了更进一步的了解了。在本章中主要带领读者学习了几种在实际应用中经常使用的查询语句，主要包括子查询、分组查询、多表查询以及如何对结果集进行运算。这几种查询语句并不是独立存在的，可以根据实际情况综合选择使用查询语句，也就是说，在一个查询语句中可以是多种查询语句并存。

7.6 本 章 习 题

一、填空题

1．子查询中常用的关键字有________。

2．外连接的形式有________。

3．合并查询结果的关键字是________。

二、选择题

1．判断某一个查询语句是否能够查询出结果使用的关键字是________。

　A．IN　　B．NOT　　C．EXISTS　　D．以上都不对

2．下面对子查询的描述正确的是________。

　A．子查询就是在一个查询中包含另一个查询

　B．子查询只能返回一个值

　C．子查询只能返回多个值

　D．以上都不对

3．下面对多表查询的描述正确的是________。

　A．如果在多表查询时没有使用 WHERE 条件，则会出现笛卡尔积

　B．同一个表之间的连接称为自连接

　C．多表查询分为内连接、外连接以及自连接

　D．以上都对

三、问答题

1．在什么情况下选择 IN 关键字？

2．什么是分组查询？分组查询使用的关键字是什么？

3．结果集运算有什么作用？

第 8 章　系统函数与自定义函数

在前面的章节中曾学过聚合函数，它就是一类系统函数。所谓系统函数，可以理解成是安装 SQL Server 后就有的函数，可以直接使用。实际上，在 SQL Server 中除了系统函数之外还有用户自定义函数。自定义函数有什么用呢？这就好像是去购买一台电脑，但是所有品牌的电脑都满足不了你的需求，那就只有去 DIY 一台适合你的电脑了。当系统函数满足不了需求时就可以考虑自己定义一个函数使用。

本章的主要知识点如下：

- 了解和使用系统函数
- 如何定义和使用自定义函数

8.1　系 统 函 数

系统函数给我们带来了便利的工具，要想正确使用这个工具就要知道系统函数都有哪些。在 SQL Server 中，系统函数主要分为数学函数、字符串函数、日期和时间函数等。在本节中就将带领读者认识这些系统函数。

8.1.1　数学函数

所谓数学函数，就是对数值类型字段的值进行运算的函数。数学函数对读者来说，应该是最熟悉不过的了，因为从小学就开始接触数学运算了。那么，在 SQL Server 数据库中数学函数包括哪些呢？主要包括了取绝对值函数、取正弦函数、取余弦函数、取正切函数以及取对数函数等。为了能够让读者对数学函数有一个全面的了解，下面将常用的数学函数列在表 8-1 中讲解。

表 8-1　数学函数说明

序号	函数形式	说　明
1	ABS(x)	取 x 的绝对值函数。该函数只有一个参数，参数是 float 类型的。当输入的参数是整数时，返回值就是该数本身；当输入的参数是负数时，返回值就是去掉负号后的数值；0 取绝对值还是 0
2	EXP(x)	取 x 的指数函数。该函数只有一个参数，参数是 float 类型的。返回 x 的指数值，也就是 e^x
3	POWER(x,y)	取 x 的 y 次幂。该函数有两个参数，参数类型都可以是 float 类型的
4	ROUND(x,y)	按照指定精度 y 对 x 四舍五入。该函数有两个参数，x 是用来进行四舍五入的参数，类型是 float；y 是精度，类型是 int
5	SQRT(x)	取 x 的平方根。该函数只有一个参数，参数是 float 类型的

续表

序号	函数形式	说　　明
6	SQUARE(x)	取 x 的平方。该函数只有一个参数，参数是 float 类型的
7	PI()	返回圆周率的常量值
8	FLOOR(x)	取小于 x 的最小整数。该函数只有一个参数，参数是 float 类型的
9	CEILING(x)	取大于 x 的最大整数。该函数只有一个参数，参数是 float 类型的
10	LOG(x)	取 x 的自然对数。该函数只有一个参数，参数是 float 类型的
11	LOG10(x)	取 x 的以 10 为底的对数。该函数只有一个参数，参数是 float 类型的
12	SIN(x)	取 x 的三角正弦值。该函数只有一个参数，参数是 float 类型的
13	COS(x)	取 x 的三角余弦值。该函数只有一个参数，参数是 float 类型的
14	TAN(x)	取 x 的三角正切值。该函数只有一个参数，参数是 float 类型的
15	COT(x)	取 x 的三角余切值。该函数只有一个参数，参数是 float 类型的
16	ASIN(x)	取 x 的反正弦值。该函数只有一个参数，参数是 float 类型的
17	ACOS(x)	取 x 的反余弦值。该函数只有一个参数，参数是 float 类型的
18	ATAN(x)	取 x 的反正切值。该函数只有一个参数，参数是 float 类型的
19	ACOT(x)	取 x 的反余切值。该函数只有一个参数，参数是 float 类型的

从表 8-1 中可以看出，前 11 个函数都是一般的数值运算函数；后面的 8 个函数是三角函数。无论是哪种函数，只要读者能够正确地找到要使用的函数，并传入函数要求的参数，就可以很好地使用这个函数了。下面分别通过示例来演示如何使用数值运算函数和三角函数。

【示例 1】 按照下列要求使用数值运算函数进行计算。

（1）使用函数计算 5 的平方以及 36 的平方根。

（2）使用函数计算半径是 3 的圆面积。

（3）使用函数计算 3 的 4 次幂。

（4）使用函数取 5.28 的最大整数和最小整数。

要使用的是数学函数中的数值运算函数，现在就得要求读者根据题目的要求在表 8-1 中找到适合的函数来计算了。

（1）计算平方的函数是 SQUARE，计算平方根的函数是 SQRT，语句如下：

```
SELECT SQUARE (5), SQRT (36);
```

执行上面的语句，就可以得到 5 的平方和 36 的平方根了。执行效果如图 8.1 所示。这里，要提醒读者如果只是用 SELECT 语句而不使用数据表，就不用指定数据库了。

从图 8.1 所示的结果中可以看出，通过函数计算后 5 的平方是 25，36 的平方根是 6。

（2）计算圆的面积，需要知道圆的半径和 PI 的值，PI 的值可以通过 PI 函数来得到。语句如下：

```
SELECT PI ()*SQUARE(3);
```

执行上面的语句，就可以得到半径是 3 的圆面积。执行效果如图 8.2 所示。

从图 8.2 所示的结果可以看出，半径是 3 的圆面积是 28.2743338823081。

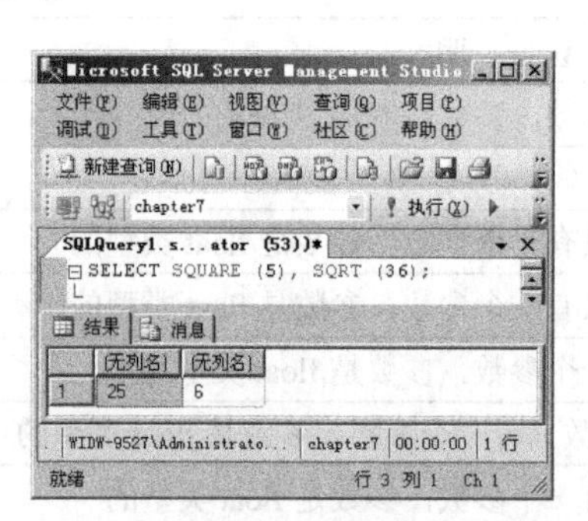

图 8.1　SQUARE()和 SQRT()函数的使用

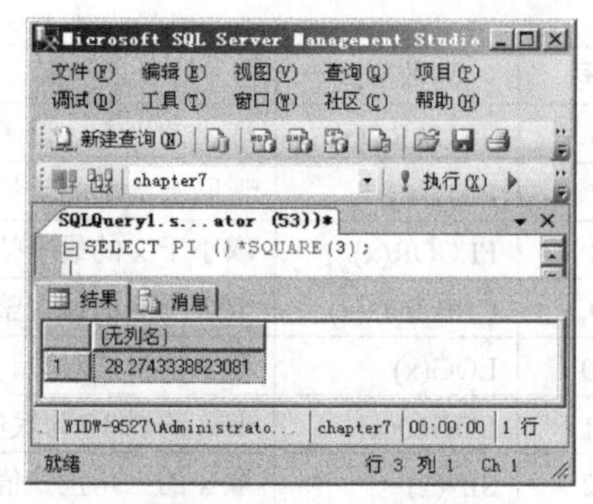

图 8.2　PI()函数的使用

（3）计算 x 的 y 次幂使用的函数是 POWER。语句如下：

```
SELECT POWER (3, 4);
```

执行上面的语句，就可以得到 3 的 4 次幂的计算结果了。效果如图 8.3 所示。从图 8.3 的结果可以看出，3 的 4 次幂的结果是 81。

（4）取最大整数用函数 FLOOR 函数，取最小整数用函数 CEILING。语句如下：

```
SELECT FLOOR (5.28), CEILING (5.28);
```

执行上面的语句，就可以得到 5.28 的最大整数和最小整数值了。效果如图 8.4 所示。从图 8.4 所示的结果可以看出，5.28 取最小整数是 5，最大整数是 6。

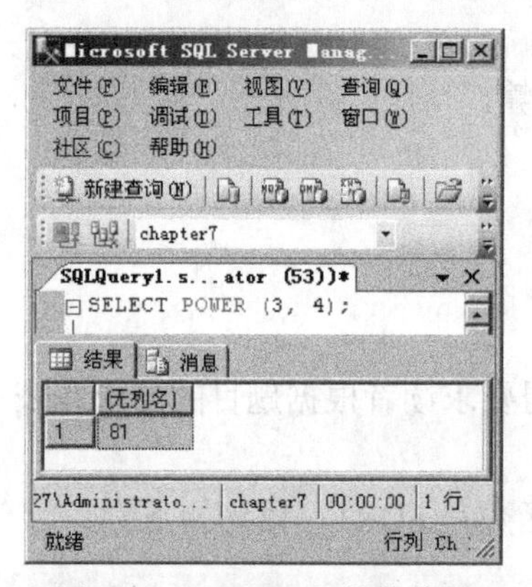

图 8.3　POWER()函数的使用

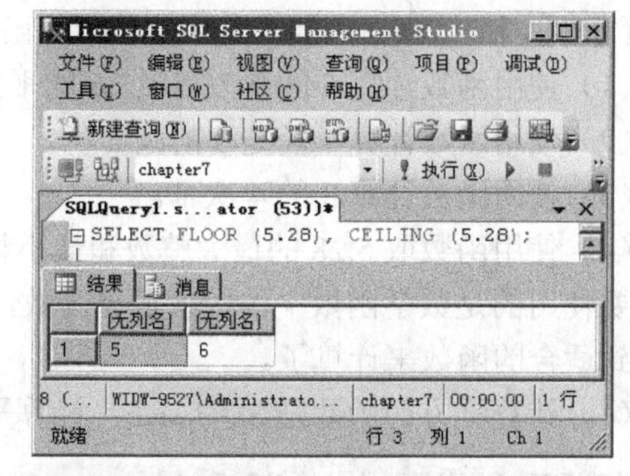

图 8.4　FLOOR()函数和 CEILING()函数的使用

【示例 2】　按照下列要求使用三角函数计算值。

（1）使用三角函数计算 0.5 的正弦值和余弦值。

（2）使用三角函数计算 0.8 的正切值和余切值。

（3）使用三角函数计算 0.6 的反正弦值和反正切值。

下面就要根据不同的要求，选择表 8-1 中不同的三角函数。读者可以先自己选择三角函数计算出结果，再与下面的答案进行对照。

（1）取正弦值的函数是 SIN()，取余弦值的函数是 COS()。语句如下：

```
SELECT SIN (0.5), COS (0.5);
```

执行上面的语句，即可计算出 0.5 的正弦值和余弦值。效果如图 8.5 所示。

从图 8.5 所示的结果可以看出，0.5 取正弦值的结果是 0.48（保留 2 位小数），余弦值是 0.88（保留 2 位小数）。

（2）取正切值使用 TAN，取余切值使用 COT。语句如下：

```
SELECT TAN (0.8), COT (0.8);
```

从图 8.6 所示的结果可以看出，0.8 的正切值是 1.03（保留 2 位小数），余切值是 0.97（保留 2 位小数）。

图 8.5　SIN()函数和 COS()函数的使用

图 8.6　TAN()函数和 COT()函数的使用

（3）取反正弦值的函数是 ASIN，取反正切值的函数是 ATAN。语句如下：

```
SELECT ASIN (0.6), ATAN (0.6);
```

执行上面的语句，就可以得到 0.6 的反正弦值和反正切值了。效果如图 8.7 所示。

从图 8.7 所示的结果可以看出，0.6 的反正弦值是 0.64（保留 2 位小数），反正切值是 0.54（保留 2 位小数）。

图 8.7　ASIN()函数和 ATAN()函数的使用

8.1.2　字符串函数

有了前面的数学函数基础，读者应该已经明白了函数是如何使用的了。在实际应用中，除了对数值类型的值操作需要函数之外，对字符串类型的数据也同样需要函数。字符串函数主要包括将字符串转换成大写、将字符串转换成小写、截取字符串中某些字符以及向字符串中插入字符等。常用的字符串函数名称和使用方法如表 8-2 所示。

表 8-2　字符串函数

序号	函数形式	说　　明
1	ASCII(x)	用于取 x 的 ASCII 值。该函数只有一个参数，并且这个参数不仅可以是一个字符串，也可以是一个表达式
2	SUBSTRING(x,y,z)	取字符串 x 中从 y 处开始的 z 个字符。该函数有 3 个参数，x 代表字符串或表达式，y 代表从哪个位置开始截取字符串，z 代表取几个字符。这里，y 和 z 都是整数类型

续表

序号	函数形式	说　　明
3	CHARINDEX(x,y)	取字符串 y 中指定表达式 x 的开始位置。该函数有 2 个参数，x 代表的是要查找的字符串，y 代表的是指定的字符串
4	LEFT(x,y)	取字符串 x 中从左边开始指定个数 y 的字符。该函数有 2 个参数，x 代表的是一个给定的字符串，y 代表取字符串的个数。这里，y 是整数类型
5	RIGHT(x,y)	取字符串 x 中从左边开始指定个数 y 的字符。该函数有 2 个参数，x 代表的是一个给定的字符串，y 代表取字符串的个数。这里，y 是整数类型
6	LEN(x)	取字符串 x 的长度。该函数需要一个字符串类型的参数
7	LOWER(x)	将 x 中的大写字母转换成小写字母。该函数需要一个字符串类型的参数
8	UPPER(x)	将 x 中的小写字母转换成大写字母。该函数需要一个字符串类型的参数
9	LTRIM(x)	取 x 去除第一个字符前空格后的字符串。该函数需要一个字符串类型的参数
10	RTRIM(x)	取 x 去除最后一个字符前空格后的字符串。该函数需要一个字符串类型的参数
11	REPLACE(x,y,z)	用 z 替换 x 字符串中出现的所有 y 字符串。该函数需要 3 个字符串类型的参数
12	REVERSE(x)	取得 x 字符串逆序的结果。该函数需要一个字符串类型的参数
13	SPACE(x)	取得 x 个空格组成的字符串

读者看过表 8-2 后，会发现字符串函数不过就这几个嘛，很简单，实际上还有很多字符串函数不太常用，这里没有列出。在表 8-2 中列出的 13 个函数中，有些函数只需要一个参数，而有些函数则需要 2 个或 3 个函数。为了让读者能够完成掌握表中列出的这些函数，下面就分别举例说明这些函数的用法。

【示例 3】 根据下面的要求选择合适的函数来实现。

（1）给定字符串“abcdefga”，将其中 a 换成 A。

（2）给定字符串“abcdefabcdef”，计算该字符串的长度，并将其逆序输出。

（3）给定字符串“abcdefg”，从左边取该字符串的前 3 个字符。

（4）给定字符串“aabbcc”，将该字符串转换成大写。

（5）给定字符串“abcdefg”，查看字符“b”在该字符串中的位置。

根据题目要求，请读者选择不同的字符串函数，完成本题中的 5 个小题。

（1）替换字符串中的字符，可以选择 REPLACE 函数。语句如下：

```
SELECT REPLACE ('abcdefga','a','A');
```

执行上面的语句，就可以将字符串中的所有的“a”换成“A”了。效果如图 8.8 所示。

（2）计算字符串长度使用的函数是 LEN，逆序输出使用的是 REVERSE 函数。语句如下：

```
SELECT LEN ('abcdefabcdef'), REVERSE ('abcdefabcdef');
```

执行上面的语句，就可以完成取字符串的长度和逆序输出的效果。效果如图 8.9 所示。从图 8.9 的结果可以看出，该字符串的长度是 12，逆序输出的是“fedcbafrdcba”。

（3）从左边开始截取字符串的函数是 LEFT。语句如下：

```
SELECT LEFT ('abcdefg', 3);
```

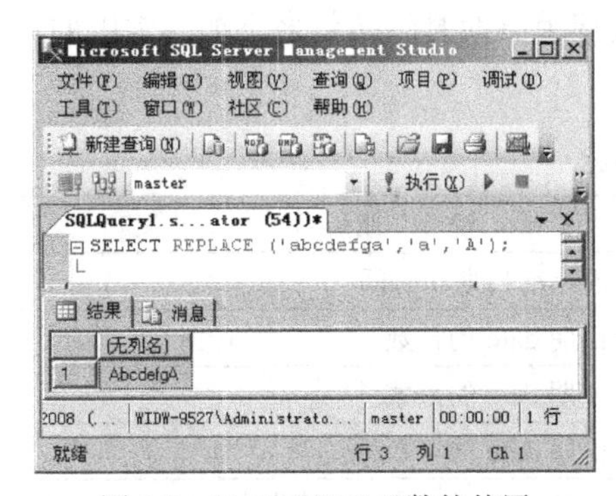

图 8.8　REPLACE()函数的使用

图 8.9　LEN()函数和 REVERSE()函数的使用

执行上面的语句，就可以取出该字符串中的前 3 个字符。效果如图 8.10 所示。

从图 8.10 所示的结果可以看出，取该字符串中的前 3 个字符是 abc。

（4）将字符串转换成大写使用的函数是 UPPER。语句如下：

```
SELECT UPPER ('aabbcc');
```

执行上面的语句，就可以将该字符串转换成大写了。效果如图 8.11 所示。

从图 8.11 所示的结果可以看出，已经将“aabbcc”转换成了“AABBCC”。

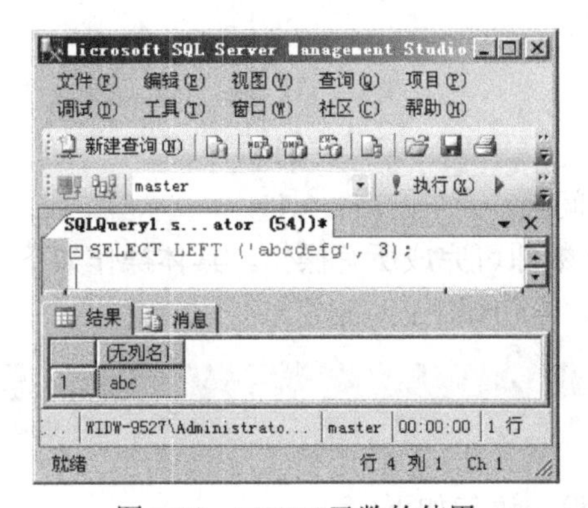

图 8.10　LEFT()函数的使用

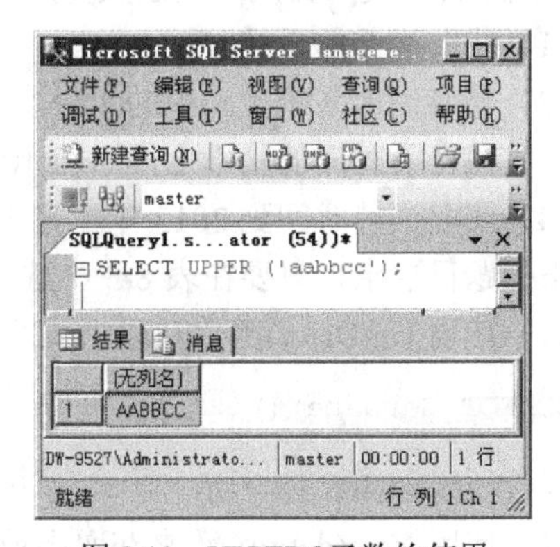

图 8.11　UPPER()函数的使用

（5）查找“b”在字符串“abcdefg”中的位置。语句如下：

```
SELECT CHARINDEX ('b','abcdefg');
```

执行上面的语句，效果如图 8.12 所示。

从图 8.12 所示的结果可以看出，“b”在字符串“abcdefg”中的位置是 2。

上面的示例仅使用了字符串函数中的一部分函数，有兴趣的读者可以将表 8-2 中的剩余函数全部演练一下。

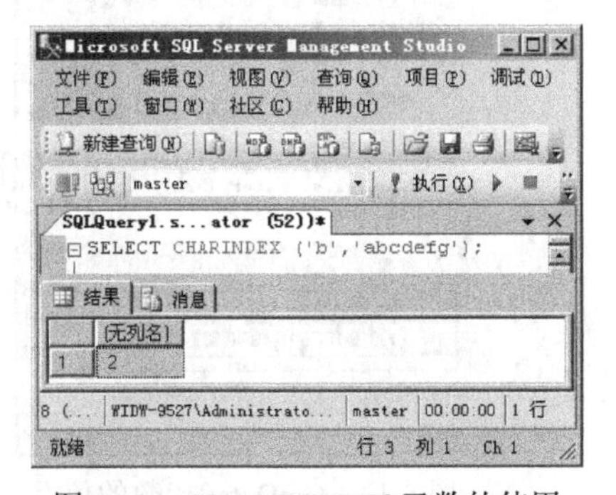

图 8.12　CHARINDEX()函数的使用

8.1.3　日期时间函数

日期时间函数也是系统函数中的一个重要组成部分。使用日期时间函数可以方便地获取系统的时间以及与时间相关的信息。通常，在添加系统时间时直接使用日期时间函数来添加。常用的日期和时间函数如表 8-3 所示。

表 8-3　日期时间函数

序号	函 数 形 式	说　　明
1	GetDate()	获取用户系统的当前日期和时间
2	Day(date)	获取用户指定日期 date 的日数
3	Month(date)	获取用户指定日期 date 的月数
4	Year(date)	获取用户指定日期 date 的年数
5	DatePart(datepart,date)	获取日期值 date 中 datepart 指定的部分值。datepart 可以是 year、day、week 等
6	DateAdd(datepart,num,date)	在指定的日期 date 中添加或减少指定 num 的值
7	DateDiff(datepart,begindate,enddate)	计算 begindate 和 enddate 两个日期之间的时间间隔

实际上，在 SQL Server 数据库中也不止上面列出来的函数，还有其他一些日期函数，有兴趣的读者可以查看 SQL Server 数据库中的帮助文档查看相关的函数。从表 8-3 中可以看出，日期时间函数的使用方法是很简单的。下面就通过示例 4 来演示如何使用日期函数。

【示例 4】　使用日期时间函数完成如下操作。

（1）获取当前的系统时间。

（2）获取当前系统时间中的年份。

（3）在当前时间的基础上，添加 10 天。

（4）获取当前时间到 2013 年 1 月 1 日的时间间隔。

根据题目要求，只要在表 8-3 中选择适合的函数即可完成所有操作。具体操作如下。

（1）使用 GetDate()函数获取当前的系统时间，语句如下：

```
SELECT GetDate ();
```

运行结果如图 8.13 所示。

（2）使用 Year(date)函数来获取当前时间的年份，语句如下：

```
SELECT Year(GetDate ());
```

运行结果如图 8.14 所示。

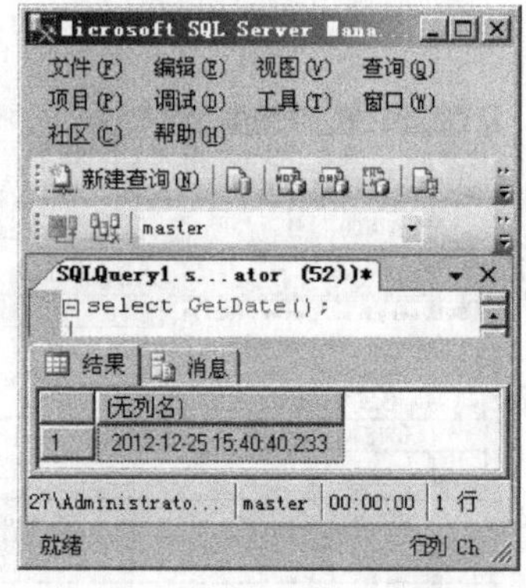

图 8.13　GetDate()函数的使用

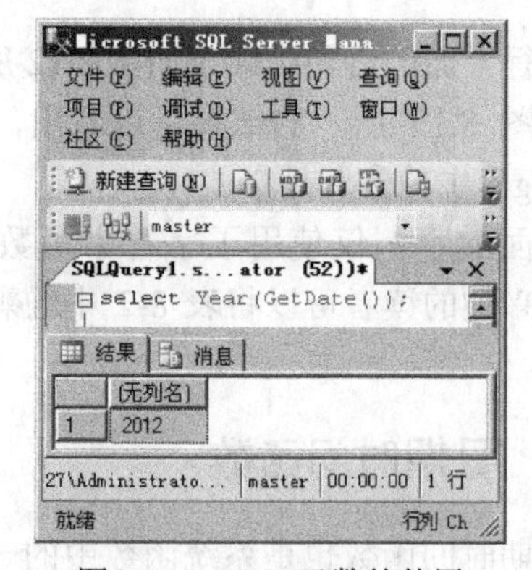

图 8.14　Year()函数的使用

从图 8.14 的结果可以看出，获取的当前系统时间的年份是 2012 年。在使用 Year()函数时，不仅可以在函数中使用 GetDate()函数来获取当前的系统时间，还可以直接使用给出具体日期的形式来表示，比如“2012-12-25”。

（3）使用 DateAdd(datepart,num,date)函数可以在当前日期的基础上加上 10 天，语句如下：

```
SELECT DateAdd (day,10,GetDate ());
```

运行效果如图 8.15 所示。

（4）使用 DateDiff(datepart,begindate,enddate)函数计算时间间隔，语句如下：

```
SELECT DateDiff (day,GetDate (),'2013-1-1');
```

运行效果如图 8.16 所示。

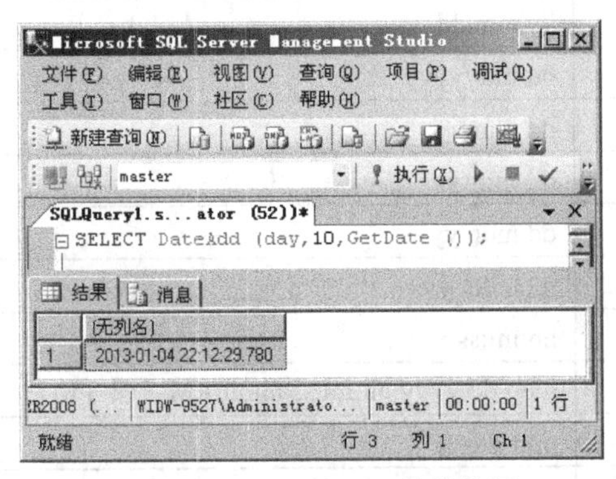

图 8.15　DateAdd()函数的使用

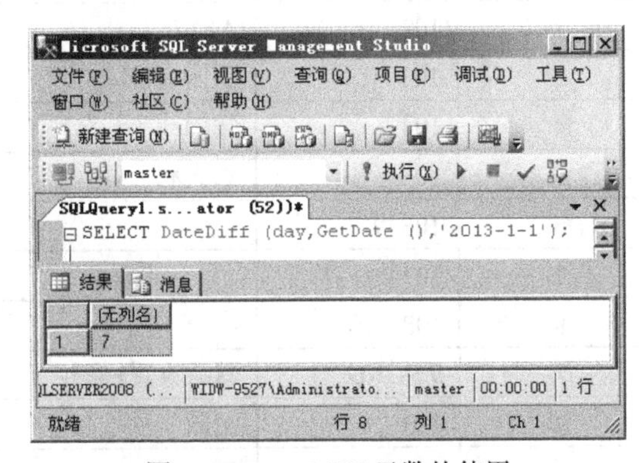

图 8.16　DateDiff()函数的使用

通过示例 4，相信读者已经对日期时间的使用方法有所了解了。为了能够让读者对日期时间有更深入的了解，请读者根据上面的示例练习使用 DateAdd()和 DateDiff()函数，为其更换不同的 DatePart 参数，看看执行效果是否满足您的心意呢？

8.1.4　其他函数

除了上面介绍的 3 种类型的函数外，在 SQL Server 中还有一些其他的函数，比如：类型转换函数、获取系统主要参数的函数等。下面就简单介绍一些常用的函数。

1. 类型转换函数

在 SQL Server 中的类型转换函数，主要有两个：一个是 CONVERT()函数，一个是 CAST()函数。

（1）CONVERT()函数

CONVERT()函数主要用于不同数据类型之间数据的转换，比如：数值型转换成字符串型、字符串类型转换成日期类型、日期类型转换成字符串类型等。CONVERT()函数的基本语法形式如下所示。

```
CONVERT( data_type [ ( length ) ] ,expression [ , style ] )
```

其中：

- data_type：要转换的数据类型。比如：varchar、float 和 datetime 等。
- length：指定数据类型的长度。如果不指定数据类型的长度，则默认的长度是 30。
- expression：表示被转换的数据。可以是任意数据类型的数据。
- style：将数据转换后的格式。由于在实际转换中，经常会指定日期时间的格式，因此将日期时间的 style 格式给读者列出，供读者参考，如表 8-4 所示。其他类型的格式读者可以参考 SQL Server 的帮助文档，这里就不一一列出了。

表 8-4　日期时间型的 style 值

不带世纪数位的 style 值(yy)	带世纪数位的 style 值(yyyy)	标　准	输入/输出
-	0 或 100	默认	mon dd yyyy hh:miAM（或 PM）
1	101	美国	mm/dd/yyyy
2	102	ANSI	yy.mm.dd
3	103	英国/法国	dd/mm/yyyy
4	104	德国	dd.mm.yy
5	105	意大利	dd-mm-yy
6	106 (1)	-	dd mon yy
7	107 (1)	-	mon dd, yy
8	108	-	hh:mi:ss
-	9 或 109	默认设置+毫秒	mon dd yyyy hh:mi:ss:mmmAM（或 PM）
10	110	美国	mm-dd-yy
11	111	日本	yy/mm/dd
12	112	ISO	yymmdd yyyymmdd
-	13 或 113	欧洲默认设置+毫秒	dd mon yyyy hh:mi:ss:mmm(24h)
14	114	-	hh:mi:ss:mmm(24h)
-	20 或 120	ODBC 规范	yyyy-mm-dd hh:mi:ss(24h)
-	21 或 121	ODBC 规范（带毫秒）	yyyy-mm-dd hh:mi:ss.mmm(24h)
-	126	ISO 8601	yyyy-mm-ddThh:mi:ss.mmm（无空格）
-	127	带时区 Z 的 ISO 8601	yyyy-mm-ddThh:mi:ss.mmmZ（无空格）
-	130	回历	dd mon yyyy hh:mi:ss:mmmAM
-	131	回历	dd/mm/yy hh:mi:ss:mmmAM

说明：在实际应用中，通常会将年份写成 4 位来显示，也就是使用带世纪的方式。因为，用两位来表示年份会造成一些误读现象，比如：用 50 代表年份，在 SQL Server 数据库中会默认是 1950 年，想代表 2050 年就不能够直接写 50 代表年份了。

（2）CAST()函数

CAST()函数与 CONVERT()函数的作用是一样的，但是 CAST()函数的语法形式更简单一些。CAST()函数的语法形式如下：

```
CAST (expression AS data_type [(length)])
```

其中：

- expression：表示被转换的数据。可以是任意数据类型的数据。
- data_type：要转换的数据类型。比如：varchar、float 和 datetime 等。
- length：指定数据类型的长度。如果不指定数据类型的长度，则默认的长度是 30。

下面就通过示例 5 来演示如何使用 CONVERT()和 CAST()来转换数据类型。

【示例 5】 按照如下要求对数据类型进行转换。

（1）分别使用 CONVERT()函数和 CAST()函数将当前日期转换成字符串类型。

（2）使用 CAST()函数将字符串 1.23 转换成数值类型，并保留一位小数。

根据题目要求，按照 CONVERT()函数和 CAST()函数的语法形式来完成题目。

（1）使用 CONVERT()函数完成当前日期转换成字符串类型，语句如下：

```
SELECT CONVERT (varchar (20), GetDate (), 111);
```

执行效果如图 8.17 所示。

从图 8.17 的效果可以看出，使用了 111 的日期格式，转换的字符串就成了“2012/12/26”了。

使用 CAST()函数将当前日期转换成字符串类型，语句如下：

```
SELECT CAST (GetDate () AS varchar (25));
```

执行效果如图 8.18 所示。

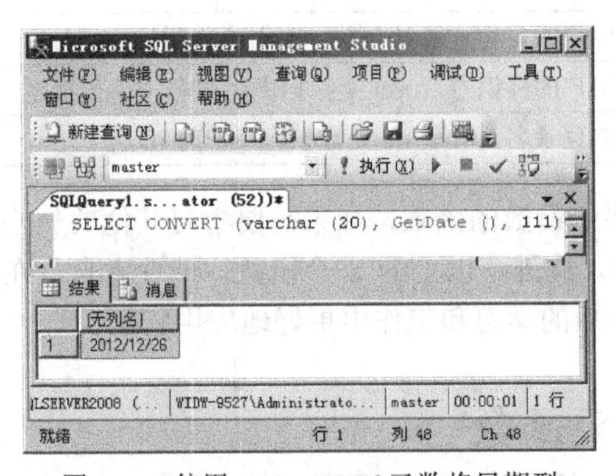

图 8.17　使用 CONVERT()函数将日期型转换成字符串型

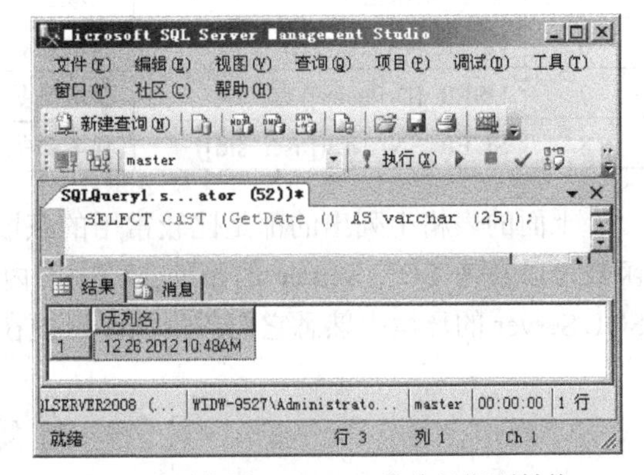

图 8.18　使用 CAST()函数将日期型转换成字符串型

从图 8.18 所示的结果可以看出，CAST()函数将日期型转换成字符串型的格式。这个格式通常是不能够指定的。

（2）使用 CAST()函数将字符串型数据转换成数值型，语句如下：

```
SELECT CAST ('1.23' AS decimal (3,1));
```

执行效果如图 8.19 所示。

这里，读者也可以自己尝试将本例使用 CONVERT()函数进行转换，并对比转换后的效果。

2. 获取系统参数的常用函数

所谓系统参数，是指 SQL Server 数据库所在计算机的一些信息以及数据库的信息。比

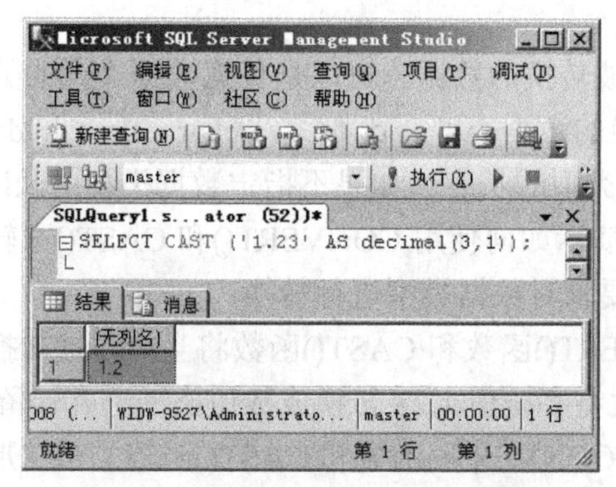

图 8.19　使用 CAST()函数将字符串类型数据转换成数值型数据

如：计算机名称、数据库户名以及应用程序名称等。常用的函数如表 8-5 所示。

表 8-5　获取系统参数函数

序号	函 数 形 式	说　明
1	HOST_NAME()	获取数据库所在的计算机名称
2	HOST_ID()	获取数据库所在计算机的标识号
3	DB_NAME([database_id])	获取数据库名称，database_id 表示数据库的 ID 号
4	DB_ID(['database_name'])	获取数据库的标识号，database_name 表示数据库的名称
5	APP_NAME()	获取当前会话的应用程序名称
6	USER_NAME([id])	获取数据库用户的名称，id 是与数据库用户关联的标识号
7	USER_ID(['user'])	获取数据库用户的标识号，user 是数据库用户名
8	SUER_SNAME([user_sid])	获取数据库的登录名，user_sid 是数据库用户的 ID 号

上面的表格中列出的都是比较常用的获取系统参数的函数，如果需要学习其他的一些函数可以参考 SQL Server 的帮助文档中的内容。此外，以上的 8 个函数，请读者自行在 SQL Server 的环境中熟悉它们的用法，以便在今后的学习和工作中更好地应用它们。

8.2　自定义函数

在上一节中，已经将 SQL Server 中提供的一些常用函数做了详尽的介绍了。读者可以想一想，如果我们要实现一些功能，在 SQL Server 提供的函数列表中找不到怎么办呢？正所谓，自己动手丰衣足食嘛，也就是说，要自己来定义函数喽。在本节中，就带领读者学习如何来自定义函数。

8.2.1　创建自定义函数的语法

在实际应用中，如果没有可用的系统函数供选择，通常可以自己来创建函数。那么如何来创建自定义函数呢？还是要遵循系统函数的形式来创建的。自定义函数主要分为两种，一种是标量函数，即通过计算得到一个具体的数值；一种是表值函数，即通过函数返回数据表中的查询结果。常用的自定义函数是标量函数。创建自定义函数的语法如下所示。

（1）标量值函数的语法结构

```
CREATE FUNCTION function_name (@parameter_name parameter_data_type…)
RETURNS return_data_type
   [AS]
   BEGIN
            function_body
      RETURN scalar_expression
   END
```

其中：

- ❑ function_name 项：用户定义函数的名称。
- ❑ @parameter_name 项：用户定义函数的参数，函数最多可以有 1024 个参数。
- ❑ parameter_data_type 项：参数的数据类型。
- ❑ return_data_type 项：标量用户定义函数的返回值类型。
- ❑ function_body 项：指定一系列定义函数值的 T-SQL 语句。
- ❑ scalar_expression 项：指定标量函数返回的标量值。

（2）内联表值函数的语法结构

```
CREATE FUNCTION function_name (@parameter_name parameter_data_type…)
RETURNS TABLE
   [ AS ]
   RETURN [ ( ] select_stmt [ ) ]
```

其中：

- ❑ function_name 项：用户定义函数的名称。
- ❑ @parameter_name 项：用户定义函数的参数，函数最多可以有 1024 个参数。
- ❑ parameter_data_type 项：参数的数据类型。
- ❑ TABLE 项：指定表值函数的返回值为表。
- ❑ select_stmt 项：定义内联表值函数的返回值的单个 SELECT 语句。

8.2.2 先建一个没有参数的标量函数

无参数的函数也是经常会用到的，比如：获取当前系统的时间。按照标量函数的创建语法，在标量函数中既可以带参数也可以不带参数，下面就以示例 6 为例学习如何创建一个没有参数的标量函数。本章中所有的函数都将创建在 chapter8 数据库中。

【示例 6】 创建标量函数，计算当前系统年份被 2 整除后的余数。

根据题目要求，直接使用系统函数是不方便的。在创建标量函数时，返回值是余数值，创建语句如下：

```
create function fun1()
returns INT
as
begin
return CAST(Year(GetDate()) AS INT) %2
end
```

执行上面的语句，就可以在 chapter8 数据库中创建一个名为 fun1 的函数了。那么，有了函数该如何调用这个函数呢？这就与直接调用系统函数类似了，但是也略有不同。在调用自定义函数时，需要在该函数前面加上 dbo。下面就来调用新创建的函数 fun1，具体语句如下：

```
SELECT dbo.fun1();
```

执行效果如图 8.20 所示。

从图 8.20 所示的结果可以看出，返回值是 0。也就是说 2012%2 等于 0。

8.2.3　再建一个带参数的标量函数

通过上面的示例 6，相信读者对创建函数以及如何调用函数也有所了解了，下面继续学习如何创建带参数的标量函数。带参数的标量函数不论是在创建还是调用时，都与无参函数的使用有一些区别。请读者认真体会示例 7，看看它们究竟有什么不一样呢？

【示例 7】 创建标量函数，传入商品价格作为参数，并将传入的价格打八折。

根据题目要求，将商品价格打八折，也就是将商品价格乘以 0.8 即可。具体的语句如下：

```
create function fun2(@price decimal(6,2))
returns decimal(6,2)
begin
return @price*0.8
end
```

执行上面的语句，就可以在数据库 chapter8 中创建名为 fun2 的函数了。在示例 6 中学习了如何调用无参的函数，那么，带参数的函数如何调用呢？下面就将答案告诉你了。

假设要打八折的商品价格是 2100 元，那么调用函数的语句如下：

```
SELECT dbo.fun2(2100);
```

执行上面的语句，效果如图 8.21 所示。

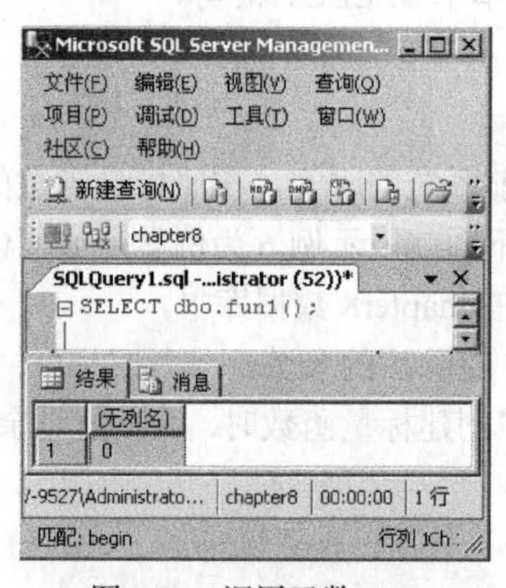

图 8.20　调用函数 fun1

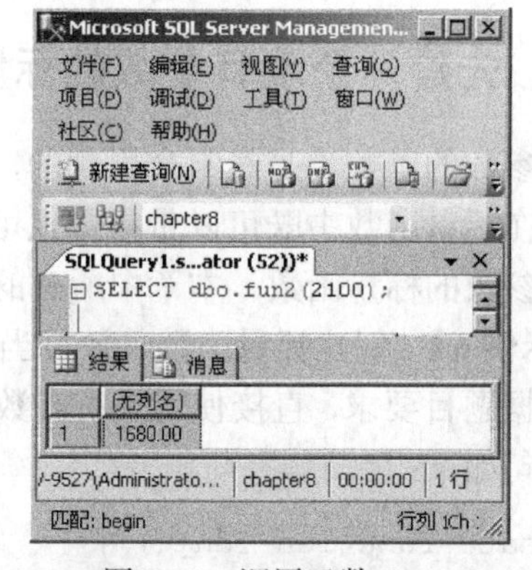

图 8.21　调用函数 fun2

通过图 8.21 的调用结果可以看出，在调用带参数的函数时必须要为其传递参数，并且参数的个数以及数据类型要与函数定义时的一致。

8.2.4　创建表值函数

表值函数与标量函数一样，既可以带参数也可以不带参数。使用表值函数，通常是为了完成根据某一个条件，查询出相应的查询结果。下面就使用示例 8 来演示如何使用表值函数。在使用表值函数之前，先要在数据库 chapter8 中准备一张数据表，这里创建一张用户信息表，表结构如表 8-6 所示。

表 8-6　用户信息表（userinfo）

序号	列　名	数 据 类 型	中文释义
1	id	INT	用户编号
2	name	VARCHAR(20)	用户名
3	password	VARCHAR(20)	密码

根据表 8-6 的结构创建数据表后，录入表 8-7 所示的数据。

表 8-7　用户信息表数据

用户编号（id）	用户名（name）	密码（password）
1	王笑笑	123456
2	周大兵	123456
3	赵玉玉	123456

好了，准备工作已经完成了。下面就进入示例 8 的学习了。

【示例 8】 创建表值函数，根据输入的用户编号，查询出该用户的用户名以及密码。

根据题目要求，该表值函数含有一个 INT 类型的参数，创建语句如下：

```
create function fun3(@id int)
returns table
as
return select name,password from userinfo where id=@id;
```

执行上面的语句，即可在数据库 chapter8 中创建函数 fun3。由于表值函数的结果是一张表，因此，在调用的时候也是直接用 SELECT 语句查询就可以了。调用 fun3 函数的语句如下：

```
SELECT * FROM dbo.fun3 (1);
```

执行上面的语句，效果如图 8.22 所示。

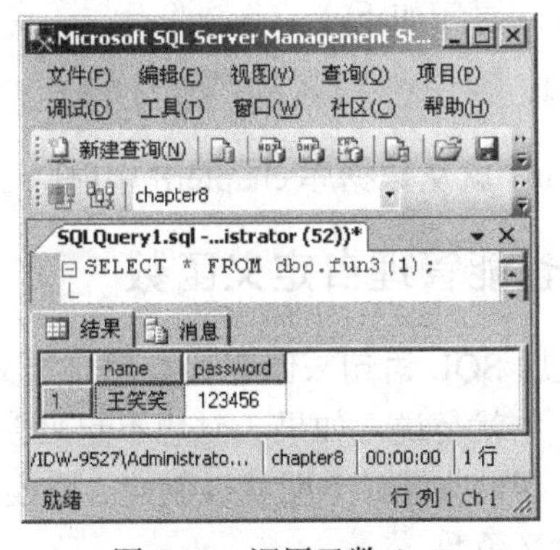

图 8.22　调用函数 fun3

从图 8.22 所示的结果可以看出，向 fun3 函数中传递 1 作为参数，得到数据表中 id 为

1 的数据。

8.2.5　修改自定义函数

自定义函数也是可以修改的，修改语句与创建语句很相似，只是将创建自定义函数语法中的 CREATE 语句换成 ALTRE 语句就可以了。具体的语法读者直接参考创建自定义函数的语句，这里就不赘述了。下面用示例 9 讲解如何修改自定义函数。

【示例 9】 修改自定义函数 fun3，改成根据编号查询出用户名。

根据题目要求，修改 fun3 的语句如下：

```
alter function fun3(@id int)
returns table
as
return select name from userinfo where id=@id;
```

执行上面的语句，chapter8 中的函数 fun3 就已经被修改了。调用 fun3 函数的语句如下：

```
select * from dbo.fun3(1);
```

执行效果如图 8.23 所示。

相信读者通过示例 9，已经了解如何修改自定义函数了。请读者练习修改函数 fun1 和 fun2。

图 8.23　调用修改后的 fun3 函数

8.2.6　去除自定义函数

如果自定义函数不再需要了，为了节省数据库占用的空间，要及时地删除没有用的自定义函数。无论是标量函数还是表值函数，删除的语句都是一样的，具体语句如下：

```
DROP FUNTION dbo.fun_name;
```

这里，值得注意的是删除函数前，要先打开函数所在的数据库。

下面就使用示例 10 来演示如何删除自定义函数。

【示例 10】 删除函数 fun1。

根据题目要求，删除函数的语句如下：

```
DROP FUNCTION dbo.fun1;
```

执行上面的语句，函数 fun1 就从数据库 chapter8 中删除了。

8.2.7　在企业管理器中也能管理自定义函数

在前面的小节中，都是使用 SQL 语句来创建和管理自定义函数的。实际上，使用企业管理器也能完成同样的功能。也就是说，如果一时想不起来创建自定义函数的语法，就可以借助企业管理器中的提示来帮助你喽！下面就以创建、修改和删除 fun1 函数为例，讲解如何在企业管理器中操作自定义函数。

1. 在企业管理器中创建 fun1 函数

fun1 函数是计算当前系统年份被 2 整除后的余数。在企业管理器中创建 fun1 函数，只需要使用鼠标展开 chapter8 数据库节点，并展开其下的“可编程性”节点，在其节点下就可以看到“函数”的节点。如图 8.24 所示。

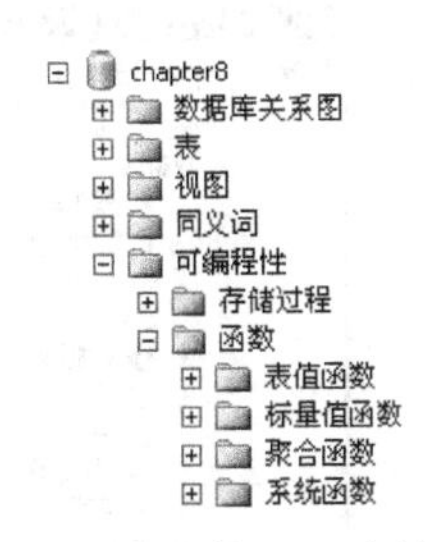

图 8.24　企业管理器中的“函数”节点

从图 8.24 所示的界面中，可以看出函数包括了表值函数、标量值函数、聚合函数以及系统函数。这里，fun1 属于标量值函数，因此创建在“标量值函数”的节点下。

在图 8.24 所示的界面中，右击“标量值函数”节点，在弹出的右键菜单中选择“新建标量值函数”选项，出现图 8.25 所示界面。

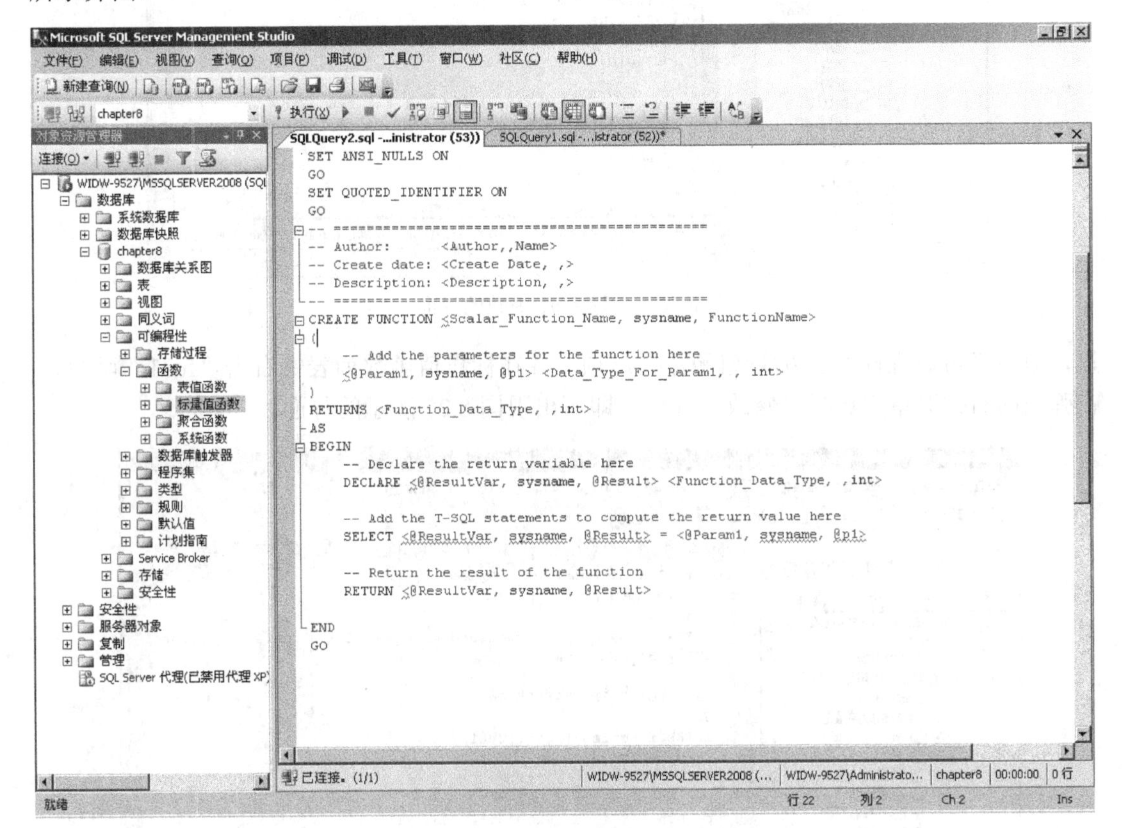

图 8.25　新建标量值函数界面

在图 8.25 所示的界面中，读者就可以发现创建表量值函数的语法框架已经显示出来了，只需要添加具体的内容就可以了。下面就将 fun1 函数的功能填入图 8.25 所示的界面中。效果如图 8.26 所示。

确认图 8.26 填入的信息后，保存函数信息即可。至此，fun1 函数就创建成功了。

2. 在企业管理器中修改 fun1 函数

修改函数信息，相对于创建函数还是要简单一些的。在企业管理器中 chapter8 数据库

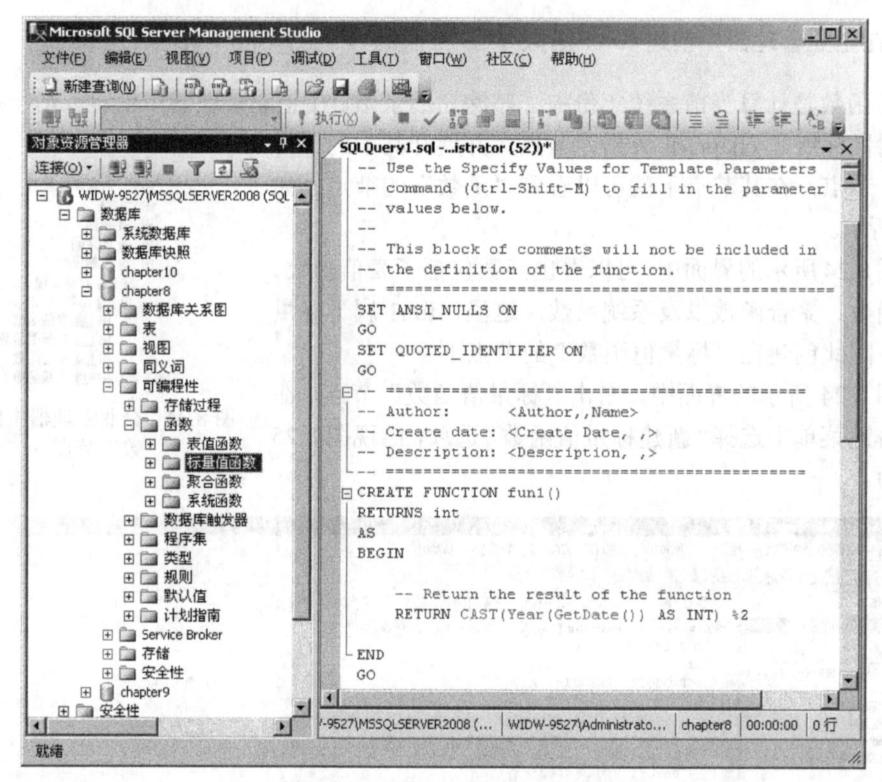

图 8.26　创建 fun1 函数的界面

里，单击“可编程性”|“标量值函数”选项，并在标量值函数列表中右击“fun1”函数，在弹出的右键菜单中选择“修改”选项，即可出现图 8.27 所示的界面。

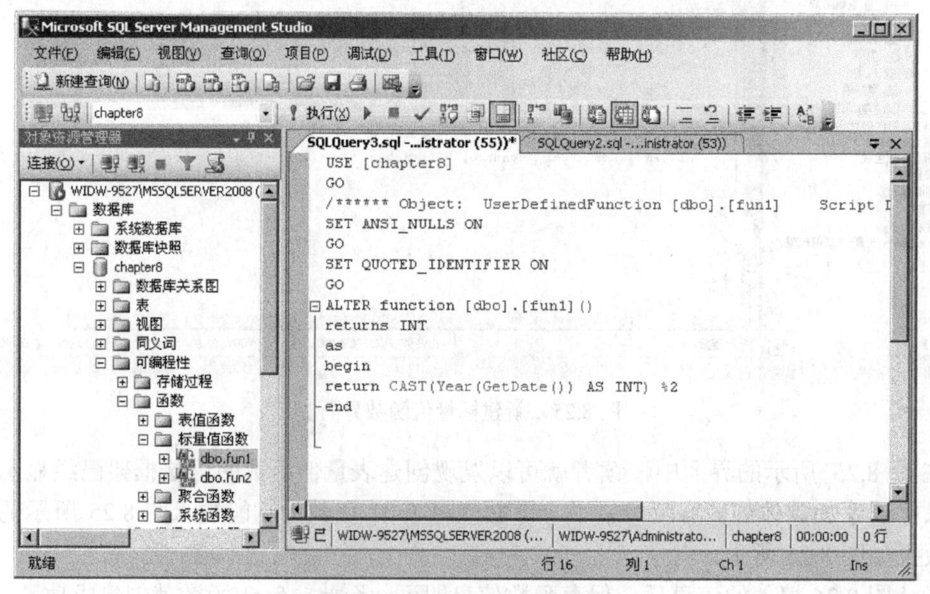

图 8.27　修改 fun1 函数界面

在图 8.27 所示的界面中，对 fun1 函数修改后，保存即可完成对 fun1 函数的修改。

3. 删除 fun1 函数

删除函数的操作相对于添加和修改就更简单了。在企业管理器中的 chapter8 数据库里，单击“可编程性”|“标量值函数”选项，右击“fun1”函数，并在弹出的右键菜单中选择“删除”选项，弹出图 8.28 所示界面。

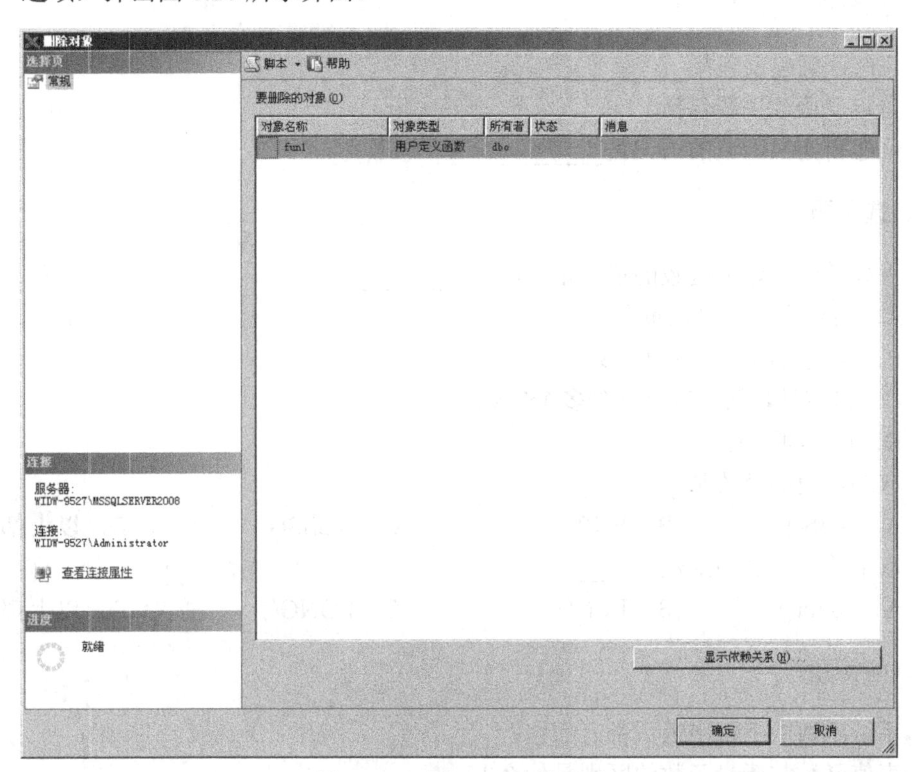

图 8.28　删除 fun1 函数界面

在图 8.28 所示的界面中，单击“确定”按钮，即可将函数 fun1 删除。

从上面的 3 种操作中，读者已经看出企业管理器给你带来的便利了吧。虽然在企业管理器中操作函数很方便，但是读者也不要忽视对 SQL 语句的学习哦！

说明： 实际上，在企业管理器中，不仅可以对函数进行创建、修改以及删除的操作，还可以对函数进行重命名、脚本编辑等操作。另外，还要提醒读者的是在创建不同类型的函数时，一定要创建在相应的函数文件中！

8.3　本章小结

在本章中主要学习了 SQL Server 中的系统函数以及如何创建和使用自定义函数。在系统函数部分主要给读者介绍了常用的数学函数、字符串函数、日期时间函数以及其他的函数。在自定义函数部分主要给读者分别讲解了如何使用 SQL 语句和在企业管理中创建和管理自定义函数。函数作为数据库的主要组成部分，如果能够在实际的工作中运用自如，一定会起到事半功倍的作用的！请读者一定要多看、多练、多想，在实际工作中创建出更多的给你带来便利的函数。

8.4 本章习题

一、填空题

1. 系统函数主要包括________。
2. 自定义函数主要包括________。
3. 创建自定义函数的语句是________。

二、选择题

1. 下列关于自定义函数的描述正确的是________。
   A. 自定义函数可以重名
   B. 自定义函数必须有参数
   C. 自定义函数可以有 0 到多个参数
   D. 以上都不对
2. 取绝对值的函数是________。
   A. ABS()　　B. EXP()　　C. ABSS()　　D. 以上都不对
3. 取字符串长度的函数是________。
   A. count()　　B. LEN()　　C. LONG()　　D. 以上都不对

三、问答题

1. 系统函数中字符串函数都有哪些？
2. 表值函数与标量函数的区别是什么？
3. 如何删除自定义函数？

第3篇　数据库使用进阶

第9章　视　　图

视图从字面上的意思理解可以成“可以看见的图”，也就是说是图而不是表哦。视图既然不是表，那它在数据库中扮演着什么角色呢？视图与表的操作非常相似，它实际上是由查询1张或多张表的查询语句所组成的对象。在本章中就将学习如何使用视图。

本章的主要知识点如下：

- ❑ 视图的概念
- ❑ 如何创建视图
- ❑ 如何更新视图
- ❑ 如何删除视图
- ❑ 使用DML语句操作视图

9.1　了 解 视 图

视图也经常被很多人称为“虚拟的表”，所谓虚拟，就不是真实存在的东西。这就好像是网络游戏中的虚拟货币一样，这些货币并不是真实的人民币，但是却可以在网络游戏中购买东西。但是，这些网络中的虚拟货币却可以通过人民币来购买，并且还可以将网络游戏中的货币转换成真实的人民币。

视图中的数据全部都来源于数据库中的1张或多张数据表。通常情况下，将组成视图中的数据表称为源表或基表。那么，既然视图是一张虚拟的表，为什么数据库中还有这样的对象呢？下面就告诉读者视图究竟能给你带来哪些好处吧。

（1）降低SQL语句的复杂程度

在SQL Server中，如果要查询的数据来自于多张表，就需要用多表的联合查询了。如果在SQL语句中过多地使用多表联合查询，就会使SQL语句看起来复杂一些了。那么，使用视图，将经常需要多表连接查询的语句保存到视图中，以后再查询同样的信息，就能够直接通过视图查询了。举个例子来说说吧。如图9-1所示，表1、表2是学生成绩表和科目信息表。表3是从表1、表2查询的数据构成的。

从图9.1所示的效果来看，要查询的是学生的成绩信息，由于学生成绩表中的科目编号列是与科目信息表的序号列对应的。因此，在查询时需要使用多表连接查询。具体的查询语句如下：

```
SELECT a.编号,a.姓名,a.学号,b.科目名称,a.成绩
FROM 学生成绩表 a,科目信息表 b
WHERE a.科目编号=b.序号;
```

表 1 学生成绩表

编号	姓名	学号	科目编号	成绩
1	王笑	0001	1	80
2	齐云	0002	2	90
3	李政	0003	1	86
4	周渊源	0004	2	67
5	王鹏	0005	3	79

表 2 科目信息表

序号	科目名称
1	计算机基础
2	C语言
3	数据库

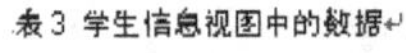

表 3 学生信息视图中的数据

编号	姓名	学号	科目名称	成绩
1	王笑	0001	计算机基础	80
2	齐云	0002	C语言	90
3	李政	0003	计算机基础	86
4	周渊源	0004	C语言	67
5	王鹏	0005	数据库	79

图 9.1　视图的形成

如果将上面的命令存放到学生信息视图中，就可以直接查询出表 3 的结果了。查询视图和查询表的语句类似，语句如下：

```
SELECT * FROM 学生信息视图;
```

从上面的语句可以看出，通过视图已经将查询语句从 3 行变成了 1 行了。确实简化了吧。

（2）提高数据库的安全性

一个小小的视图，居然还能够提高数据库的安全性。那就看看它是如何给数据库提高安全性的吧。所谓数据库的安全性，也是数据表的安全性。如果直接在数据表中查询数据，在查询语句中就会涉及到数据表的名称和列名，这样就给数据表的安全带来了隐患。如果将数据表的查询命令放到视图中存放，那么，使用视图查询数据时就可以避免数据表名称泄露了。因此，使用视图是可以提高数据库的安全性的。

（3）便于数据共享

数据共享也可以理解成是数据对于每个人来说都公用的，谁都可以拿来使用。当需要根据不同条件查询一张数据表时，数据库存取速度就会下降。而将数据表的不同查询命令放到多个视图中存放时，每次查询都只查询视图，这样就在数据共享的基础上提高了查询速度。

任何一个事务都会有优点也有缺点，视图也不例外，它也是有缺点的。比如：在创建视图时不能够使用 GROUP BY、HAVING 等子语句；在视图中存放的命令包含多张表时，不能够直接更新视图信息。

9.2 创建视图

在上一节中，已经清楚了视图的基本概念以及视图给我们带来的一些好处。创建视图是使用视图的第一个步骤。视图既可以由一张表组成也可以由多张表组成。在本节中就将带领你完成创建视图的操作。

9.2.1 创建视图的语法

创建视图的语法与创建表的语法一样，都是使用 CREATE 语句来创建的。在创建视图时，只能用到 SELECT 语句。具体的语法如下：

```
CREATE VIEW view_name
AS select_statement
[WITH CHECK OPTION]
[ENCRYPTION]
```

其中：

- ❑ view_name：视图的名称。在一个数据库中视图的名称也是不能重复的。通常视图的名称都是以“V_”开头的。
- ❑ AS：指定视图要执行的操作。
- ❑ select_statement：用于定义视图的查询语句。该语句可以使用多个表和其他视图。在视图中使用的数据表被称为基表或者源表。
- ❑ CHECK OPTION：强制执行对视图的数据修改语句，都必须符合在 select_statement 中设置的条件。该选项是可选的。
- ❑ ENCRYPTION：对创建视图的语句加密。该选项是可选的。

9.2.2　源自一张表的视图

根据一张表创建视图通常都是选择一张表中的几个经常需要查询的字段。下面就对在本章中要使用的数据表进行说明。在本章中共使用两张数据表，并把这两张数据表创建在数据库 chapter9 中。这两张数据表分别是学生成绩信息表以及科目信息表。具体表结构如表 9-1、表 9-2 所示。

表 9-1　学生成绩信息表（studentinfo）

编号	列　名	数 据 类 型	中 文 释 义
1	id	INT	编号（主键）
2	studentid	INT	学号
3	name	VARCHAR(20)	姓名
4	major	VARCHAR(20)	专业
5	subjectid	INT	科目编号
6	score	DECIMAL(5,2)	成绩
7	remark	VARCHAR(200)	备注

表 9-2　科目信息表（subjectinfo）

编号	列　名	数 据 类 型	中 文 释 义
1	id	INT	科目编号
2	subject	VARCHAR(20)	科目名称

根据上述的表结构，创建数据表的语句如下：

```
USE chapter9;
CREATE TABLE studentinfo
(
 id int  identity(1,1) PRIMARY KEY,
 studentid int,
 name varchar(20),
 major varchar(20),
 subjectid int,
```

```
  score decimal(5,2),
  remark varchar(200)
);
CREATE TABLE subjectinfo
(
  Id int identity (1, 1) PRIMARY KEY,
  subject varchar(20),
);
```

通过上面的语句，就可以将学生成绩信息表和科目信息表创建在 chapter9 数据库中了。创建好数据表后，将表 9-3、表 9-4 中的数据分别添加到数据表中。

表 9-3　学生成绩信息表中的数据

编号	学号	姓名	专业	科目编号	成绩	备注
1	201201	刘瑞	计算机	1	80	
2	201210	王明	会计	2	85	
3	201215	周婷婷	金融	3	77	
4	201125	吴琳琳	金融	3	80	
5	201118	张小雨	数学	4	79	

表 9-4　科目信息表中的数据

科目编号	名　称	科目编号	名　称
1	英语	4	线性代数
2	毛泽东思想概论	5	运筹学
3	高等数学		

有了前面的数据准备，下面就要开始学习如何创建视图了。

【示例 1】 创建视图 v_studentinfo，用于查看学生的学号以及姓名、所在专业。

根据题目要求，要查询的信息都在学生成绩信息表中，创建视图的语句如下：

```
CREATE VIEW v_studentinfo
AS
SELECT studentid as 学号,name as 姓名,major as 所在专业 FROM studentinfo
```

执行上面的语句，就可以在数据库 chapter9 中创建视图了。执行效果如图 9.2 所示。

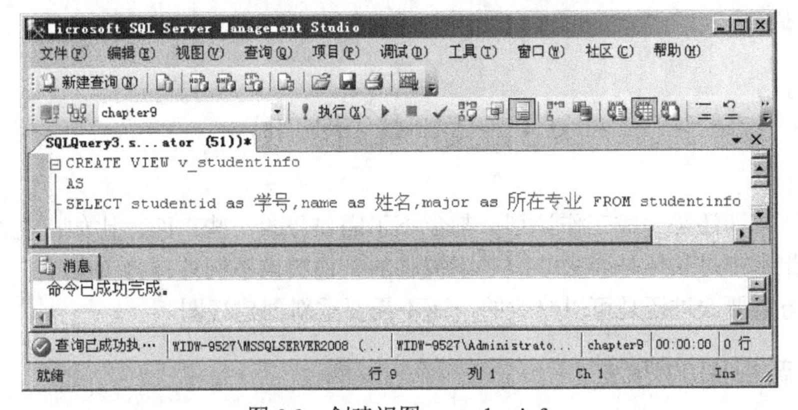

图 9.2　创建视图 v_studentinfo

9.2.3　源自多张表的视图

所谓源自多张表的视图，也就是说视图中的数据是从多张数据表查询出来的。体现视图中的数据来源于多张表，主要就是更改 SQL 语句。这回读者应该有信心完成了吧。下面就用示例 2 来演示如何建立源自多张表的视图。

【示例 2】 创建视图 v_studentinfo2，用于查询学生的姓名、专业、科目名称以及成绩。根据题目要求，要从学生成绩信息表和科目信息表中查询数据。具体语句如下：

```
CREATE VIEW v_studentinfo2
AS
SELECT studentinfo.name as 姓名,studentinfo.major as 所在专业,
subjectinfo.subject as 科目名称,studentinfo.score as 成绩
FROM studentinfo,subjectinfo
where studentinfo.subjectid=subjectinfo.Id;
```

执行上面语句，即可创建视图 v_studentinfo2。执行效果如图 9.3 所示。

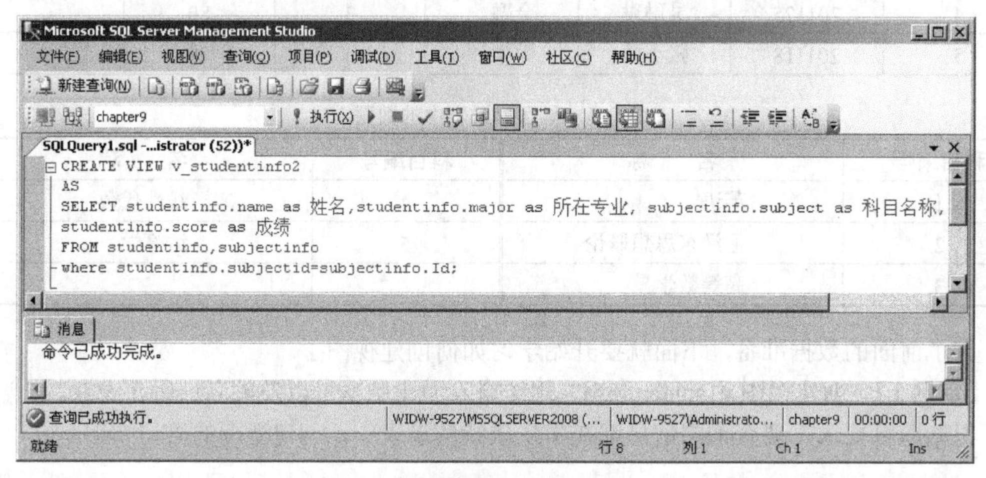

图 9.3　创建视图 v_studentinfo2

从图 9.3 所示的结果可以看出，源自多张表的视图只是 SQL 语句改变了。

说明：查询视图中的数据与查询数据表中的数据是一样的，都是使用 SELECT 语句来查询。

9.3　更 新 视 图

无论是买东西还是完成工作计划，都免不了需要修改一些东西。比如：在商场买了一条裤子，如果裤子过长还是会去修改一下裤脚的。视图也不例外，当创建了一个视图后，觉得有些地方需要改进还是可以修改的，而不需要重新创建视图。

9.3.1　更新视图的语法

在 SQL Server 中，更新视图的语句与创建视图的语句非常类似，具体的语句如下：

```
ALTER VIEW view_name
AS select_statement
[WITH CHECK OPTION]
[ENCRYPTION]
```

从上面的语法中，读者可以看出除了将创建视图的 CREATE 关键字换成 ALTER 之外，其他的语法都是一样的。读者如果对上面的参数还有不清楚的地方，可以参考创建视图的语法解释。

9.3.2　视图很容易改

看了上一小节的更新视图的语法，相信读者已经迫不及待地想尝试一下如何使用这个语法了。那么，下面就以示例 3 来演示如何修改视图。

【示例 3】 修改在示例 1 中创建的视图 v_studentinfo，将其改成只显示学生的姓名和专业。

根据题目要求，修改视图的语句如下：

```
ALTER VIEW v_studentinfo
AS
SELECT name as 姓名,major as 所在专业 FROM studentinfo;
```

执行上面的语句，即可完成对视图 v_studentinfo 的修改。效果如图 9.4 所示。

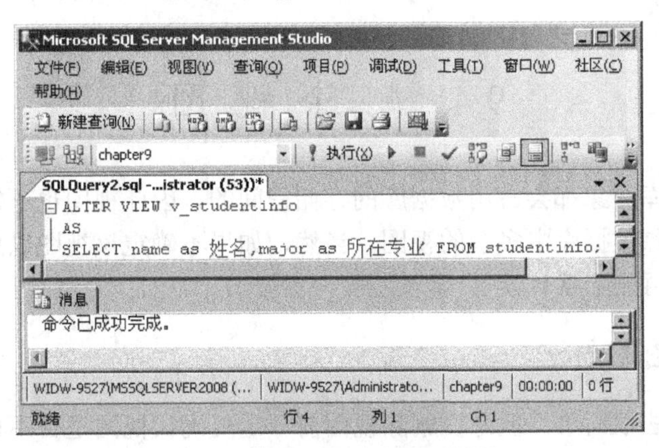

图 9.4　修改 v_studentinfo 界面

在图 9.4 所示的界面中，就可以看出修改视图的语句很容易记吧，只需要将创建视图语句中的 CREATE 改成 ALTER 就可以喽！

9.3.3　给视图换个名字

给视图换名字，就是我们通常所说的视图重命名。重命名视图要使用系统存储过程 sp_rename 来实现。下面就使用一个示例来演示如何给视图换名字。

【示例 4】 将视图 v_studentinfo 的名字改成 v_studentinfo1。

根据题目要求，给视图重命名的语句如下：

```
sp_rename 'v_studentinfo', 'v_studentinfo1';
```

执行上面的语句，即可完成对视图的重命名。效果如图 9.5 所示。

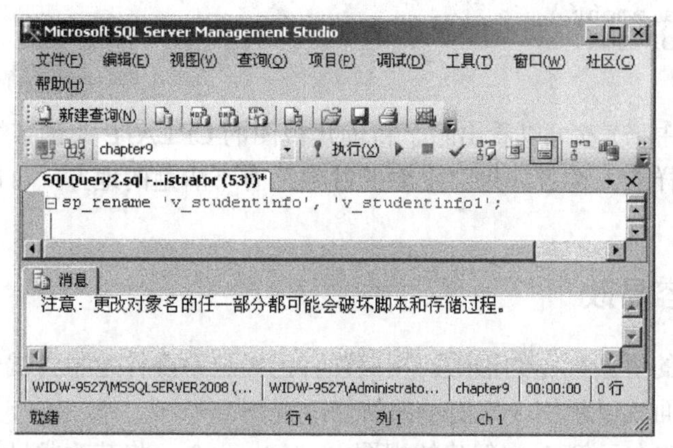

图 9.5　视图的重命名

从图 9.5 所示的结果可以看出，在对视图进行重命名后会给使用该视图的程序造成一定的影响。因此，在给视图重命名前，先要知道是否有一些其他数据库对象使用该视图名称。在确保不会对其他对象造成影响后，再对视图名称进行修改！

说明： 视图除了使用系统存储过程对其更名，也可以使用系统存储过程 sp_refreshview 对其进行刷新操作。刷新视图的目的就在于更新视图的查询结果。

9.4 删除视图

不论任何数据库对象都会占用数据库的存储空间的，因此视图也不例外。当视图不再使用时，要及时删除数据库中多余的视图。当然，如果不确定该视图以后是否使用时，要对视图先备份然后再删除哦！

9.4.1 删除视图的语法

删除视图的语法很简单，但是在删除视图前一定要确认视图是否不再使用了，否则删除后就不能恢复了。删除视图仍然使用 DROP 关键字来完成。删除视图的语法如下：

```
DROP VIEW [ schema_name . ] view_name [ ...,n ] [ ; ]
```

其中：

- schema_name 项：指该视图所属架构的名称。
- view_name 项：指要删除的视图的名称。

这里，schema_name 是可以省略的。

9.4.2 删除不用的视图

下面就应用删除视图的语法，使用示例 5 来演示如何删除数据库中不用的视图。

【示例 5】 删除视图 v_studentinfo1。

根据题目要求，删除视图的语句如下：

```
DROP VIEW v_studentinfo1;
```

执行上面的语句，指定的视图即可从数据库 chapter9 中删除了。效果如图 9.6 所示。

图 9.6　删除视图 v_studentinfo1

9.5　使用 DML 语句操作视图

DML 语句是数据操纵语言，是对数据表进行操作的。那么，DML 语言能够在视图中使用吗？答案是肯定的。但是，也并不是说所有的视图都能够使用 DML 语言来操作视图中的数据。在本节中就将带领读者学习如何使用 DML 语言来操作视图。

9.5.1　使用 INSERT 语句向视图中添加数据

视图是一张虚拟的数据表，实际上在视图中是不保存数据的。那么，怎么向视图中添加数据呢？读者不要忘记了，视图中的数据是来源于基表的，也就是向基表中添加数据。但是，这样一来并不是所有的视图都能够使用 INSERT 语句来添加数据的，只有当视图中的基表唯一并且在视图中使用的字段是直接使用基表的字段，而不是通过其他形式派生的字段，比如：使用聚合函数或其他的函数。

在视图中使用 INSERT 语句，与操作表时使用 INSERT 语句的语法是一样的，因此，如果读者忘记了 INSERT 语句的语法，可以参考本书第 3 章的相关内容。

在前面的示例 2 中，创建了视图 v_studentinfo2，并且该视图是由两张基表组成的。下面就使用示例 6 来演示 INSERT 语句在 v_studentinfo2 上的应用。读者想想这种 INSERT 操作会成功吗？

【示例 6】 使用 INSERT 语句向视图 v_studentinfo2 中添加一条数据。

根据题目要求，添加数据的语句如下：

```
INSERT INTO v_studentinfo2
VALUES('章小','计算机','数据库',88);
```

执行上面的语句，效果如图 9.7 所示。

从图 9.7 所示的结果可以看出，由多张基表组成的视图，是无法使用 INSERT 语句对其更新的。

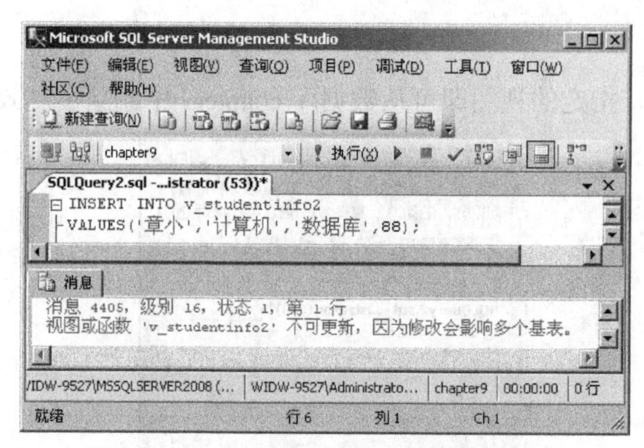

图 9.7　向由多张基表组成的视图添加数据

既然已经知道了由多张基表组成的视图是不能够使用 INSERT 语句对其添加数据的，下面再通过示例 7 来演示如何使用 INSERT 语句向单基表组成的视图添加数据。

【示例 7】 创建视图 v_studentinfo3，查询科目信息表的科目名称，并使用 INSERT 语句向该视图中添加一条数据。

根据题目要求，创建视图的语句如下：

```
CREATE VIEW v_studentinfo3
AS
SELECT subject FROM subjectinfo;
```

执行上面的语句，即可在数据库 chapter9 中创建视图 v_studentinfo3。

有了视图 v_studentinfo3，下面使用 INSERT 语句向其添加一条数据，语句如下：

```
INSERT INTO v_studentinfo3
VALUES('电子技术');
```

执行上面的语句，效果如图 9.8 所示。

从图 9.8 所示的结果可以看出，使用 INSERT 语句是可以直接向符合条件的视图中添加数据的。

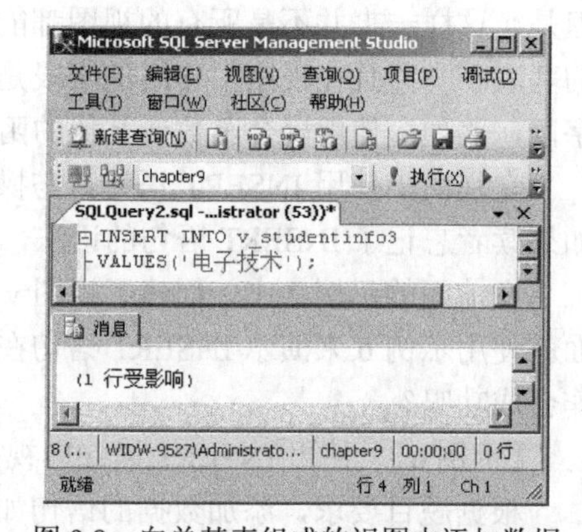

图 9.8　向单基表组成的视图中添加数据

9.5.2　使用 UPDATE 语句更新视图中的数据

UPDATE 语句与 INSERT 语句在视图中的使用方法是类似的，修改视图的语句与修改数据表的语句也是一样的。下面就用示例 8 来演示如何使用 UPDATE 语句来更新视图中的数据。

【示例 8】 创建视图 v_studentinfo4，从 studentinfo 表查询学生的学号（studentid）和姓名（name），并将学号是 201201 的学生姓名更改成“吴琼”。

根据题目要求，创建视图 v_studentinfo4 的语句如下：

```
CREATE VIEW v_studentinfo4
AS
```

```
SELECT studentid, name FROM studentinfo;
```

执行上面的语句，视图 v_studentinfo4 在数据库 chapter9 中就创建好了。

有了视图 v_studentinfo4，使用 UPDATE 语句更新视图的语句如下：

```
UPDATE v_studentinfo4
SET name='吴琼' WHERE studentid=201201;
```

执行上面的语句，效果如图 9.9 所示。

从图 9.9 所示的结果可以看出，使用 UPDATE 语句是可以完成视图数据的更新的。

9.5.3　使用 DELETE 语句删除视图中的数据

通过前面的 INSERT 和 UPDATE 语句的讲解，相信读者对使用 DELETE 语句删除视图中数据的操作已经能够猜测出来了。没错，使用 DELETE 语句也只能对单基表的视图进行操作。下面就通过示例 9 来演示如何使用 DELETE 语句删除视图中的数据。

【示例 9】 删除视图 v_studentinfo4 中，名字为“吴琼”的学生信息。

根据题目要求，删除语句如下：

```
DELETE FROM v_studentinfo4
WHERE name='吴琼';
```

执行上面的语句，效果如图 9.10 所示。

从图 9.10 所示的结果中，可以看出删除单基表组成的视图中的数据是可以通过 DELETE 语句来完成的。

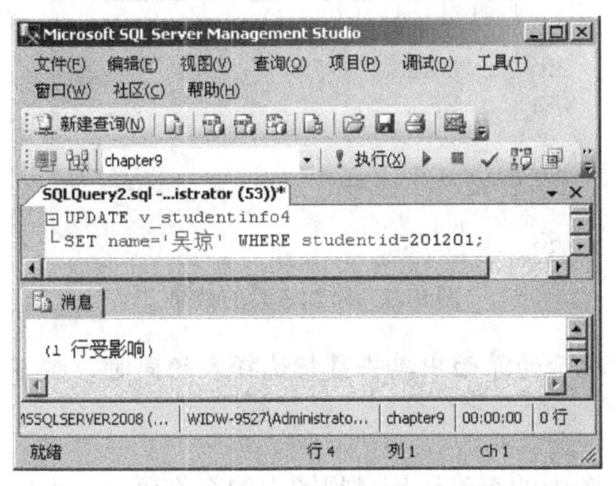

图 9.9　使用 UPDATE 语句更新视图 v_studentinfo4

图 9.10　使用 DELETE 语句删除视图中的数据

9.6　使用企业管理器操作视图

在本章前面的内容中，都是使用 SQL 语句来操作视图的。实际上，在企业管理器中同样可以完成对视图的操作，包括创建视图、修改视图以及删除视图等。在本节中就将带领读者学习如何在企业管理器中操作视图。

9.6.1　使用企业管理器创建视图

在企业管理器中创建视图，就免去了记住 SQL 语句的麻烦。下面就使用示例 10 来演示如何在企业管理器中创建视图。

【示例 10】创建视图 v_studentinfo5，查询出学生信息表（studentinfo）中学号（studentid）、姓名（name）以及专业（major）信息。

在企业管理器中创建视图，需要通过如下 4 个步骤。

（1）在企业管理器中，展开 chapter9 数据库，右击“视图”节点，在弹出的右键菜单中选择“新建视图”选项，弹出“添加表”对话框，如图 9.11 所示。“添加表”对话框中有当前数据库中存在的表、视图、函数和同义词对象。

（2）在图 9.11 所示的界面中，选择要创建视图使用的数据表 studentinfo，单击“添加”按钮，并单击“关闭”按钮关闭“添加表”对话框框。显示效果如图 9.12 所示。

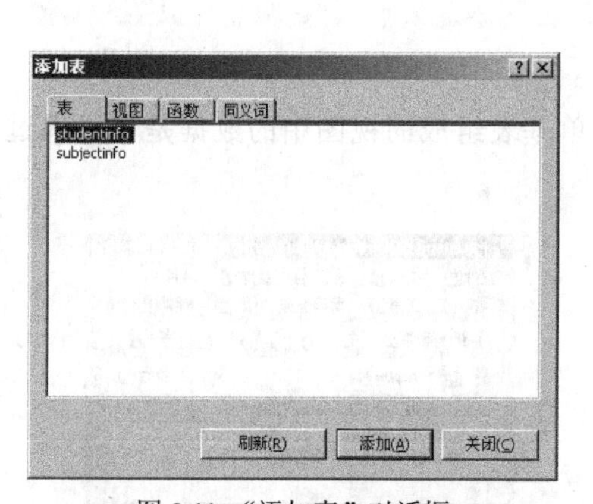

图 9.11　“添加表”对话框

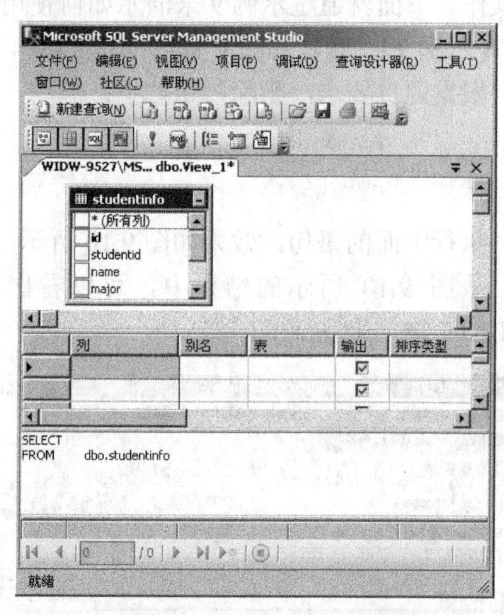

图 9.12　添加表后的效果

说明：如果要选择多个表，必须在图 9.11 所示的界面中单击鼠标选择表的同时，按下 Ctrl 键。

（3）在图 9.12 所示界面中，设置或编写视图中的查询语句。视图中的查询语句，可以直接在选中的表格中选择，也可以直接编写 SQL 语句。这里，直接在数据表中使用鼠标选择 studentid、name 以及 major 列。设置后的效果如图 9.13 所示。

（4）通过前面 3 个步骤，视图已经创建完成了。但是，最后一步也不能忽视，就是保存视图。单击工具栏中的“保存”按钮，弹出“选择名称”对话框，如图 9.14 所示。输入视图名称 v_studentinfo5，单击“确定”按钮，即可完成创建视图的操作了。

9.6.2　使用企业管理器修改视图

修改视图的界面与创建视图非常类似，闲话少叙，下面就以示例 11 为例与读者共同学

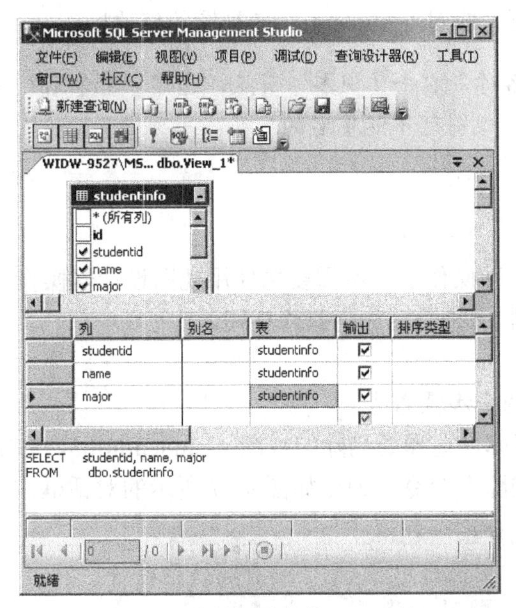

图 9.13　设置视图中的 SQL 语句

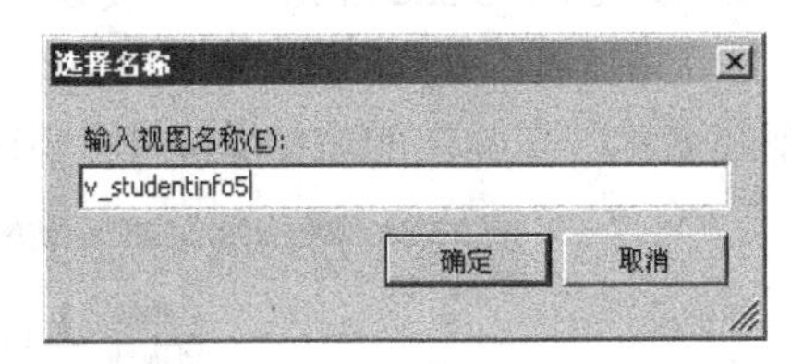

图 9.14　“选择名称”对话框

习如何在企业管理器中修改视图。

【示例 11】 使用企业管理器修改视图 v_studentinfo5，使其只查询出学生成绩信息表（studentinfo）中的学生姓名（name）和专业（major）。

在企业管理器中创建视图，需要通过如下 3 个步骤。

（1）在企业管理器中，选择视图所在的数据库 chapter9，展开“视图”节点，查找到要修改的视图 v_studentinfo5。右击该“视图”节点，在弹出的右键菜单中选择“设计”命令，如图 9.15 所示。

（2）修改视图中的语句。在图 9.15 所示的界面中，从数据表中去掉 studentid 的选项，如图 9.16 所示。

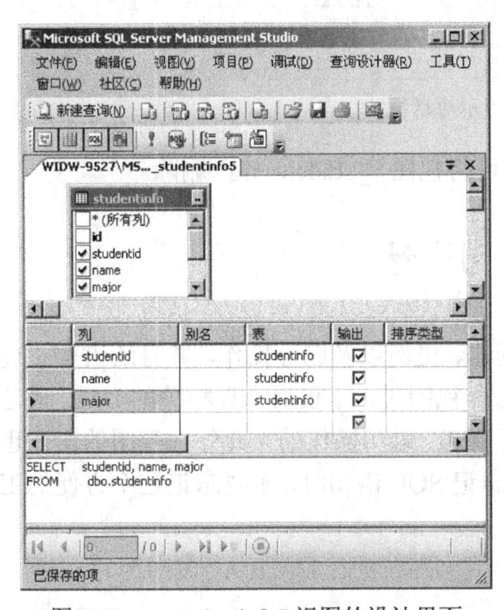

图 9.15　v_studentinfo5 视图的设计界面

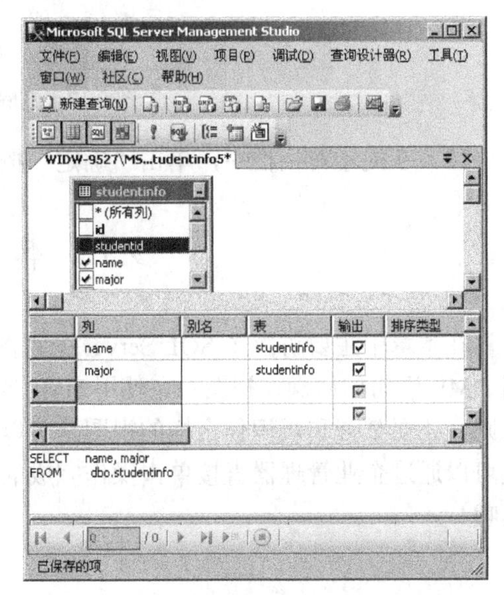

图 9.16　修改后的 v_studentinfo5 视图

（3）单击工具栏中的“保存”按钮，即可完成对 v_studentinfo5 视图的修改操作。

说明： 在企业管理器中也可以修改视图的名称，右击“视图”节点，选择“重命名”命令，直接修改视图名称即可。但是，视图可不能重名的！

9.6.3　使用企业管理器删除视图

删除视图应该是对视图操作中最简单的一种操作了。不需要再使用视图设计器操作，直接选择视图就可以删除了。下面就通过示例 12 来演示如何删除视图。

【示例 12】 删除视图 v_studentinfo5。

删除视图 v_studentinfo5，需要通过以下两个步骤完成。

（1）在企业管理器中，展开 chapter9 数据库，选择要删除的视图 v_studentinfo5，右击该视图名称，在弹出的右键菜单中，选择“删除”命令。弹出如图 9.17 所示的对话框。

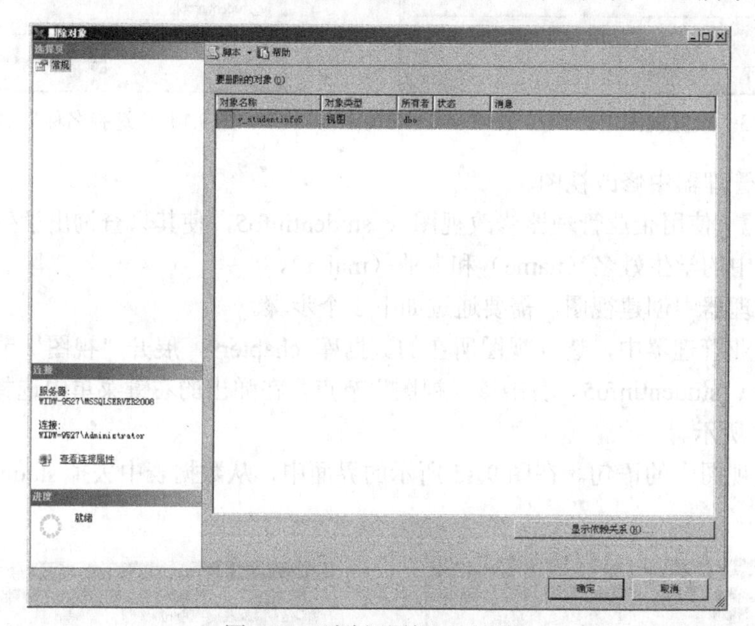

图 9.17　删除视图提示对话框

（2）在提示对话框中，单击“确定”按钮即可将视图 v_studentinfo5 删除。

9.7　本 章 小 结

在本章中主要讲解了 SQL Server 中视图的创建、更新以及删除操作，并且还讲解了使用 DML 语句如何操作视图。在使用 DML 语句操作视图时，不仅要掌握相关的 DML 语法规则，还要掌握和辨识什么样的视图是可以通过 DML 语句操作的。此外，视图的操作也是可以通过企业管理器直接单击操作完成的，在忘记 SQL 语句时，不要忘记这个方便的工具哦！

9.8 本章习题

一、填空题

1．创建视图的关键字是________。
2．视图中的数据可以来源于________张表。
3．给视图重命名使用的是________。

二、选择题

1．下列关于视图的描述正确的是________。
　A．视图中的数据全部来自于数据库中存在的表
　B．使用视图可以方便地查询数据
　C．视图经常被称为“虚拟的表”
　D．以上都对
2．下列修改视图的语句正确的是________。
　A．renew view_name　　B．drop view_name
　C．alter view_name　　D．以上都不对
3．关于使用 DML 语句操作视图的描述正确的是________。
　A．不能向视图中插入数据
　B．可以向任意视图插入数据
　C．只能向由一张基表构成的视图中插入数据
　D．以上都不对

三、问答题

1．视图的作用是什么？
2．如何使用企业管理器操作视图？
3．如何使用 DML 语句操作视图？

四、操作题

通过本章的学习，完成如下对视图的操作。以表 9-1 所示的学生成绩信息表（studentinfo）为例。

（1）创建视图，查询 studentinfo 表中的学生名称和专业。
（2）向（1）中创建的视图添加一条数据。
（3）查询（1）中创建的视图。
（4）删除（1）中创建的视图。

第10章　索　　引

索引这个词听起来有点陌生，但是目录大家应该都听说过吧。没错，在 SQL Server 2008 中索引就与图书上的目录很相似，目录是为了让读者更快地查找所需的内容，那么，索引也就是帮助数据库操作人员更快地查找数据库中的数据喽。

本章的主要知识点如下：

- ❑ 认识索引
- ❑ 创建索引
- ❑ 修改索引
- ❑ 删除索引

10.1　认识索引

在本章的开头已经说过索引与目录的作用是相似的，那么，在 SQL Server 2008 中索引究竟有什么用呢？另外，索引都分为几类呢？下面就请读者在本节中找到上面两个问题的答案。

10.1.1　索引的作用

索引在数据库检索中有着举足轻重的作用，试想一下如果一本书没有目录，查找资料时就需要从第一页开始翻，多么可怕啊。如果在数据表中没有索引，也是可以查找数据的，但是会花费更长的时间。在任何时候，任何人都想通过数据库快速查找资料，因此，使用索引是很有必要的。索引是建立在数据表中列上的一个数据库对象，在一张数据表中可以给一列或多列设置索引。如果在查询数据时，使用了设置的索引列作为检索列，那么就会大大提高查询速度。

10.1.2　索引就这么几类

在 SQL Server 2008 数据库中，索引主要分为聚集索引和非聚集索引两类。在一张数据表中只有一个聚集索引。这就好像人只能有一个身份证号是一样的。具体的使用方法如下所示。

- ❑ 聚集索引：最常见的聚集索引就是主键约束。它根据数据行的键值在表或视图中排序和存储这些数据行。
- ❑ 非聚集索引：非聚集索引在一张表中可以有多个。它包含非聚集索引键值，并且每个键值项都有指向包含该键值的数据行的指针。

10.2 创建索引

创建索引是使用索引的第一步，前面在学习索引类型时已经清楚了索引有非聚集索引和聚集索引两种，因此，在创建索引前也要弄清楚要创建的是哪种类型的索引。在本节中将带领读者使用语句和企业管理器来创建不同类型的索引。

10.2.1 创建索引的语法

创建索引与创建表一样，都是创建数据库对象，因此，仍然使用 CREATE 语句。在创建索引的语法中就包括了创建聚集索引和非聚集索引这两种方式，读者可以根据需要自行选择。具体的语法如下：

```
CREATE [ UNIQUE ] [ CLUSTERED | NONCLUSTERED ] INDEX index_name
    ON
    [ database_name]. table_or_view_name (column [ ASC | DESC ] [ ,...n ])
```

其中：

- UNIQUE：唯一索引。
- CLUSTERED：聚集索引。
- NONCLUSTERED：非聚集索引。
- index_name：索引的名称。索引名称在表或视图中必须唯一。
- column：索引所基于的一列或多列。由多列组成的索引被称为组合索引。
- [ASC|DESC]：确定索引列的升序或降序排序方式，默认值为 ASC。

说明：*在给数据表中添加索引时，索引通常是以 IX 开头的。*

10.2.2 试着创建聚集索引

聚集索引几乎在每张数据表都存在，读者这时会想了，如果不创建索引，也会存在聚集索引吗？是这样的，如果一张表中有了主键，那么系统就会认为主键列就是聚集索引列。为了让读者更好地理解索引的使用，先为本章创建要使用的数据库和数据表。本章使用的数据库命名为 chapter10，在其数据库中创建课外辅导班课程信息表（courseinfo），表结构如表 10-1 所示。

表 10-1　课外辅导班课程信息表（courseinfo）

编号	字　段　名	数 据 类 型	说　　明
1	id	int	编号
2	name	varchar(20)	辅导班名称
3	address	varchar(30)	辅导班地址
4	tel	varchar(15)	电话号码
5	coursename	varchar(20)	课程名称（主要课程）
6	price	int	课程价格（平均价格）

按照上面的表结构创建数据表，语句如下：

```
USE chapter10;
CREATE TABLE courseinfo
(
id       int,
name     varchar(20),
address varchar(30),
tel      varchar(15),
coursename  varchar(20),
price    int
);
```

执行上面的语句，即可在数据库 chapter10 中创建数据表 courseinfo。有了数据表，现在就可以为其创建索引了。

【示例 1】 为课外辅导班课程信息表（courseinfo）中的编号（id）列创建聚集索引。

根据题目要求，使用 CREATE UNIQUE CLUSTERED INDEX 语句创建聚集索引，具体语句如下：

```
USE chapter10;
CREATE UNIQUE CLUSTERED INDEX IX_ COURSEINFO _ID
ON courseinfo (id);
```

执行上面的语句，就可以为表 courseinfo 中的 id 列创建聚集索引了。执行效果如图 10.1 所示。

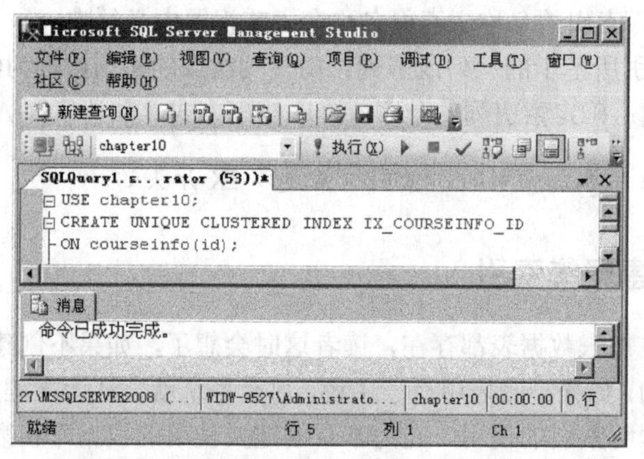

图 10.1　创建聚集索引 IX_ COURSEINFO _ID

从图 10.1 中，就可以看出索引已经在表 courseinfo 中创建成功了。那么，如何使用语句查看到为表创建的索引呢？很简单，使用系统存储过程 SP_HELPINDEX 就可以查看了。查看为表 courseinfo 创建的索引，语句如下：

```
SP_HELPINDEX 'courseinfo';
```

执行上面的语句，就可以查看到表 courseinfo 中创建过的索引了。目前，在表中只创建了一个索引。执行效果如图 10.2 所示。

从图 10.2 中，就可以清楚地看到为表 courseinfo 创建的索引的类型以及该索引所在的列名。

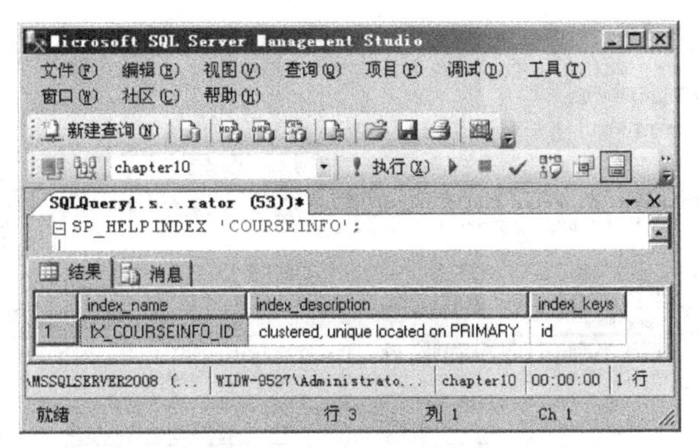

图 10.2　查看 courseinfo 表中的索引（示例 1）

10.2.3　试着创建非聚集索引

非聚集索引在一张数据表中可以存在多个，并且在创建非聚集索引时，可以不将其列设置成唯一索引。下面就使用示例 2 来演示如何创建非聚集索引。

【示例 2】 为课外辅导课程信息表（courseinfo）中的课程名称（coursename）列创建一个非聚集索引。

根据题目要求，使用 CREATE NONCLUSTERED INDEX 语句创建非聚集索引，具体语句如下：

```
USE chapter10;
CREATE NONCLUSTERED INDEX IX_COURSEINFO_COURSENAME
ON courseinfo(coursename);
```

执行上面的语句，就可以为 courseinfo 表中的 coursename 列创建非聚集索引了。执行效果如图 10.3 所示。

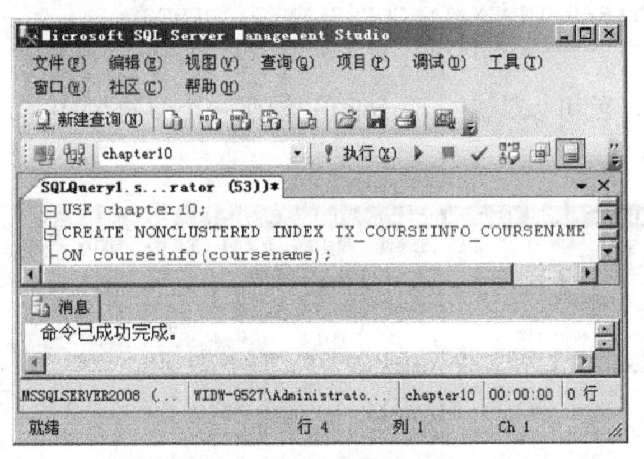

图 10.3　创建非聚集索引

从图 10.3 中可以看出，创建非聚集索引的命令执行成功了。那么，使用系统存储过程 SP_HELPINDEX 查看表 courseinfo 中的索引，看看是否已经存在了刚才创建的非聚集索引 IX_COURSEINFO_COURSENAME。查询效果如图 10.4 所示。

从图 10.4 中可以看出，查询结果中的第 1 行就是新创建的非聚集索引 IX_COURSEINFO_COURSENAME。

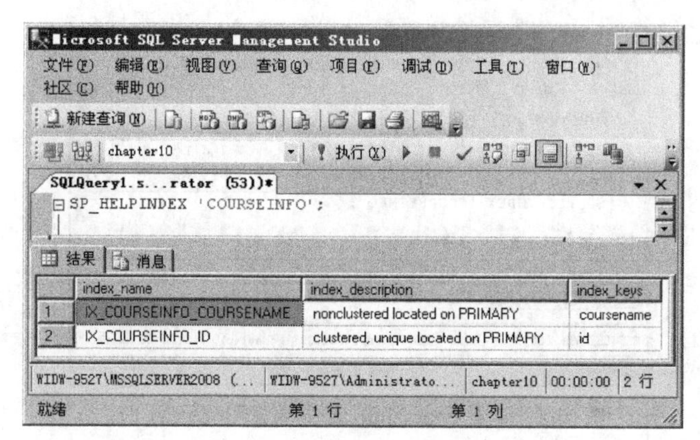

图 10.4　查看 courseinfo 表中的索引（示例 2）

10.2.4　试着创建复合索引

所谓复合索引，就是指在一张表中创建索引时，索引列可以由多列组成，有时也被称为组合索引。读者可以回想一下，创建主键的时候，是不是就学习过一个主键约束可以由多列组成呢。回忆起来了，就好办了，就是将索引列的括号中放置多个列名就可以了，并且，每个列名之间用逗号隔开即可。另外，复合索引可以是聚集索引也可以是非聚集索引。下面就来看看示例 3 吧。

【示例 3】 为课外辅导班课程信息表（courseinfo）中的地址（address）列和电话（tel）列创建一个复合索引。

根据题目要求，要创建一个复合索引，由于在表 courseinfo 中已经在示例 1 时为其创建了聚集索引，因此，这里只能为 courseinfo 表创建非聚集索引了。创建索引的语句如下：

```
USE chapter10;
CREATE NONCLUSTERED INDEX IX_COURSEINFO_ADDRESS_TEL
ON courseinfo(address,tel);
```

执行上面的语句，就可以为表 courseinfo 创建一个复合索引了。执行效果如图 10.5 所示。

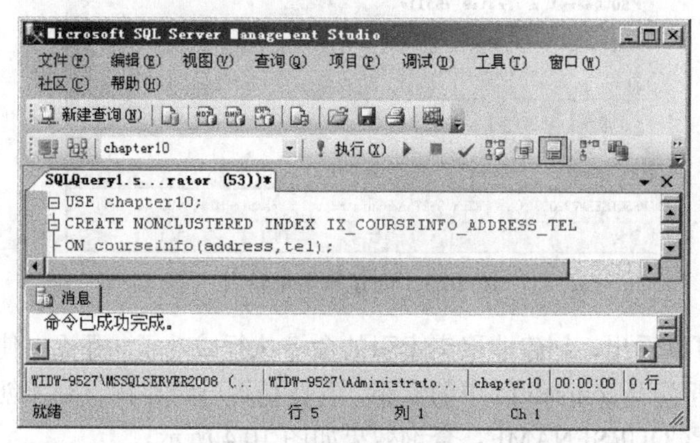

图 10.5　创建复合索引

好了，到这为止复合索引已经创建完成了，下面就使用 SP_HELPINDEX 系统存储过程来查看表 courseinfo 中的索引吧。执行效果如图 10.6 所示。

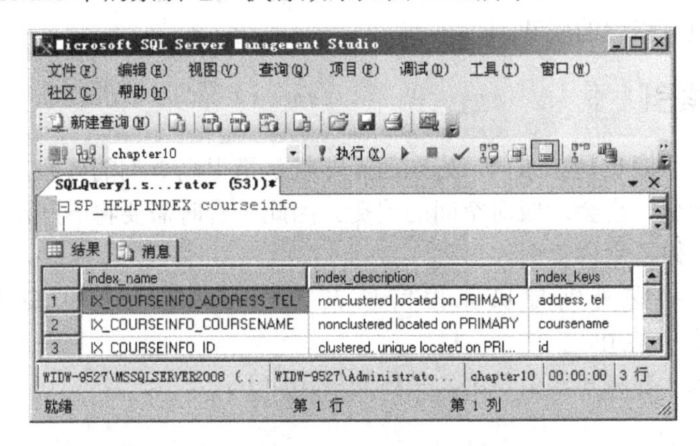

图 10.6 查看 courseinfo 表中的索引（示例 3）

从图 10.6 所示的查询结果中，可以看出第 1 行就是新创建的复合索引，在 index_keys 列中标明了该索引是由 address 和 tel 列组成的。

10.3 修改索引

在上一节中已经学习了如何创建索引，其实索引也是可以修改的。但是，并不能修改索引中的全部内容，并且不仅可以使用语句来修改索引也可以通过企业管理器来修改索引。

10.3.1 修改索引的语法

修改索引的语法与创建索引的语法有很大的区别，请读者一定要认真查看哦！具体的语法结构如下：

```
ALTER INDEX  index_name
    ON
     {
         [database_name]. table_or_view_name
     }
    {[REBUILD]
        [ WITH ( <rebuild_index_option> [ ,...n ] ) ]
     [DISABLE]
     [REORGANIZE]
        [ PARTITION = partition_number ]
}
```

其中：

- index_name 项：索引的名称。
- database_name 项：数据库的名称。
- table_or_view_name 项：表或视图的名称。
- REBUILD 项：使用相同的规则生成索引。
- DISABLE 项：将索引禁用。
- REORGANIZE 项：指定将重新组织的索引。

从上面的修改语句不难看出，修改索引只是对原有索引进行禁用、重新生成等操作，并不是直接更改原有索引的表和列。

10.3.2　禁用索引

索引有时是好东西也是坏东西，好东西无非就是指提高查询的效率，但有时在一张数据表中创建多个索引，也会造成对空间的浪费。因此，有时需要将一些没有必要的索引禁用，当然需要的时候再启用索引。

【示例 4】 将课外辅导班课程信息表（courseinfo）中的 IX_COURSEINFO_COURSENAME 索引禁用。

根据题目要求，要将其索引禁用，具体的语句如下：

```
USE chpater10;
ALTER INDEX IX_COURSEINFO_COURSENAME
ON COURSEINFO
DISABLE;
```

通过上面的语句，就可以将索引 IX_COURSEINFO_COURSENAME 禁用。也就是说当查询 courseinfo 表时该索引就会失效。执行效果如图 10.7 所示。

当用户希望使用该索引时，使用启用的语句启用该索引即可。启用该索引时，只需要将上面语句中的 DISABLE 换成 ENABLE。

读者是否会思考一个问题呢？如何知道在一个数据表中哪些索引是禁用的哪些索引是可以使用的呢？答案很简单，那就是通过视图 sys.indexes 查询就可以了。由于在 sys.indexes 视图中的列数众多，为了让读者可以一目了然地看到结果，可以只查询其中的索引名称列（name）和索引是否禁用列（is_disabled）。查询的语句如下：

```
SELECT name,is_disabled FROM sys.indexes;
```

执行上面的语句，就可以查询到索引是否被禁用了。查询效果如图 10.8 所示。

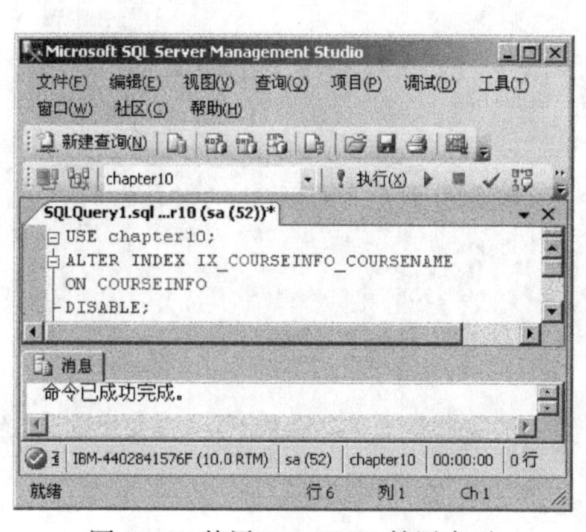

图 10.7　使用 DISABLE 禁用索引

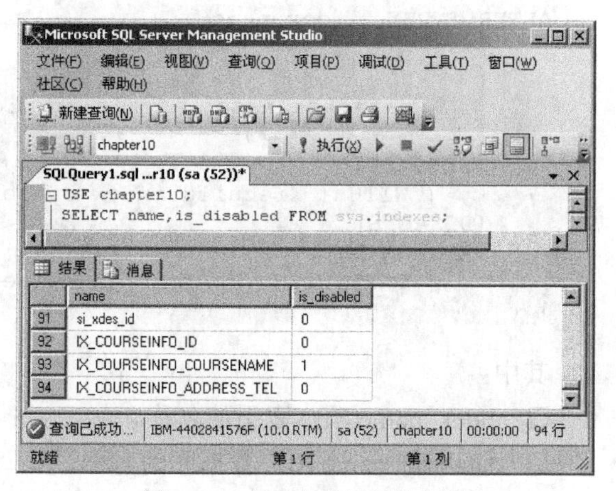

图 10.8　查看索引是否被禁用

从图 10.8 所示的查询结果中，可以看出只有名为 IX_COURSEINFO_COURSENAME 的索引的 is_disabled 列的值是 1。换句话说，如果 is_disabled 列的值是 1，就代表了该索引是被禁用的，相反，如果该列的值是 0，就代表了该索引是启用的。

10.3.3　重新生成索引

所谓重新生成索引就是指将原来的索引删除再创建一个新的索引。重新生成索引的好处是可以减少获取所请求数据所需的页读取数，以便提高磁盘性能。重新生成索引使用的是修改索引语法中的 REBUILD 关键字来实现的。

【示例 5】 重新生成课外辅导班课程信息表（courseinfo）中的 IX_COURSEINFO_ID 索引。

根据题目要求，使用 REBUILD 关键字重新生成索引，语句如下：

```
USE chapter10;
ALTER INDEX IX_ COURSEINFO _ID ON courseinfo
REBUILD;
```

执行上面的语句，就可以将索引重新生成。执行效果如图 10.9 所示。

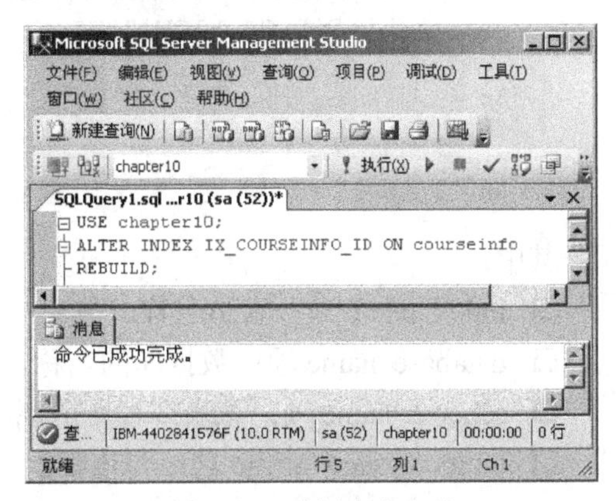

图 10.9　重新生成索引

10.3.4　修改索引名

索引的名称与上一章中介绍的视图一样，都是可以修改的，并且都可以使用系统存储过程 sp_rename 来完成修改操作。下面就使用示例 6 来演示如何修改索引的名称。

【示例 6】 将名为 IX_ COURSEINFO _ID 的索引，名字改成 IX_NEW_ COURSEINFO _ID。

根据题目要求，修改索引名称的语句如下：

```
sp_rename 'IX_ COURSEINFO _ID',' IX_NEW_ COURSEINFO _ID';
```

执行上面的语句，索引的名称就更改完成了。效果如图 10.10 所示。

图 10.10　给索引重命名

注意： 在给索引重命名时，一定要将原来的索引名前面加上该索引所在的表名，否则在数据库中是查找不到的。

10.4　删除索引

在前面介绍索引时，就提到过索引既可以给数据库带来好处也会造成数据库存储中的浪费。因此，当表中的索引不再需要时，就需要及时将这些索引删除。

10.4.1　删除索引的语法

索引与前面学习过的视图一样，也是通过 DROP 语句删除的。具体的语法规则如下：

```
DROP INDEX
{
    index_name ON
    {
        [ database_name. [ schema_name ] . | schema_name. ]
          table_or_view_name
    }
[ ,...n ]
| [ owner_name. ] table_or_view_name.index_name
 [ ,...n ]
}
```

其中：

- ❑ index_name 项：索引名称。
- ❑ database_name 项：数据库的名称。
- ❑ schema_name 项：该表或视图所属架构的名称。
- ❑ table_or_view_name 项：与该索引关联的表或视图的名称。

10.4.2　删除一个索引

从删除索引的语法中，可以看出在删除索引时可以一次删除 1 到多个索引。为了让读者更好地掌握删除索引的方法，在本小节中先以示例 7 为例讲解如何删除一个索引。

【示例 7】 删除索引名为 IX_NEW_COURSEINFO_ID 的索引。

```
USE chapter10;
DROP INDEX IX_NEW_COURSEINFO_ID ON dbo.courseinfo;
```

执行上面的语句，效果如图 10.11 所示。

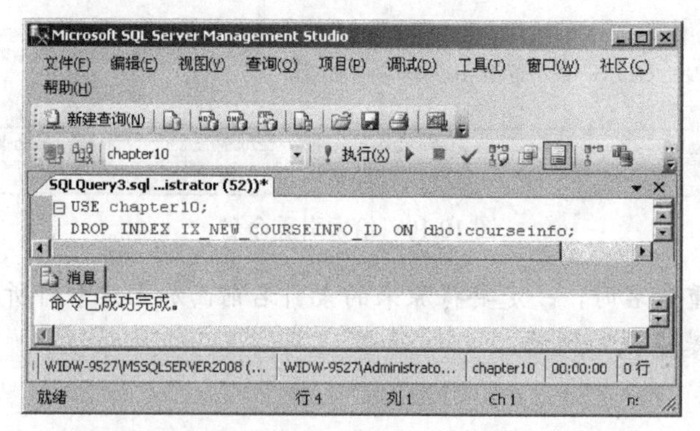

图 10.11　删除索引 IX_NEW_COURSEINFO_ID

10.4.3　同时删除多个索引

有了上一小节删除单个索引的基础，删除多个索引应该不是问题了。在删除多个索引时，只需要把多个索引名依次写在 DROP INDEX 后面即可。下面就使用示例 8 来学习如何同时删除多个索引。

【示例 8】 删除索引名为 IX_NEW_COURSEINFO_ID 和 IX_COURSEINFO_COURSENAME 的索引。

```
USE chapter10;
DROP INDEX
IX_NEW_COURSEINFO_ID ON dbo.courseinfo,
IX_COURSEINFO_COURSENAME ON dbo.courseinfo;
```

执行上面的语句，效果如图 10.12 所示。

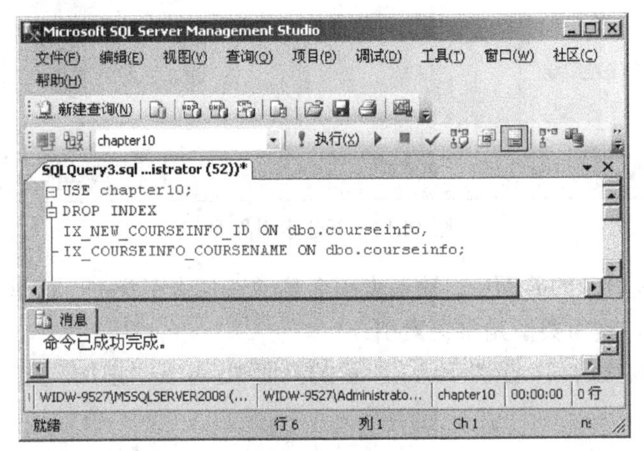

图 10.12　同时删除多个索引

10.5　使用企业管理器操作索引

通过前面几节的学习，相信读者已经对索引的使用有所了解了。但是，面对复杂的 SQL 语句，有些读者还是有些看不下去了。不要紧，在本节中将讲解如何在企业管理器中轻松完成对索引的操作。

10.5.1　使用企业管理器创建索引

创建索引的语法中有些关键字是比较难记的，那么，在企业管理器中创建索引就省去了很多的麻烦。下面就通过示例 9 演示如何在企业管理器中创建索引。请读者认真学习创建索引的每一个步骤。

【示例 9】 使用企业管理器创建示例 1 中的索引 IX_ COURSEINFO _ID。

在企业管理器中，创建索引分为如下 4 个步骤。

（1）在企业管理器中，展开 chapter10 数据库节点，在该节点下展开 courseinfo 表节点，并右击“索引”选项，在弹出的右键菜单中，选择“新建索引”选项。如图 10.13 所示。

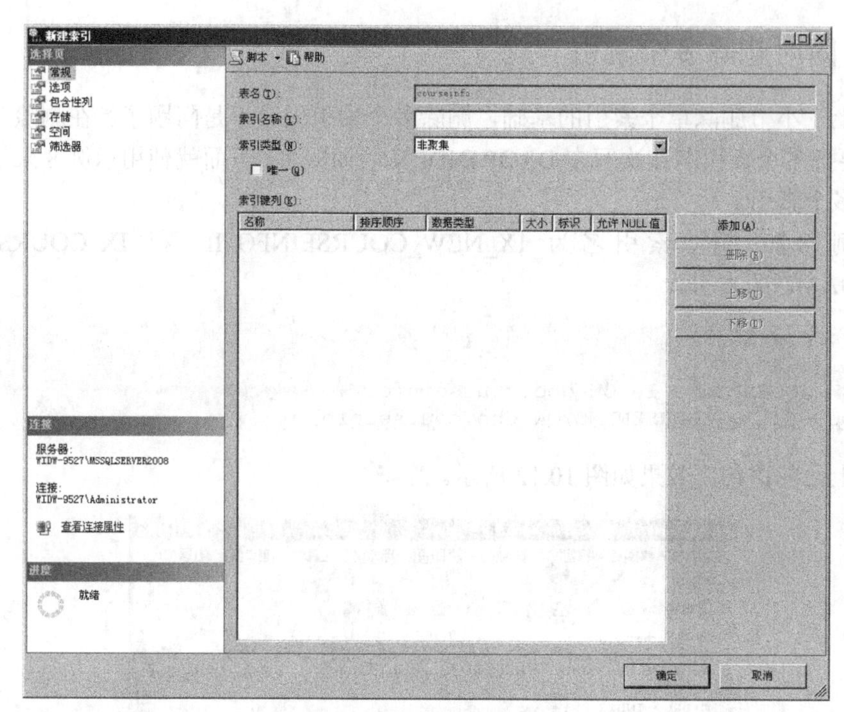

图 10.13　新建索引界面

（2）在图 10.13 所示的界面中，输入索引名称并选择索引类型。这里，索引名称是 IX_COURSEINFO _ID，索引类型是聚集索引。

（3）添加索引设置的列。在图 10.13 所示的界面中，单击“添加”按钮，弹出如图 10.14 所示界面。

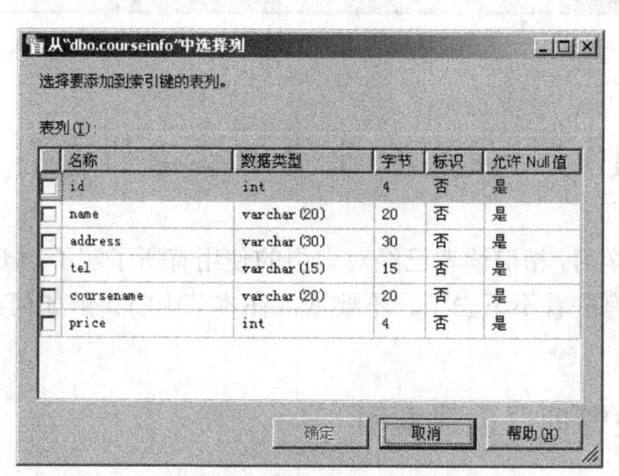

图 10.14　选择添加索引列

在图 10.14 所示界面中，单击要设置成索引的列。这里，将 id 选中，并单击“确定”按钮，即可完成索引列的添加操作。

（4）完成前 3 步操作后，单击图 10.13 所示界面中的“确定”按钮，即可完成索引 IX_COURSEINFO_ID 的创建。

10.5.2　使用企业管理器修改索引

在本章的 10.3 节中，已经学习过了使用 SQL 语句来修改索引，包括禁用索引、重新生成索引以及修改索引名的操作。下面就分别使用示例 10、示例 11 和示例 12 来演示在企业管理器中如何禁用索引、重新生成索引以及重命名索引。同时，读者也会体会到企业管理器的便利。

【示例 10】 禁用示例 9 中新创建的索引 IX_ COURSEINFO _ID。

在企业管理器中，禁用索引分为如下步骤。

（1）在企业管理器中，展开 chapter10 数据库节点，在该节点下展开 courseinfo 表节点，并展开“索引”节点，在其节点下，右击名为 IX_COURSEINFO_ID 的索引。在弹出的右键菜单中，选择“禁用”选项，出现图 10.15 所示界面。

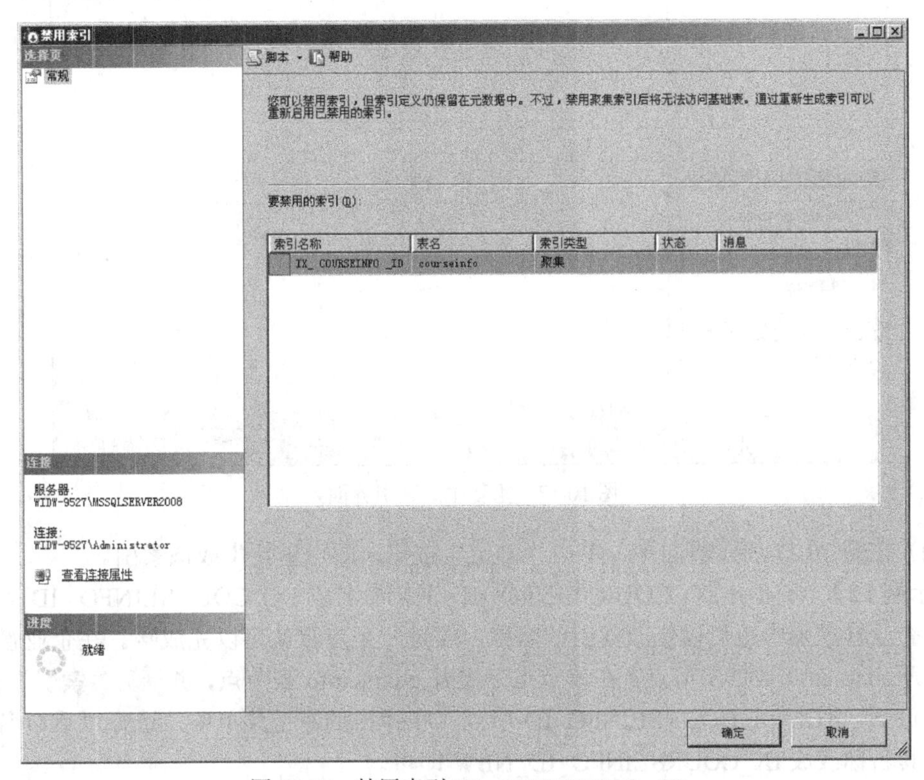

图 10.15　禁用索引 IX_ COURSEINFO _ID

（2）在图 10.15 所示界面中，单击“确定”按钮，弹出图 10.16 所示的对话框。

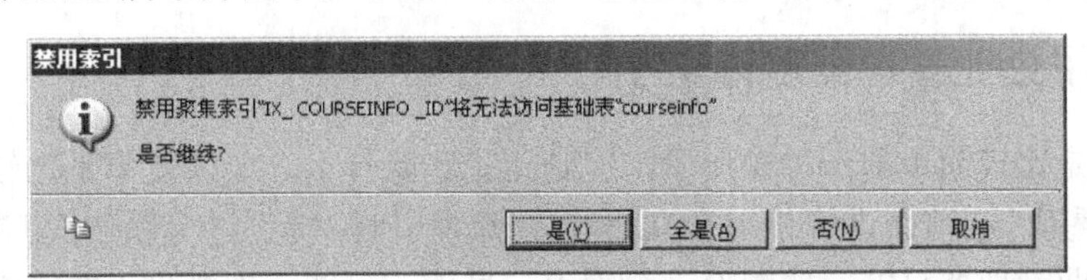

图 10.16　禁用索引提示对话框

在图 10.16 所示的界面中，单击“是”按钮，即可完成禁用索引的设置操作。

【示例 11】 重新生成索引 IX_ COURSEINFO _ID。

在企业管理器中，重新生成索引需要以下步骤完成。

（1）在企业管理器中，展开 chapter10 数据库节点，在该节点下展开 courseinfo 表节点，并展开“索引”节点，在其节点下，右击名为 IX_COURSEINFO_ID 的索引。在弹出的右键菜单中，选择“重新生成”选项，出现图 10.17 所示界面。

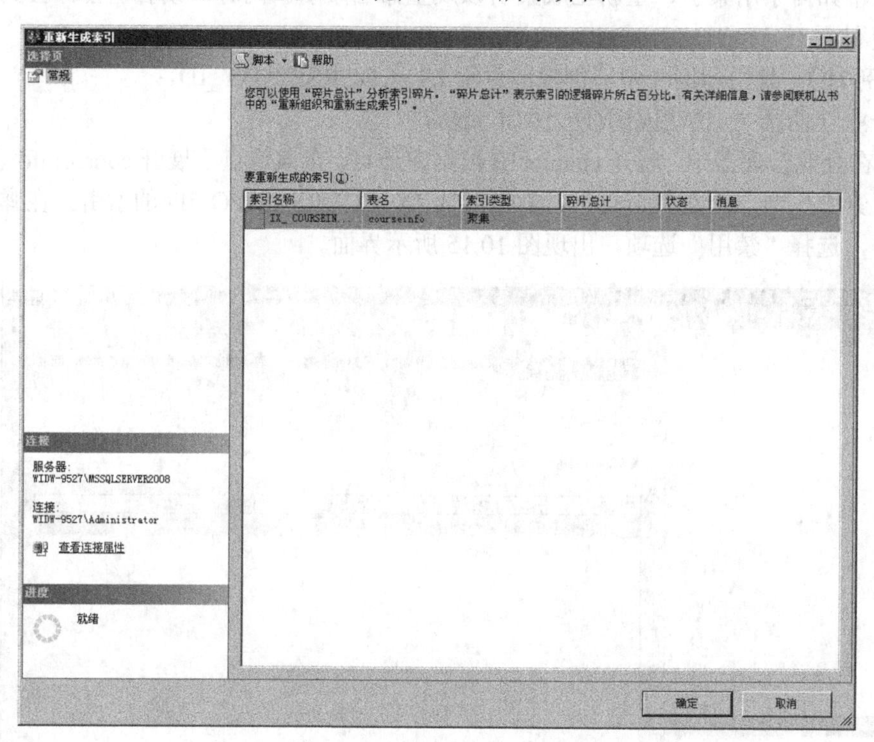

图 10.17　重新生成索引界面

（2）在图 10.17 所示界面中，单击“确定”按钮，即可重新生成该索引。

【示例 12】 将索引 IX_ COURSEINFO _ID 重新命名成 IX_ COURSEINFO _ID_NEW。

在企业管理器中也可以修改索引的名称，通过一个步骤就可以完成喽。在企业管理器中，展开 chapter10 数据库节点，在该节点下展开 courseinfo 表节点，并展开“索引”节点，在其节点下，右击 IX_COURSEINFO_ID 节点，在弹出的右键菜单中，选择“重命名”选项。将其名称改成 IX_COURSEINFO_ID_NEW 即可。

通过上面的 3 个示例，读者已经对在企业管理器中修改索引有所掌握了，现在就请读者将前面示例 2 中的索引修改一下吧。

10.5.3　使用企业管理器删除索引

删除索引是比较简单的一种操作了，但是无论删除什么，要恢复都是比较困难的。因此，一定要慎重哦！在前面讲解使用 SQL 语句删除索引时，提到过可以一次删除多个索引，但是，使用企业管理器只能一次删除一个索引。虽然，只能一次删除一个索引，但是，删除的速度却很快哦！下面就以示例 13 为例讲解如何在企业管理器中删除索引。

【示例 13】 删除索引 IX_ COURSEINFO _ID_NEW。

删除索引是很简单的，只要按照索引名找到索引就好办了。下面就来看看具体的步骤。

在企业管理器中，展开 chapter10 数据库节点，在该节点下展开 courseinfo 表节点，并展开“索引”节点，在其节点下，右击 IX_COURSEINFO_ID_NEW 节点，在弹出的右键菜单中，选择“删除”选项。出现图 10.18 所示界面。

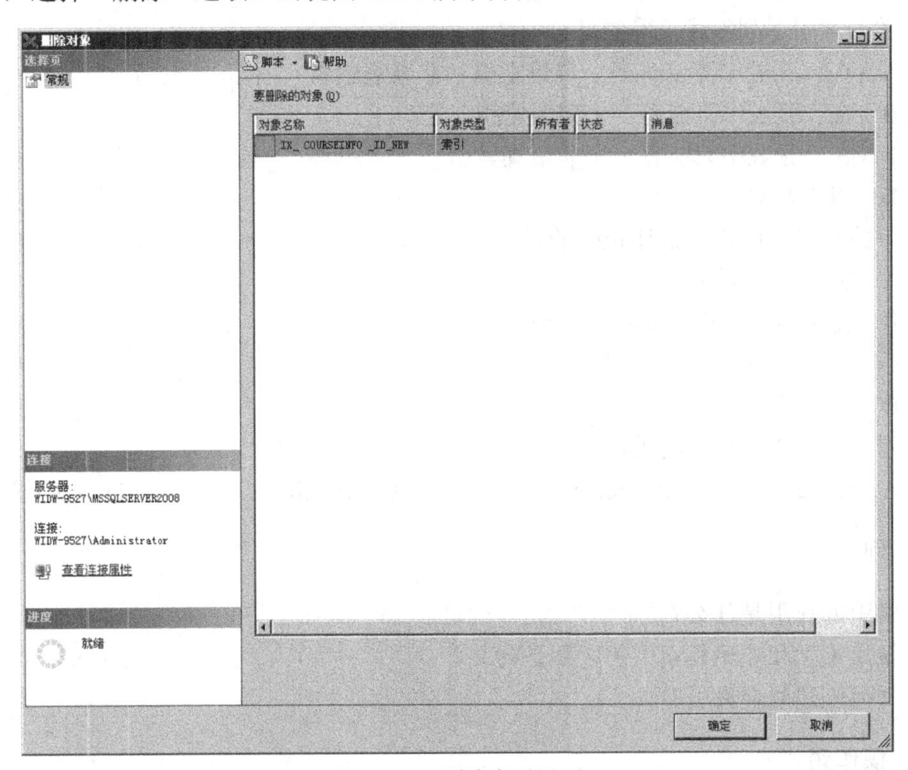

图 10.18　删除索引界面

在图 10.18 所示界面中，单击“确定”按钮，即可将索引 IX_ COURSEINFO _ID_NEW 删除了。

10.6　本 章 小 结

本章主要讲解了索引的分类、创建、修改以及删除的操作。在索引分类中，主要讲解了索引中的聚集索引和非聚集索引的作用；在创建索引中，除了讲解创建索引的语法外，还分别演示了聚集索引、非聚集索引以及复合索引的创建；在修改索引时，着重讲解了如何禁用索引、重新生成索引以及重命名索引；在删除索引时，讲解了一次删除 1 个或多个索引。最后，还讲解了索引如何在企业管理器中使用。

10.7　本 章 习 题

一、填空题

1．索引可以分为________。

2．禁用索引的关键字是________。

3．删除索引使用的关键字是________。

二、选择题

1．关于索引下列叙述正确的是________。

A．在一张表中可以有多个聚集索引和非聚集索引

B．在一张表中只能有一个聚集索引

C．在一张表中只能有一个非聚集索引

D．以上都对

2．下面对索引的操作描述正确的是________。

A．索引不能删除

B．使用语句一次只能删除一个索引

C．使用语句一次可以删除多个索引

D．以上都不对

3．重新生成索引使用的关键字是________。

A．reuse　　B．renew　　C．rebuild　　D．以上都不对

三、问答题

1．索引的作用是什么？

2．聚集索引和非聚集索引的区别是什么？

3．如何创建复合索引？

四、操作题

对于课外辅导班课程信息表完成下列索引操作。

（1）给课外辅导班课程信息表的 id 列创建聚集索引。

（2）禁用（1）中创建的索引。

（3）重新生成（1）中的索引。

（4）将（1）中创建的索引更名。

（5）将（1）中创建的索引删除。

第 11 章　T-SQL 语言基础

T-SQL 中的 T 是 Transact 的缩写，它是在标准 SQL 基础上改进的在 SQL Server 数据库中使用的 SQL 语言。在 T-SQL 中，集合了 ANSI89 和 ANSI92 标准，并在此基础上对其扩展。因此，T-SQL 并不适用于所有的数据库，仅可以在 SQL Server 中使用。打个比方，SQL 可以比作是普通话，而 T-SQL 就是方言，只能在某个地区使用。

本章的主要知识点如下：

- 了解 T-SQL 语法规则
- 什么是变量和常量
- 如何使用流程控制语句
- 如何使用游标
- 如何使用事务

11.1　了解 T-SQL 语法规则

读者看到本节的标题可能会有些糊涂，尤其是学习过一些编程语言的读者，只知道每一门编程语言在刚开始的时候会学习其语法规则，难道 SQL 语句还有语法规则？答案是肯定的，实际上，T-SQL 的语法规则有些也是与编程语言中的语法规则类似的。那么，在 T-SQL 中通常包括哪些基本语法呢？通常会在 T-SQL 中使用的是变量、常量以及流程控制语句。下面就来一一对其介绍如下。

（1）使用常量和变量

在前面的章节中虽然也使用过 SQL 语句，但是这些 SQL 语句都是通过单一的一条语句就完成某一个操作，比如：向数据表添加一条数据，使用 INSERT 语句；删除数据表中的一条数据，使用 UPDATE 语句。常量和变量通常不会在上面说过的 SQL 语句中出现，而是在一个或多个语句块中使用。所谓语句块，就是由多条 SQL 语句组成的一组 SQL 语句。

（2）流程控制语句

所谓流程控制语句，就是指用来控制执行语句的先后顺序的，并且还能够按一定的条件来控制执行哪些 SQL 语句。在 SQL 中的流程控制语句，与常见的编程语言，如 C#语言或 Java 语言使用方法类似。此外，SQL 中也有捕获异常的语句。

11.2　常量和变量

常量也称为文字值或标量值，是表示一个特定数据值的符号。常量的格式取决于它所表示的值的数据类型，在对于数据的操作中，常量被经常使用。例如，在 SELECT 语句中，可以使用常量构建查询条件。变量则是相对于常量而说的，变量的值是可以改变的，通常会设置一个标识符来存储变量。

11.2.1　常量

在 SQL Server 中，所有基本的数据类型表示的值，都可以作为常量来使用。常量主要包括字符串常量、二进制常量、日期时间常量、整型常量和数值型常量等。下面就依次对这几种类型的常量举例说明。

1．字符串类型常量

字符串常量包含字母、数字字符以及特殊字符，如感叹号（!）、at 符（@）和井字号（#）。此外，字符串常量还要用单引号括住。下面就来见识见识字符串常量：

```
'today'
'2012@126.com'
```

2．二进制常量

所谓二进制常量，就是用二进制数表示的数。在 SQL Server 数据库中，二进制数前缀是 0x。这部分常量不必使用单引号括住。该常量不仅可以表示具体的数值也可以表示二进制字符串。下面就来看看二进制常量的例子吧。

```
0xmorning
0x12E
0x （空二进制字符）
```

3．日期时间常量

日期时间常量是由 datetime 类型的数据组成的。该常量要使用特定形式的字符日期值来表示，并且也要用单引号括起来。日期时间常量格式有很多，读者可以参考本书第 3 章数据类型部分的内容。下面就来看看如何表示日期时间类型的常量。

```
'23 May, 2012'
'20120101'
'06/1/2012'
'9:05:11'
'05:24 PM'
```

从上面的例子可以看出，前 3 个例子表示的是日期类型的常量，而后面的 2 个例子表示的是时间类型的常量。不论是哪种类型的常量，读者都要按照日期时间类型数据的格式来写，并且一定要用单引号括住哦！

4．整型常量

整型常量，应该是读者最为熟悉的一种常量了。所谓整型常量就是指不包含小数点的数。此外，该常量也不必用单引号括住。既然如此简单，下面就来见识见识吧。

```
2012
5
```

5. 数值型常量

数值型常量的表示范围就要比整型常量表示的范围要广泛一些，不仅包含整数也包含小数。但是，无论是整数还是小数，也不需要使用单引号将其括住。下面就看看数值型常量的例子吧。

```
2012.13
3.0
```

通过上面对 5 种主要常量的讲解，现在就来将这些常量应用到 T-SQL 语言中来尝试一下。在讲解示例 1 之前，需要读者先创建本章使用的数据库 chapter11。

【示例 1】 在数据库 chapter11 中，创建商品信息表 productinfo 来存放商品信息，表结构如表 11-1 所示。并在此表中存放如表 11-2 所示的数据。使用 T-SQL 语句，将办公类商品的价格上调 10 元。

表 11-1　商品信息表（productinfo）

编号	字 段 名	数 据 类 型	说　明
1	id	int	编号
2	name	varchar(20)	商品名称
3	price	decimal(6,2)	商品价格
4	type	varchar(20)	商品类型
5	address	varchar(15)	商品产地
6	tel	varchar(15)	厂商电话

表 11-2　商品信息表中的数据

编号	商品名称	商品价格	商品类型	商品产地	厂商电话
1	鼠标	35	办公	北京	010-12345678
2	水杯	50	生活	沈阳	024-12345678
3	光盘	2	办公	上海	021-12345678

有了数据表和数据，现在就可以来编写 SQL 语句了，具体语句如下：

```
USE chapter11;
UPDATE productinfo SET price=price+10 WHERE type='办公';
```

执行上面的语句，就可以将商品信息表中价格列的信息更新了。这里，读者看看哪个是我们使用的常量呢？没错，就是 10 这个整型常量。

说明：常量不仅可以放置在 SET 语句中，可以在 SQL 语句中的任何语句里出现，并且可以参与计算。但是，在计算时还要注意数据类型的转换哦！

11.2.2　变量

T-SQL 语句中的变量主要应用在后面要讲解的流程控制语句中。变量主要包括局部变量和全局变量。局部变量是指用户自定义的变量，而全局变量是指 SQL Server 数据库中系统自带的一些变量。下面就分别来讲解局部变量和全局变量的使用。

1．局部变量

T-SQL局部变量必须要先声明后使用，并且在声明时要指定变量的数据类型，声明数据类型后，该变量就只能存在该类型的数据了。下面就来看看局部变量是如何声明和赋值的吧。

（1）声明局部变量

在T-SQL中，局部变量使用DECLARE关键字来声明，并且可以一次声明多个变量。特别需要注意的是，局部变量名前都要加上前缀@。具体的语法形式如下：

```
DECLARE @var_name datatype，@var_name datatype,…;
```

其中：

- ❑ @var_name：var_name是变量名，@是局部变量的前缀。
- ❑ datatype：数据类型。该数据类型是系统内置的数据类型。

下面就举个简单的例子看看变量是如何定义的。

```
DECLARE @name varchar (20), @age int;
```

上面的语句分别定义了一个字符串类型变量@name和一个整型变量@age。

（2）给变量赋值

知道了变量是如何声明的，现在要学习的是如何给这些变量赋值。局部变量的赋值通常有两种方法，一种是使用SET关键字赋值，一种是使用SELECT关键字赋值。下面就来看看具体的语法说明吧。

```
SET @var_name=value;
```

其中：

- ❑ @var_name：var_name是变量名，必须是在前面已经声明过的变量名。
- ❑ value：给变量赋的值。该值一定要与变量的数据类型匹配。

```
SELECT @var_name=value, @var_name=value,
```

通过上面的语法可以看出，使用SET和SELECT都可以为局部变量赋值，并且赋值的方法很相似。但是，它们也是有区别的。使用SET关键字对局部变量赋值，一次只能给一个变量赋值，而使用SELECT关键字对局部变量赋值，一次可以给多个变量赋值。

下面就用示例2来演示如何在T-SQL语句中使用局部变量。

【示例2】 分别定义商品名称和价格的变量，并给其赋值。

```
DECLARE @name varchar (30), @price decimal (6, 2);
SET @name='登山包';
SET @price=305.5;
```

执行上面的语句，就可以完成声明变量和对变量赋值的操作了。这里，使用的是SET语句对变量赋值，请读者练习使用SELECT语句替换SET语句来完成示例2。执行效果如图11.1所示。

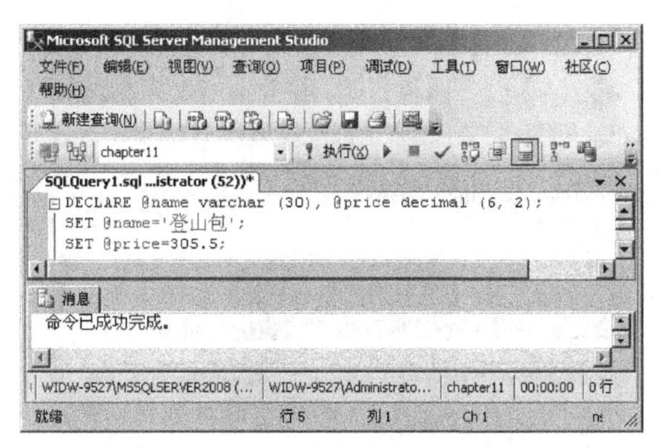

图 11.1　局部变量的声明和赋值

说明： 如果想查看一下赋值后变量的值，可以通过 PRINT 语句将其值输出。也可以直接使用 SELECT 语句来显示变量值。要显示示例 2 中变量@name 的值，可以使用以下方法。

```
PRINT @name;
```

或者

```
SELECT @name;
```

2. 全局变量

全局变量是系统自带的变量，不需要定义就可以直接使用了。在 SQL Server 数据库中，全局变量是以@@为前缀的。常用的全局变量如表 11-3 所示。

表 11-3　常用的全局变量

序号	变　量　名	说　　明
1	@@ERROR	存储上一次执行语句的错误代码
2	@@IDENTITY	存储最后插入行的标识列的值
3	@@VERSION	存储数据库的版本信息
4	@@ROWCOUNT	存储上一次执行语句影响的行数
5	@@FETCH_STATUS	存储上一次 FETCH 语句的状态值

见识了表 11-3 所示的全局变量，那么，这些全局变量如何使用呢？下面就用示例 3 来演示如何使用全局变量。

【示例 3】 通过全局变量查看当前数据库的版本信息。

显示版本信息所用的全局变量是@@VERSION，具体的语句如下：

```
SELECT @@VERSION;
```

执行效果如图 11.2 所示。

通过图 11.2 所示的界面可以看出，全局变量直接在 SELECT 语句中使用就可以查看出结果。全局变量除了在 SELECT 语句中使用，还经常用在下一节所讲解的流程控制语句中。

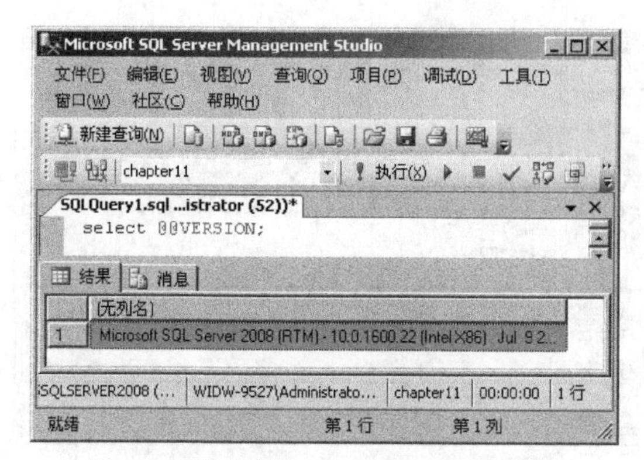

图 11.2　全局变量@@VERSION 的使用

11.3　流程控制语句

流程控制语句是 T-SQL 语句中的主要组成部分，它通常会用在后面要学习的存储过程、触发器等数据库对象中。T-SQL 中的流程控制语句主要包括 BEGIN…END 语句、IF 语句、WHILE 语句、CASE 语句、WAITFOR 语句以及异常处理的 TRY…CATCH 语句。在本节中读者就要与这些语句一一见面了。

11.3.1　BEGIN…END 语句

BEGIN…END 语句相当于是程序设计语句中的一对括号，在其括号中存放的是一组 T-SQL 语句。在一个 BEGIN…END 中的语句，可以视为一个整体。虽然 BEGIN 和 END 表示的含义相当于是一对括号，但是绝对不能用括号来代替，它们是 T-SQL 语句中的关键字。具体的语法形式如下：

```
BEGIN
{
   sql_statement | statement_block
}
END
```

其中：

- BEGIN…END：语句关键字，它允许嵌套。
- {sql_statement|statement_block}项：指任何有效的 T-SQL 语句或语句块。所谓语句块，就是指多条 SQL 语句。

11.3.2　IF 语句

IF 语句，主要是对 T-SQL 语句进行条件判断的，是使用最频繁的语句之一。它的执行过程是，如果满足 IF 条件，则执行 IF 后面的语句，否则就不执行。此外，在 IF 条件语句中，还可以选用 ELSE 关键字，作为不满足 IF 条件时，要执行的语句。这就好像完成了“如果今天是星期一我就去游泳，否则我就去上课”的意思表达。具体的语法如下：

```
IF (Boolean_expression)
```

```
BEGIN
   { sql_statement | statement_block }
END
[ ELSE
BEGIN
   { sql_statement | statement_block }
END ]
```

其中：

（1）Boolean_expression：必须是能够返回 TRUE 或 FALSE 值的表达式。

（2）{sql_statement|statement_block}：任何 T-SQL 语句或语句块。

在上面的语法中，IF 后面的小括号是可以省略的，但是建议读者不要省略，以免降低程序的可读性。

下面就用示例 4 来演示如何使用 IF 语句。

【示例 4】 使用 IF 语句判断变量的值是否为偶数，如果是偶数，输出“该数是偶数”，否则输出“该数是奇数”。

根据题目要求，具体语句如下：

```
DECLARE @num int;
 SET @num=10;
 IF (@num%2= 0)
 BEGIN
 PRINT '该数是偶数';
 END
 ELSE
 BEGIN
 PRINT '该数是奇数';
END
```

执行上面的语句，效果如图 11.3 所示。

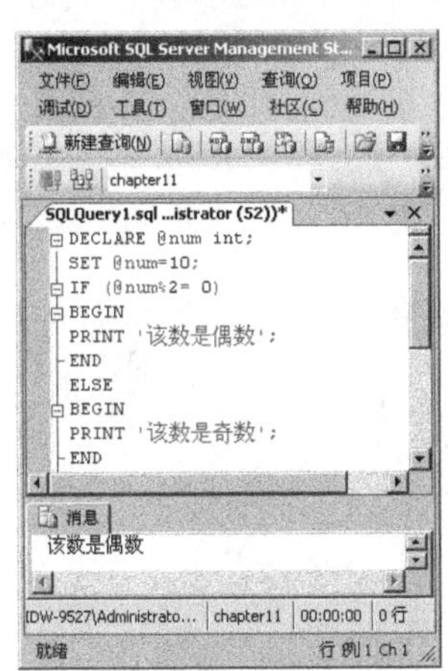

图 11.3　IF 语句的使用

11.3.3　WHILE 语句

WHILE 语句是循环语句，用于重复执行符合条件的 SQL 语句或语句块，只要满足 WHILE 后面的条件，就重复执行语句。那么，读者就会问了，会不会出现不停地执行 WHILE 中的语句的现象呢？当然会了，把这种一直重复执行的语句称为死循环。如果要想避免死循环的发生，就要为 WHILE 循环设置合理的判断条件，并且可以使用 BREAK 和 CONTINUE 关键字来控制循环的执行。具体的 WHILE 语句的语法形式如下：

```
WHILE (Boolean_expression)
BEGIN
{ sql_statement | statement_block }
END
```

其中：

- Boolean_expression：必须是能够返回 TRUE 或 FALSE 值的表达式。
- {sql_statement|statement_block}：T-SQL 语句或语句块。

前面已经提到过在循环中可以使用 BREAK 和 CONTINUE 来控制循环的执行。实际上，它们的作用就是跳出循环，也是避免发生死循环的重要手段。那么，就来看看它们的作用吧。

- BREAK：跳出 WHILE 循环，使 WHILE 循环终止。
- CONTINUE：结束当前的 WHILE 循环，继续下一次循环。

下面就用示例 5 来演示如何使用 WHILE 语句。

【示例 5】 使用 WHILE 循环输出 1～10 的数，其中不包括 5。

根据题目要求，具体的语句如下：

```
DECLARE @i int;                        --声明变量
SET @i=0;                              --赋值
WHILE (@i<=9)                          --WHILE 循环开始
SET @i=@i+1;
BEGIN
IF (@i=5)
BEGIN
CONTINUE;                              --当@i=5 时结束当前循环，继续下一次循环
END
PRINT @i;
END
```

执行上面的语句，效果如图 11.4 所示。

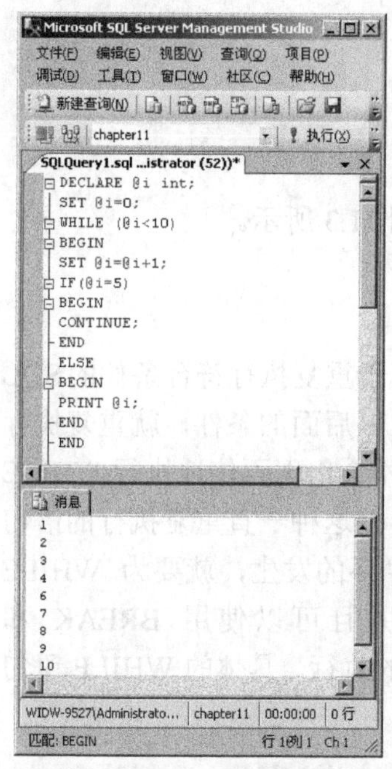

图 11.4　WHILE 语句的使用

从图 11.4 所示的输出结果，可以看出当@i 是 5 的时候，并没有将其值输出。如果将 CONTINUE 换成 BREAK，效果又会是什么样的呢？请读者自己来试试吧！

11.3.4　CASE 语句

CASE 语句与 IF 类似，都被称为选择语句。但是，CASE 语句不同于 IF 的是，CASE

语句可以设置多个条件进行判断。有一些 CASE 语句是可以直接用 IF 语句来转换的。CASE 语句的基本语法如下：

```
CASE  input_expression
WHEN when_expression THEN result_expression
    [ ...n ]
     [
  ELSE else_result_expression
     ]
END
```

其中：

- input_expression：条件，任意表达式。
- when_expression：条件，任意表达式，但是该表达式的结果必须要与 input_expression 表达式结果的数据类型一致。
- result_expression：当 input_expression=when_expression 的结果为 TRUE 时返回的表达式。
- else_result_expression：当前面的 when_expression 条件全都不满足时返回的表达式。

这里，如果省略了 CASE 后面的条件，那么，此时的 CASE 语句就被称为搜索式的 CASE 语句。但是，当成为搜索式的 CASE 语句后，WHEN 关键字后面的表达式结果就必须是布尔类型的值。

下面就用示例 6 来演示如何使用 CASE 语句。

【示例 6】 查询商品信息表（productinfo），并使用 CASE 语句运算，当商品的类型是生活类时，将其价格涨 10 元；当商品的类型是办公类时，将其价格降 5 元。

根据题目要求，具体的语句如下：

```
USE chapter11;
SELECT   name  AS '商品名称', type AS '商品类型',price AS '原来的商品价格','新
         商品价格'=          CASE  type
          WHEN '生活' THEN price+10
          WHEN '办公' THEN price-5
         END
FROM productinfo;
```

执行上面的语句，效果如图 11.5 所示。

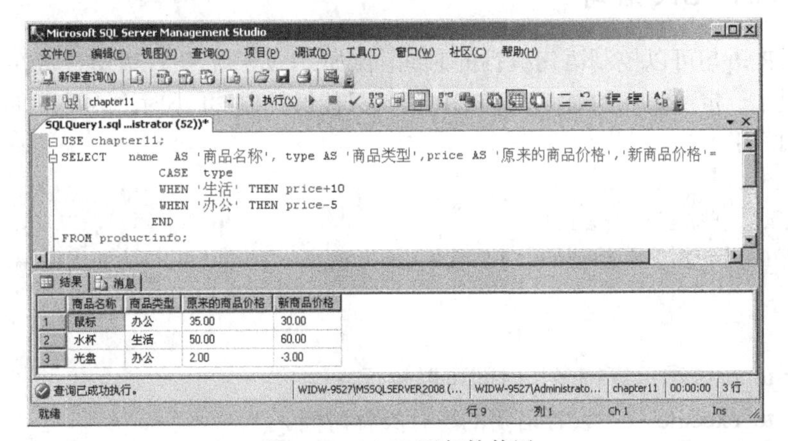

图 11.5　CASE 语句的使用

上面的例子中，使用的是一般情况下的 CASE 语句。下面通过示例 7 演示如何使用搜索式的 CASE 语句。

【示例 7】 查询商品信息表（productinfo），并使用 CASE 语句对商品通过价格分类。当价格大于 50 元，显示“高价商品”；当价格大于 10 元，显示“正价商品”；当价格小于 10 元时，显示“促销商品”。

根据题目要求，具体语句如下：

```
USE chapter11;
SELECT   name  AS '商品名称', type AS '商品类型',price AS'商品价格','商品分类'=
         CASE
          WHEN price>=50 THEN '高价商品'
          WHEN price>=10 THEN '正价商品'
           WHEN  price<10 THEN '促销商品'
         END
FROM productinfo;
```

执行上面的语句，效果如图 11.6 所示。

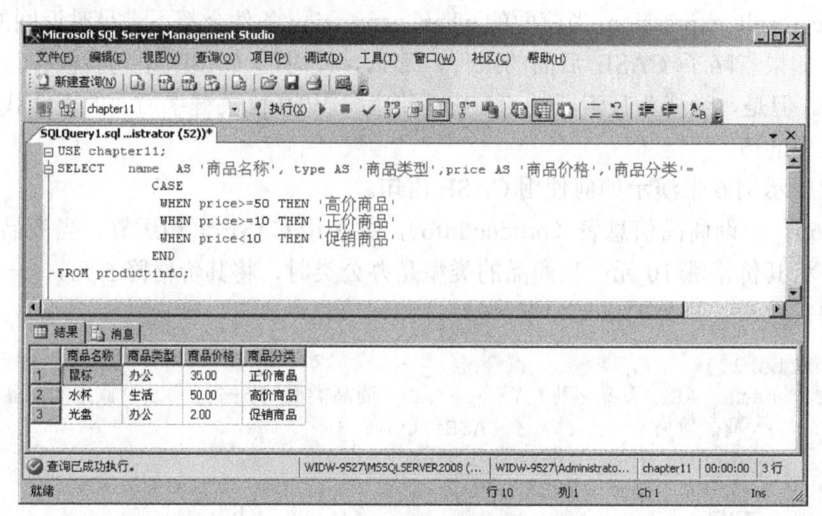

图 11.6　搜索式 CASE 语句的使用

11.3.5　WAITFOR 语句

WAITFOR 语句可以控制语句执行的时间。比如：1 分钟后执行语句或者在 13 :00 执行语句等。但是，一定要记住的是 WAITFOR 语句只能够控制 24 小时之内的时间范围。具体的语法形式如下：

```
WAITFOR
{    DELAY 'time_to_pass'
  | TIME 'time_to_execute'
}
```

其中：

- ❑ time_to_pass 项：等待多长时间可以执行。
- ❑ time_to_execute 项：设置语句的执行具体时间。

下面通过示例 8 来演示如何使用 WAITFOR 语句。

【示例 8】 使用 WAITFOR 语句完成下列操作。

（1）在 10 秒钟后，查询商品信息表（productinfo）中的商品名称（name）信息。

（2）在 13:45 时，查询商品信息表（productinfo）中商品名称（name）和商品价格（price）的信息。

根据题目要求，依次完成下列操作。

（1）根据题目要求，要在 10 秒钟后执行语句，那么就使用 WAITFOR 语句的 DELAY 语句完成即可。具体语句如下：

```
USE chapter11;
WAITFOR DELAY '00:00:10';
SELECT name FORM productinfo;
```

执行上面语句，效果如图 11.7 所示。

（2）根据题目要求，要在 13:45 时执行语句，那么，就使用 WAITFOR 语句中的 TIME 语句来完成。具体的语句如下：

```
USE chapter11;
WAITFOR TIME '13:45:00';
SELECT name, price FORM productinfo;
```

执行上面的语句，效果如图 11.8 所示。

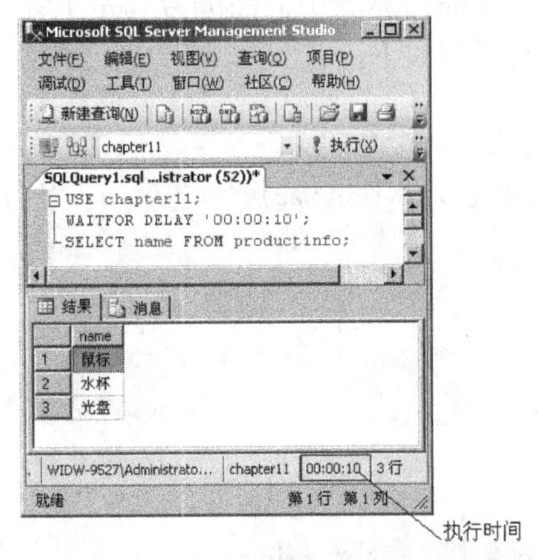

图 11.7　WAITFOR 语句中 DELAY 语句

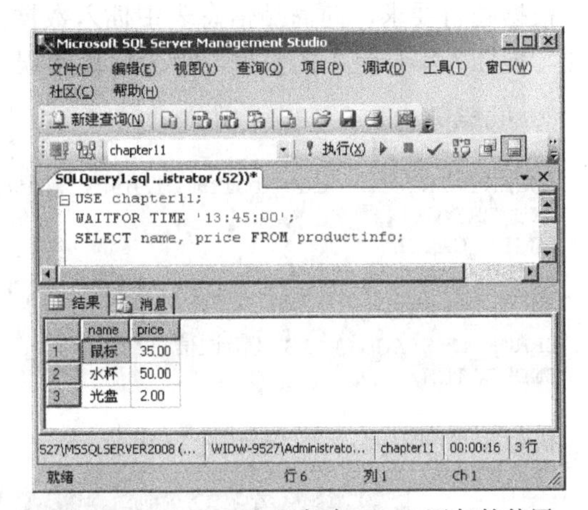

图 11.8　WAITFOR 语句中 TIME 语句的使用

11.3.6　TRY…CATCH 语句

TRY…CATCH 语句是捕获异常的语句。学习过 C#或者是 Java 语言的读者，对捕获异常一定不陌生了，就是当语句出现错误时，来处理错误的一种语句。但是，它并不能将错误修改，只是能够获得一些错误信息。下面就来认识认识 T-SQL 语句中 TRY…CATCH 语句的语法形式。

```
BEGIN TRY
     { sql statement | statement block }
END TRY
BEGIN CATCH
     { sql statement | statement block }
END CATCH
[ ; ]
```

其中：

- sql_statement | statement_block：任何 T-SQL 语句或语句块。
- BEGIN TRY…END TRY：在 TRY 之间的语句，是可能会发生异常的一些语句。
- BEGIN CATCH…END CATCH：在 CATCH 之间的语句，是当 TRY 之间的语句出现异常时执行的语句。通常在 CATCH 语句中，可以获取到相应的错误号以及错误信息。获取错误信息，可以使用的函数如表 11-4 所示。

表 11-4　获取错误信息的常用函数

序号	函 数 名	说　明
1	ERROR_NUMBER()	返回错误号
2	ERROR_STATE()	返回错误状态号
3	ERROR_PROCEDURE()	返回出现错误的存储过程或触发器名称
4	ERROR_LINE()	返回导致错误的例程中的行号
5	ERROR_MESSAGE()	返回错误消息的内容

下面就通过示例 9 来演示如何在 T-SQL 语句中捕获异常。

【示例 9】 使用 TRY…CATCH 语句捕获异常，向商品信息表中插入一条数据，商品编号列（id）插入 1，并显示错误号和错误信息。

根据题目要求，向商品信息表中插入数据，由于在商品信息表中商品编号列是主键，因此，再插入编号是 1 的数据，就会出现错误。具体的语句如下：

```
USE chapter11;
BEGIN TRY
INSERT INTO productinfo(id,name,price)VALUES(1,'水性笔',2);
END TRY
BEGIN CATCH
SELECT
ERROR_NUMBER() AS '错误号',
ERROR_MESSAGE() AS '错误信息';
END CATCH;
```

执行上面的代码，效果如图 11.9 所示。

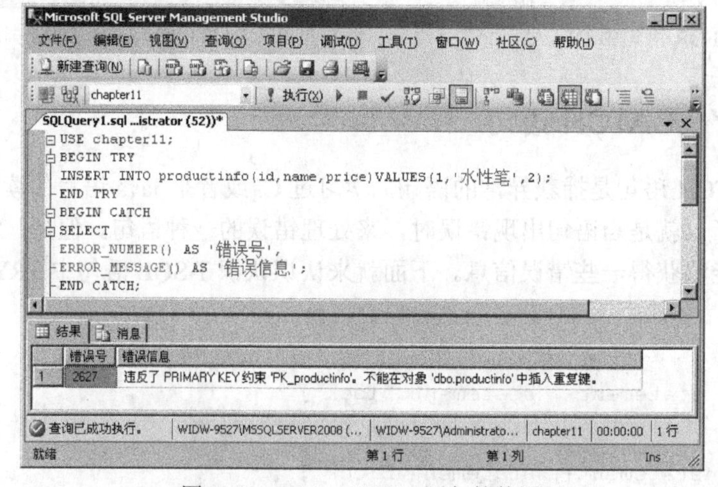

图 11.9　TRY…CATCH 语句的使用

从图 11.9 所示的结果可以看出，通过捕获异常就可以很容易知道语句中出现了什么问题。读者可以在上面的例子中，将其他的获取错误消息函数试着使用，并查看其效果。

11.4　游　　标

用户在数据库中查询数据时，查询出的结果都是一组数据或者说是一个数据集合。如果想查看其中的某一条数据，只能通过 WHERE 条件语句来控制。使用 WHERE 语句来控制的方法固然简单，但是，又缺乏灵活性，要查看每条数据使用 WHERE 语句逐条查询就很麻烦了。为了改善 WHERE 语句带来的不便，在 SQL Server 中提供了游标这种操作结果集的方式。

11.4.1　定义游标

游标与前面学习过的变量一样，都是要先定义再使用的。定义的方法与定义变量的方法类似，都是使用 DECLARE 关键字。具体的语法如下：

```
DECLARE cursor_name [ INSENSITIVE ] [ SCROLL ] CURSOR FOR select_statement
[ FOR { READ ONLY | UPDATE [ OF column_name [ ,...n ] ] } ]
[;]
```

其中：

- cursor_name：游标的名称。遵循标识符定义的规则。
- INSENSITIVE：指定创建所定义的游标使用的数据临时复本。也表明该游标的所有请求均在 tempdb 得到回应，该游标不允许修改。
- SCROLL：指定游标的提取方式（FIRST、LAST、PRIOR、NEXT、RELATIVE 或 ABSOLUTE）。
- select_statement 项：SELECT 语句。
- READ ONLY：禁止通过该游标进行更新。
- UPDATE [OF column_name [,...n]]：声明游标中能够更新的列。

11.4.2　打开游标

游标与其他数据库对象不同，不仅要定义游标，还要在使用游标之前打开游标。打开游标使用 OPEN 关键字。具体的语法如下：

```
OPEN { { [ GLOBAL ] cursor_name } | cursor_variable_name }
```

其中：

- GLOBAL：表示该游标是全局游标。
- cursor_name：游标的名称。
- cursor_variable_name：游标变量的名称。

前面两个小节已经学习了如何定义和打开游标，现在就通过示例 10 来验证学习效果。

【示例 10】 定义游标 db_cursor 查询商品信息表（productinfo）中商品名称（name）和商品价格（price）。并使用 OPEN 语句打开该游标。

根据题目要求，具体语句如下：

```
USE chapter11;
DECLARE db_cursor scroll CURSOR FOR SELECT name, price FROM productinfo;
OPEN db_cursor;
```

执行上面的语句，效果如图 11.10 所示。

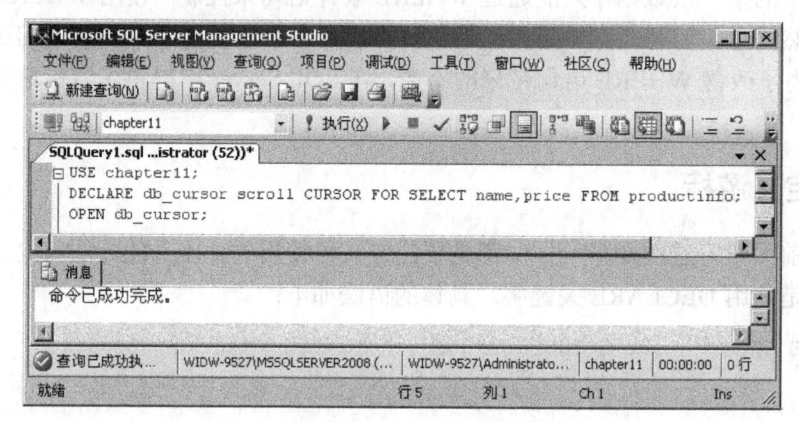

图 11.10　声明和打开游标的应用

11.4.3　读取游标

读取游标中的内容才是使用游标的重中之重。读取游标使用 FETCH 关键字组成的语句来完成。具体的语法形式如下：

```
FETCH
    [ [ NEXT | PRIOR | FIRST | LAST
        | ABSOLUTE n
        | RELATIVE  n
      ]
      FROM
    ]
{ { [ GLOBAL ] cursor_name } | @cursor_variable_name }
[ INTO @variable_name [ ,...n ] ]
```

其中：

- NEXT：表示返回结果集中当前记录的下一条记录。如果是第一次读取记录则返回的是第 1 条记录。
- PRIOR：表示返回结果集中当前记录的上一条记录。如果是第一次读取记录则不返回任何记录。
- FIRST：返回结果集中的第一条记录。
- LAST：返回结果集中的最后一条记录。
- ABSOLUTE　n：如果 n 为正数，则返回从游标中读取的第 n 行记录；如果 n 为负数，返回游标中从最后一行算起的第 n 行记录。

- RELATIVE　n：如果 n 为正数，则返回从当前行开始的第 n 行记录；如果 n 为负数，则返回从当前行开始的向前的第 n 行记录。
- GLOBAL：全局游标。
- cursor_name：游标名称。
- @cursor_variable_name：游标变量名。
- INTO @variable_name[,...n]：将提取出来的数据存放到局部变量中。

有了读取游标的语法，就已经完成了一大部分的游标学习任务了。下面就要开始演练了！

【示例 11】 创建游标 db_cursor1，查询商品信息表（productinfo）中的商品名称（name）、商品价格（price）以及商品产地（address）。并使用 FETCH 语句读取游标中的数据。

根据题目要求，具体的语句如下：

```
USE chapter11;
DECLARE db_cursor1 scroll CURSOR FOR SELECT name,price,address FROM
productinfo;
OPEN db_cursor1;                        --打开游标
FETCH NEXT FROM db_cursor1              --读取 db_cursor1 中第 1 条记录
WHILE @@FETCH_STATUS = 0                --判断 FETCH 命令的状态
BEGIN
FETCH NEXT FROM db_cursor1              --向下逐条读取 db_cursor1 中的记录
END
```

执行上面的语句，效果如图 11.11 所示。

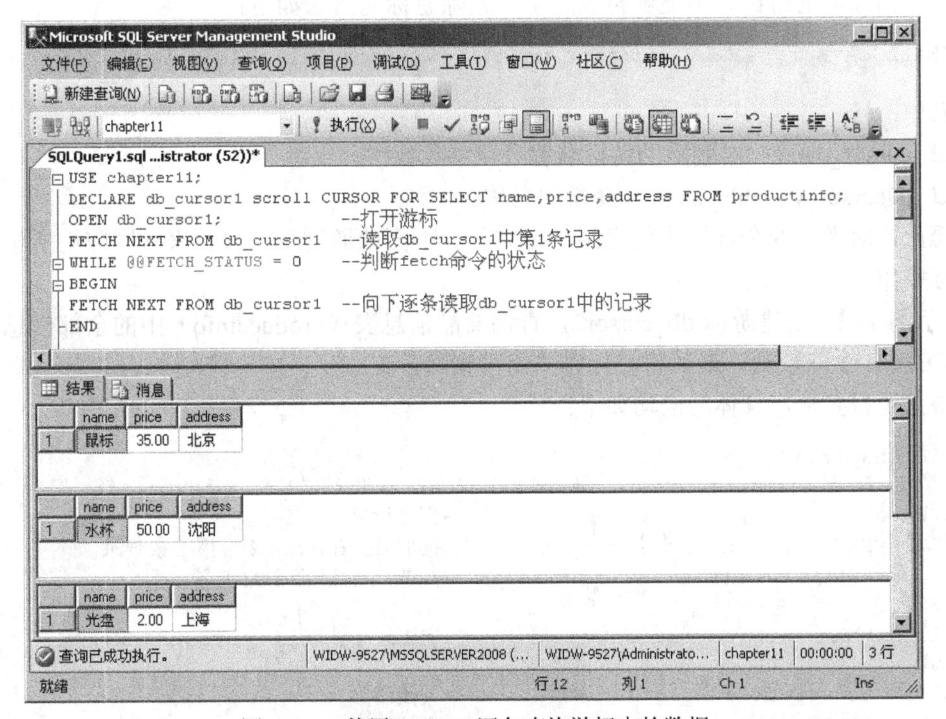

图 11.11　使用 FETCH 语句查询游标中的数据

11.4.4　关闭和删除游标

读者都知道数据库占用内存，在使用后都是要将数据库关闭的。实际上，任何一个数据库对象都是占用内存的，游标也不例外。因此，在游标完成了特定任务后，一定要将其关闭。如果游标以后都不会再用了，还可以将游标删除。下面就分别来学习如何关闭和删除游标。

1．关闭游标

关闭游标后，游标就不能够再使用了，也不能够再读取游标中的内容了。但是，游标是可以重新打开的。关闭游标的具体语句如下：

```
CLOSE {{[GLOBAL] cursor_name} | cursor_variable_name}
```

其中：

- GLOBAL：全局游标。
- cursor_name：要关闭的游标名称。
- cursor_variable_name：游标变量的名称。

2．删除游标

删除游标使用的可不是 DELETE 或者 DROP 了，删除游标使用的是 DEALLOCATE 关键字。删除后的游标就不能够再恢复了。删除游标的语法如下：

```
DEALLOCATE {{[GLOBAL] cursor_name} | @cursor_variable_name}
```

其中：

- cursor_name：要删除的游标名称。
- @cursor_variable_name：变量的名称。

至此，对游标的全部操作就已经学习完了。下面就通过示例 12 来一同应用所学的全部游标操作。

【示例 12】 创建游标 db_cursor2，查询商品信息表（produceinfo）中的全部信息。并使用 FETCH 读取数据，最后将游标先关闭再删除。

根据题目要求，具体的语句如下：

```
USE chapter11;
DECLARE db_cursor2 scroll CURSOR FOR SELECT * FROM productinfo;
OPEN db_cursor2;                        --打开游标
FETCH NEXT FROM db_cursor2              --读取 db_cursor2 中第 1 条记录
WHILE @@FETCH_STATUS = 0                --判断 FETCH 命令的状态
BEGIN
FETCH NEXT FROM db_cursor2              --向下逐条读取 db_cursor2 中的记录
END
CLOSE db_cursor2;                       --关闭游标
DEALLOCATE db_cursor2;                  --删除游标
```

执行上面的语句，效果如图 11.12 所示。

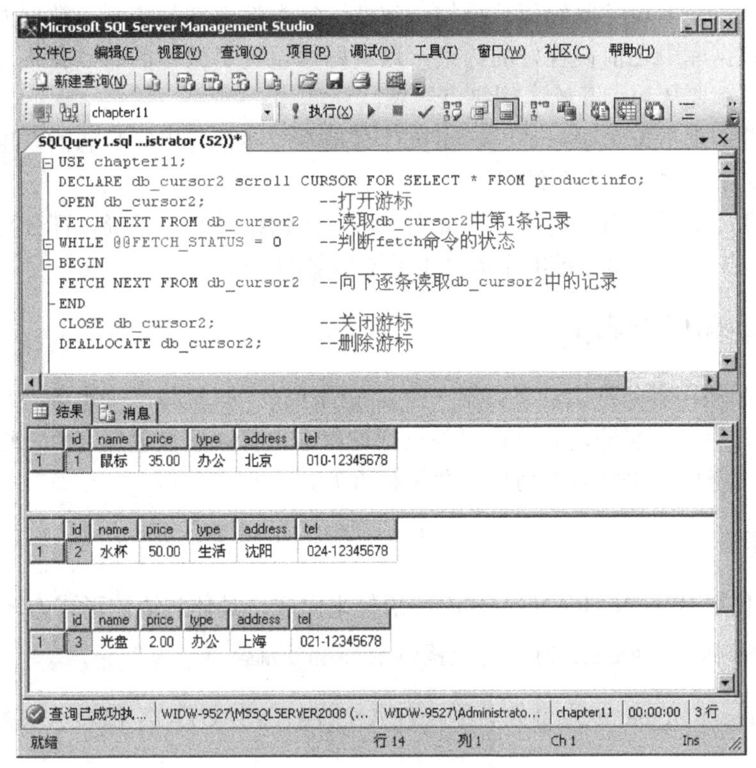

图 11.12　游标的综合应用

11.5　使用事务控制语句

事务可以看作是一件具体的事。比如：吃饭、看电影、学英语等。在 SQL Server 数据库中，事务被理解成是一个独立的语句单元。在现在的生活中，已经习惯了按部就班地做每件事，但是，一旦要同时完成多件事又应该如何处理呢？实际上，在数据库中也经常会遇到这些情况，比如：多个用户同时提交数据，那么，在数据库中又会是谁提交的数据呢？这些问题就要通过事务来解决了。

11.5.1　什么是事务

事务在数据库中的地位就像交通信号灯一样，信号灯对所有的机动车和非机动都很重要，而事务对于数据来说也是非常重要的。如果能够合理地处理事务，数据库中的数据就能够确保安全和准确了。那么，在数据库中究竟什么是事务呢？非常简单，满足下面 4 个要求即可称为事务。或者说是事务都具有下面这 4 个特性。这 4 个特性就是：原子性、一致性、隔离性和持久性。下面就让我们与它们见面吧。

- 原子性：也称为事务的不可分割性。也就是说，在数据库中事务中的每一部分都不能省略，不能只执行事务中的一小部分，而是要执行事务中的全部内容。这就好像是洗衣机洗衣服，当设定好一个执行程序，就要按照这个程序执行，否则就不会完成任务。

- 一致性：是指事务要确保数据的一致性。一致性通常是指不论数据如何更改都要满足数据库中之前设置好的约束。这就好像设置了旅程的起点和终点，无论如何行走，都要从起点开始，到终点结束。
- 隔离性：是指每个事务之间，在执行时是不能够查看中间状态的。也就说事务只有提交了，才能够看到结果。
- 持久性：是指在当一个事务提交完成后，无论结果是否正确，都会将结果永久保存在数据库中。提交过的事务是不能够恢复的。

11.5.2　启动和保存事务

启动事务和保存事务是接触事务第一件要做的事情，执行每一个事务时都要先告诉数据库，现在要开启一个事务，并且在事务执行过程中也要注意设置保存点，这样能够避免事务出现错误。下面就来学习如何启动和保存事务。

1．启动事务

启动事务使用 BEGIN TRANSACTION 语句来完成。具体的语法形式如下：

```
BEGIN { TRAN | TRANSACTION } transaction_name
```

这里，transaction_name 为事务名称。TRAN | TRANSACTION 都表示事务，用哪个都可以。

2．保存事务

保存事务与保存文件有些类似，当在 Word 中写东西的时候，免不了的就是保存。有的时候写几行就需要保存，当后面的内容写错了，还能恢复到之前保存的状态。数据库中的事务也是一样的，可以通过设置保存点，来保存语句执行的状态，当后面的内容执行错了，还能够回滚到保存点。保存事务的语法形式如下：

```
SAVE { TRAN | TRANSACTION }  savepoint_name
```

这里，savepoint_name 是保存点的名称。需要特别注意的是保存点的名字和变量名不同，它在一个事务中是可以重复的，但是，不建议读者在一个事务中设置相同的保存点。如果设置了重复的保存点，当事务需要回滚时，只能回滚到离当前语句最近的保存点处。

11.5.3　提交和回滚事务

有了事务的开启和设置事务的保存点，接下来就是最关键的提交事务和回滚事务环节了。没有了这两个环节，设置再多的保存点也没办法完成事务的操作。下面就分别来讲解如何提交和回滚事务。

1．提交事务

所谓提交事务，是指事务中所有内容都执行完成。这就好像是考试交卷一样，如果提交了，就不能再进行更改。这也体现了事务的持久性的特点。提交事务的语法形式如下：

```
COMMIT { TRAN | TRANSACTION } transaction_name;
```

这里，transaction_name 是指事务的名称。

2. 回滚事务

回滚事务就是可以将事务全部撤销或者回滚到事务中已经设置的保存点处。提交后的事务是无法再进行回滚的。

使用 ROLLBACK TRANSACTION 回滚事务的语法结构如下：

```
ROLLBACK {TRAN | TRANSACTION}
        [transaction_name| savepoint_name]
[ ; ]
```

其中：

- ❑ transaction_name：事务名称。
- ❑ savepoint_name 项：保存点的名称，必须是在事务中已经设置过的保存点。

11.5.4　事务的应用

读者学习了前 3 个小节的知识后，相信已经想看看事务是如何在 T-SQL 语句中应用的了。下面就分别列举一个提交事务的示例和一个回滚事务的示例来演示事务的使用方法。

【示例 13】 使用事务完成向商品信息表中添加 1 条数据，并提交该事务。

根据题目要求，具体的语句如下：

```
USE chapter11;
BEGIN TRANSACTION;                  --开始事务
INSERT INTO productinfo VALUES(4,'靠垫',80,'车饰','北京','010-12348765');
COMMIT TRANSACTION;                 --提交事务
```

执行上面的语句，效果如图 11.13 所示。

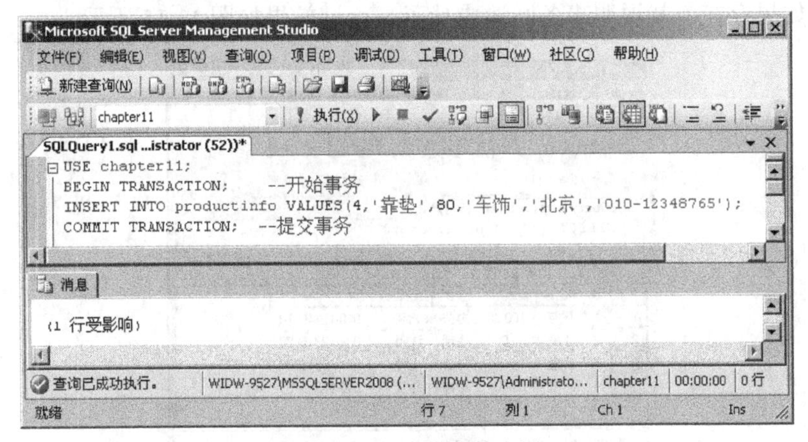

图 11.13　提交事务的应用

从图 11.13 可以看出，通过提交事务的语句就将数据添加到商品信息表（productinfo）中了。

【示例 14】 使用事务完成修改商品信息表中编号是 1 的商品价格，将其价格修改成 100，并给其操作设置一个保存点 savepoint1；然后，再删除编号是 1 的商品信息，最后将事务回滚到保存点 savepoint1。

根据题目要求，具体的语句如下：

```
USE chapter11;
BEGIN TRANSACTION;                                    --开始事务
UPDATE productinfo SET price=100 WHERE id=1;
SAVE TRANSACTION savepoint1;                          --设置保存点
DELETE productinfo WHERE id=1;
ROLLBACK TRANSACTION savepoint1;                      --提交事务
```

执行上面的语句，效果如图 11.14 所示。

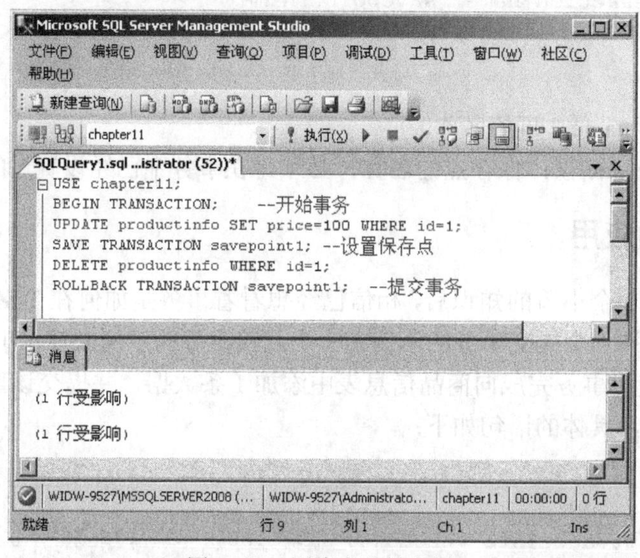

图 11.14　回滚事务的应用

从图 11.14 中还看不出数据表的具体变化，下面就来查看商品信息表中 id 为 1 的记录是否存在。如果存在，就说明事务回滚成功了。查询效果如图 11.15 所示。

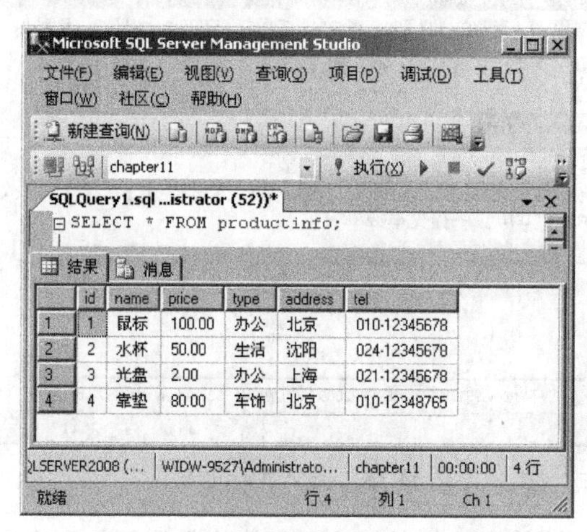

图 11.15　查询商品信息表中的数据

从图 11.15 所示的界面中，可以看到 id 为 1 的记录仍然是存在的，因此，也就是说 ROLLBACK 回滚操作，确实是将语句回滚到了保存点。读者可以思考一下，如果不指定回滚的保存点，会出现什么样的结果呢？

11.6　本 章 小 结

通过本章的学习，读者能够掌握 T-SQL 语句的基本语法规则、游标以及事务的使用。在 T-SQL 语句的语法规则部分着重讲解了常量、变量以及流程控制语句的使用方法；在游标部分，主要讲解了如何定义、打开以及读取、关闭游标的操作；在事务部分，主要讲解了事务的启动、保存点设置、提交以及回滚事务的操作。

11.7　本 章 习 题

一、填空题

1．在 T-SQL 中常量的前缀是________。
2．循环控制语句有________。
3．捕获异常的语句是________。

二、选择题

1．下列哪一个是定义游标的语句________。
　A．DECLARE cursor_name　　B．CREATE cursor
　C．以上都不对
2．下面哪一个是读取游标的语句________。
　A．read cursor　　B．use cursor　　C．fetch　　D．以上都不对
3．下面对事务的描述正确的是________。
　A．提交过的事务还可以回滚
　B．可以将事务回滚到某一个保存点
　C．只能将事务全部回滚
　D．以上都不对

三、问答题

1．事务的特点是什么？为什么要使用事务？
2．游标使用的 4 个步骤是什么？
3．如何在 T-SQL 中获取异常。

四、操作题

更改示例 12 中创建的游标 db_cursor2，让其游标查询商品价格大于 10 元的商品，并使用 FETCH 读取数据。

第 12 章　一次编译，多次执行的存储过程

存储过程是 T-SQL 语句主要应用的对象之一，在存储过程中可以将一系列相关联的 SQL 语句集合到一起。如果想执行这些 SQL 语句，只需要通过存储过程的名字就可以调用了而不用每次都写那么多的语句。既然存储过程给用户带来了如此大的好处，读者是不是应该集中精力把它学好呢？

本章的主要知识点如下：

- ❑ 认识存储过程
- ❑ 如何创建存储过程
- ❑ 如何修改和删除存储过程
- ❑ 如何在企业管理器中使用存储过程

12.1　存储过程很强大

存储过程之所以很强大不仅体现在它在执行时的便利性，更多的是体现了它的安全性和可重用性。在 SQL Server 中，存储过程不仅可以由用户自定义，同时系统中也提供了一些直接可以使用的系统存储过程，方便用户使用。在本节中将带领读者认识存储过程的强大。

12.1.1　存储过程的特点

存储过程几乎在每一个大、中型的软件系统中的数据库设计中存在。那么，为什么这些软件系统的数据库中要使用存储过程呢？如果您还不清楚原因，就请看下面的存储过程的特点吧。

- ❑ 安全性。存储过程之所以安全，是因为把要执行的 SQL 语句全部都写在了存储过程中，而在程序中只需要通过存储过程名来调用。这样，就有效保护了数据库中的表名和字段名，在一定程度上提高了数据库的安全性。
- ❑ 提高 SQL 执行的速度。传统的执行 SQL 语句的方法，每次执行时都需要对语句进行编译，然后再执行。而使用存储过程，在创建存储过程后，只要执行一次，以后就不再需要编译了。因此，存储过程被称为是一次编译、多次使用的对象。基于存储过程的这种执行方式，就大大提高了 SQL 执行的速度。
- ❑ 提高重用性。所谓重用性是指如果不同的数据库有着相同功能的需求，那么，就可以直接将相应的存储过程复制过去，更改其中的一些表名或字段名就可以了。
- ❑ 减少服务器的负担。服务器每天要执行成百上千条 SQL 语句。如果能将一些数量比较多的 SQL 语句都写入存储过程，那么，在执行时就能够降低服务器的使用率，

同时也提高了数据库的访问速度。

12.1.2　存储过程的类型

在 SQL Server 中存储过程主要分为自定义存储过程、扩展存储过程和系统存储过程。其中，系统存储过程实际上读者已经不陌生了，比如：给视图改名时，用到的系统存储过程 SP_RENAME；扩展存储过程是通过编程语句创建的外部程序；自定义存储过程是本章要学习的主要内容，就是通过 T-SQL 来编写的实现某一个具体功能的语句集合。下面就详细介绍这 3 种类型的存储过程。

1．自定义存储过程

自定义存储过程是在数据库设计中应用比较多的。在自定义存储过程中可以传递参数，并且可以通过存储过程返回参数的值。此外，自定义的存储过程还可以通过企业管理器来创建和管理。

2．扩展存储过程

扩展存储过程是初学者用得比较少的一种类型了。它通常是使用 C#语言或者是 Java 语言来编写的。当需要使用时直接加载 DLL 动态链接程序就可以了。

3．系统存储过程

系统存储过程是在安装数据库之后系统自带的存储过程，它可以直接通过存储过程名来调用。系统存储过程是可以给用户使用数据库带来一定方便的，如果不了解系统存储过程都有哪些，可以参考 SQL Server 的帮助文档。系统存储过程除了直接调用外，还有一个重要的特点就是它是以 sp_为前缀的存储过程。

12.2　创建存储过程

了解了存储过程的特点后，就要开始步入存储过程的学习了。学习存储过程的第一个环节就是创建存储过程。需要特别提醒读者的是，在本章中学习的都是自定义存储过程。自定义存储过程既可通过 SQL 语句创建也可以通过企业管理器来创建。在本节中先讲解如何通过 SQL 语句来创建存储过程，在本章最后一节中将统一讲解如何在企业管理器中创建和使用存储过程。

12.2.1　创建存储过程的语法

存储过程是使用 CREATE 语句来创建的，具体的语法形式如下：

```
CREATE { PROC | PROCEDURE } [schema_name.] procedure_name
    [ { @parameter  data_type }
        [VARYING] [= default] [[OUTPUT]
    ] [ ,...n ]
[ WITH <procedure_option> [ ,...n ]
[ FOR REPLICATION ]
AS { <sql_statement> [;][ ...n ] }
```

```
[;]
<procedure_option> ::=
    [ ENCRYPTION ]
    [ RECOMPILE ]
   <sql_statement> ::=
{ [ BEGIN ] statements [ END ] }
```

其中：

- ❑ schema_name：所属架构的名称。比如：dbo。
- ❑ procedure_name：指存储过程的名称。由于系统存储过程的前缀是 SP_，因此，在定义存储过程时，不要以 SP_开头。
- ❑ @parameter：存储过程中的参数。
- ❑ [type_schema_name.]data_type：参数以及所属架构的数据类型。
- ❑ VARYING：指定作为输出参数支持的结果集。仅适用于游标类型的参数。
- ❑ default：参数的默认值。
- ❑ OUTPUT：指示参数是输出参数。
- ❑ ENCRYPTION：将原始文本转换为加密格式。
- ❑ RECOMPILE：表示存储过程在运行时编译。
- ❑ <sql_statement>：一条或多条 T-SQL 语句。

12.2.2　创建不带参数的存储过程

最简单的一种自定义存储过程就是不带参数的存储过程，在本章演练存储过程之前，先创建数据库 chapter12，然后创建公务员考试报名信息表（reginfo）和职位信息表（positioninfo），表结构如表 12-1 和表 12-2 所示。

表 12-1　公务员考试报名信息表（reginfo）

序号	列　　名	数 据 类 型	说　　明
1	id	int	编号
2	name	varchar(20)	报名人
3	age	int	年龄
4	sex	varchar(5)	性别
5	cardid	varchar(25)	身份证号
6	tel	varchar(20)	联系方式
7	address	varchar(20)	家庭住址
8	positionid	int	报考职位编号

表 12-2　职位信息表（positioninfo）

序号	列　　名	数 据 类 型	说　　明
1	id	int	编号
2	positionname	varchar(20)	职位名称

这里，只是为了后续的存储过程编写创建方便条件，实际上，真实的公务员考试报名信息表中还应该包括更多的信息。

有了数据表，还要向数据表中填入数据，填入的数据如表 12-3 和表 12-4 所示。

表 12-3　公务员考试报名信息表数据

序号	报名编号	报名人	年龄	性别	身份证号	联系方式	家庭住址	报考职位编号
1	1201	张小名	25	男	130123456789012	23467812	北京	1
2	1202	王丽丽	21	女	210123456789012	12345678	大连	2
3	1203	吴敏	30	女	231234567890012	12345678	沈阳	3
4	1204	赵晶	29	男	310123456789002	12345678	上海	5
5	1205	黄珊珊	26	女	421123456789003	12345678	南京	5

表 12-4　职位信息表数据

职位编号	职 位 名 称	职位编号	职 位 名 称
1	行政执法员	4	办公室会计
2	审计员	5	科普知识宣传员
3	资料管理员		

有了表和数据的准备，下面就使用示例 1 来演示如何创建一个不带参数的存储过程，同时也熟悉存储过程创建的语法。

【示例 1】 创建存储过程 pro_1，查询报考信息中的报考人、性别以及报考职位名称。

根据题目要求，该存储过程中的 SQL 语句只是一条查询语句。具体的语句如下：

```
CREATE PROCEDURE pro_1
AS
SELECT name, sex, positionname FROM reginfo, positioninfo
WHERE reginfo.positionid= positioninfo.id;
```

执行上面的语句，效果如图 12.1 所示。

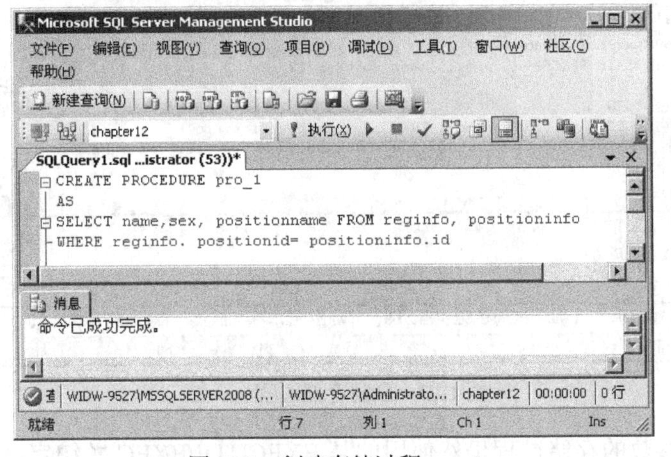

图 12.1　创建存储过程 pro_1

至此，存储过程 pro_1 已经创建成功了。那么，如何查看存储过程的运行效果呢？读者可以回忆之前是如何调用系统存储过程的呢？没错，是直接用存储过程名调用的。但是，如果是自定义的存储过程，就要使用 EXECUTE 或者 EXEC 来调用。下面就来执行存储过程 pro_1，语句如下：

```
EXEC pro_1;
```

执行上面的语句，效果如图 12.2 所示。

从图 12.2 所示执行存储过程的效果可以看出，确实是符合存储过程中查询语句的要求。

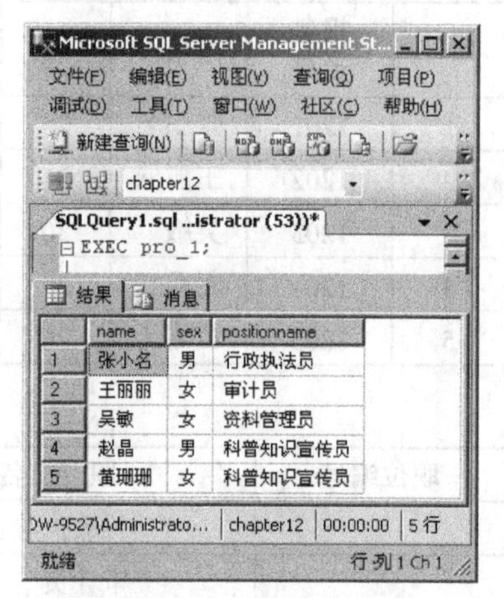

图 12.2　执行存储过程 pro_1

12.2.3　创建带输入参数的存储过程

在上一小节中已经学习了不带参数的存储过程的使用，实际上，在目前的数据库设计中带参数的存储过程使用是比较多的。存储过程中的参数类型分为输入参数和输出参数。下面先以示例 2 为例学习如何创建带输入参数的存储过程。

【示例 2】 创建存储过程 pro_2，根据输入的报考人姓名，查询出报考人的年龄和报考职位信息。

根据题目要求，报考人可以作为存储过程的输入参数。创建语句如下：

```
CREATE PROCEDURE pro_2 @name varchar(20)
AS
BEGIN
SELECT age,positionname FROM reginfo,positioninfo
WHERE reginfo.positionid=positioninfo.id AND reginfo.name=@name;
END
```

执行上面的语句，效果如图 12.3 所示。

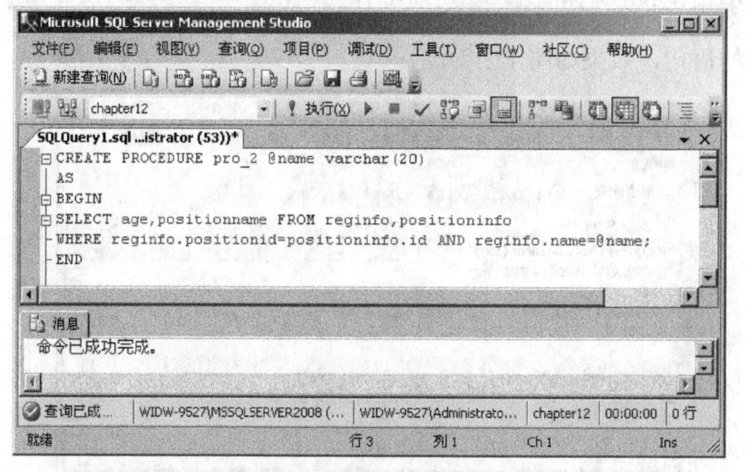

图 12.3　创建存储过程 pro_2

执行带输入参数的存储过程仍然使用的是 EXECUTE/EXEC 关键字，但是执行带参数的存储过程还要注意传递参数，并且参数的类型也要匹配。执行存储过程 pro_2 的语句如下：

```
EXEC pro_2 '王丽丽';
```

执行上面的语句，效果如图 12.4 所示。

图 12.4　执行存储过程 pro_2

注意：在调用带参数的存储过程时，传递参数的个数和数据类型一定要与调用的存储过程相匹配。此外，在传递日期时间类型和字符串类型的数据时，还要注意给这些数据加上单引号。

12.2.4　创建带输出参数的存储过程

存储过程中的默认参数类型是输入参数，如果要为存储过程指定输出参数，还要在参数类型后面加上 OUTPUT 关键字。下面就使用示例 3 演示如何创建带输出参数的存储过程。

【示例 3】　创建存储过程 pro_3，根据输入的报名号，输出该考生的姓名和年龄。

根据题目要求，在存储过程 pro_3 中共有 3 个参数，包括 1 个输入参数和 2 个输出参数。创建语句如下：

```
CREATE PROCEDURE pro_3
@id int,@name varchar(20) output,@age int output
AS
BEGIN
SELECT @name=name,@age=age FROM reginfo
WHERE id=@id;
END
```

执行上面的语句，效果如图 12.5 所示。

执行存储过程 pro_3，输入参数的值需要传递，但是输出参数的值是不需要传递的。执行语句如下：

```
DECLARE @x varchar (20), @y int          --声明输出参数名
EXEC pro_3 1201,@x output,@y output
SELECT @x, @y;                           --显示输出参数的值
```

执行上面的语句，效果如图 12.6 所示。

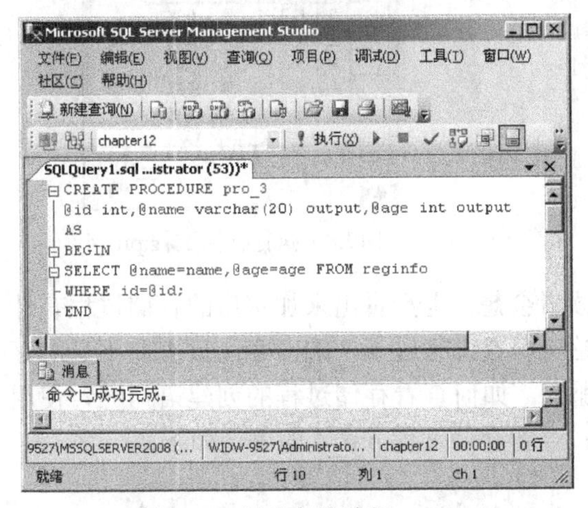

图 12.5　创建存储过程 pro_3

图 12.6　执行存储过程 pro_3

12.2.5　创建带加密选项的存储过程

所谓加密选项并不是对存储过程中查询出来的内容加密，而是将创建存储过程本身的语句加密。通过对创建存储过程的语句加密，可以在一定程度上保护存储过程中用到的表信息，同时也提高了数据库的安全性。下面就使用示例 4 来演示如何创建带加密选项的存储过程。

【示例 4】 创建带加密选项的存储过程 pro_4，查询报考人的姓名、年龄、性别和地址信息。

根据题目要求，带加密选项的存储过程使用的是 with encryption。创建存储过程的语句如下：

```
CREATE PROCEDURE pro_4
WITH ENCRYPTION
AS
BEGIN
SELECT name,age,sex,address FROM reginfo
END
```

执行上面的语句，效果如图 12.7 所示。

执行存储过程 pro_4 的语句如下：

```
EXEC pro_4;
```

执行上面的语句，效果如图 12.8 所示。

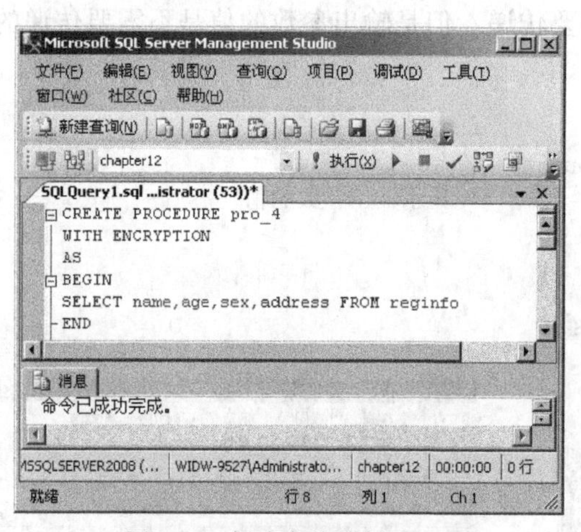

图 12.7　创建存储过程 pro_4

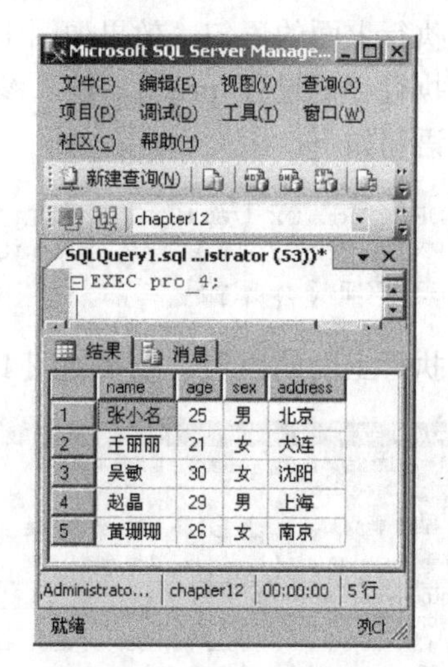

图 12.8　执行存储过程 pro_4

通过图 12.8 所示执行存储过程的效果，读者会想，也没看出来加密后的存储过程有什么不同啊。在创建加密存储过程之前，就已经向读者说明过了，加密存储过程并不是对存储过程的结果加密而是对创建语句加密的。那么，如何查看存储过程的创建语句呢？使用系统存储过程 SP_HELPTEXT 就可以查看了。查看存储过程 pro_4 的语句如下：

```
SP_HELPTEXT pro_4;
```

执行上面的语句，效果如图 12.9 所示。

通过图 12.9 显示的结果，就可以看出 pro_4 是加密后的存储过程，是无法查看到创建语句的。为了让读者对系统存储过程 SP_HELPTEXT 印象深刻，下面使用该存储过程查看之前创建的 pro_3，语句如下：

```
SP_HELPTEXT pro_3;
```

执行上面的语句，效果如图 12.10 所示。

图 12.9　查看 pro_4 的创建语句

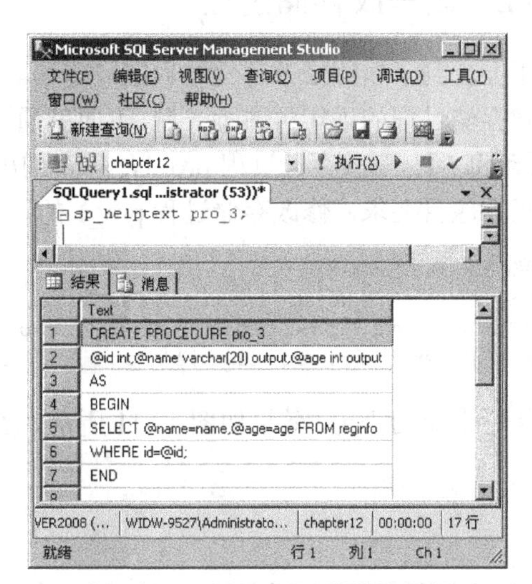

图 12.10　查看 pro_3 的创建语句

从查询 pro_3 和 pro_4 的结果可以看出，加密后的存储过程确实能够提高数据库的安全性。

12.3　修改存储过程

存储过程虽然很复杂，但是在创建后也是可以修改的。在修改存储过程前，也要确保之前的存储过程中的内容不再使用了，否则，修改之后也是不能够恢复的了。实际上，只要读者掌握了创建存储过程的语法，修改存储过程可以说是小菜一碟。

12.3.1　修改存储过程的语法

修改存储过程的语法与创建存储过程的语法类似，只不过是将 CREATE 改成了 ALTER。具体的语法形式如下：

```
ALTER { PROC | PROCEDURE } [schema_name.] procedure_name
    [ { @parameter  data_type }
       [VARYING] [= default] [[OUTPUT]
   ] [ ,...n ]
[ WITH <procedure_option> [ ,...n ]
[ FOR REPLICATION ]
AS { <sql_statement> [;][ ...n ] }
[;]
<procedure_option> ::=
```

```
    [ ENCRYPTION ]
    [ RECOMPILE ]
  <sql_statement> ::=
{ [ BEGIN ] statements [ END ] }
```

上面的语法形式已经在创建存储过程的时候讲解过了，如果读者还有疑问，可以参考创建存储过程时的语法解释。

12.3.2　改一改存储过程

下面就到了演练修改存储过程的环节了。在修改存储过程的过程中其实也是帮助读者把创建存储过程的语句再熟悉一遍。下面就通过示例 5 和示例 6 来演示如何修改存储过程。

【示例 5】　修改存储过程 pro_1，只查询出报考人和报考职位信息。

根据题目要求，修改存储过程 pro_1 的语句如下：

```
ALTER PROCEDURE pro_1
AS
SELECT name, positionname FROM reginfo, positioninfo
WHERE reginfo.positionid= positioninfo.id;
```

执行上面的语句，效果如图 12.11 所示。修改后的存储过程 pro_1，执行效果如图 12.12 所示。

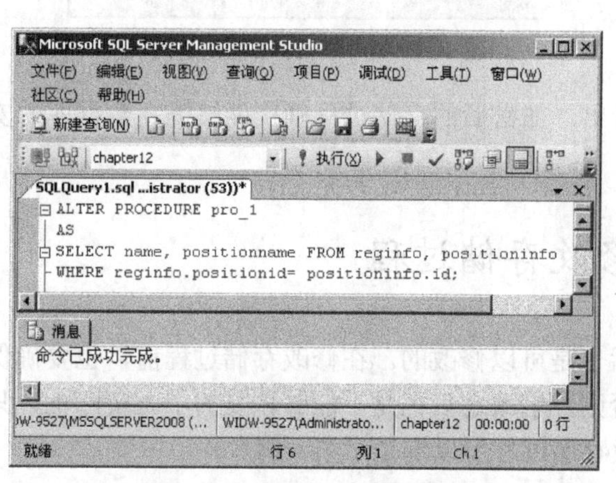

图 12.11　修改存储过程 pro_1

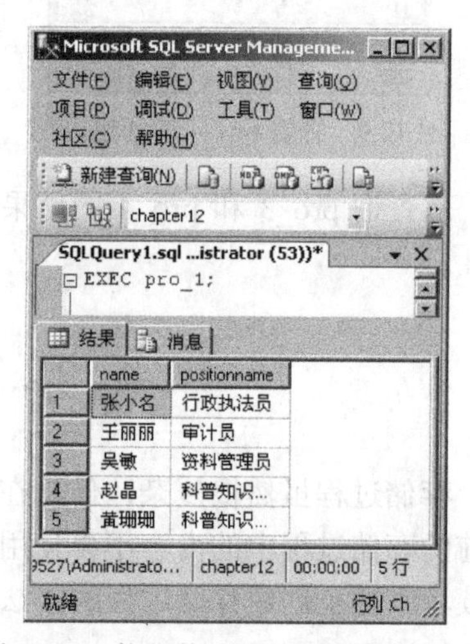

图 12.12　执行修改后的存储过程 pro_1

说明：使用 ALTER 语句修改存储过程，不能够修改存储过程的名字。

【示例 6】　修改存储过程 pro_2，将其修改成加密的存储过程。

根据题目要求，修改 pro_2 的语句如下：

```
ALTER PROCEDURE pro_2 @name varchar(20)
WITH ENCRYPTION
AS
BEGIN
SELECT age,positionname FROM reginfo,positioninfo
WHERE reginfo.positionid=positioninfo.id AND reginfo.name=@name;
END
```

执行上面的语句，效果如图 12.13 所示。

下面使用系统存储过程 SP_HELPTEXT 查看存储过程 pro_2 的创建语句，验证是否已经对其加密了。查询效果如图 12.14 所示。

从图 12.14 的效果中可以看出，确实是将 pro_2 的存储过程修改成加密的存储过程了。

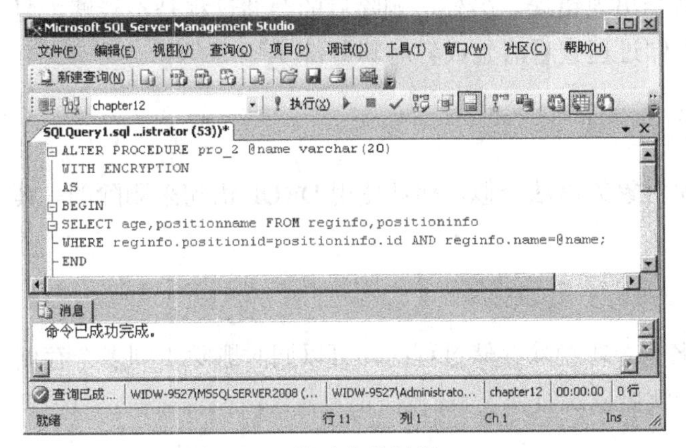

图 12.13　修改存储过程 pro_2

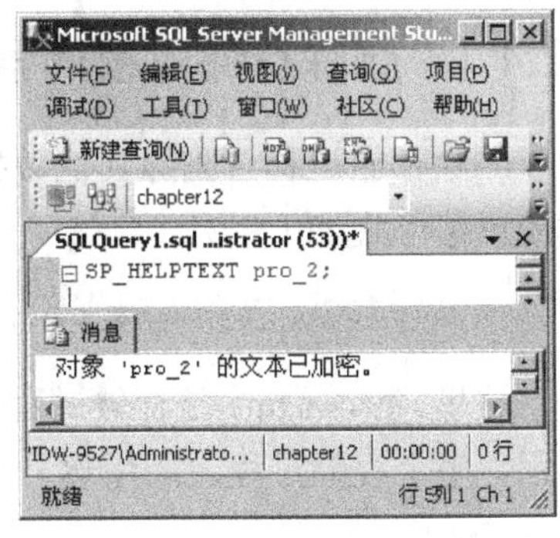

图 12.14　查看 pro_2 的创建文本

12.3.3　给存储过程改个名

读者应该还记得如何修改视图的名称吧，没错，修改存储过程也是通过系统存储过程 SP_RENAME 来完成的。实际上，在设计数据库时就把存储过程的名字已经规定好了，要尽量少修改存储过程的名字，以免给其他引用存储过程的对象的使用造成错误。下面就通过示例 7 来演示如何给存储过程改名。

【示例 7】 将存储过程 pro_1 的名字更改成 pro_new。

根据题目要求，使用 SP_RENAME 系统存储过程改名，语句如下：

```
SP_RENAME pro_1, pro_new;
```

执行上面的语句，效果如图 12.15 所示。

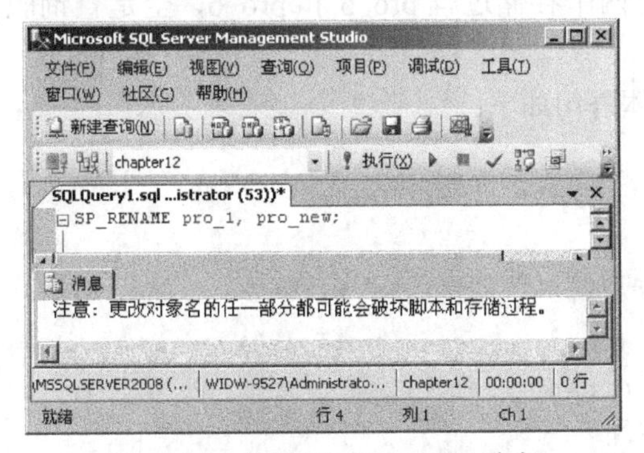

图 12.15　使用 SP_RENAME 改名

12.4　删除存储过程

当存储过程不再需要时，可以将其从数据库中删除。但是，在删除前一定要确保存储过程没有被其他对象所使用，否则就会出现错误。另外，删除后的存储过程是不能够恢复的，因此，删除前请读者一定要将存储过程查看清楚或者对其备份。

12.4.1　删除存储过程的语法

删除存储过程与删除其他数据库对象的语法类似，都是使用 DROP 语句来删除的。具体的语法形式如下：

```
DROP PROC pro_name,[…n];
```

这里，pro_name 是存储过程的名字。在删除存储过程时，可以同时删除 1 到多个存储过程，多个存储过程之间用逗号隔开就可以了。

12.4.2　清理不用的存储过程

按照上一小节讲解的删除存储过程的语法，在本小节中将通过示例 8 和示例 9 分别演示如何删除 1 个和多个存储过程。

【示例 8】 先创建存储过程 pro_5，查询职位信息后再将其删除。

根据题目要求，具体语句如下：

```
CREATE PROCEDURE pro_5
AS
BEGIN
SELECT positionname FROM positioninfo;
END
DROP PROC pro_5;
```

执行上面的语句，效果如图 12.16 所示。

【示例 9】 分别创建两个存储过程 pro_5 和 pro_6，全是查询职位信息的。然后将这两个存储过程一并删除。

根据题目要求，具体语句如下：

```
CREATE PROCEDURE pro_5
AS
BEGIN
SELECT positionname FROM positioninfo;
END
GO
CREATE PROCEDURE pro_6
AS
BEGIN
SELECT positionname FROM positioninfo;
END
DROP PROC pro_5, pro_6;
```

执行上面的语句，效果如图 12.17 所示。

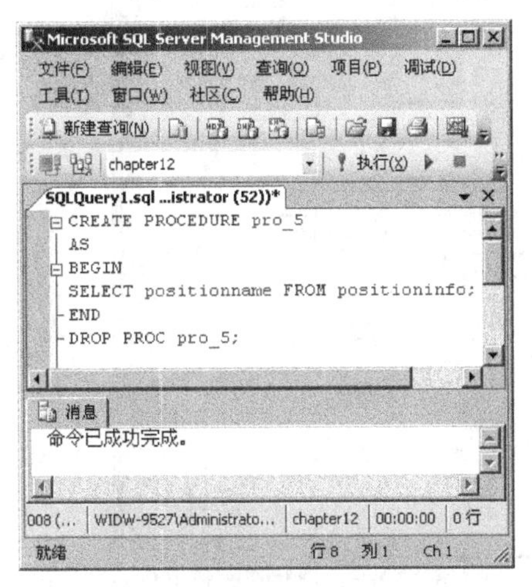

图 12.16　创建并删除存储过程 pro_5

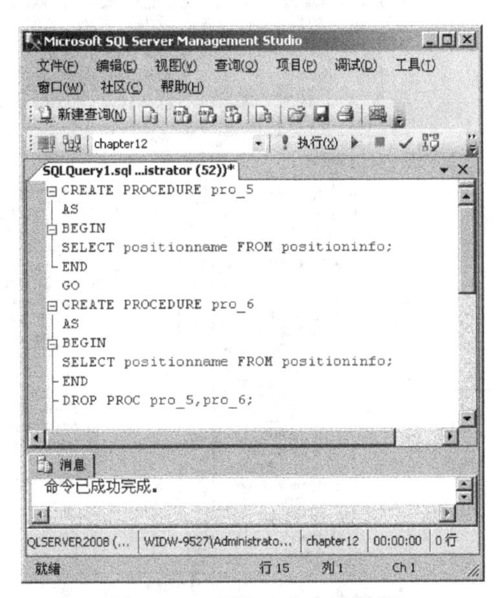

图 12.17　删除多个存储过程

好了，删除存储过程的方法读者应该明白了吧。

12.5　使用企业管理器管理存储过程

通过前面几节的学习，相信读者已经发现创建存储过程还是挺麻烦的。但是，有了企业管理器直接创建和管理存储过程就能方便多了。在本节中，就将讲述如何使用企业管理器来创建、修改以及删除存储过程。有了方便的工具，你还在等什么呢？

12.5.1　使用企业管理器创建存储过程

使用企业管理器创建存储过程，相对于使用语句创建存储过程是容易得多，至少不用记住那么多的关键字。但是，在创建存储过程时，还是需要很多步骤的，需要读者记清楚哦！下面就通过示例 10 来演示如何在企业管理器中创建存储过程。

【示例 10】 使用企业管理器创建之前创建过的存储过程 pro_3，并将其命名为 pro_31。根据输入的报名号，输出该考生的姓名和年龄。

在企业管理器中创建存储过程，需要通过以下 5 个步骤来完成。

（1）在“对象资源管理器”窗口中，展开 chapter12 节点。

（2）在 chapter12 的节点下，找到“可编程性”节点，并将其展开。

（3）在“可编程性”节点下，右击“存储过程”节点，在弹出的右键菜单中选择“新建存储过程”选项，打开新建存储过程界面，如图 12.18 所示。

（4）在图 12.18 所示界面中给出了创建存储过程的基本语法框架，只需要添加相应的参数和语句就可以完成了。按照题目要求，添加后的效果如图 12.19 所示。

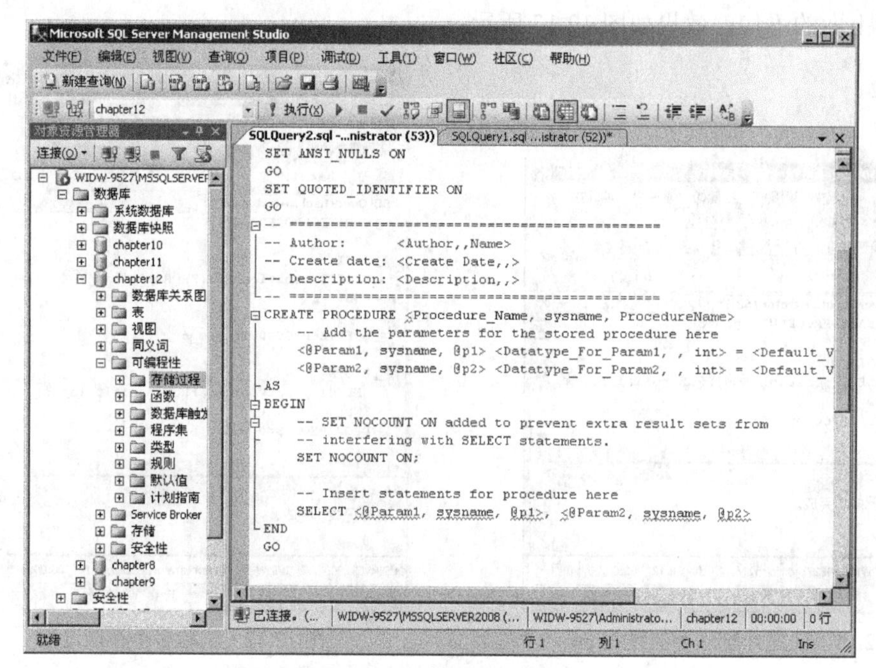

图 12.18　新建存储过程界面

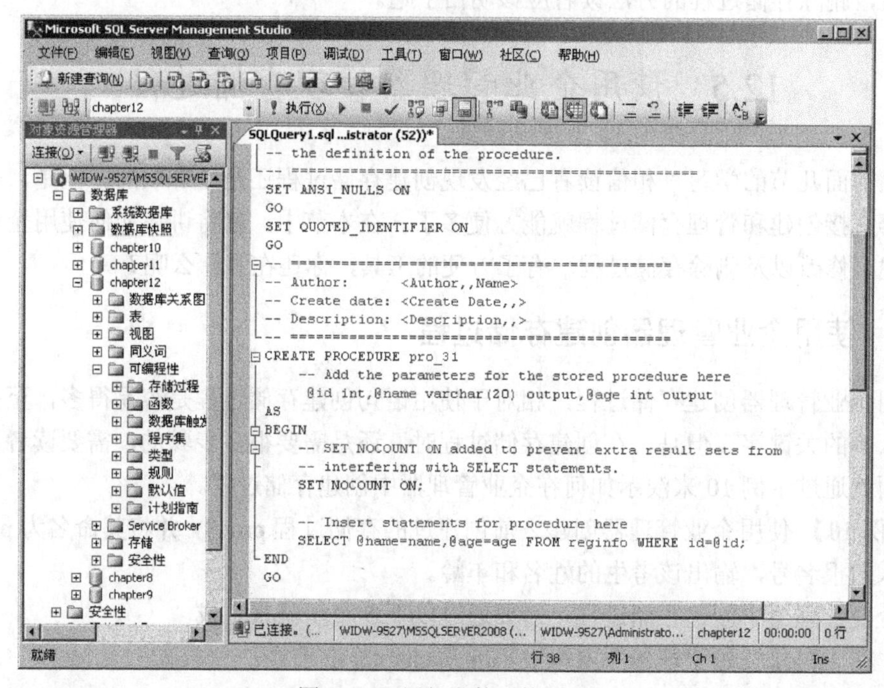

图 12.19　添加参数后的界面

（5）检查图 12.19 界面中添加后的语句，如果没有问题，就可以通过选择菜单“查询”|“执行”选项，来执行存储过程创建命令，完成存储过程的创建操作。如图 12.20 所示。

如果要运行存储过程，查看结果，也可以通过企业管理器完成。在“可编程性”|“存储过程”节点下，右击 pro_31 节点，在弹出的右键菜单中选择“执行存储过程”选项，弹出图 12.21 所示界面。

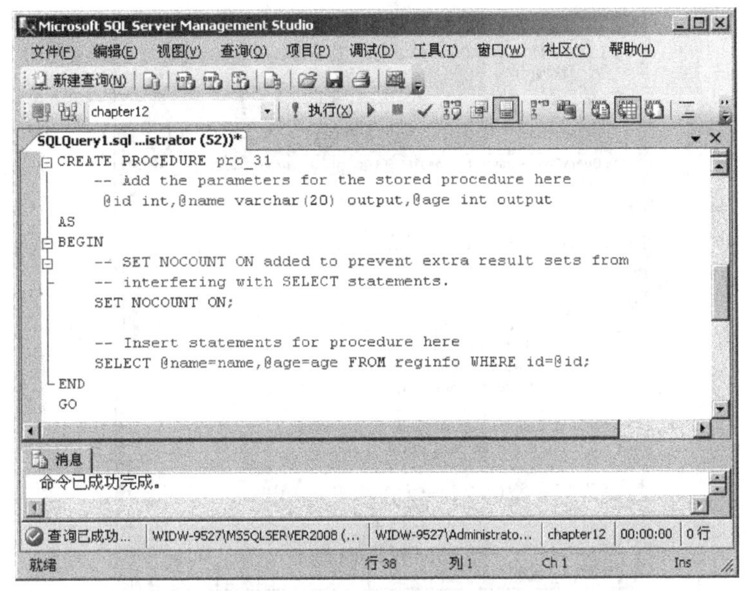

图 12.20　执行存储过程创建命令

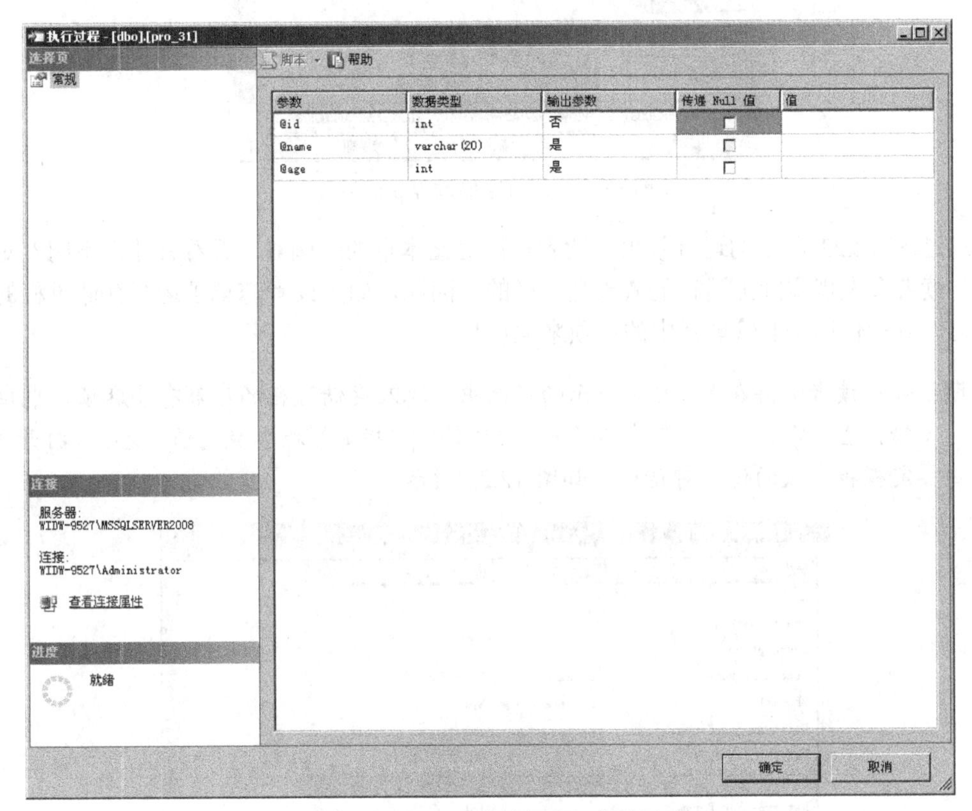

图 12.21　运行存储过程添加参数界面

在图 12.21 所示的界面中，可以看到在存储过程中设置的 3 个参数，在这里，输入相应的参数值即可。由于在这 3 个参数中，只有@id 是输入参数，因此，只需要给@id 赋值。这里，给其赋值 1201。单击“确定”按钮，运行效果如图 12.22 所示。

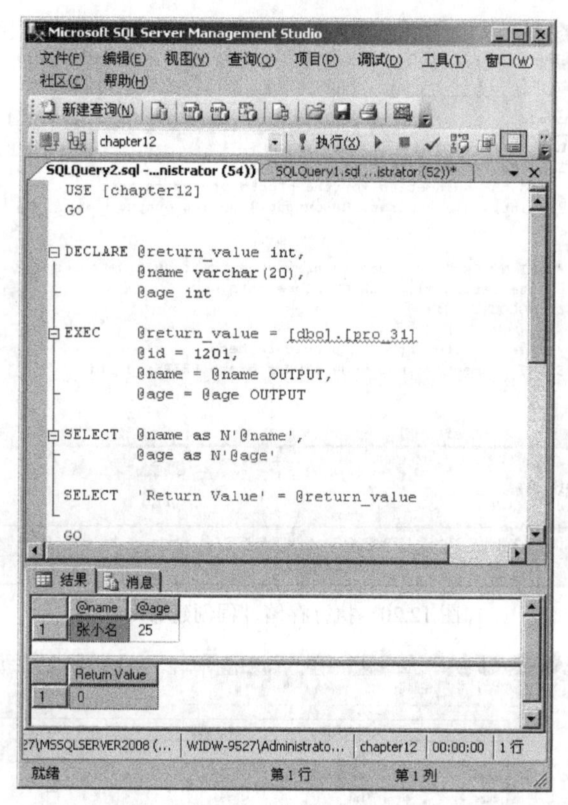

图 12.22　运行存储过程 pro_31

通过图 12.22 所示的运行效果，读者可以对比本章的示例 3，看看有什么不同？对比之后，读者会发现实际上运行的效果是一样的。因此，如果读者忘记了运行存储过程的命令，可以直接使用企业管理器中的选项来运行！

说明： 如果读者觉得在图 12.18 所示的界面中，填入存储过程的参数有些麻烦，也怕填错位置。那么，可以在菜单栏选择“查询”|“指定模板参数的值”选项，打开“指定模板参数的值”对话框。如图 12.23 所示。

指定模板参数的值

参数	类型	值
Author		Name
Create Date		
Description		
Procedure_Name	sysname	ProcedureName
@Param1	sysname	@p1
Datatype_For_Param1		int
Default_Value_For_Param1		0
@Param2	sysname	@p2
Datatype_For_Param2		int
Default_Value_For_Param2		0

确定　取消　帮助

图 12.23　指定模板参数的值

🔔提示：在图 12.23 所示界面中，将参数值填入相应的位置即可。单击“确定”按钮，即可保存填入的参数信息。

12.5.2　使用企业管理器修改存储过程

在企业管理器中修改存储过程，相对于创建存储过程就容易得多了。有了前面创建存储过程的基础，下面就通过示例 11 来一同实践如何修改存储过程。

【示例 11】 修改存储过程 pro_31，添加一个输出参数——性别。

在企业管理器中修改存储过程 pro_31，需要通过以下 5 个步骤完成。

（1）在“对象资源管理器”窗口中，展开 chapter12 节点。

（2）在 chapter12 的节点下，找到“可编程性”节点，并将其展开。

（3）在“可编程性”|“存储过程”节点下，右击 pro_31 节点，在弹出的右键菜单中选择“修改”选项，打开修改存储过程界面，如图 12.24 所示。

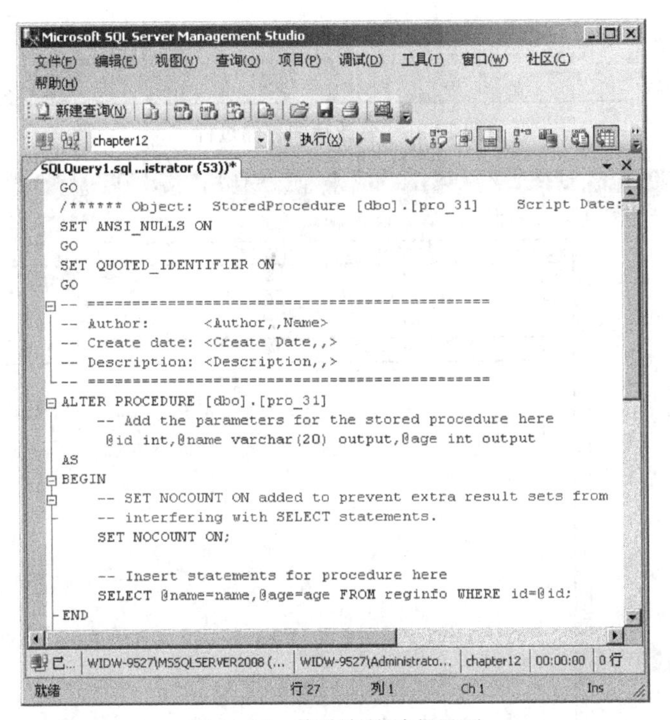

图 12.24　修改存储过程界面

（4）在图 12.24 所示的界面中，填入新的输出参数“@sex”并修改查询语句。修改后的效果如图 12.25 所示。

（5）检查图 12.25 修改后的存储过程，就可以通过选择菜单“查询”|“执行”选项，来执行存储过程修改命令，完成存储过程的修改操作。

至此，存储过程就修改完成了，下面就来测试修改后的存储过程执行结果是否正确。在“可编程性”|“存储过程”节点下，右击 pro_31 节点，在弹出的右键菜单中选择“执行存储过程”选项，弹出图 12.26 所示界面。

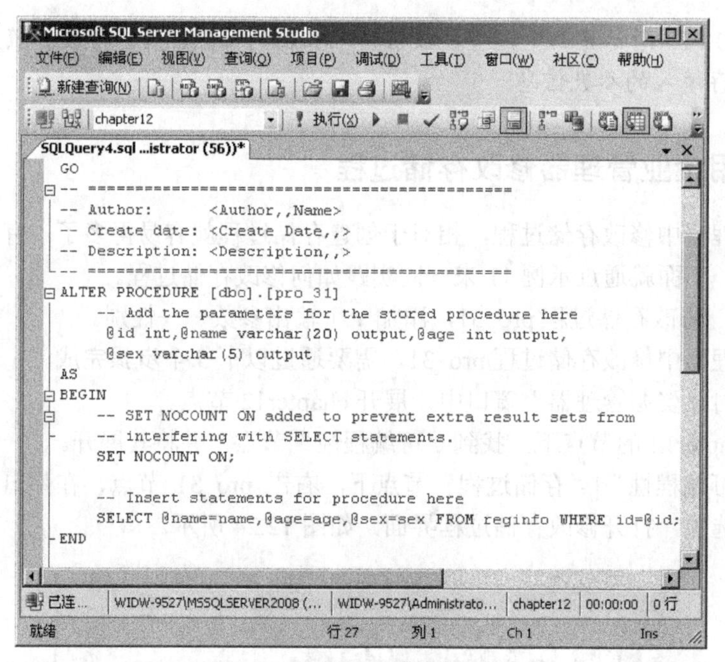

图 12.25　修改后的存储过程

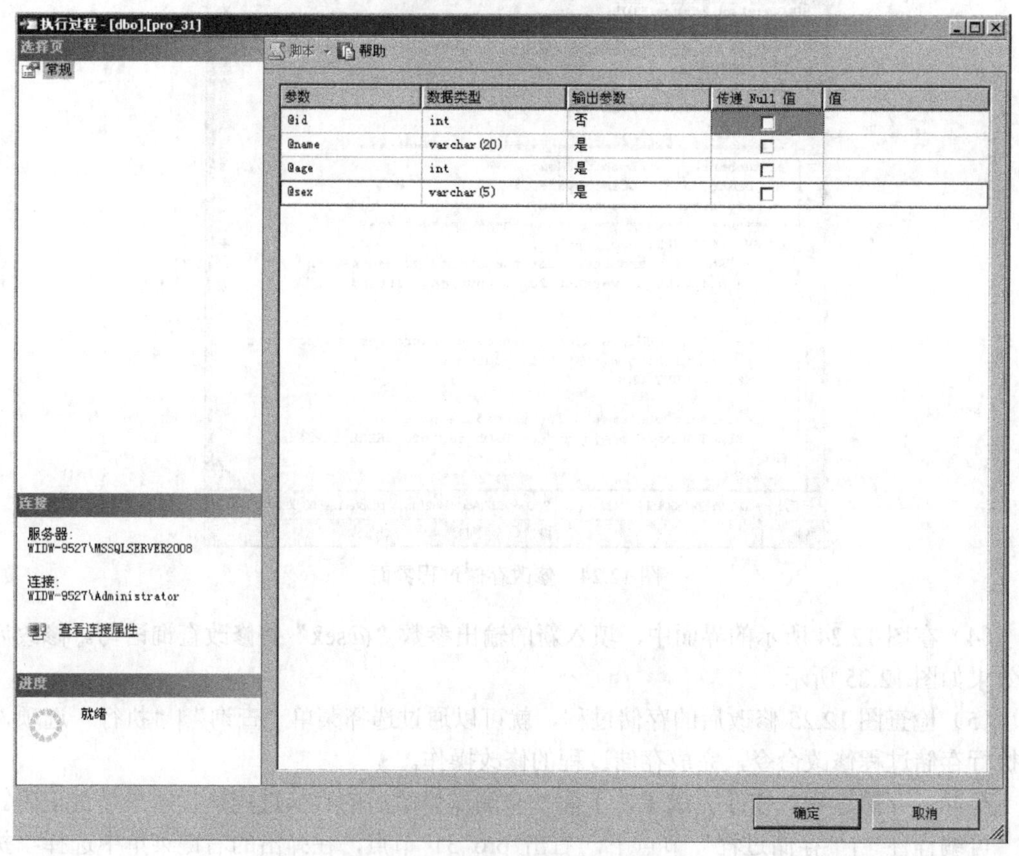

图 12.26　运行存储过程 pro_31 界面

从图 12.26 所示的界面中，可以看到修改后的 pro_31 多了一个输出参数@sex。这里，仍然给@id 这个输入参数添入参数值“1201”，并单击“确定”按钮，即可完成运行存储过程。运行效果如图 12.27 所示。

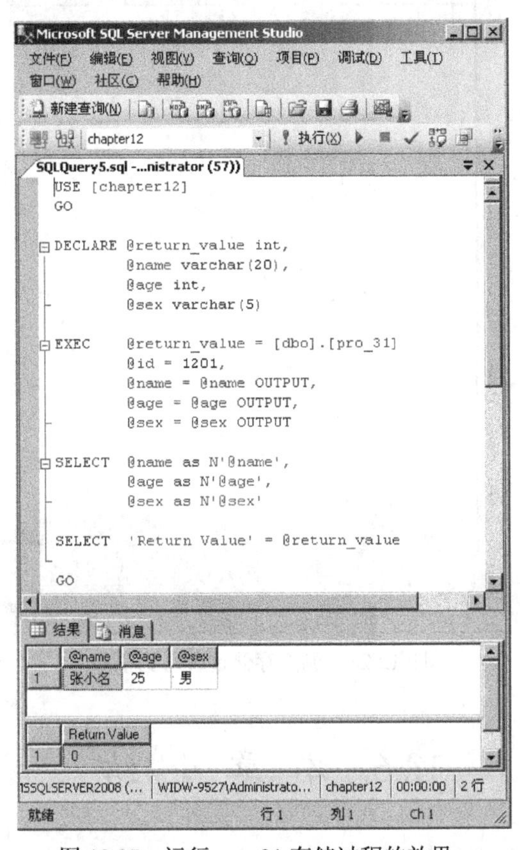

图 12.27　运行 pro_31 存储过程的效果

12.5.3　使用企业管理器删除存储过程

删除存储过程可谓又是所有存储过程操作最简单的一项了，因此，现在可以舒缓一下心情，轻松学习了。下面使用示例 12 来学习如何在企业管器中删除存储过程。

【示例 12】 在企业管理器中，删除存储过程 pro_31。

在企业管理器中，删除存储过程需要通过以下两个步骤完成。

（1）在“对象资源管理器”窗口中，依次展开“数据库”|chapter12|“可编程性”|“存储过程”节点，右击需要删除的存储过程，在弹出的右键菜单中选择“删除”选项，弹出“删除对象”对话框，如图 12.28 所示。

（2）在图 12.28 所示界面中，单击“确定”按钮，即可将存储过程 pro_31 删除了。

注意：在删除存储过程后，如果其他的对象引用该存储过程，那么在运行时就会出现错误。因此，在删除存储过程前，最好在图 12.28 所示界面中单击“显示依赖关系”按钮来查看是否有其他对象使用该存储过程。

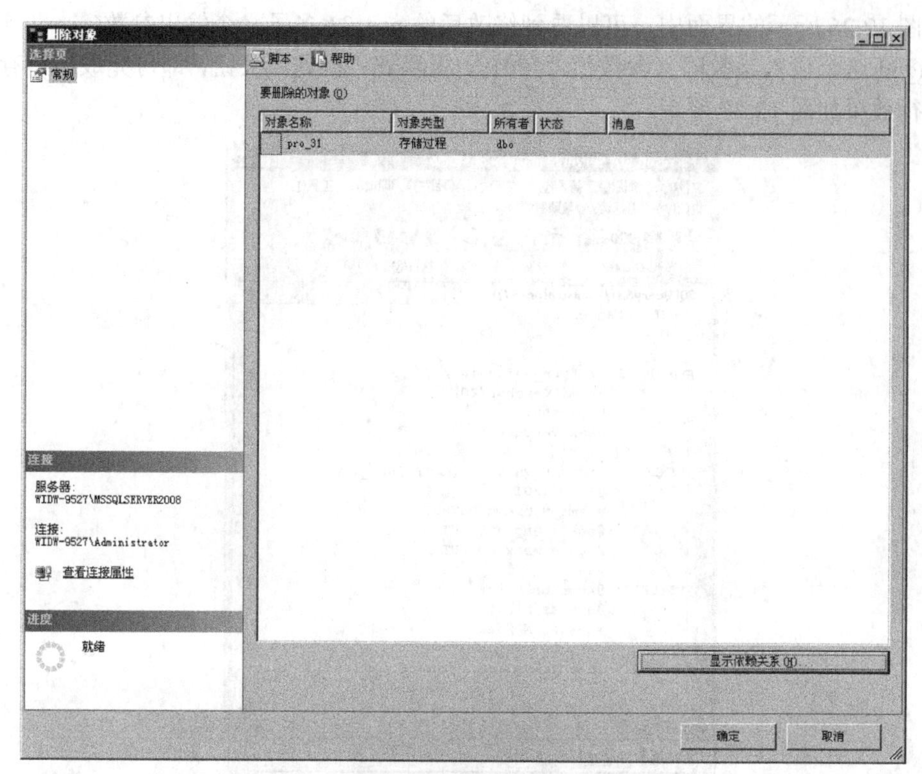

图 12.28　删除存储过程对话框

12.6　本章小结

在本章中主要讲解了存储过程的作用、创建、修改以及删除。在创建存储过程部分，主要讲解了不带参数和带参数存储过程的创建与执行方法；在修改存储过程部分，主要讲解了使用 ALTER 语句修改存储过程以及给存储过程重命名；在删除存储过程部分，分别讲解了删除 1 个和多个存储过程。此外，在本章中还讲解了如何使用企业管理器的图形界面来创建和管理存储过程。

12.7　本章习题

一、填空题

1．系统存储过程的名称通常是以________为前缀的。
2．存储过程中的参数类型有________种，分别是________。
3．创建带加密选项的存储过程需要使用的语句是________。

二、选择题

1．修改存储过程名称的语句是________。
A．CREATE 语句　　　　　　　　B．ALTER 语句

C．SP_RENAME 语句　　D．以上都不是

2．存储过程的类型包括________。

A．系统存储过程　　B．自定义存储过程

C．扩展存储过程　　D．以上都是

3．执行存储过程语句是________。

A．USE 语句　　B．EXEC 语句　　C．DO 语句　　D．以上都不是

三、问答题

1．存储过程有哪些优势？

2．使用什么语句查看存储过程创建的语句？

3．在什么情况下使用存储过程中的输出参数？

四、操作题

试着创建一个 INSTEAD OF 存储过程，当表执行添加操作时，将删除该表中的全部数据。

第 13 章　确保数据完整性的触发器

提到确保数据完整性，读者是否想起在前面的章节中学习过的约束呢？没错，约束是一种保证数据完整性的方法。实际上，在数据库中还有另一种方法来确保数据的完整性，那就是本章要学习的触发器了。

本章的主要知识点如下：

- 触发器的作用和分类
- 如何创建触发器
- 如何修改触发器
- 如何删除触发器

13.1　有意思的触发器

触发器与存储过程不同，它不需要使用 EXEC 语句调用就可以执行。但是，在触发器中所写的语句又与存储过程类似，因此，经常会把触发器看作是一种特殊的存储过程。触发器可以在对表进行 UPDATE、INSERT 和 DELETE 这些操作时，自动地被调用。

13.1.1　触发器的作用

所谓知己知彼，百战不殆，知道了触发器的作用才能够在应用的时候有的放矢。触发器最重要的作用就是能够确保数据的完整性，但同时也要注意每一个数据操作只能设置一个触发器。

触发器的执行可以通过数据表中数据的变化来触发，也就是说当向表插入一条数据时，触发器就会知道。那么，如果要禁止向表中添加数据，就可以及时地来控制对表的操作。另外，当检测到某张数据表中数据变化时，还可以及时更新其他数据表，并能够获取到更新的数据。但是，在数据库中如果触发器过多也会影响数据库的效率，因此，在数据库中要合理地使用触发器，及时删除不用的触发器。

13.1.2　触发器分类

在 SQL Server 数据库，触发器主要分为 3 大类，即登录触发器、DML 触发器和 DDL 触发器。本章中主要讲解 DML 类型的触发器。但是，其他类型的触发器也是需要了解的。下面就将这 3 类触发器的主要作用说明如下。

- 登录触发器：它是作用在 LOGIN 事件的触发器，是一种 AFTER 类型触发器（表示在登录后激发）。使用登录触发器可以控制用户会话的创建过程以及限制用户名和会话的次数。

- DML 触发器：它包括对表或视图 DML 操作激发的触发器。DML 操作包括 UPDATE、INSERT 或 DELETE 语句。DML 触发器包括两种类型的触发器，一种是 AFTER 类型，一种是 INSTEAD OF 类型。AFTER 类型表示对表或视图操作完成后激发触发器；INSTEAD OF 类型表示当表或视图执行 DML 操作时，替代这些操作执行其他一些操作。
- DDL 触发器：它包括对数据库对象执行 DDL 操作后激发的触发器。DDL 操作包括 CREATE、ALTER 和 DROP 等。该触发器一般用于管理和记录数据库对象的结构变化。

13.2　创建触发器

创建触发器是开始使用触发器的第一步，有了这重要的一步，才可以完成后续的操作。创建触发器可以使用 SQL 语句也可以通过企业管理器中的图形界面来操作，在本节中主要讲解使用 SQL 语句创建触发器。

13.2.1　创建触发器的语法

在创建触发器时，使用的是 CREATE TRIGGER 语句。这里，给出的是创建 DML 触发器的语法，也是本章要研究的重点。具体的语法形式如下：

```
CREATE TRIGGER trigger_name
ON { table | view }
[ WITH ENCRYPTION]
{ FOR | AFTER | INSTEAD OF }
{ [ INSERT ] [ , ] [ UPDATE ] [ , ] [ DELETE ] }
[ NOT FOR REPLICATION ]
AS { sql_statement }
```

其中：

- trigger_name：触发器的名称。
- table | view：触发器作用的表名或视图名。
- WITH ENCRYPTION：对文本进行加密。与它在存储过程中的含义一样。
- FOR|AFTER：当执行某些操作后被激发。比如：向表中添加数据后激发。FOR 与 AFTER 是同义的。
- INSTEAD OF：替代操作，需要注意的是对于表或视图，每个 INSERT、UPDATE 或 DELETE 语句最多可定义一个 INSTEAD OF 触发器。
- { [DELETE] [,] [INSERT] [,] [UPDATE] }：指定在哪种操作时激发触发器。可以选择 1 到多个选项。
- NOT FOR REPLICATION：当复制表时，触发器不被激发。
- sql_statement：触发器被激发时执行的 T-SQL 语句。

说明：在 DML 触发器中，不能够在 sql_statement 部分写 DDL 语句。

13.2.2　建 AFTER 类型触发器

有了上面的语句，就可以尽情地演绎触发器了。首先要学习的是第一种类型的触发器——AFTER 触发器，它通常是在表进行了某项操作之后，激发触发器。在做触发器的相关练习之前，还要准备本章中要使用的数据库和数据表。本章中使用的数据库是 chapter13，在该数据库需要创建 3 张数据表，分别是图书信息表（bookinfo）、借阅信息表（readinfo）和读者信息表（userinfo）。表结构分别如表 13-1、表 13-2 和表 13-3 所示。

表 13-1　图书信息表（bookinfo）

序号	列　名	数据类型	说　明
1	bookid	int	图书编号
2	bookname	varchar(50)	图书名称
3	bookprice	decimal(6,2)	图书价格
4	bookpub	varchar(30)	出版社
5	bookauthor	varchar(20)	作者
6	bookcount	int	馆藏数量

表 13-2　借阅信息表（readinfo）

序号	列　名	数据类型	说　明
1	id	int	借阅流水号
2	userid	int	借阅人编号
3	bookid	int	借阅图书编号

表 13-3　读者信息表（userinfo）

序号	列　名	数据类型	说　明
1	userid	int	读者编号
2	username	varchar(20)	读者姓名

使用 CREATE TABLE 语句或者是直接在企业管理器中创建好这 3 张表，然后按照表 13-4 和表 13-5 的内容分别向图书信息表和读者信息表中添加数据。

表 13-4　图书信息表中的数据

图书编号	图书名称	图书价格	出版社	作者	馆藏数量
1001	计算机基础	30	清华大学	章鸣	5
1002	SQL 基础	35	机械工业	王莉莉	2
1003	C#编程	40	电子工业	周洲	3
2001	高等数学	25	清华大学	郝宁	3
2002	线性代数	22	高等教育	王爽	2

表 13-5　读者信息表中的数据

读者编号	读者姓名	读者编号	读者姓名
1	叶英	3	吴励生
2	王明		

好了，数据准备工作就到此结束了。现在就要开始演练了。

【示例 1】 创建 AFTER 触发器，当“王明”这个读者借阅“SQL 基础”这本书时，将图书信息表（bookinfo）中“SQL 基础”这本书的馆藏数量减 1。

根据题目要求，是在向借阅信息表中添加一条数据后，也就是在 INSERT 命令后激发触发器，修改图书信息表的信息。具体语句如下：

```
CREATE TRIGGER TRI_1
ON readinfo
AFTER INSERT
AS
UPDATE bookinfo SET bookcount=bookcount-1 where bookid=1002;
```

执行上面的语句，效果如图 13.1 所示。

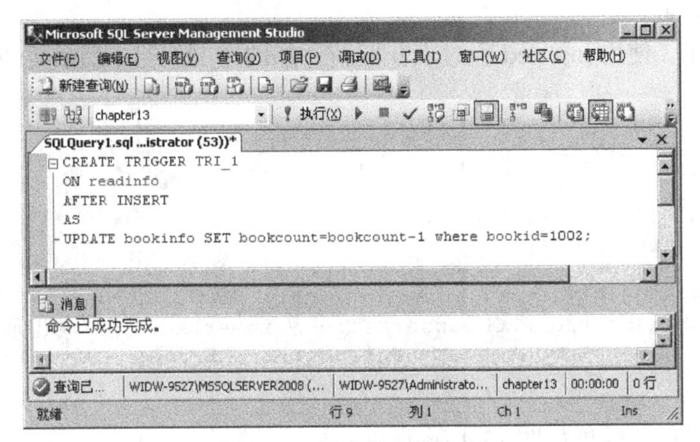

图 13.1　创建触发器 tri_1

下面就按照题目要求看看触发器是否起作用了。添加语句如下：

```
INSERT INTO readinfo VALUES (2, 1002);
```

执行上面的语句，效果如图 13.2 所示。

从图 13.2 所示的效果，可以看出有 2 条“(1 行受影响)”的消息。这就说明，不仅执行了在查询编辑器中编写的语句，还执行了其他的语句。那么，执行的其他语句就是触发器中所写的语句。在触发器中执行的 SQL 语句是对图书信息表（bookinfo）所做的修改，下面就来查看图书信息表，看看更改后的效果。如图 13.3 所示。

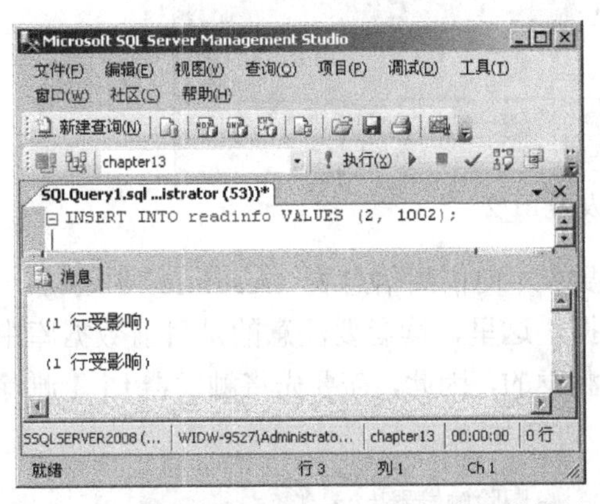

图 13.2　向表中添加数据后激发触发器的效果

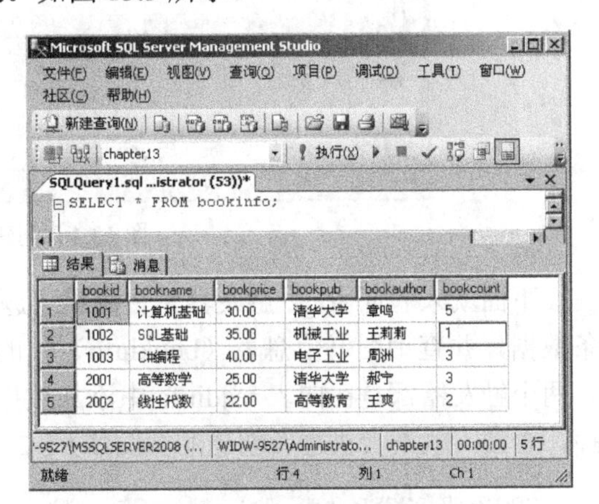

图 13.3　图书信息表的数据

从图 13.3 所示的效果，可以看出“SQL 基础”这本书的数量（bookcount）少了 1。也就是说前面创建的触发器 tri_1 被触发了。

从示例 1 所创建的触发器 tri_1 可以看出，触发器的作用太单一了，没有具体的实际作用。那么，如何能做到只要借阅信息表中添加数据，就更改相应的馆藏图书数量。下面就是向读者隆重推出触发器中常用的一张临时表 inserted。inserted 这张临时表中存放的就是在成功执行 INSERT 或 UPDATE 语句后，将被插入或更新的值。因此，INSERTED 这张表可是在触发器中使用的法宝啊。下面就将示例 1 修改成根据图书借阅信息表中数据的增长来更新图书信息表中图书的馆藏数量。

【示例 2】 创建触发器 tri_2，当图书借阅信息表中有数据增加时，就更改相应的图书信息表中的馆藏数量。

根据题目要求，使用 inserted 临时表获取新添加的图书编号，然后再更新图书信息表。具体语句如下：

```
CREATE TRIGGER tri_2
ON readinfo
AFTER INSERT
AS
BEGIN
DECLARE @bookid int;                    --声明变量存储图书编号
SELECT @bookid=bookid FROM inserted;--从 inserted 表中查询出新添加的图书编号
UPDATE bookinfo SET bookcount=bookcount-1 WHERE bookid=@bookid;
END
```

执行上面的语句，效果如图 13.4 所示。

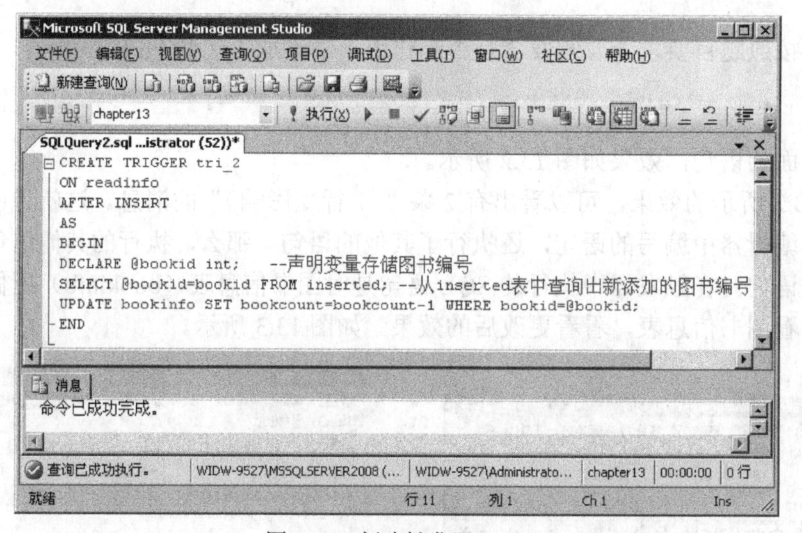

图 13.4　创建触发器 tri_2

下面就来验证 tri_2 触发器是否满足了题目要求。向借阅信息表（readinfo）中添加一条数据，并查询图书信息表（bookinfo）中的数据。这里，读者要注意的是目前数据库中有两个触发器都是在向表 readinfo 中添加数据后激发的，因此，需要先将触发器 tri_1 删除掉，否则，就不会执行新创建的触发器 tri_2 了。语句如下：

```
DROP TRIGGER tri_1;                          --删除触发器 tri_1
INSERT INTO readinfo VALUES (2, 1003);
```

```
SELECT * FROM bookinfo;
```

执行上面的语句，效果如图 13.5 所示。

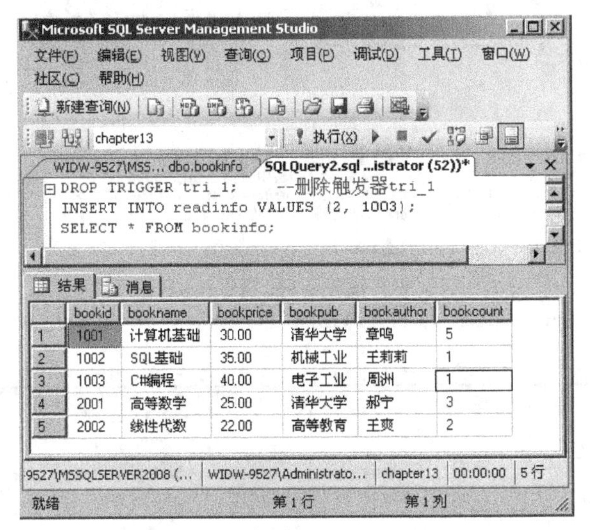

图 13.5　激发触发器 tri_2 的效果

从图 13.5 所示的执行效果可以看出，tri_2 确实是将图书编号是 1003 的馆藏数量减 1 了。

读者可以需要思考这样一个问题了，如果图书的馆藏数量为 0，那么，图书还可以借阅吗？如何通过触发器解决这样的问题呢？没错，这就需要在借阅图书前判断所借图书的馆藏数量是否为 0，如果为 0 就不能够借阅。同时，还要在触发器中用到事务。下面就一同来学习示例 3 吧。

【示例 3】 创建触发器 tri_3，在示例 2 的基础上添加判断，如果借书时图书的馆藏数量为 0，则不可以借阅，否则正常借阅。

根据题目要求，语句如下：

```
CREATE TRIGGER tri_3
ON readinfo
AFTER INSERT
AS
BEGIN
DECLARE @bookid int,@count int;       --声明变量存储图书编号和馆藏数量
SELECT @bookid=bookid FROM inserted; --从 inserted 表中查询出新添加的图书编号
SELECT @count=bookcount FROM bookinfo WHERE bookid=@bookid;
                                      --从图书信息表中查询出馆藏图书数量
if(@count=0)                          --判断馆藏图书数量是否为 0
BEGIN
ROLLBACK TRANSACTION;                 --回滚事务
END
ELSE
BEGIN
UPDATE bookinfo SET bookcount=bookcount-1 WHERE bookid=@bookid;
END
END
```

执行上面的语句，效果如图 13.6 所示。

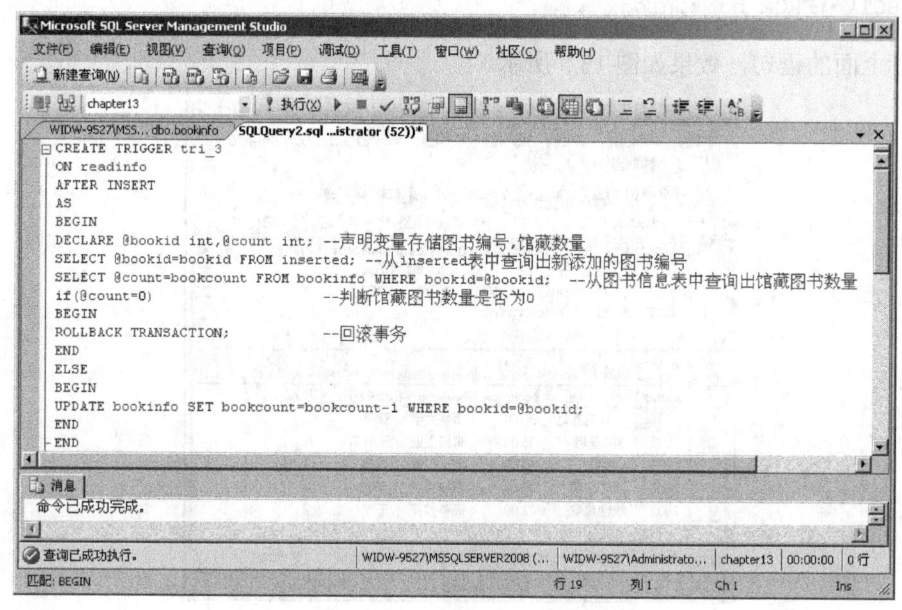

图 13.6　创建触发器 tri_3

下面就将图书信息表中图书编号为 1002 的图书馆藏数量改写成 0，并执行一条借阅图书 1002 的语句，来验证触发器 tri_3 是否正确。这里仍然需要注意的是需要将之前创建的 tri_2 触发器删除。语句如下：

```
DROP TRIGGER tri_2;
UPDATE bookinfo SET bookcount=0 WHERE bookid=1002;
INSERT INTO readinfo VALUES (2, 1002);
```

执行上面的语句，效果如图 13.7 所示。

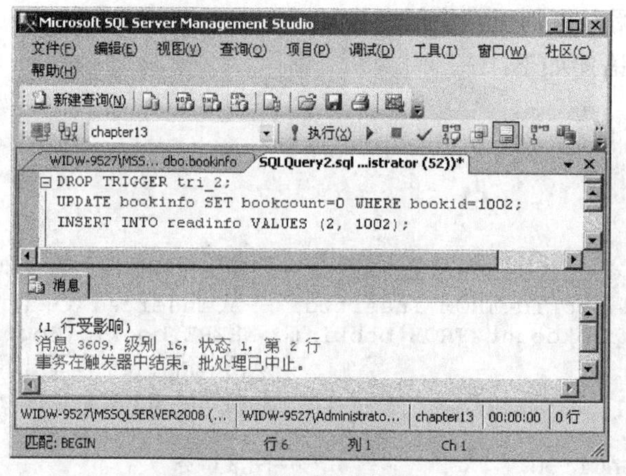

图 13.7　验证触发器 tri_3

从图 13.7 所示的结果，可以看出触发器中的事务拒绝了向表 readinfo 中插入信息的请求。

通过前面的 3 个示例，基本上可以完成图书的借阅操作了，但是，当读者要还书的时候，又应该如何处理呢？在还书的时候，这里要求将读者借阅的相应的图书信息删除。那么，删除借阅信息后，如何使用触发器将归还的图书数量加到图书信息表中的馆藏数量中呢？前面给读者介绍过临时表 inserted，它是用来存放添加或更新的数据的。那么，这回是删除数据操作，删除数据操作时将删除掉的数据存放到另一张临时表 DELETED 中。这回读者有了前面示例的基础，应付还书时更新馆藏数量的触发器还是能够得心应手吧。下面就一同来完成示例 4 吧。

【示例 4】 创建触发器 tri_4，实现当还书时更新图书信息表中的馆藏数量。

根据题目要求，要使用临时表 DELETED 完成。具体语句如下：

```
CREATE TRIGGER tri_4
ON readinfo
AFTER DELETE
AS
BEGIN
DECLARE @bookid int;
SELECT @bookid=bookid FROM deleted;
UPDATE bookinfo SET bookcount=bookcount+1 WHERE bookid=@bookid;
END
```

执行上面的语句，效果如图 13.8 所示。

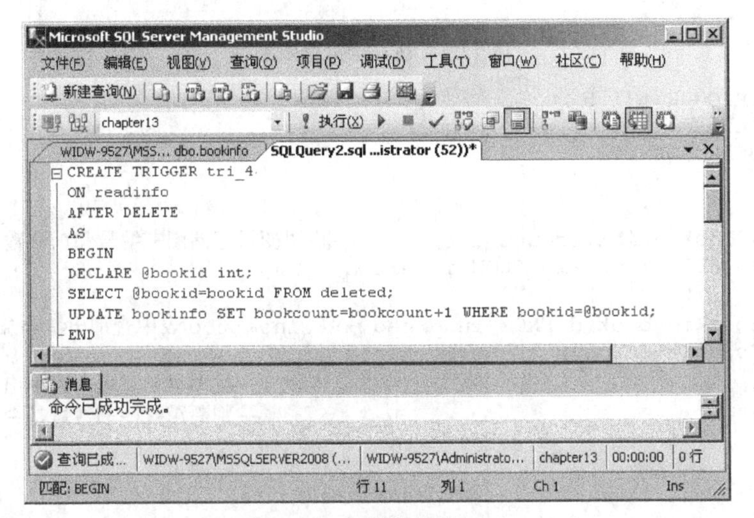

图 13.8　创建触发器 tri_4

下面就来验证新创建的成果 tri_4 吧。语句如下：

```
SELECT * FROM bookinfo;                    --查询未更新前的效果
DELETE FROM readinfo WHERE bookid=1002;
SELECT * FROM bookinfo;                    --查询更新后的效果
```

执行上面的语句，效果如图 13.9 所示。

通过前面 4 个示例，基本上使用触发器完成了借书和还书时对图书信息表中图书馆藏数量的更新操作。下面就用示例 5 将前面 4 个示例进行整合。

【示例 5】 创建触发器 tri_5，完成借书和还书时对图书信息表中图书馆藏数量的更新操作。

根据题目要求，借书是对借阅信息表的添加操作，还书是对借阅信息表的删除操作。因此，触发器在创建时需要基于 INSERT 和 DELETE 两个操作。具体的语句如下：

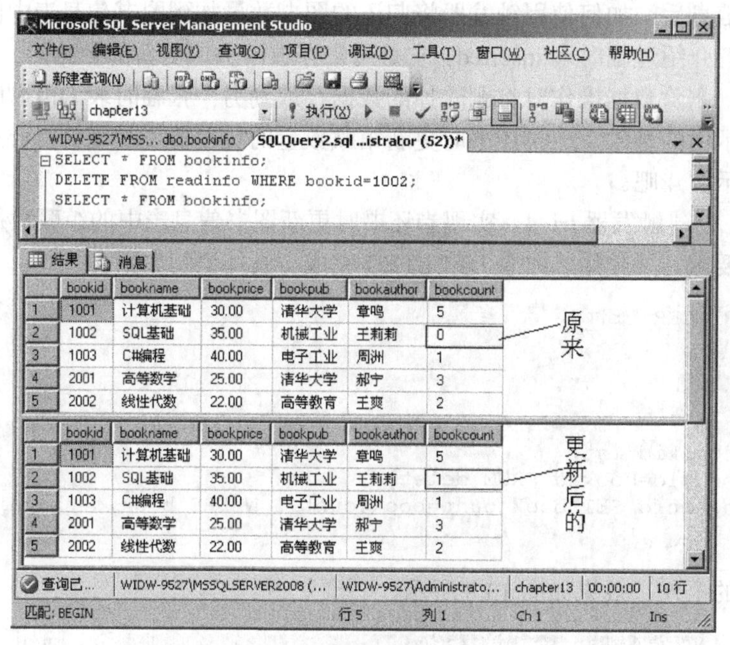

	bookid	bookname	bookprice	bookpub	bookauthor	bookcount
1	1001	计算机基础	30.00	清华大学	章鸣	5
2	1002	SQL基础	35.00	机械工业	王莉莉	0
3	1003	C#编程	40.00	电子工业	周洲	1
4	2001	高等数学	25.00	清华大学	郝宁	3
5	2002	线性代数	22.00	高等教育	王爽	2

	bookid	bookname	bookprice	bookpub	bookauthor	bookcount
1	1001	计算机基础	30.00	清华大学	章鸣	5
2	1002	SQL基础	35.00	机械工业	王莉莉	1
3	1003	C#编程	40.00	电子工业	周洲	1
4	2001	高等数学	25.00	清华大学	郝宁	3
5	2002	线性代数	22.00	高等教育	王爽	2

图 13.9　触发器执行效果

```
CREATE TRIGGER tri_5
ON readinfo
AFTER INSERT,DELETE
AS
BEGIN
DECLARE @bookid int,@count int;      --声明变量存储图书编号和馆藏数量
if EXISTS(SELECT bookid FROM inserted)
BEGIN
SELECT @bookid=bookid FROM inserted --从inserted表中查询出新添加的图书编号
SELECT @count=bookcount FROM bookinfo WHERE bookid=@bookid;
                                    --从图书信息表中查询出馆藏图书数量
if(@count=0)                        --判断馆藏图书数量是否为0
BEGIN
ROLLBACK TRANSACTION;               --回滚事务
END
ELSE
BEGIN
UPDATE bookinfo SET bookcount=bookcount-1 WHERE bookid=@bookid;
                                    --馆藏图书数量减
END
END
ELSE
BEGIN
SELECT @bookid=bookid FROM deleted;
UPDATE bookinfo SET bookcount=bookcount+1 WHERE bookid=@bookid;
                                    --馆藏图书数量加
END
END
```

执行上面的语句，效果如图 13.10 所示。

至此，一个完整的图书借还藏书数量变化的触发器就完成了。下面就到了检验触发器的时候了。在检验触发器之前，需要将之前创建的 tri_4 触发器删除。因为每一个数据库操

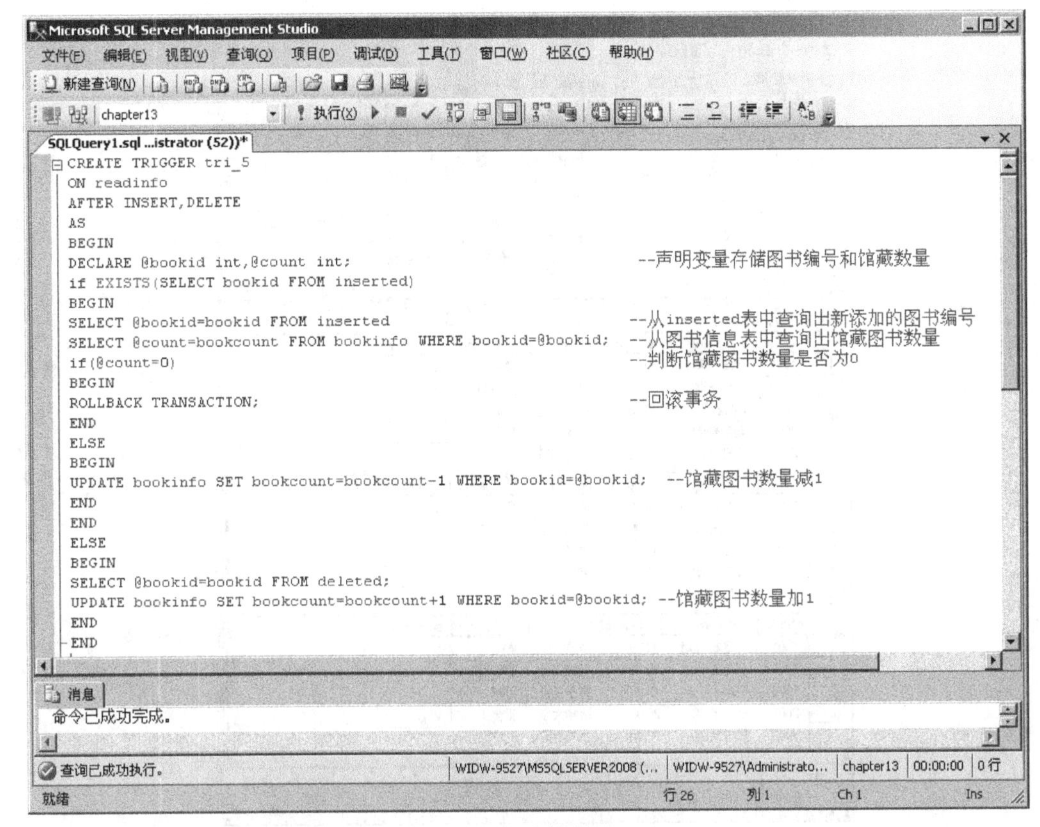

图 13.10　创建触发器 tri_5

作只能有一个触发器。具体的验证语句如下：

```
DROP TRIGGER tri_4;                      --删除触发器 tri_4
SELECT * FROM bookinfo;                  --查询图书信息表的原始数据
INSERT INTO readinfo VALUES(1,2001);
SELECT * FROM bookinfo;                  --查询借阅图书后，图书信息表中的数据
DELETE FROM readinfo WHERE userid=1 AND bookid=2001;
SELECT * FROM bookinfo;                  --查询还书后，图书信息表中的数据
```

执行上面的语句，效果如图 13.11 所示。

通过图 13.11 所示的结果，可以看出 tri_5 触发器确实能够完成借还图书馆藏数量的变化的操作。

13.2.3　再建 INSTEAD OF 类型触发器

有了创建 AFTER 类型触发器的基础，创建 INSTEAD OF 类型的触发器就不是什么难事了。只要清楚 INSTEAD OF 触发器是替代原有操作的，比如：删除数据表时激发触发器使其向表中添加一条数据。下面就通过示例来学习如何使用 INSTEAD OF 类型的触发器。

【示例 6】 创建触发器 tri_6，当读者还书时，不将图书借阅信息表中的数据删除，但是要更新图书信息表中的馆藏数量。

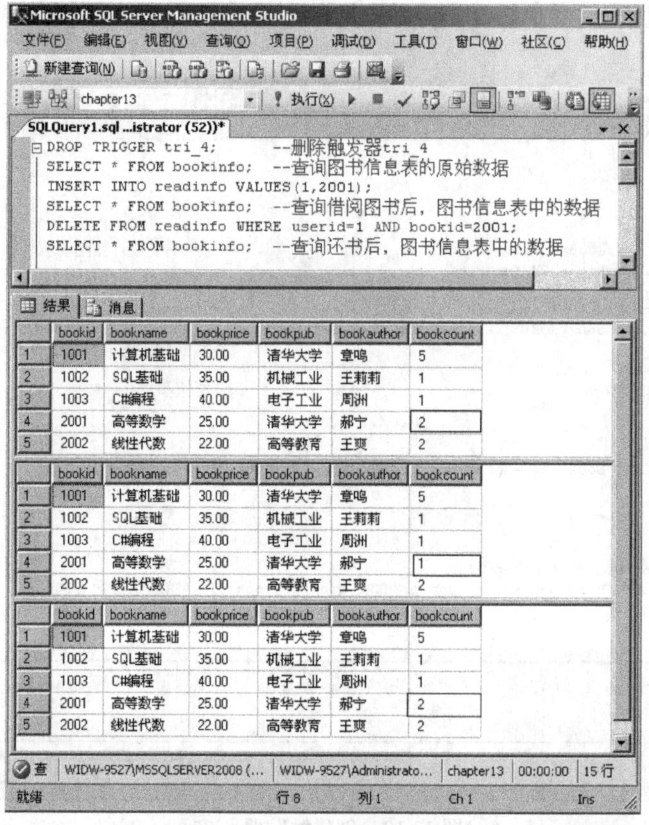

图 13.11　验证触发器 tri_5

根据题目要求，需要创建 INSTEAD OF 类型的触发器。创建语句如下：

```
CREATE TRIGGER tri_6
ON readinfo
INSTEAD OF delete
BEGIN
DECLARE @bookid int;
SELECT @bookid=bookid FROM deleted;
UPDATE bookinfo SET bookcount=bookcount+1 WHERE bookid=@bookid;
                                            --馆藏图书数量加
END
```

执行上面的语句，效果如图 13.12 所示。

完成触发器 tri_6 的创建后，下面就来验证其效果了。验证的语句如下：

```
SELECT * FROM bookinfo;                  --查询图书信息表的原始数据
SELECT * FROM readinfo;                  --查询借阅信息表的原始数据
DELETE FROM readinfo WHERE userid=2 AND bookid=1003;
SELECT * FROM readinfo;                  --查询执行删除语句后的借阅信息表
SELECT * FROM bookinfo;                  --查询还书后的图书信息表
```

执行上面的语句，效果如图 13.13 所示。

从图 13.13 所示的效果可以看出，INSTEAD OF 触发器确实是阻止了数据表执行删除操作。

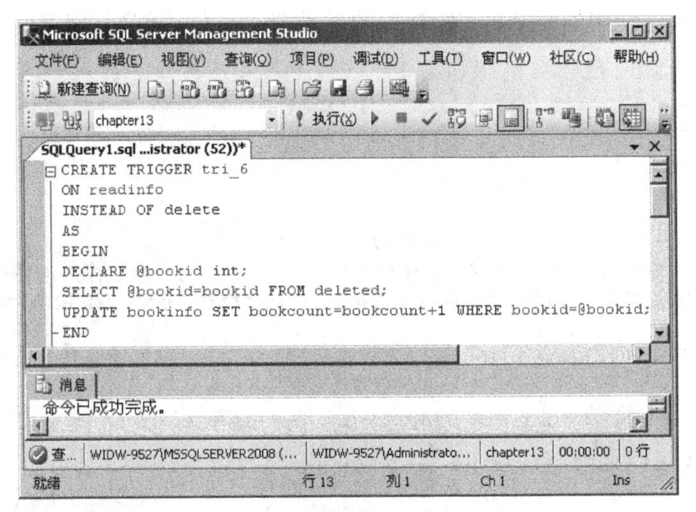

图 13.12　创建触发器 tri_6

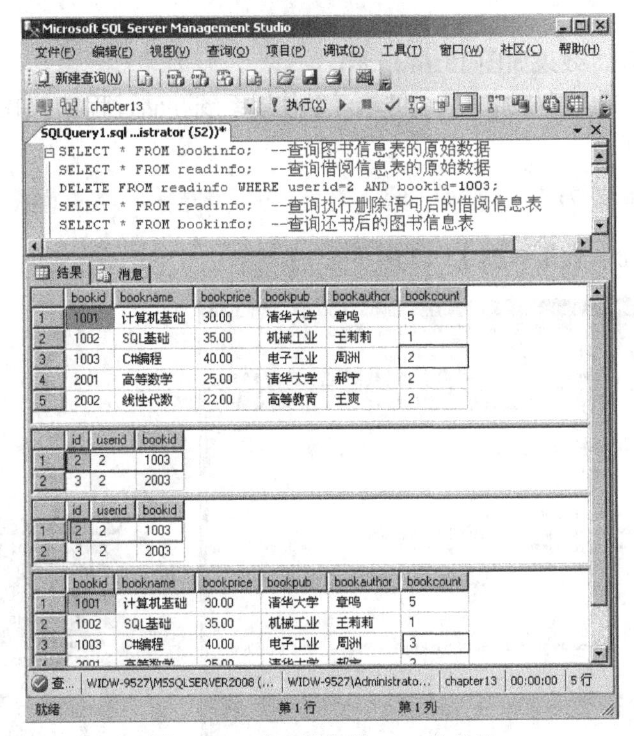

图 13.13　验证触发器 tri_6 的效果

13.2.4　创建带加密选项的触发器

所谓带加密选项就像在上一章中存储过程使用的加密选项一样，只要在创建触发器时为其加上 WITH ENCRYPTION 就可以为创建触发器的文本加密了。下面就使用示例 7 来演示如何创建带加密选项的触发器。

【示例 7】 创建触发器 tri_7，并使用加密选项设置。触发器的作用是禁止借阅价格高于 30 元的图书。

根据题目要求，使用的是AFTER类型的触发器。具体的创建语句如下：

```
CREATE TRIGGER tri_7
ON readinfo
WITH ENCRYPTION                                           --加密文本
AFTER insert
AS
BEGIN
DECLARE @bookid int,@price decimal(6,2);
SELECT @bookid=bookid FROM inserted;                      --获取添加的图书编号
if(EXISTS(SELECT * FROM bookinfo WHERE bookid=@bookid AND bookprice>30))
BEGIN
ROLLBACK TRANSACTION;                                     --回滚事务
END
ELSE
BEGIN
UPDATE bookinfo SET bookcount=bookcount-1 WHERE bookid=@bookid;
                                                          --更新图书数量
END
END
```

执行上面的语句，效果如图13.14所示。

验证触发器tri_7是否被加密了，仍然可以使用系统存储过程SP_HELPTEXT来查看。具体的查看语句如下：

```
SP_HELPTEXT tri_7;
```

执行上面的语句，效果如图13.15所示。

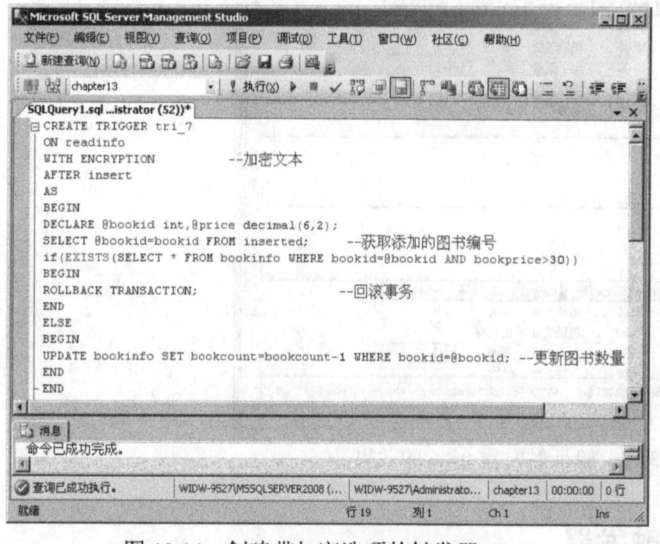

图13.14　创建带加密选项的触发器tri_7

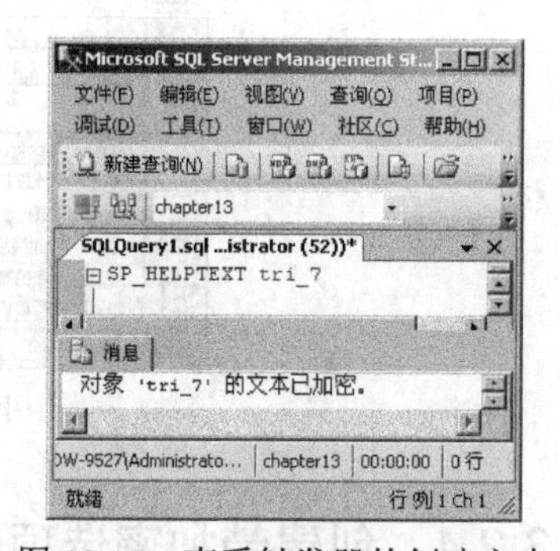

图13.15　查看触发器的创建文本

通过图13.15所示的效果可以看出，通过WITH ENCRYPTION确实是将创建触发器的文本加密了。

注意：在创建触发器时，读者要注意的是每张表的操作（INSERT、UPDATE和DELETE）只能有一种类型的触发器。

13.3　修改触发器

触发器在创建完成后，有时还是要对原有的触发器进行修改的。修改触发器不仅可以修改触发器中的语法，也可以通过语句来设置触发器是否禁用。在本节中就带领读者一同来学习如何使用 SQL 语句修改触发器。在后面的 13.5 节中还将讲解如何使用企业管理器来修改触发器。

13.3.1　修改触发器的语法

修改触发器的语法与创建触发器的语法类似，只是将 CREATE 关键字换成了 ALTER 关键字。具体语法形式如下：

```
ALTER TRIGGER trigger_name
ON { table | view }
[ WITH ENCRYPTION]
{ FOR | AFTER | INSTEAD OF }
{ [ INSERT ] [ , ] [ UPDATE ] [ , ] [ DELETE ] }
[ NOT FOR REPLICATION ]
AS { sql_statement }
```

其中：

- trigger_name：触发器的名称。
- table | view：触发器作用的表名或视图名。
- WITH ENCRYPTION：对文本进行加密。与它在存储过程中的含义一样。
- FOR|AFTER：当执行某些操作后被激发。比如：向表中添加数据后激发。FOR 与 AFTER 是同义的。
- INSTEAD OF：替代操作，需要注意的是对于表或视图，每个 INSERT、UPDATE 或 DELETE 语句最多可定义一个 INSTEAD OF 触发器。
- { [DELETE] [,] [INSERT] [,] [UPDATE] }：指定在哪种操作时激发触发器。可以选择 1 到多个选项。
- NOT FOR REPLICATION：当复制表时，触发器不被激发。
- sql_statement：触发器被激发时执行的 T-SQL 语句。

13.3.2　修改触发器

有了修改触发器的语法，就可以尝试修改触发器了。下面就通过示例 8 来讲解如何修改触发器。

【示例 8】 修改在示例 7 中创建的触发器 tri_7，改成当出版社是机械工业出版社时图书禁止借阅。

根据题目要求，修改的语句如下：

```
ALTER TRIGGER tri_7
ON readinfo
WITH ENCRYPTION                                    --加密文本
AFTER insert
```

```
AS
BEGIN
DECLARE @bookid int,@price decimal(6,2);
SELECT @bookid=bookid FROM inserted;         --获取添加的图书编号
if(EXISTS(SELECT * FROM bookinfo WHERE bookid=@bookid AND bookpub='机械工业'))
BEGIN
ROLLBACK TRANSACTION;                        --回滚事务
END
ELSE
BEGIN
UPDATE bookinfo SET bookcount=bookcount-1 WHERE bookid=@bookid;
                                             --更新图书数量
END
END
```

执行上面的语句，效果如图 13.16 所示。

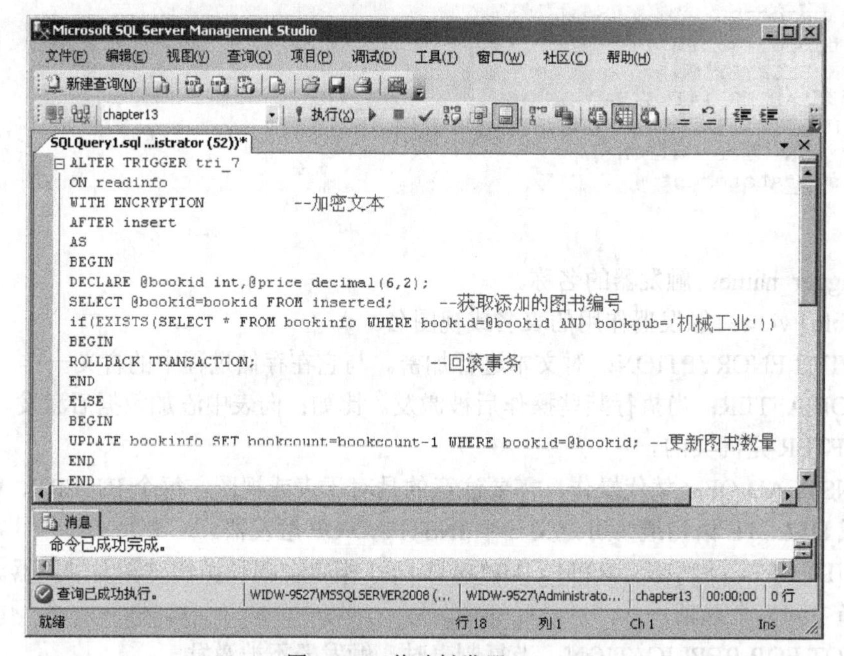

图 13.16　修改触发器 tri_7

从图 13.16 所示的界面，可以看出触发器的内容已经被修改了。那么，现在就请读者编写验证语句，自己来验证一下修改后的触发器 tri_7 吧。

13.3.3　禁用/启用触发器

通过前面讲解的修改触发器的语法是不能够将触发器禁用的。禁用触发器的目的是当一些触发器目前不用，但是以后可能还会使用时，不需直接将触发器删除。如果今后想继续使用被禁用的触发器，直接使用语句将其启用就可以了。下面就分别来讲解如何禁用和启用触发器。

1. 禁用触发器

禁用触发器是通过 DISABLE 语句来完成的。具体的语法结构如下：

```
DISABLE TRIGGER {[trigger_name [,...n ] | ALL }
ON object_name
```

其中：

- trigger_name：触发器的名称。
- ALL：所有触发器。
- object_name：要禁用触发器的表或视图。

下面就通过示例 9 来练习如何禁用触发器。

【示例 9】 禁用触发器 tri_7。

使用 DISABLE TRIGGER 语句禁用触发器 tri_7，触发器 tri_7 是作用在借阅信息表（readinfo）上的。具体的语句如下：

```
DISABLE TRIGGER tri_7
ON readinfo;
```

执行上面的语句，效果如图 13.17 所示。

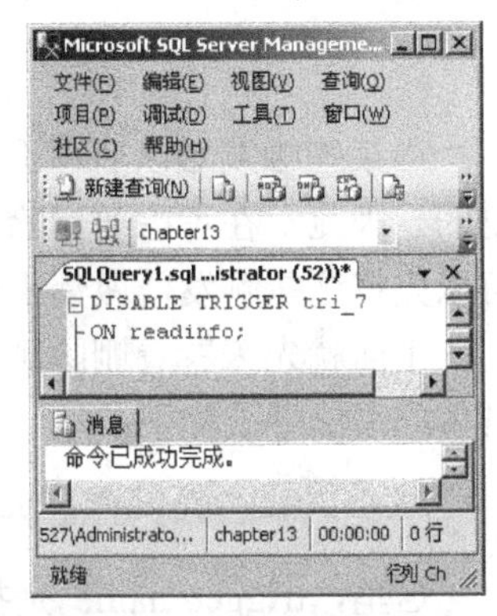

图 13.17　禁用触发器 tri_7

通过图 13.17 所示的效果，就说明禁用触发器的操作已经完成了。tri_7 触发器是用来借阅图书时的判断，那么，读者可以试着编写一条借阅图书的语句来看看触发器是否还起作用呢？

2. 启用触发器

当触发器需要重新恢复其作用时，就需要重新启用该触发器了。启用触发器使用的是 ENABLE 语句。具体的语法形式如下：

```
ENABLE TRIGGER {[trigger_name [,...n ] | ALL }
ON object_name
```

其中：

- trigger_name：触发器的名称。
- ALL：所有触发器。
- object_name：要禁用的触发器的表或视图。

实际上，读者会发现启用和禁用触发器的语法非常类似，千万不要混淆啊！下面就通过示例 10 来演示启用触发器。

【示例 10】 启用触发器 tri_7。

使用 ENABLE TRIGGER 语句启用触发器 tri_7，触发器 tri_7 是作用在借阅信息表（readinfo）上的。具体的语句如下：

```
ENABLE TRIGGER tri_7
ON readinfo;
```

执行上面的语句，效果如图 13.18 所示。

通过图 13.18 所示的效果，就说明启用触发器的操作已经完成了。也就是说，触发器 tri_7 又恢复了原来的功能。不信可以试试哦！

图 13.18　启用触发器 tri_7

13.4　删除触发器

当某些触发器以后都不再使用时，可以考虑删除触发器。删除后的触发器是不能够恢复的。因此，在考虑要删除某些触发器时，一定要慎重！如果不能确定触发器是否不用，可以先将这些触发器做禁用操作。

下面就先来看看删除触发器的语法吧，删除触发器仍然使用的是 DROP 语句来完成的。具体的语法形式如下：

```
DROP TRIGGER trigger_name [ ,...n ] [ ; ]
```

这里，trigger_name 是指要删除的触发器的名称。在删除触发器时一次可以删除一个或多个触发器。多个触发器之间用逗号隔开即可。

下面就来演示使用 DROP TRIGGER 语句删除触发器。

【示例 11】 删除触发器 tri_7。

使用 DROP TRIGGER 语句删除 tri_7，具体的语句如下：

```
DROP TRIGGER tri_7;
```

执行上面的语句，效果如图 13.19 所示。

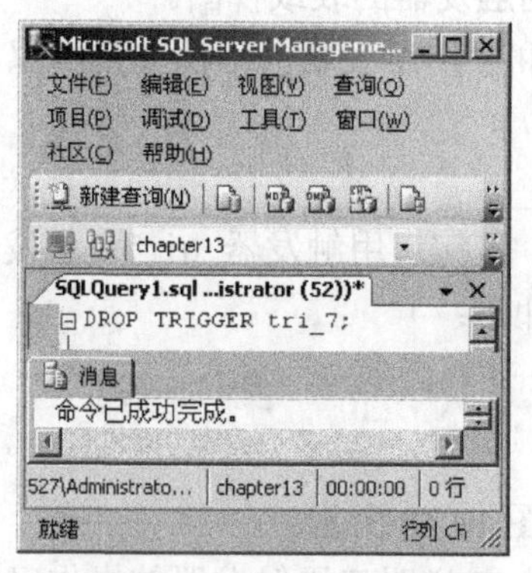

图 13.19　删除触发器 tri_7

这样，在数据库 chapter13 中就没有名为 tri_7 的触发器了。

13.5　使用企业管理器管理触发器

在前面的内容中全部都是通过 SQL 来操作触发器的。有些读者学到这里就会感到有些疲惫了，但是，不要紧，本节的内容就要轻松多了。在企业管理器中操作触发器就免去了记语法的工作了，直接按照步骤操作就行了。有了前面使用企业管理器操作存储过程的基础，再使用其操作触发器，这对于读者来说就是小菜一碟了。

13.5.1　使用企业管理器创建触发器

在企业管理器中创建触发器是非常容易的，通常需要两个步骤就可以完成了。下面就使用示例 12 来演示如何在企业管理器中创建触发器。

【示例 12】 创建触发器 tri_8，当删除读者信息表的读者信息时，需要将读者的借阅信息也一并删除。

使用企业管理器完成创建触发器 tri_8 的工作，具体分为如下两个步骤。

（1）在“对象资源管理器”中，在数据库目录下，找到 chapter13，并在表目录下找到读者信息表（userinfo），展开表目录，右击“触发器”节点，在弹出的右键菜单中选择“新建触发器”选项，如图 13.20 所示。

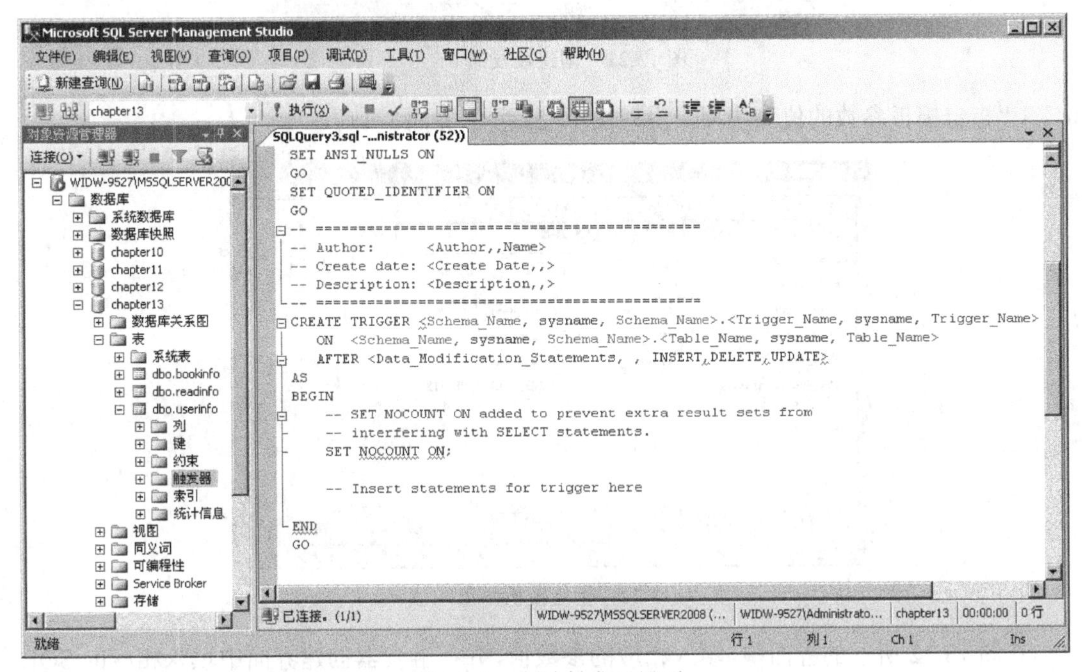

图 13.20　创建触发器界面

（2）在图 13.20 所示界面中，根据需要修改相应的参数，具体语句如图 13.21 所示。添加完成后，再单击“执行”按钮，即可完成触发器的创建操作。

至此，触发器 tri_8 就创建完成了。

除了像示例 12 中讲解的直接在创建触发器的界面填入相应的参数外，也可以通过“指定模板参数的值”界面来完成参数的添加。具体的方法是单击企业管理器菜单栏中的“查

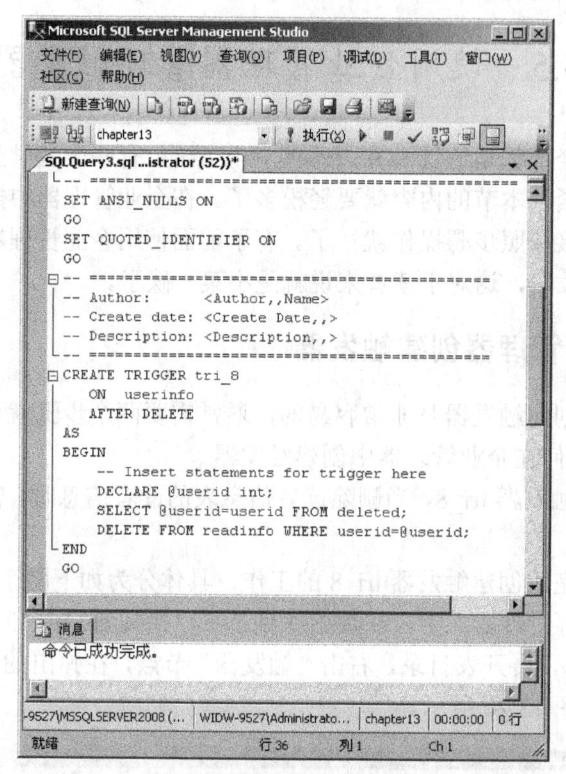

图 13.21　创建触发器 tri_8

询”|“指定模板参数的值”选项，出现图 13.22 所示界面。

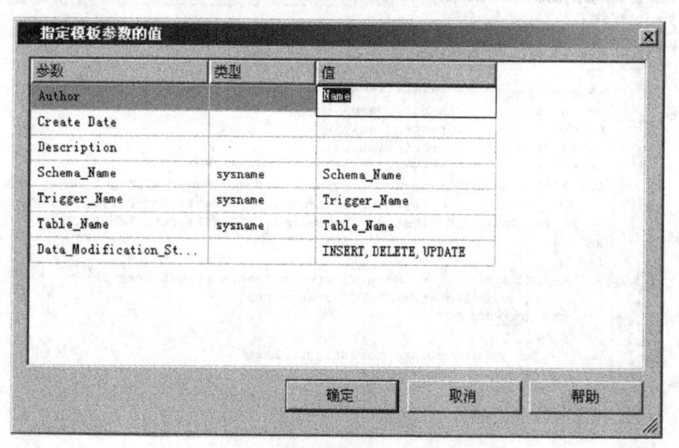

图 13.22　指定模板参数的值

在图 13.22 所示的界面中，填入相应的参数值，并在触发器创建界面中填入相应的 SQL 语句即可。

13.5.2　使用企业管理器修改触发器

在企业管理器中修改触发器要比创建触发器的操作容易一些，下面就简单地讲解如何在企业管理器中修改触发器。实际上，修改触发器时也只需要两个步骤即可。这里仍以修改 tri_8 为例。

（1）在“对象资源管理器”中，在数据库目录下，找到 chapter13，并在表目录下找到读者信息表（userinfo），展开表目录，展开“触发器”节点，并右击 tri_8 触发器。在弹出的右键菜单中选择“修改”选项，如图 13.23 所示。

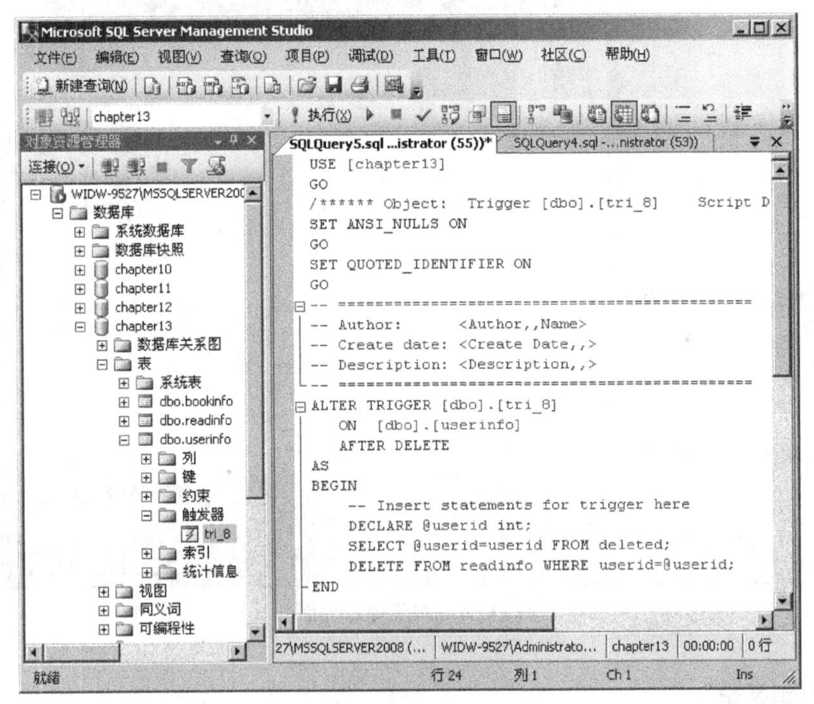

图 13.23　修改触发器界面

（2）在图 13.23 所示界面中，按照要求修改相应的参数和 SQL 语句，完成修改操作后，直接单击“执行”按钮，即可完成触发器的修改操作。

13.5.3　使用企业管理器删除触发器

删除触发器可谓是最简单的一个操作了，但是，这个操作也是最危险的，删除后的触发器就不能恢复了。下面就通过示例 13 来讲解如何删除触发器 tri_8。

【示例 13】 删除触发器 tri_8。

用语句删除触发器就是一句话的事，相对于语句来说，使用企业管理器就略显麻烦了。下面就来看看具体的操作步骤。

（1）在“对象资源管理器”中，在数据库目录下，找到数据库 chapter13，并找到要删除触发器所在的数据表 userinfo。展开其下的触发器节点，右击 tri_8 触发器，在弹出的右键菜单中选择“删除”命令。弹出图 13.24 所示界面。

（2）在图 13.24 所示界面中，单击“确定”按钮，即可完成删除触发器 tri_8 的操作。

13.5.4　使用企业管理器启用/禁用触发器

在企业管理器中启用或者禁用触发器的操作都与删除触发器的操作有些类似，也是非常简单的。下面就分别来讲解如何启用和禁用触发器。

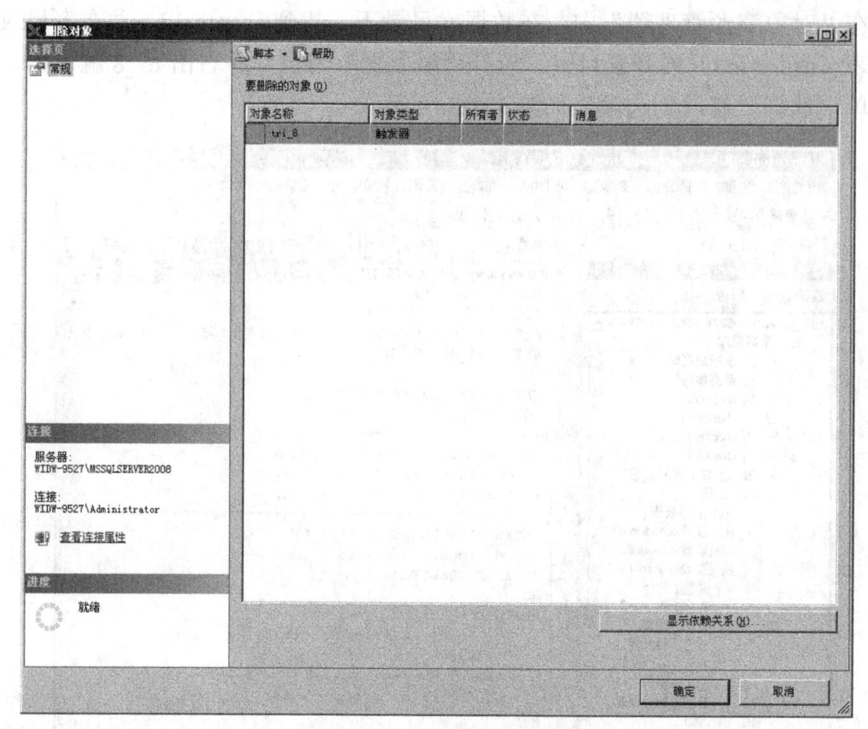

图 13.24　删除提示界面

1．禁用触发器

禁用触发器的操作分为如下两个步骤。这里以禁用 tri_8 为例。

（1）在“对象资源管理器”中，在数据库目录下，找到数据库 chapter13，并找到要删除触发器所在的数据表 userinfo。展开其下的触发器节点，右击 tri_8 触发器，在弹出的右键菜单中选择“禁用”命令。弹出图 13.25 所示界面。

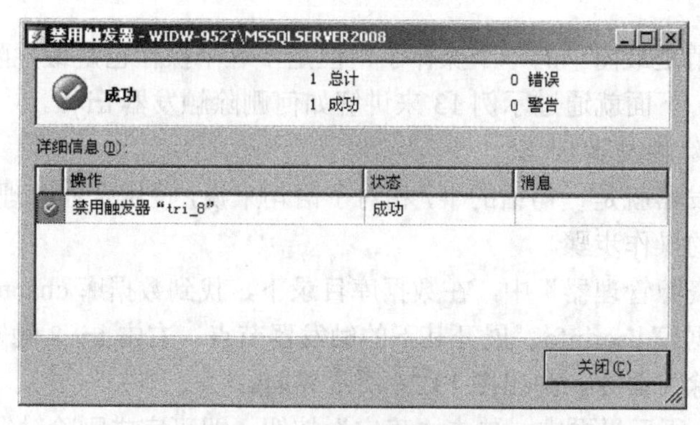

图 13.25　禁用触发器界面

（2）在图 13.25 所示的界面中，单击“关闭”按钮，即可完成触发器的禁用操作。

2．启用触发器

有了禁用触发器的基础，启用触发器的操作就变得更加容易了。启用 tri_8 触发器，分为如下两个步骤。

（1）在“对象资源管理器”中，在数据库目录下，找到数据库 chapter13，并找到要删除触发器所在的数据表 userinfo。展开其下的触发器节点，右击 tri_8 触发器，在弹出的右键菜单中选择“启用”命令。弹出图 13.26 所示界面。

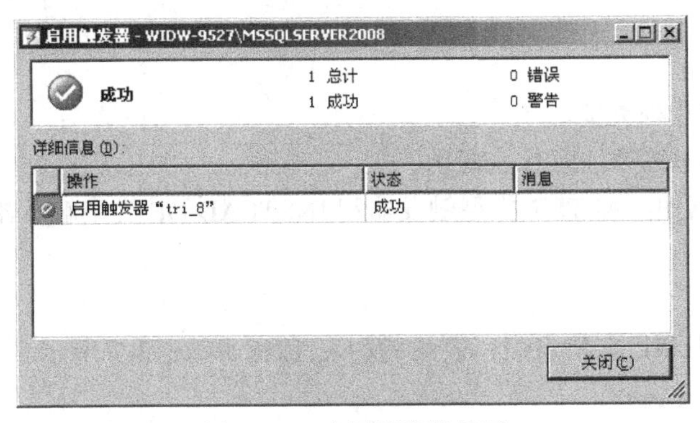

图 13.26　启用触发器界面

（2）在图 13.26 所示的界面中，单击“关闭”按钮，即可完成触发器的启用操作。

13.6　本 章 小 结

在本章中主要讲解了触发器的作用、分类以及如何创建、修改和删除 DML 类型触发器。在创建触发器时讲解了创建 AFTER、INSTEAD OF 以及带加密选项的触发器；在修改触发器中除了讲解了使用一般语法修改触发器的操作，还介绍了禁用和启用触发器。此外，还讲解了如何使用企业管理器来创建、修改以及删除触发器。相信通过本章的学习，读者能够更好地理解触发器的功能以及如何使用触发器。在以后的工作中，有选择地使用触发器必能起到事半功倍的效果！

13.7　本 章 习 题

一、填空题

1．在 SQL Server 中，DML 类型触发器的操作指的是________操作。

2．在触发器中有两个特殊的表：________和________。

3．INSTEAD OF 触发器的作用是________。

二、选择题

1．下列哪个是创建触发器的语句________。

A．CREATE PRO　　B．CREATE TRIGGER

C．ALTER TRIGGER　　D．以上都不对

2．下列哪个是禁用触发器的语句________。

A．USE　　B．DISABLE　　C．ENABLE　　D．以上都不对

3．下列哪个是删除触发器的语句________。

A．DELETE TRIGGER　　　　B．CLOSE TRIGGER

C．DROP TRIGGER　　　　　D．以上都不对

三、问答题

1．触发器有哪几种类型？

2．使用触发器时需要注意什么问题？

3．DML 触发器中，AFTER 类型触发器和 INSTEAD OF 类型触发器有什么区别？

四、操作题

创建用户信息表和日志信息表，表结构如表 13-6 和表 13-7 所示。并完成下列触发器的操作。

表 13-6　用户信息表（userinfo）

序号	列　　名	数 据 类 型	说　　明
1	id	int	用户编号
2	username	varchar(20)	用户名
3	userpwd	varchar(20)	密码

表 13-7　用户信息日志表（loginfo）

序号	列　　名	数 据 类 型	说　　明
1	id	int	日志编号
2	userid	int	用户编号
3	username	varchar(20)	用户名
4	userpwd	varchar(20)	密码

（1）创建触发器 tri_1，完成当向用户信息表插入数据时，同时向用户信息日志表插入相同的数据。

（2）创建触发器 tri_2，完成当删除用户信息表数据时，同时向用户信息日志表插入删除的数据。

第 4 篇　数据库的管理

第 14 章　与数据安全相关的对象

确保数据库中数据的安全性是每一个从事数据库管理工作人员的理想。但是，无论什么样的数据库设计都不能说是十全十美的，只是说尽量地提高数据库的安全性。那么，如何提高数据库的安全性呢？这就与本章要学习的数据库对象息息相关喽！

本章的主要知识点如下：

- ❑ 了解与数据安全相关的对象
- ❑ 如何管理用户
- ❑ 如何管理角色
- ❑ 如何管理权限
- ❑ 如何管理登录账号

14.1　认识与数据安全相关的对象

在 SQL Server 数据库中，能够对数据安全起作用的对象主要有用户、权限、角色以及登录账号。只有了解了这些对象的作用，才能够灵活地设置和使用这些对象。在本节中将带领读者一一与其见面。

（1）数据库用户

所谓数据库用户，就是指能够使用数据库的用户。在 SQL Server 中，可以为不同的数据库设置不同的用户，从而提高数据库访问的安全性。

在 SQL Server 数据库中有两个特殊的用户，一个是 dbo 用户，一个是 guest 用户。这两个用户之所以特殊，是因为安装系统后就存在了，并且它们默认就存在于每一个数据库中。guset 用户的特点是可以被禁用的；dbo 用户的特点是创建数据库对象的所有者默认为都是 dbo 用户，并且该用户是不能删除的。

（2）用户权限

了解了数据库用户，那么，用户究竟能如何操作数据库呢？这个还是可以由数据库管理员来指定的，指定用户做什么就靠给用户设置权限来完成的。比如：在商场中经常会办理各种会员卡，每种会员卡一般会有普通会员、VIP 会员，那么每种卡持有的会员在消费时都有不同的折扣。用户也是一样的，通过对用户设置权限，每个数据库用户都会有不同的访问权限，比如：让用户只能查询数据库中的信息不能更新数据库的信息。

（3）角色

角色这个词，读者应该不会太陌生。在电影或电视剧中经常会提到角色，比如：主演、友情出演等等。那么，如果你有幸成为某电影的主演，在这个电影中所承担的任务按照剧本就已经明确了；同样，如果你是友情出演某个电影，也会在剧本中有确定的任务，只是任务不多罢了。在数据库中也是一样的，角色是在数据库中设置好权限的，合理地分配给用户就可以了。通常，将角色看作是一些权限的集合。因此，如果需要给用户设置很多权限时，能够直接找到适合的角色，就可以将设置权限的工作变得容易多了。那么，在数据库中究竟有哪些角色呢？在 SQL Server 中，角色可以分为 3 种，分别是数据库角色、服务器角色以及应用程序角色。至于每种角色中都包含哪些权限，将在本章的角色部分详细讲解。

（4）登录账号

登录账号是用来访问 SQL Server 数据库系统使用的。它不同于前面所讲的数据库用户。用户是用来访问某个特定数据库的。一个登录账号可以访问多个数据库，而一个用户只能访问特定的数据库，并且不能直接访问 SQL Server 系统，只有给用户设置登录账号映射才能访问 SQL Server 系统。因此，合理地控制用户使用登录账号，也是确保数据库安全性的一个手段。

14.2　登录账号管理

所谓登录账号就是登录数据库时使用的用户名和密码，这就和登录操作系统一样，都需要使用账号和密码。在本节中主要讲解如何使用 SQL 语句和企业管理器来创建和管理登录账号。

14.2.1　创建登录账号

创建登录账号首先要注意的是账号不能重名，使用 SQL 语句创建登录账号的语法形式如下：

```
CREATE LOGIN loginname WITH PASSWORD='password'
[DEFAULT DATABASE=dbname]
```

其中：

- loginname：登录名。
- password：密码。密码要尽量设置复杂一些。
- dbname：指定账户登录的默认数据库名。如果不指定默认数据库名，则会默认将 master 数据库作为默认的数据库。

下面就利用上面学习的创建登录账号的语法来创建登录账号。

【示例 1】 创建登录名为 user1、密码为 1a2b3c 的登录账号。

根据题目要求，创建登录账号的语句如下：

```
CREATE LOGIN user1 WITH PASSWORD='1a2b3c';
```

执行上面的语句，效果如图 14.1 所示。

下面就来验证 user1 账号是否能成功登录。在登录企业管理器的界面中，尝试输入用户名 user1 以及密码 1a2b3c，效果如图 14.2 所示。

在图 14.2 所示界面中，单击“连接”按钮，即可登录到 SQL Server 企业管理器的界面中。如果能够成功登录，那就说明创建登录账号 user1 成功了。

图 14.1　创建登录账号 user1

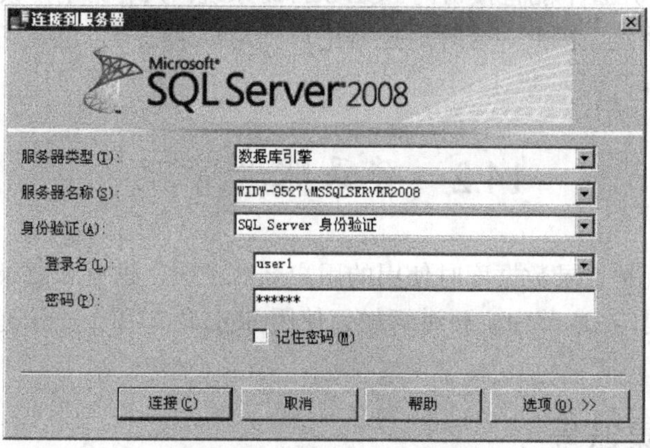

图 14.2　使用 user1 登录界面

说明：除了使用 CREATE LOGIN 语句可以创建登录账号外，还可以通过系统存储过程 sp_addlogin 来创建。语法形式如下：

```
sp_addlogin username,userpwd,default database;
```

这里，username 是登录名，userpwd 是密码，default database 是为用户指定的默认数据库。如果用 sp_addlogin 创建示例 1 的用户账号 user1，具体语句如下：

```
sp_addlogin 'user1','1a2b3c';
```

通过上面的语句就可以达到与示例 1 相同的效果了。

14.2.2　修改登录账号

创建好的登录账号也是可以修改的，修改登录账号使用的是 ALTER LOGIN 语句。使用该语句可以修改账号名、密码以及默认数据库等信息。具体的语法形式如下：

```
ALTER LOGIN loginname
[DISABLE|ENABLE]
WITH
{DEFAULT_DATABASE =database|NAME=new_login_name|PASSWORD='password'}
```

其中：

- ❑ loginname：要修改的账户名称。

- DISABLE|ENABLE：禁用或启用账户。
- database：默认数据库名。
- new_login_name：修改后的账户名称。
- password：密码。

下面就使用上面的修改登录账号的语法来完成如下的示例。

【示例 2】 将示例 1 中的登录账号 user1 的账号名修改成 user2。

根据题目要求，修改登录账号的名字，具体的语句如下：

```
ALTER LOGIN user1
WITH
NAME=user2;
```

执行上面的语句，效果如图 14.3 所示。

通过图 14.3 所示的效果，就完成了将 user1 改成 user2 的操作。不用忘记了，下次只能使用 user2 登录了。

【示例 3】 将登录账号 user2 的默认数据库更改成 chapter14。

首先，要在 SQL Server 中新建数据库 chapter14。然后再修改。具体语句如下：

```
CREATE DATABASE chapter14;
ALTER LOGIN user2
WITH
DEFAULT_DATABASE = chapter14;
```

执行上面的语句，效果如图 14.4 所示。

通过图 14.4 所示的效果，可以看出将 user2 的数据库设置成 chapter14 了。

【示例 4】 将登录账号 user2 禁用。

禁用账号只需要在 ALTER 语句中使用 DISABLE 关键字即可。具体语句如下：

```
ALTER LOGIN user2 DISABLE;
```

执行上面的语句，效果如图 14.5 所示。

通过图 14.5 所示的效果，就将 user2 登录名禁用了。如果想启用 user2，则将上面语句中的 DISABLE 换成 ENABLE 即可。

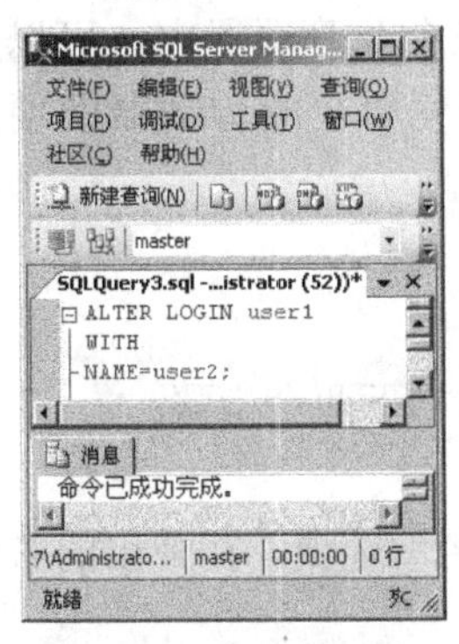

图 14.3　修改登录名

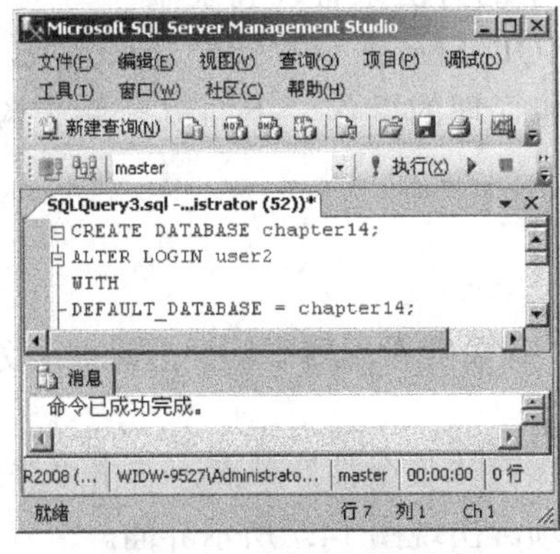

图 14.4　修改默认数据库

图 14.5　禁用 user2

说明：不仅可以使用 ALTER 语句来修改登录账号，也可以使用系统存储过程来完成。在修改登录账号密码时，可以使用系统存储过程 sp_password 完成；在修改登录账号的默认数据库时，可以使用系统存储过程 sp_defaultdb。

14.2.3　删除登录账号

删除登录账号就很简单了，使用 DROP 语句即可。在删除账号时，只要知道账号名就可以删除。但是，删除登录账号功能是不可逆的，因此，在删除前一定要确认好。具体的删除语句如下：

```
DROP LOGIN login_name;
```

这里，login_name 是登录账号名。另外，还需要注意的是使用 DROP LOGIN 语句一次只能删除一个登录账号名。

下面就使用示例 5 来演示如何删除登录账号。

【示例 5】 删除登录账号 user2。

只需要使用 DROP LOGIN 即可删除，具体的语句如下：

```
DROP LOGIN user2;
```

执行上面的语句，效果如图 14.6 所示。

通过图 14.6 所示的效果，看到账号 user2 已经成功删除了。

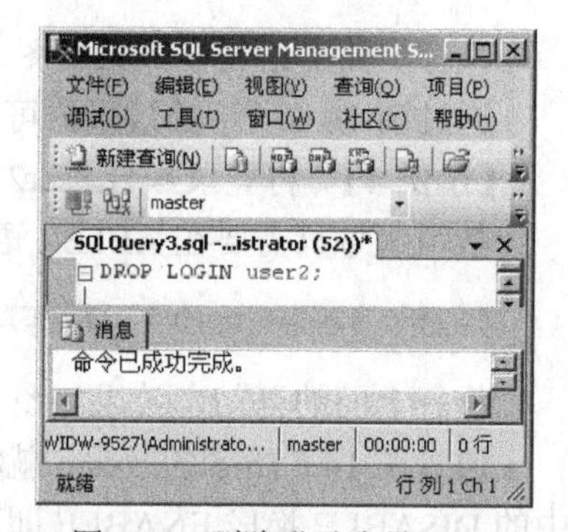

图 14.6　删除登录账号 user2

说明：删除登录账号也可以使用系统存储过程 sp_droplogin 来完成。

14.2.4　使用企业管理器管理登录账号

读者在前面已经学习了如何使用 SQL 来创建和管理登录账号，现在再教你一个简单的方法来管理登录账号，这就是使用我们的好朋友 SQL Server 企业管理器来完成。在企业管理器中，可以很容易地完成登录账号的创建和管理的操作。下面就一起来验证使用企业管理器的便利吧。

1. 创建登录账号

以创建登录账号 user1 为例，在企业管理器中创建登录账号分为如下两个步骤。

（1）找到创建登录账号的位置

在“对象资源管理器”中，展开“安全性”节点，右击“登录名”选项，在弹出的右键菜单中选择“新建登录名”选项。出现图 14.7 所示界面。

（2）填入登录名信息

在图 14.7 所示界面中，填入登录名 user1，选择“SQL Server 身份验证”方式，并设

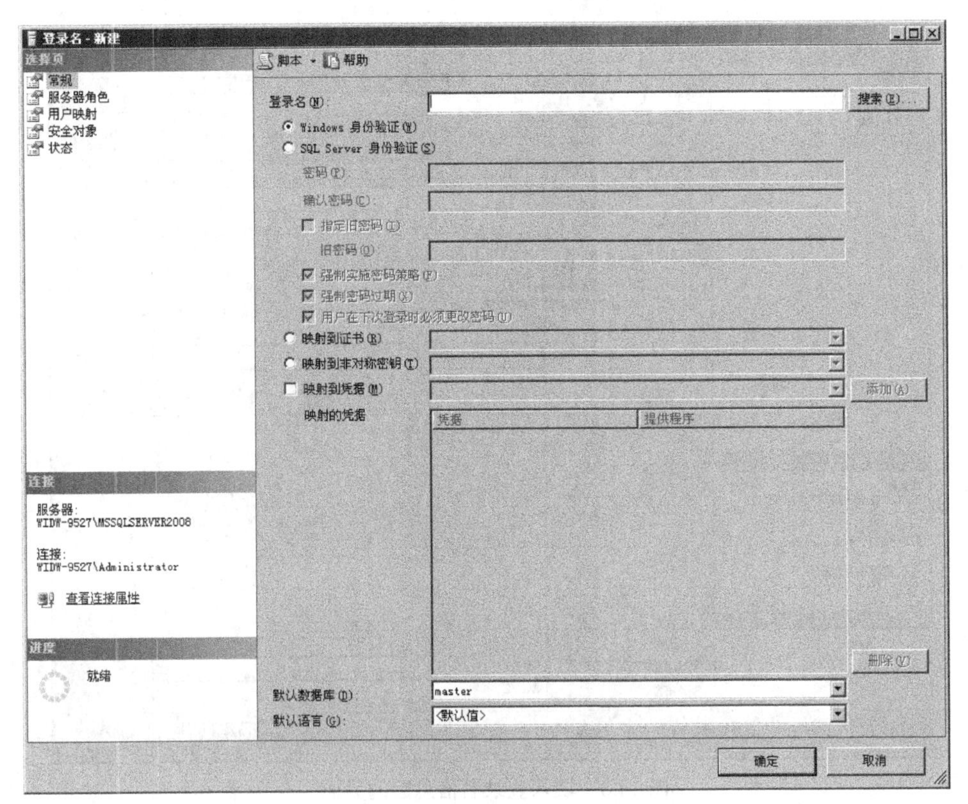

图 14.7　新建登录名界面

置密码。在默认数据库处选择 chapter14。填入后的效果如图 14.8 所示。

在图 14.8 所示界面中，单击“确定”按钮，即可完成 user1 登录账号的创建。

2. 修改登录账号

以更改登录账号 user1 的密码为例，在企业管理器中修改登录账号及密码需要如下两个步骤。

（1）找到要修改的登录账号

在“对象资源管理器”中，依次展开“安全性”|“登录名”节点，右击 user1 节点，在弹出的右键菜单中选择“属性”选项。出现图 14.9 所示界面。

（2）修改登录账号的密码

在图 14.9 所示界面中，修改密码并确认密码。修改密码后，单击“确定”按钮，即可完成登录名 user1 的修改密码操作。

读者在图 14.9 所示的界面中会发现只能修改密码、默认数据库以及默认语言等信息，但是无法修改登录名。那么，登录名如何修改呢？很简单，如果要修改登录名可以直接右击要修改的登录名，在弹出的右键菜单中选择“重命名”选项，重新键入登录名即可完成修改操作。

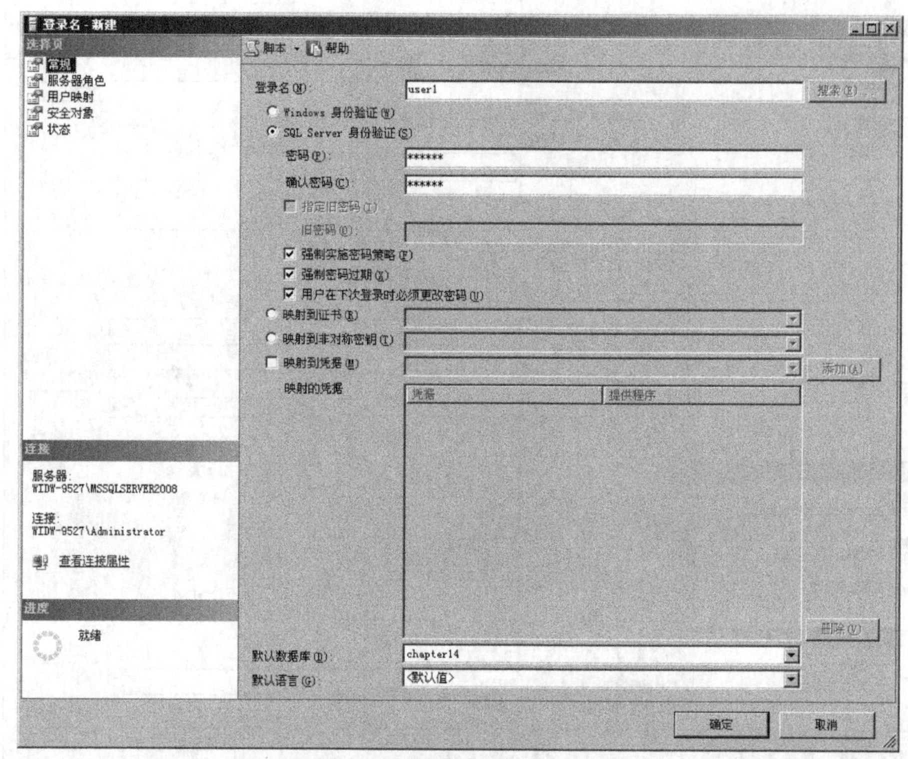

图 14.8　填入登录名信息后的界面

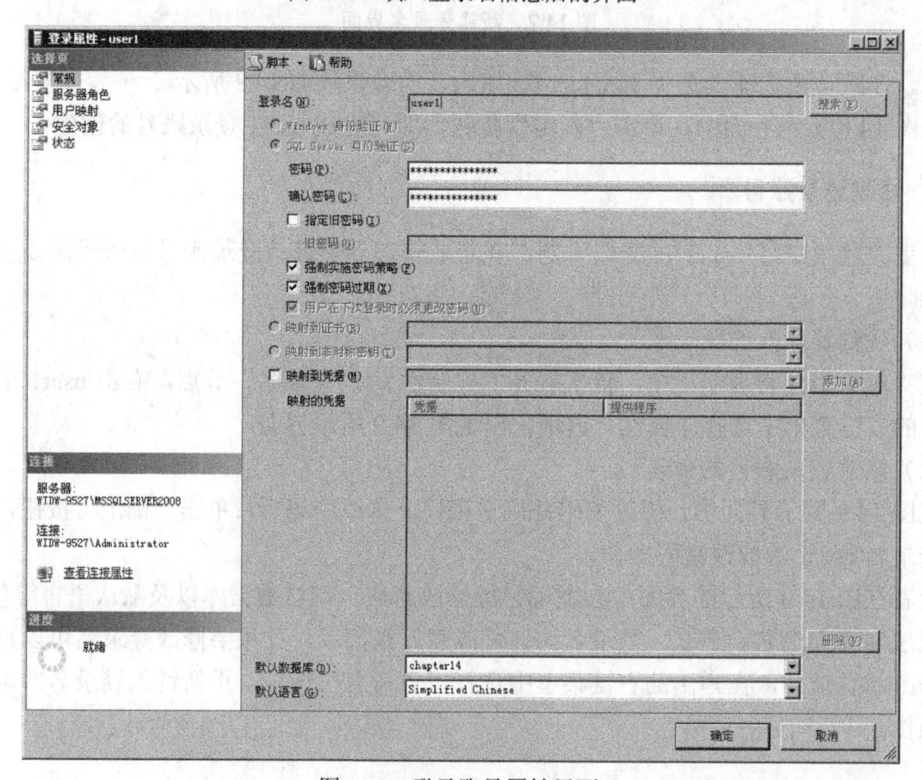

图 14.9　登录账号属性界面

3．删除登录账号

以删除登录账号 user1 为例，在企业管理器中删除登录账号需要如下两个步骤。

（1）找到要删除的登录账号

在“对象资源管理器”中，依次展开“安全性”|“登录名”节点，右击 user1 节点，在弹出的右键菜单中选择“删除”选项。出现图 14.10 所示界面。

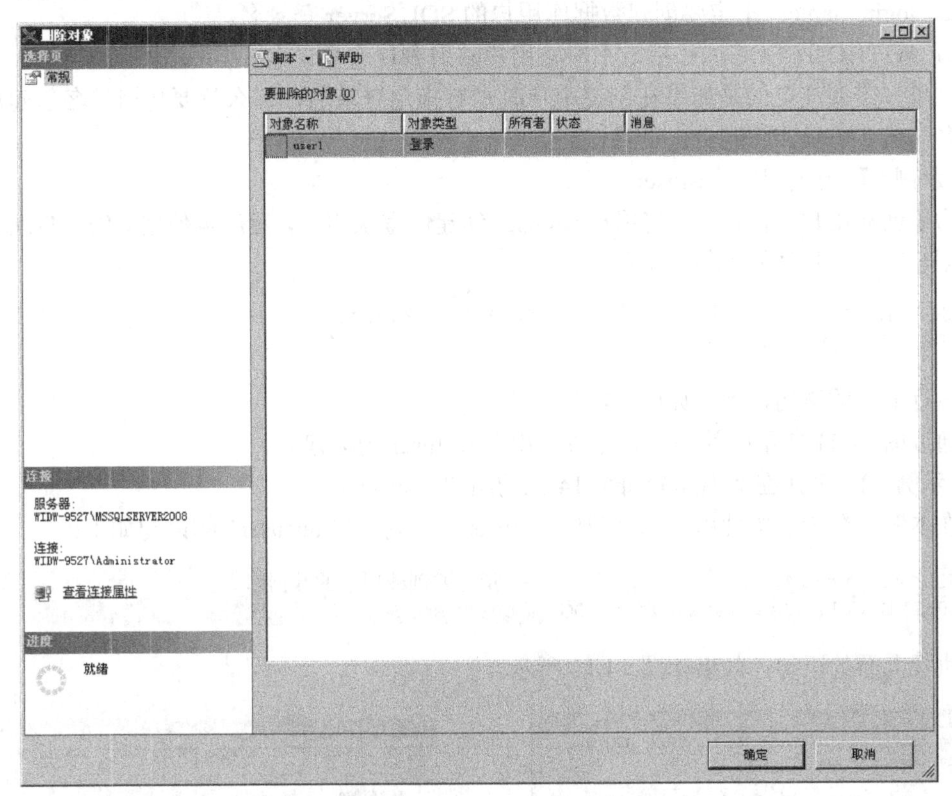

图 14.10　删除登录账号界面

（2）确认删除

在图 14.10 所示界面中，单击“确定”按钮，即可完成登录账户 user1 的删除操作。

14.3　用户管理

读者通过 14.1 节的学习，应该体会到了用户在数据库安全性中的重要性。权限和角色都是要给用户设置的。用户管理既可以通过 SQL 语句完成，也可以通过企业管理器的图形界面管理。在本节中，将详细地讲解如何管理数据库的用户。

14.3.1　创建用户

创建用户是用户管理的第一步，数据库中的用户也是不能够重名，并且用户名也不能够以数字为前缀。创建用户的语法形式如下：

```
CREATE USER user_name [ { { FOR | FROM }
```

```
    {
      LOGIN login_name
    }
    | WITHOUT LOGIN
  ]
```

其中：

- ❑ user_name：用户名。指定登录数据库的用户名。
- ❑ login_name：指定要创建数据库用户的 SQL Server 登录名。
- ❑ WITHOUT LOGIN：指定不应将用户映射到现有登录名。

这里，需要注意的是如果在创建用户时没有指定登录名，那么就要将用户名创建成与登录名同名才可以，否则会出现错误。

【示例 6】 创建用户 testuser。

为了创建用户方便，首先将用户 testuser 创建成登录用户，然后再使用 CREATE USER 语句创建用户。具体的语句如下：

```
CREATE LOGIN testuser WITH PASSWORD='123456';
CREATE USER testuser;
```

执行上面的语句，效果如图 14.11 所示。

通过图 14.11 所示的效果，就完成了用户 testuser 的创建。

【示例 7】 创建在数据库 chapter14 上的用户 testuser1。

在本例中登录名仍使用前面创建的 testuser，创建用户 testuser1 的语句如下：

```
USE chapter14;                    --指定要创建用户的数据库
CREATE USER testuser1 FOR LOGIN testuser;
```

执行上面的语句，效果如图 14.12 所示。

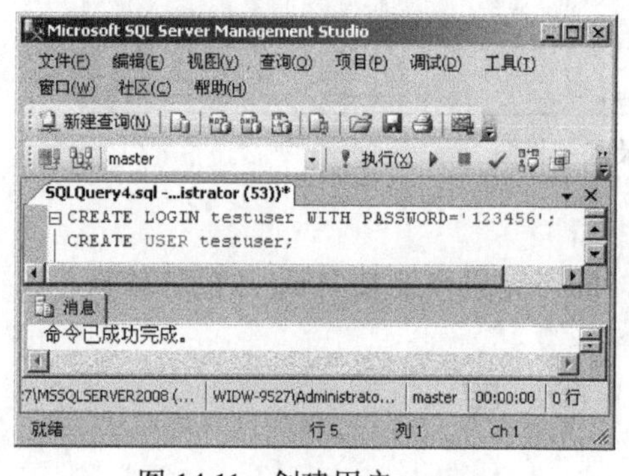

图 14.11　创建用户 testuser

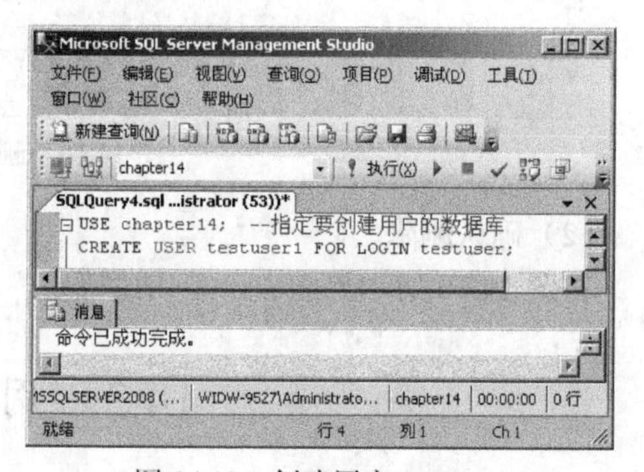

图 14.12　创建用户 testuser1

通过图 14.12 所示的效果，用户 testuser1 就创建成功了。

说明：创建用户也可以使用系统存储过程 SP_GRANTDBACCESS 来完成。

14.3.2　修改用户

创建好用户后，如果需要修改用户的信息，可以通过 ALTER USER 语句来修改。具体的语法形式如下：

```
ALTER USER user_name WITH
{
  NAME=new_username|LOGIN=loginname
}
```

其中：

- ❑ user_name：用户名。指定要修改的用户名。
- ❑ new_username：修改后的用户名。
- ❑ loginname：修改后的登录名。

下面就使用示例 8 来演练如何修改用户。

【示例 8】 将用户名 testuser 修改成 newtestuser。

根据题目要求，修改语句如下：

```
USE master;                          --打开用户所在的数据库
ALTER USER testuser WITH
NAME=newtestuser;
```

执行上面的语句，效果如图 14.13 所示。

通过图 14.13 所示的效果，用户 testuser 就修改成功了。

14.3.3　删除用户

删除用户只需要用户名就可以搞定了，如果不清楚要删除的用户名，可以通过系统存储过程 SP_HELPUSER 来查看。有了用户名，使用下面的删除语句即可完成操作。

```
DROP USER username;
```

这里，username 就是要删除的用户名。需要注意的是在删除用户名之前，先要将用户所在的数据库使用 USE 语句打开。

下面就使用示例 9 来演练如何删除用户名。

【示例 9】 删除数据库 chapter14 中的用户名 testuser1。

根据题目要求，删除语句如下：

```
USE chapter14;
DROP USER testuser1;
```

执行上面的语句，效果如图 14.14 所示。

图 14.13　修改用户 testuser

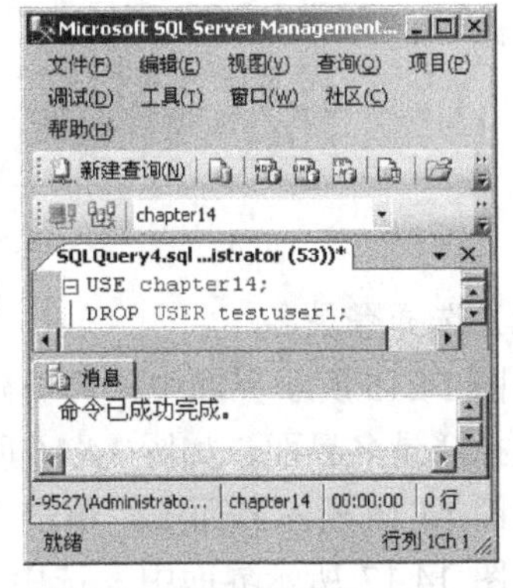

图 14.14　删除用户名 testuser1

从图 14.14 所示的效果可以看出，用户名 testuser1 删除成功了。

说明：删除用户也可以通过系统存储过程 SP_REVOKEDACCESS 来完成。

14.3.4 使用企业管理器管理用户

前面已经学习了如何使用 SQL 语句来创建和管理用户，实际上，在企业管理器中也是可以管理用户的。相比之下，使用企业管理器会变得更容易一些。下面就来学习如何使用企业管理器管理用户。

1. 创建用户

在企业管理器中创建用户很方便，通过以下 3 个步骤即可完成了。这里，以创建用户 user1 为例。

（1）打开创建用户的界面

在“对象资源管理器”中，依次展开“数据库”|chapater14|“安全性”节点，右击“用户”选项，在弹出右键菜单中选择“新建用户”选项，如图 14.15 所示。

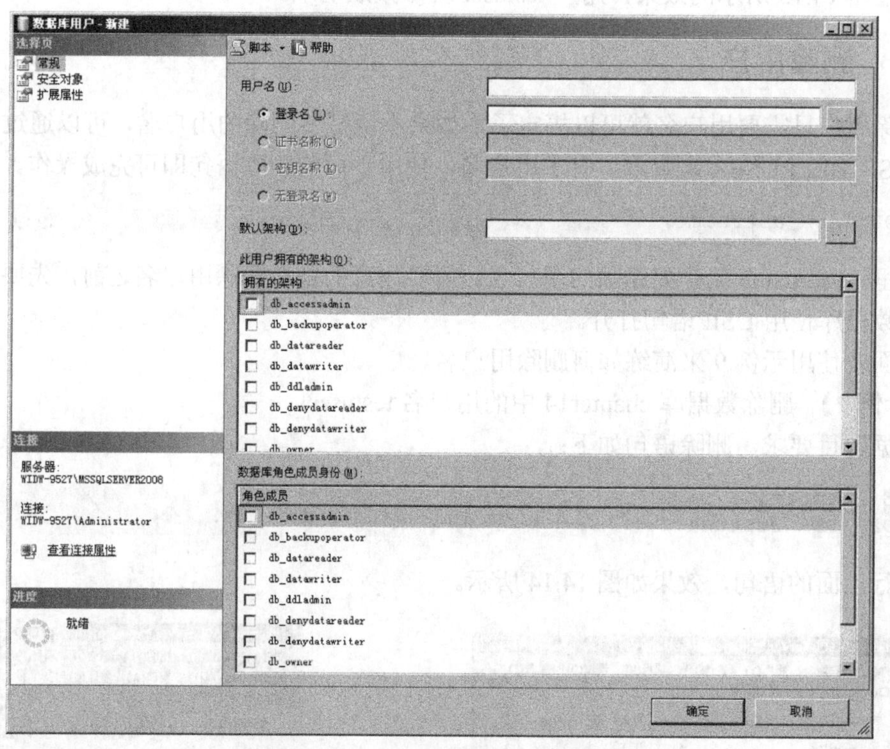

图 14.15 新建数据库用户界面

（2）选择登录名

在图 14.15 所示界面中，为新建的用户选择一个登录名。单击登录名后面的按钮，弹出选择登录名界面，如图 14.16 所示。

在图 14.16 所示界面中，单击“浏览”按钮，出现图 14.17 所示界面。

在图 14.17 所示界面中，选中一个登录名，单击“确定”按钮，即可完成登录名的选

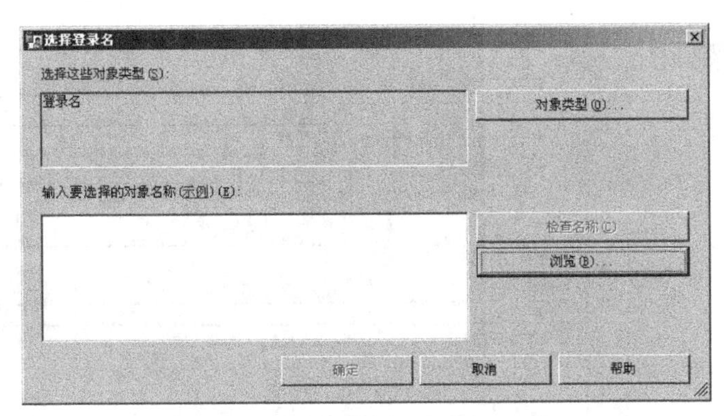

图 14.16　选择登录名

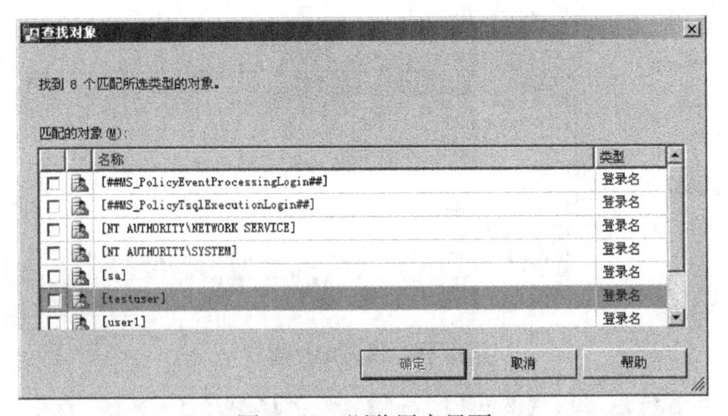

图 14.17　浏览用户界面

择。这里，选择登录名 testuser。

（3）填入用户信息

完成登录名的选择后，填入用户名 user1，还可以为用户选择架构或者角色。效果如图 14.18 所示。

填完用户信息后，在图 14.18 所示界面中，单击“确定”按钮，即可完成用户信息的创建。

这里，关于角色的一些信息将在下一节中详细讲解。

2. 修改用户

有了创建用户信息的操作基础，修改用户就变得容易多了。在企业管理器中，修改用户信息需要如下两个步骤就可以完成了。在企业管理器中修改用户信息不能够修改用户的登录名。

（1）打开用户信息的属性界面

在“对象资源管理器”中，依次展开“数据库”|chapater14|“安全性”|“用户”节点，右击 user1 用户，在弹出右键菜单中选择“属性”选项，如图 14.19 所示。

（2）修改需要的信息

在图 14.19 所示界面中，只能修改 user1 用户的架构以及角色，修改后单击“确定”按钮，即可完成对用户信息的修改操作。

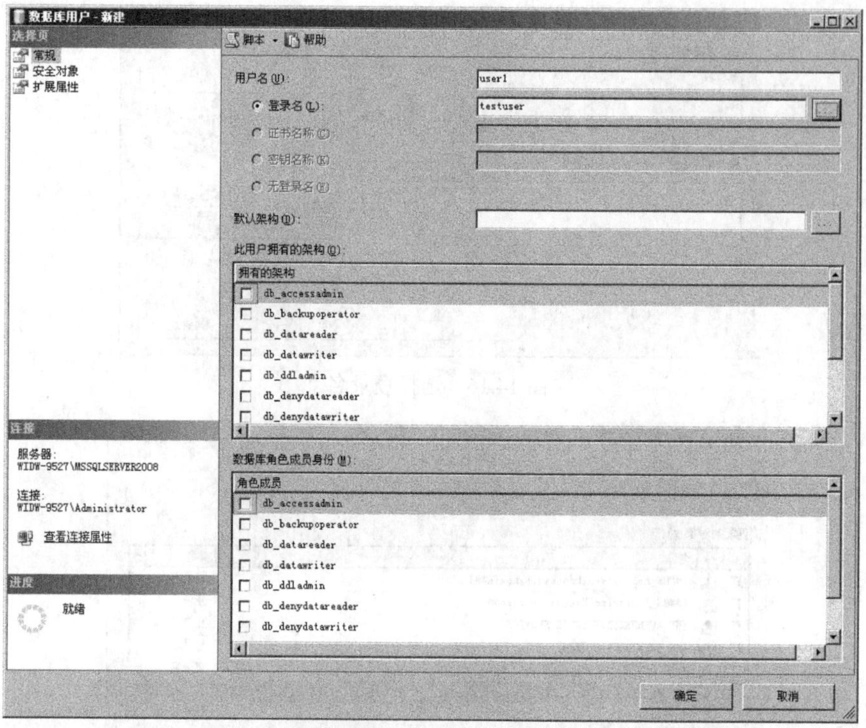

图 14.18　填入用户信息

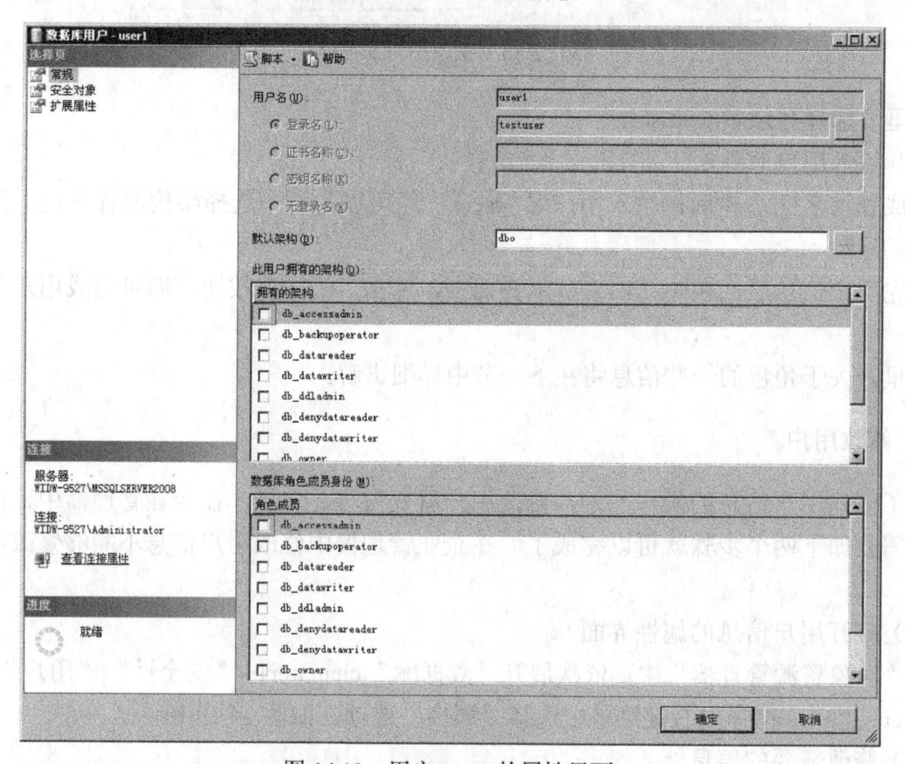

图 14.19　用户 user1 的属性界面

如果需要修改用户名，可以直接右击要修改的用户名，在弹出的右键菜单中选择“重命名”选项，重新键入用户名即可完成修改操作。

3. 删除用户

以删除用户名 user1 为例，在企业管理器中删除用户名需要如下两个步骤。

（1）找到要删除的登录账号

在“对象资源管理器”中，依次展开“数据库”|chapater14|“安全性”|“用户”节点，右击 user1 用户，在弹出的右键菜单中选择“删除”选项，如图 14.20 所示。

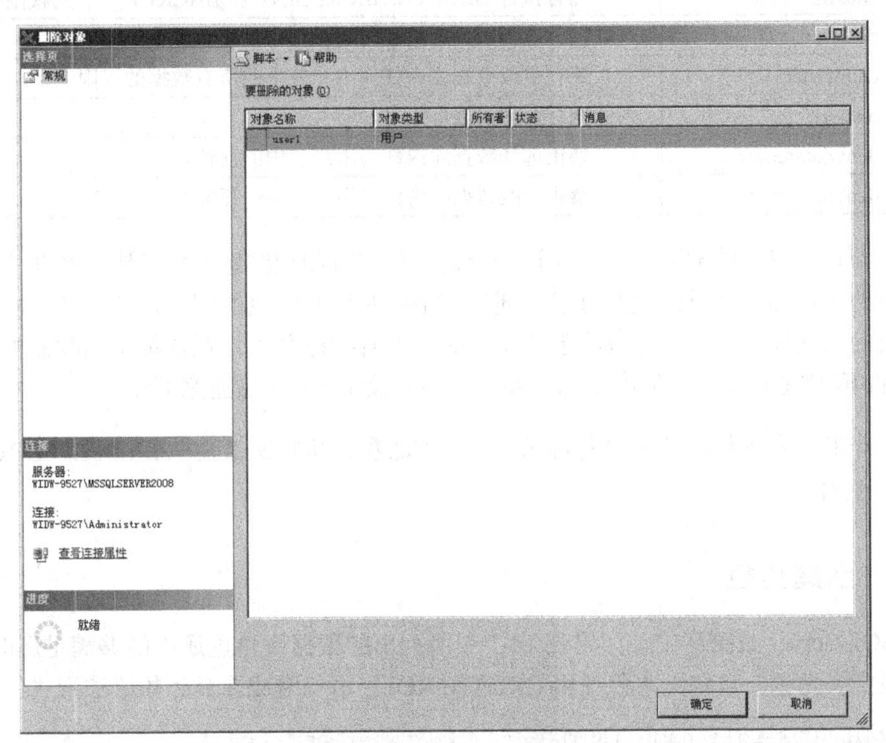

图 14.20　删除用户界面

（2）确认删除

在图 14.20 所示界面中，单击“确定”按钮，即可完成用户 user1 的删除操作。

14.4　角 色 管 理

在使用企业管理器创建用户时，在创建用户的界面上看到了数据库角色的设置。数据库角色是系统自带的，通过这些角色就可以给用户赋予一些权限。在本节中就将带领读者认识数据库角色所包含的权限以及如何自定义角色。

14.4.1　认识常用角色

在安装 SQL Server 数据库后，系统就会为数据库配备一些常用的角色。为用户设置角色就相当于是将一组权限一起设置给用户了，既方便了操作又能避免再赋予权限时出现错误。下面就来一起看看数据库中常见的角色吧，如表 14-1 所示。

表 14-1　数据库角色

数据库角色	说　　明
db_accessadmin	拥有添加或删除用户的权限
db_securityadmin	拥有管理全部权限、对象所有权和角色的权限
db_ddladmin	拥有 DDL 操作权限
db_backupoperator	拥有执行 DBCC、CHECKPOINT 和 BACKUP 语句的权限
db_datareader	拥有选择数据库内任何用户表中的所有数据的权限
db_datawriter	拥有更改数据库内任何用户表中的所有数据的权限
db_owner	拥有全部权限
db_denydatareader	禁止选择数据库内任何用户表中的任何数据
db_denydatawriter	禁止更改数据库内任何用户表中的任何数据

读者看过这张表的解释，是否对这些角色有种似曾相识的感觉。没错，在图 14.19 所示界面中的角色部分就已经遇到过了。通过表格中对这些角色的解释，读者就可以在创建用户时有的放矢地设置了。如果在创建用户时，没有指定角色，默认都是 public 类型的角色。public 角色是在每个数据库中都存在的，并且该角色是不能删除的。

说明：如果要查看数据库的固定角色，可以通过系统存储过程 SP_HELPFIXEDROLE 来查看。

14.4.2　创建角色

在 SQL Server 数据库中，如果表 14-1 中所列出的数据库角色还不能够满足您的要求，还可以自定义角色。自定义角色使用 CREATE ROLE 语句完成。具体的语法形式如下：

```
CREATE ROLE role_name [AUTHORIZATION owner_name];
```

其中：

- role_name：角色名称。该角色名称不能与数据库固定角色的名称相同。
- owner_name：用户名称。角色所作用的用户名称。如果省略了该名称，角色就被创建到当前数据库的用户上。

通过上面的语句所创建的角色并没有设置权限，只是创建了一个角色名称而已。不用着急，在 14.5 节中就会学习如何给角色赋予权限了。

【示例 10】 创建作用在数据库 chapter14 上 user1 用户的角色 role1。

根据题目要求，创建语句如下：

```
USE chapter14;
CREATE ROLE role1 AUTHORIZATION user1;
```

执行上面的语句，效果如图 14.21 所示。

通过图 14.21 所示的效果，就可以看出角色 role1 创建成功。如果要查看数据库是否存在这个角色，可以通过系统存储过程 SP_HELPROLE 来查看。查询效果如图 14.22 所示。

从图 14.22 所示的结果可以看出，角色 role1 位于第 2 行。在使用 SP_HELPROLE 查询时，如果当前数据库不是要查询的数据库，就要先使用 USE 语句打开要查询的数据库。

图 14.21　创建角色 role1

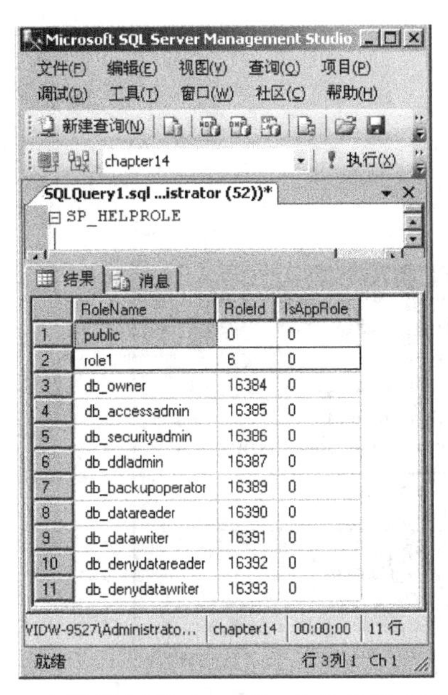

图 14.22　查询数据库 chapter14 中的角色（示例 10）

14.4.3　修改角色

修改角色也是很容易的，但是只能修改角色的名称，其他的内容是不能够修改的。修改角色使用的语句是 ALTER ROLE，具体的语法形式如下：

```
ALTER ROLE role_name
WITH NAME=new_name;
```

其中：

- role_name：要修改的角色名称。
- new_name：修改后的角色名称。

【示例 11】 将示例 10 中创建的角色 role1 更名成 role11。

根据题目要求，修改语句如下：

```
ALTER ROLE role1
WITH NAME=role11;
```

执行上面的语句，效果如图 14.23 所示。

下面使用系统存储过程 SP_HELPROLE 查看数据库 chapter14 中的角色，看看是否更改成功了。查询效果如图 14.24 所示。

从图 14.24 所示的效果可以看出，角色 role1 已经更改成了 role11。

14.4.4　删除角色

删除角色就更容易了，只要知道角色名称就可以删除了。如果记不清要删除哪个角色，还可以通过之前用过的系统存储过程 SP_HELPROLE 来查看。删除角色的语法形式如下：

```
DROP ROLE role_name;
```

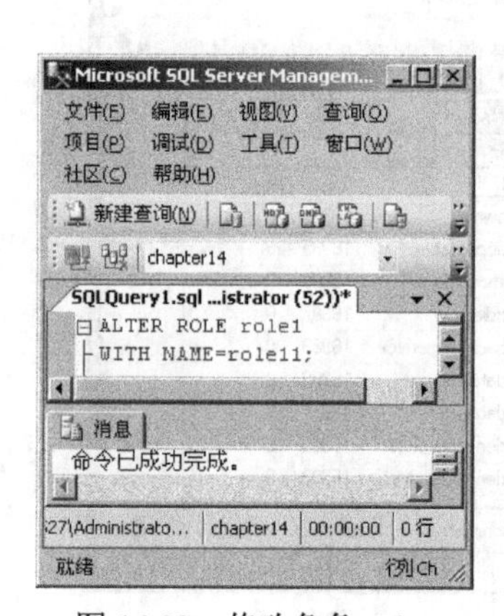

图 14.23　修改角色 role1

图 14.24　查询数据库 chapter14 中的角色（示例 11）

这里，role_name 是要删除的角色名称。在删除角色前，还要使用 USE 语句打开要删除角色所在的数据库。

【示例 12】 删除在 chapter14 中创建的角色 role11。

根据题目要求，删除语句如下：

```
USE chapter14;
DROP ROLE role11;
```

执行上面的语句，效果如图 14.25 所示。

下面使用系统存储过程 SP_HELPROLE 验证是否将 role11 删除了。验证效果如图 14.26 所示。

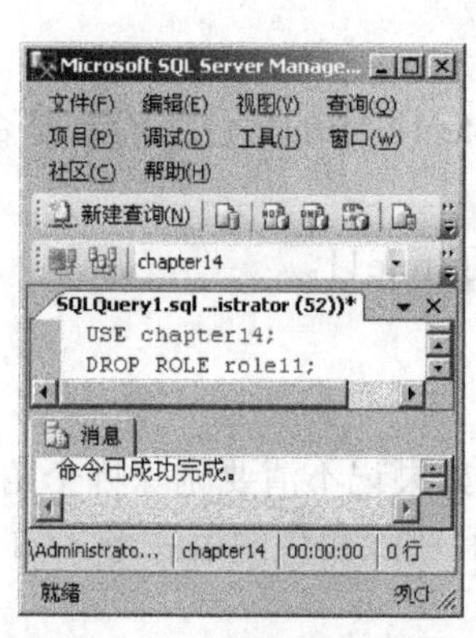

图 14.25　删除角色 role11

图 14.26　查询数据库 chapter14 中的角色（示例 12）

从图 14.26 中的效果可以看出，角色 role11 确实被删除了。

14.4.5　使用企业管理器管理角色

在前面的几个小节中已经学习了如何使用 SQL 语句来创建和管理角色。尽管使用 SQL 语句来管理角色已经很容易了，但是还是很有必要了解在企业管理器中管理角色。这是在一时想不起创建语法时的一个解决方案哦！下面就来学习如何在企业管理器中创建、修改以及删除角色。

1．创建角色

在企业管理器中，创建角色分为如下几个步骤。这里以创建角色 role1 为例。

（1）找到新建角色的界面

在“对象资源管理器”中，依次展开“数据库”|chapter14|“安全性”|“角色”节点，右击“数据库角色”选项，在弹出的右键菜单中选择“新建数据库角色”选项，弹出图 14.27 所示界面。

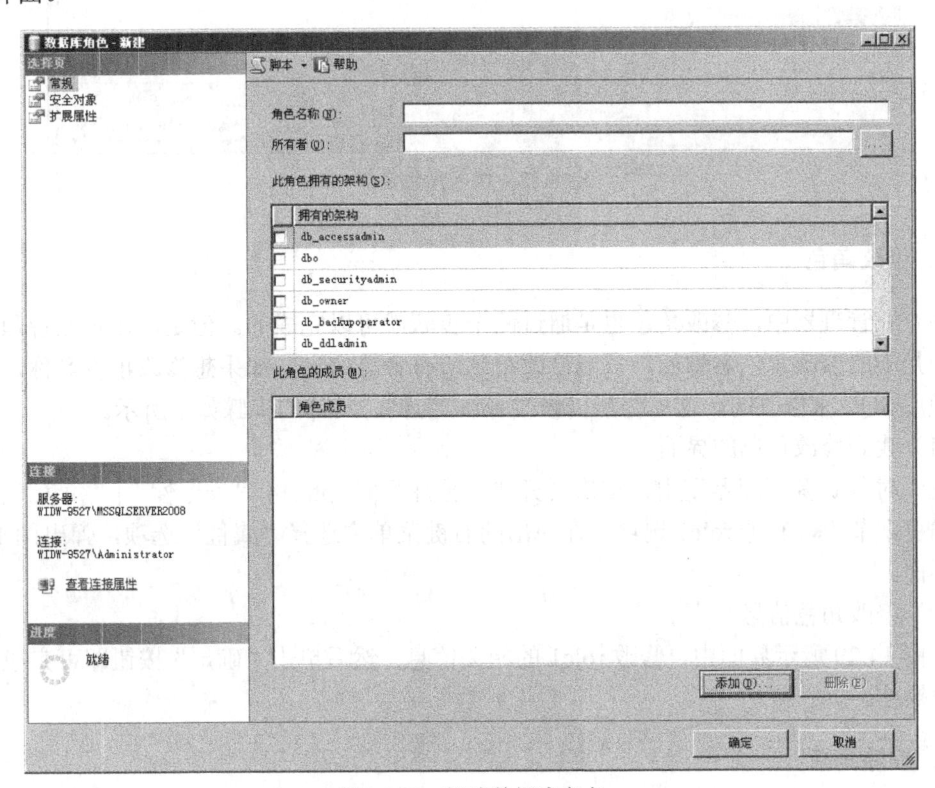

图 14.27　新建数据库角色

（2）填入角色信息

在图 14.27 所示界面中， 可以为角色设置名称、所有者以及其他角色信息。这里，填入角色名称 role1，并选择所有者 user1，填入效果如图 14.28 所示。

填入角色信息后，单击“确定”按钮，即可完成角色 role1 的创建。

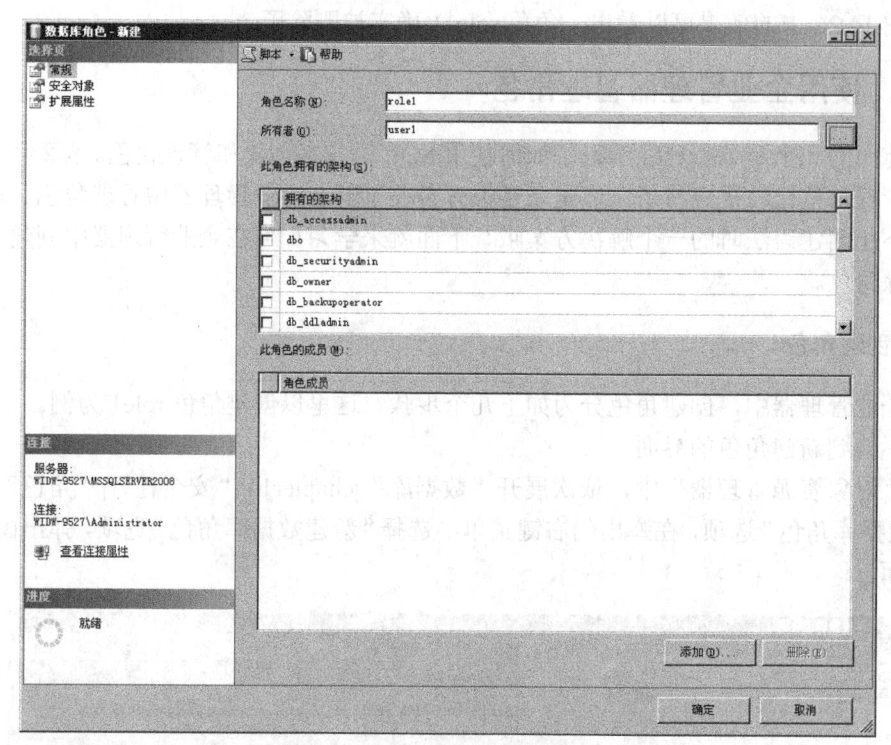

图 14.28　填入角色信息

2．修改角色

在企业管理器中，修改角色也是通过两个步骤就可以完成的。但是，在企业管理器的界面中是不能修改角色名称的，只能修改角色所有者等信息。如果想修改角色名称，读者还得使用 SQL 来修改的。这里仍然以修改 role1 为例。具体的步骤如下所示。

（1）找到修改角色的界面

在“对象资源管理器”中，依次展开“数据库”|chapter14|“安全性”|“角色”|“数据库角色”节点，右击 role1 选项，在弹出的右键菜单中选择“属性”选项，弹出图 14.29 所示界面。

（2）修改角色信息

在图 14.29 所示界面中，修改 role1 的相关信息。然后单击“确定”按钮即可完成角色的修改操作。

3．删除角色

在企业管理器中，删除角色的操作是角色管理中最简单的一个操作了，也最能体现企业管理器的便利性。下面仍然以删除角色 role1 来演示如何删除角色。具体的步骤如下所示。

在“对象资源管理器”中，依次展开“数据库”|chapter14|“安全性”|“角色”|“数据库角色”节点，右击 role1 选项，在弹出的右键菜单中选择“删除”选项，弹出图 14.30 所示界面。

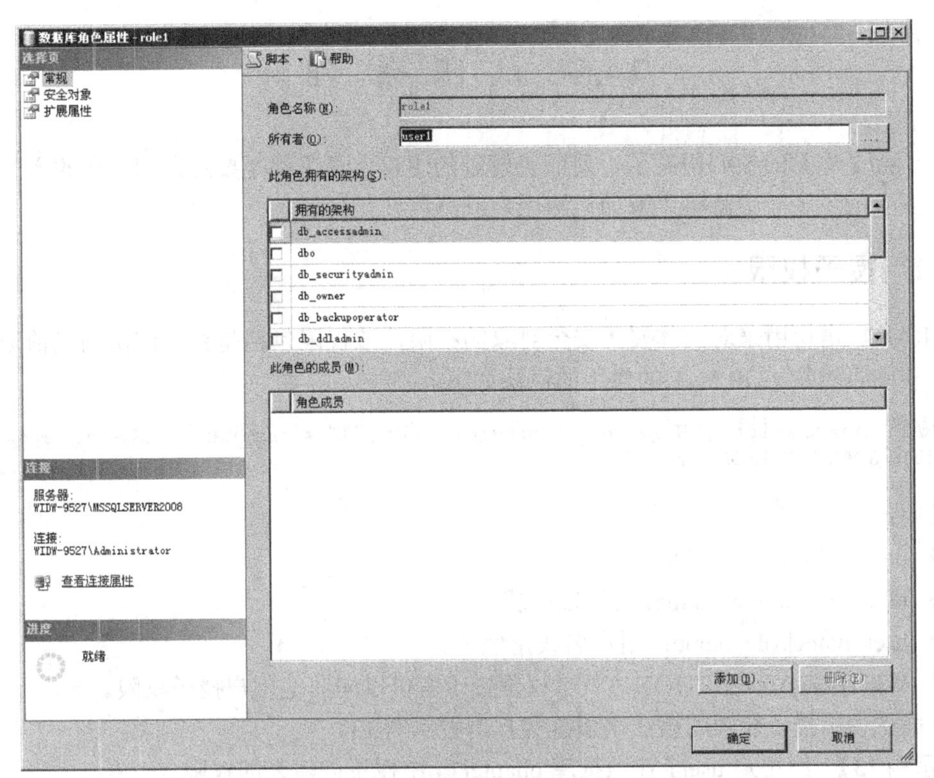

图 14.29　数据库角色属性

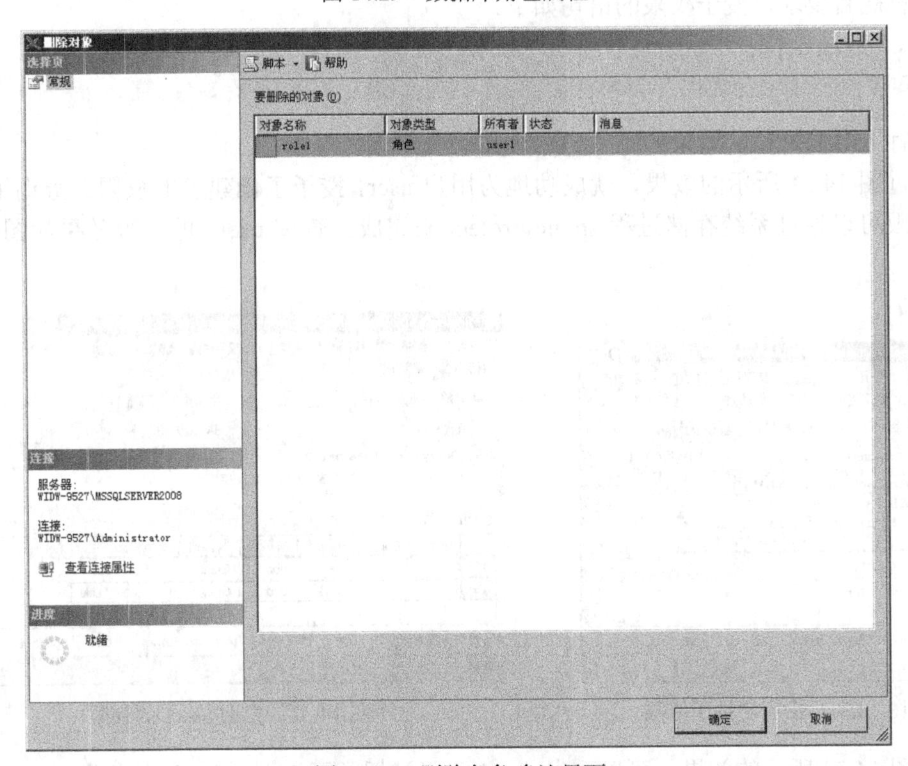

图 14.30　删除角色确认界面

在图 14.30 中，单击“确定”选项，即可将角色 role1 删除了。

14.5　权限管理

终于到了本章的核心问题了，前面讲解过的用户、角色都是要通过权限的设置来确保数据库安全的。本节中就将讲解如何给用户或角色设置权限。

14.5.1　授予权限

GRANT 语句用来对主体授予安全对象的权限，该权限包括是否允许访问当前数据库的表、视图等对象。GRANT 的常用的语法如下：

```
GRANT permission [ON table_name|view_name] TO user_name|role_name
WITH GRANT OPTION
```

其中：

- permission：权限名称。
- table_name|view_name：表名或视图名。
- user_name|role_name：用户名或角色名。
- WITH GRANT OPTION：表示权限授予者可以向其他用户授予权限。

下面就使用授予权限的语法来演练喽！请看示例 13。

【示例 13】 给用户 user1 在数据库 chapter14 中授予创建表的权限。

根据题目要求，授予权限的语句如下：

```
USE chapter14;
GRANT create table TO user1;
```

执行上面的语句，效果如图 14.31 所示。

通过图 14.31 所示的效果，就成功地为用户 user1 授予了创建表的权限。查询用户拥有的权限可以通过系统存储过程 sp_helprotect 来完成。查询 user1 的权限效果如图 14.32 所示。

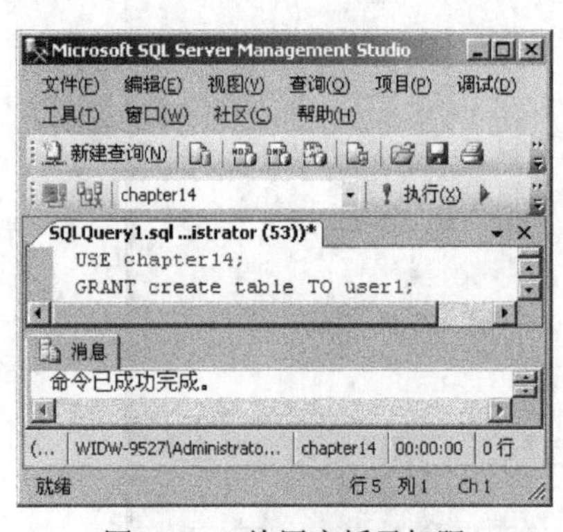

图 14.31　给用户授予权限

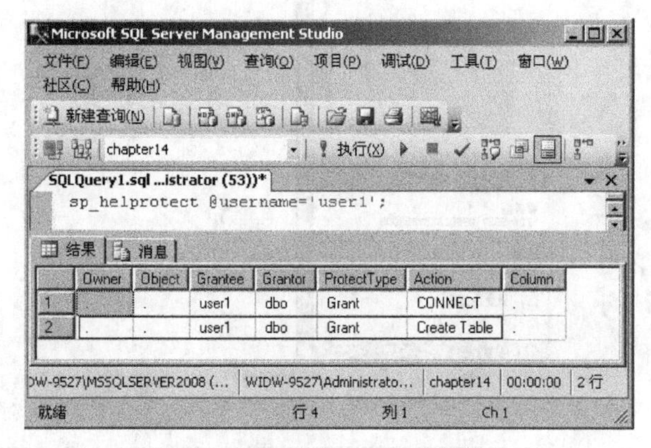

图 14.32　查询 user1 的权限

从图 14.32 所示的效果，可以看出 user1 已经被授予了 Create Table 的权限。

14.5.2　拒绝权限

所谓拒绝权限，就是指让数据库对象不具备某种权限。拒绝权限使用 DENY 语句来完成，它与授予权限的语法形式类似。具体的语法形式如下：

```
DENY permission [ON table_name|view_name] TO user_name|role_name
WITH GRANT OPTION
```

其中：

- permission：权限名称。
- table_name|view_name：表名或视图名。
- user_name|role_name：用户名或角色名。
- WITH GRANT OPTION：表示权限授予者可以向其他用户授予权限。

下面就使用示例 14 来演示如何对用户设置拒绝权限。

【示例 14】 设置用户 user1 在数据库 chapter14 中不能创建视图。

根据题目要求，要为 user1 设置拒绝权限 Create View，具体的语句如下：

```
USE chapter14;
DENY create view TO user1;
```

执行上面语句，效果如图 14.33 所示。

通过图 14.33 所示的效果，就已经使用户 user1 不能够再创建视图了。下面就通过系统存储过程 sp_helprotect 来查看用户 user1 当前所具有的权限。效果如图 14.34 所示。

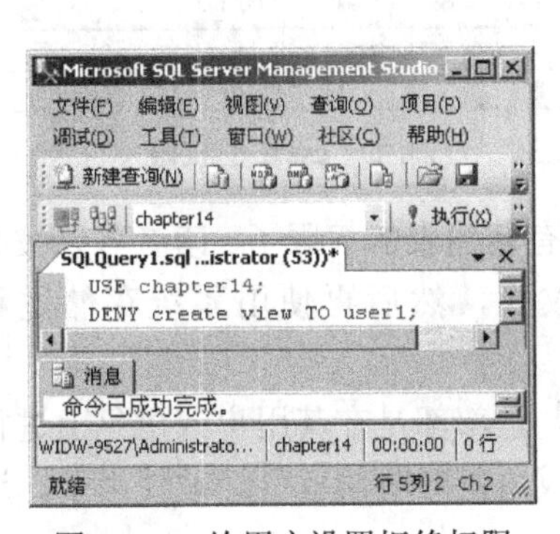

图 14.33　给用户设置拒绝权限

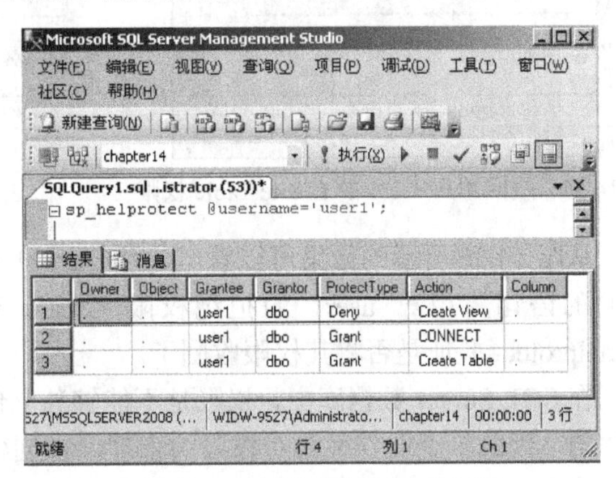

图 14.34　查看用户 user1 的权限

从图 14.34 可以看出，user1 新增了一个 Create View 的拒绝权限。

14.5.3　收回权限

收回权限，读者从字面上的意思就应该能够猜出来是将原有的权限取消。在 SQL Server 数据库中，收回权限使用的是 REVOKE 语句。它既能够取消数据库对象的授予权限，也能够取消其拒绝权限。具体的语法形式如下：

```
REVOKE permission [ON table_name|view_name] TO user_name|role_name
WITH GRANT OPTION
```

其中：

- permission：权限名称。
- table_name|view_name：表名或视图名。
- user_name|role_name：用户名或角色名。
- WITH GRANT OPTION：表示权限授予者可以向其他用户授予权限。

下面就使用示例15来演示如何收回权限。

【示例15】 将用户user1在示例13中被授予的权限Create Table收回。

根据题目要求，具体的语句如下：

```
USE chapter14;
REVOKE create table TO user1;
```

执行上面的语句，效果如图14.35所示。

通过图14.35所示的效果，可以看出user1的Create Table权限被收回了。下面就通过系统存储过程sp_helprotect来检验user1用户是否存在Create Table权限。效果如图14.36所示。

图14.35　收回用户user1的Create Table权限

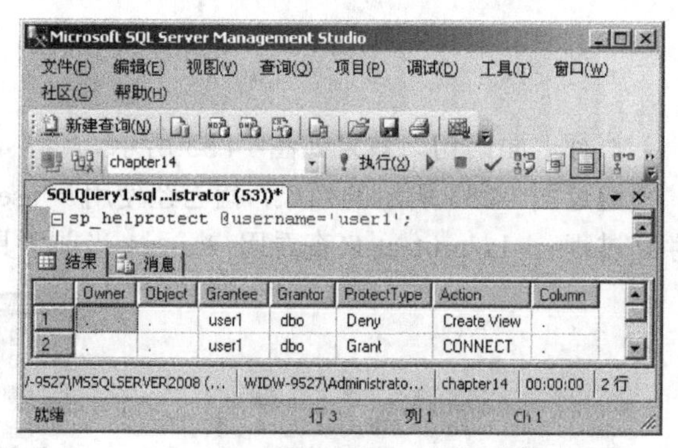

图14.36　查询用户user1的权限

从图14.36所示的效果可以看出，用户user1已经没有创建表的权限了。读者可以按照上面的语句将用户user1的拒绝权限Create View收回，然后再使用系统存储过程sp_helprotect验证是否将其权限收回了。

在SQL Server数据库中，权限是不能够独立创建的，全部都是在其用户或角色上进行操作的，因此，企业管理器对权限的管理，在创建用户或角色的时候就已经被使用了。这里，就不再使用企业管理器对权限进行重复操作了。

14.6　本章小结

在本章中主要讲述了SQL Server中几个常用的数据库安全对象，包括：登录账户、用户、角色以及权限。在登录账户部分主要讲解了如何创建、修改以及删除登录账户；在用户部分主要讲解了创建用户时必须要使用登录账户以及如何修改和删除用户；在角色部分主要讲解了角色的创建、修改以及删除；在权限部分主要讲解了给用户或角色授予、拒绝以及收回权限的操作。读者在学习完本章内容后，应该学会合理使用用户或角色，并通过给予适合的权限来提高数据库的安全性。

14.7　本 章 习 题

一、填空题

1．授予权限的语句是________。
2．创建角色的语句是________。
3．创建登录账号的语句是________。

二、选择题

1．下面的关键字中哪个是收回权限的关键字________。
　A．CREATE　　B．GRANT　　C．REVOKE　　D．以上都不是
2．下面哪个语句是用来创建用户的________。
　A．CREATE USER　　B．CREATE USERS
　C．CREATE TABLE　　D．以上都不是
3．下面对角色的描述中正确的是________。
　A．在 SQL Server 数据库中，角色与用户是同一个意思
　B．在 SQL Server 数据库中，角色可以理解成权限的一个集合，可以通过角色给用户授予权限
　C．在 SQL Server 数据库中，角色就是权限
　D．以上都不对

三、问答题

1．登录账户与用户有什么区别？
2．角色的好处是什么？
3．角色和权限的关系是什么？

四、操作题

1．为数据库 chapter14 创建名为 login1 的登录账户。
2．使用登录用户 login1 为数据库 chapter14 创建用户 user1。
3．为用户 user1 授予修改表的权限。
4．收回用户 user1 修改表的权限。

第 15 章　数据库备份和还原

数据库的备份和恢复，是 SQL Server 数据库中一个必备的功能。有了数据库的备份和还原功能，就能够更灵活地保护和使用数据。当需要将数据库换到另一台计算机上使用时，只需要将原有的数据库进行备份，并还原到目标计算机即可。本章将详细讲述数据库备份和还原的具体操作方法。

本章的主要知识点如下：

- ❑ 如何备份数据库
- ❑ 如何还原数据库
- ❑ 如何分离和附加数据库

15.1　数据库备份

数据库备份就与平时我们在计算机中复制文件是一样的，只不过略显复杂一些。在 SQL Server 中备份数据库可以使用 SQL 语句也可以使用企业管理器。下面就为读者一一道来。

15.1.1　数据库备份的类型

数据库备份也是分为多种类型的，只有掌握了备份的类型，才能够合理地对数据库进行备份。在 SQL Server 2008 中，数据库备份主要分为如下 4 种类型。

1．完整备份

所谓完整备份，就是将整个数据库的文件全部备份了。通常数据库是由数据文件和日志文件组成的，也就是说完整备份就是将这些文件进行了备份。通过对数据库进行完整备份，可以将数据库恢复到备份时的状态。当对数据库进行完整备份时，是对数据库当前的状态进行备份，不包括任何没有提交的事务。

2．事务日志备份

事务日志备份主要就是对数据库中的日志进行的备份，也就是记录所有数据库的变化。事务日志备份也相当于一次完整数据库备份，通过事务日志备份也能够将数据库恢复到备份状态，但是不能还原完整的数据库。

3．差异备份

所谓差异备份，就是指备份数据库中每次变化的部分。差异备份能够提高备份的效率，每次只备份一部分修改过的内容，而不必全部备份。通过差异备份可以提高备份的效率，同时减少了备份所占用的空间。

4．文件及文件组备份

前面已经学习过，数据库文件是存放在文件或文件组中的。因此，备份数据库时也可以通过选择文件或文件组，对数据库进行备份。通过指定文件或文件组能够节省备份数据的空间。当然，对于小型数据库，通常就不用采用文件及文件组的备份方式了。文件及文件组的备份方式通常用于数据量巨大的数据库的。

15.1.2　备份数据库

上一小节已经讲解了备份的常用类型，备份数据库经常会使用完整备份和差异备份两种方式。常用的语法形式如下：

```
BACKUP DATABASE database
TO DISK='path'
[WITH DIFFERENTIAL]
```

其中：

- database：要备份的数据库名。
- path：数据库备份的目标文件，数据库备份文件的扩展名是.bak。例如：备份到 C:\data\a.bak。
- WITH DIFFERENTIAL：差异备份数据库。省略该语句，则执行的是完整备份数据库。

有了备份数据库的语法规则，就可以对数据库进行完整备份和差异备份了。下面就分别使用示例 1 和示例 2 来演示如何对数据库进行备份。

【示例 1】 创建数据库 chapter15，并对其进行完整备份。

根据题目要求，语句如下：

```
CREATE DATABASE chapter15;                     --创建数据库 chapter15
BACKUP DATABASE chapter15
TO DISK='D:\backdata\chapter15_back.bak';
```

执行上面的语句，效果如图 15.1 所示。

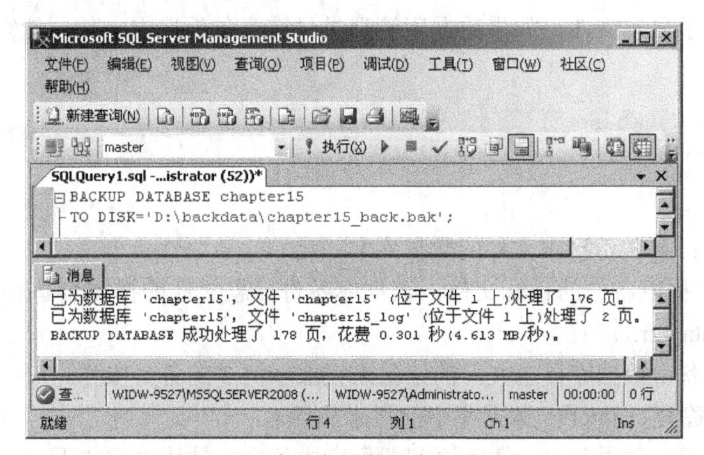

图 15.1　完整备份数据库 chapter15

从图 15.1 所示的效果可以看出，通过 BACKUP 语句已经将数据库 chapter15 中的数据文件和日志文件全部备份到了 chapter15_back.bak 文件中。

【示例 2】 使用差异备份，备份数据库 chapter15。

根据题目要求，为了显示差异备份的效果，这里仍然将 chapter15 备份到文件 chapter15_back.bak 中。具体的语句如下：

```
BACKUP DATABASE chapter15
TO DISK='D:\backdata\chapter15_back.bak'
WITH DIFFERENTIAL;                                  --差异备份
```

执行上面的语句，效果如图 15.2 所示。

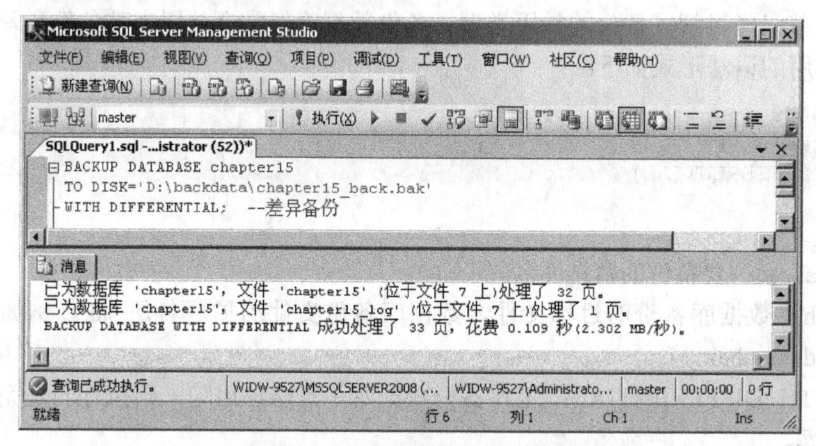

图 15.2　差异备份数据库 chapter15

对比图 15.1 和图 15.2 所示的效果可以看出，使用差异备份后，备份的数据库文件要比完整备份数据库时的文件要少。但是，这两种备份方式，都将数据库的数据文件和日志文件进行了备份。在实际应用中，针对同一个数据库最好采用差异备份的方式，这样能够大大节省备份时间。

15.1.3　备份日志文件

在上一小节中已经讲解了数据库的完整备份和差异备份，但是这两种备份都是既备份数据文件又备份了日志文件。如果数据库管理员只需要备份日志文件，就需要使用下面的语句来完成了。

```
BACKUP LOG database
TO DISK='path'
```

其中：

- database：要备份日志文件的数据库名。
- path：数据库备份的目标文件，数据库备份日志文件的扩展名是.trn。例如：备份到 C:\data\a.trn。

下面就应用备份数据库日志文件的语法来完成示例 3 的备份操作。

【示例 3】 备份 chapter15 数据库中的日志文件。

根据题目要求，使用 backup log 语句即可完成备份。具体语句如下：

```
BACKUP LOG chapter15
TO DISK=' D: \backdata\chapter15_backlog.trn'
```

执行上面的语句，效果如图 15.3 所示。

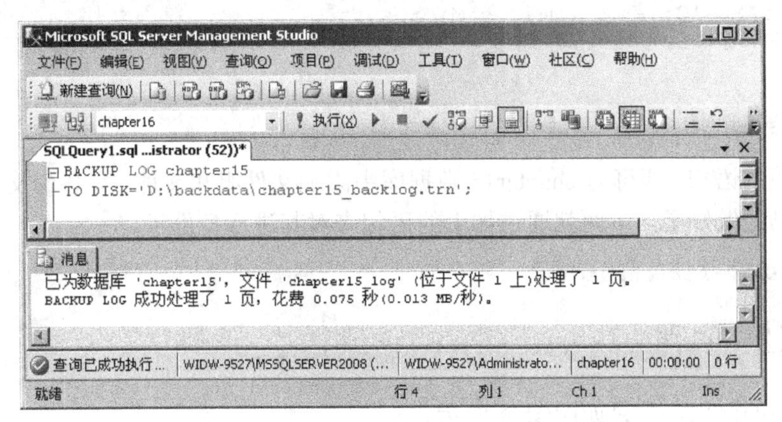

图 15.3　备份数据库 chapter15 的日志文件

从图 15.3 所示的效果可以看出，通过上面的语句只备份了数据库 chapter15 中的日志文件。

15.1.4　备份文件和文件组

通过前面内容的学习，读者已经掌握了数据库的基本备份方法。这里，将继续介绍常用备份方式的最后一种方式，即文件和文件组的备份。通过对文件和文件组的备份，能够更快地恢复数据库中损坏的文件。备份语句如下：

```
BACKUP DATABASE database
FILE='filename',
FILEGROUP='groupname'
TO DISK='path'
```

其中：

- database：要备份的数据库名。
- filename：要备份数据库中的文件名。这里，需要注意的是文件名后面的逗号不能够省略。
- groupname：要备份数据库中的文件组名。通常，数据库默认的文件组是主文件组 primary。
- path：数据库备份的目标文件，数据库备份文件的扩展名是.bak。例如：备份到 C:\data\a.bak。

下面就使用示例 4 来完成文件和文件组备份的操作。

【示例 4】 在 chapter15 中，创建文件组 group1，并在其中添加一个数据文件 file1。使用 BACKUP 语句备份 group1 文件组下的数据文件 file1。

根据题目要求，创建文件组和数据文件的语句如下：

```
ALTER DATABASE chapter15
ADD FILEGROUP group1;                    --添加文件组
```

```
--添加数据文件并指定文件组
ALTER DATABASE chapter15
ADD FILE
(
    NAME=file1,
    FILENAME='C:\ProgramFiles\MicrosoftSQL
Server\MSSQL10.MSSQLSERVER2008\MSSQL\DATA\chapter15_file1.ndf'

)
TO FILEGROUP group1;
```

执行上面的语句，即可为chapter15数据库中添加文件组和文件了。备份文件和文件组的准备工作已经做好了，下面就通过如下的语句来对其进行备份了。

```
BACKUP DATABASE chapter15
FILE=' file1
FILEGROUP='group1'
TO DISK=' D: \backdata\chapter15_backfile.bak'
```

执行上面的语句，效果如图15.4所示。

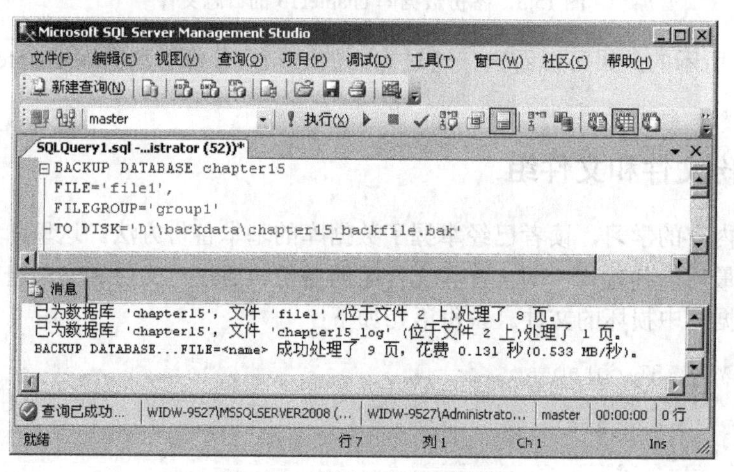

图15.4　备份文件和文件组

从图15.4所示的效果可以看出，已经将新创建的文件备份到了chapter15_backfile.bak文件中。

15.1.5　使用企业管理器备份数据库

前面讲解的数据库备份方法，都是通过SQL语句来备份的。使用SQL语句备份数据库时，往往需要记住很多不同的语句，对于初学者来说有些困难。但是，读者一定不要畏惧，使用企业管理器就可以避免了牢记备份语法的工作。无论哪种备份方法，都可以在企业管理器中轻松搞定。下面就来具体看看在企业管理器中是如何备份数据库的。通过如下3个步骤即可完成备份，这里仍然以备份chapter15数据库为例。

1．打开数据库备份界面

在“对象资源管理器”中，展开“数据库”节点，右击chapter15数据库，在弹出的右键菜单中选择“任务”|“备份”选项，效果如图15.5所示。

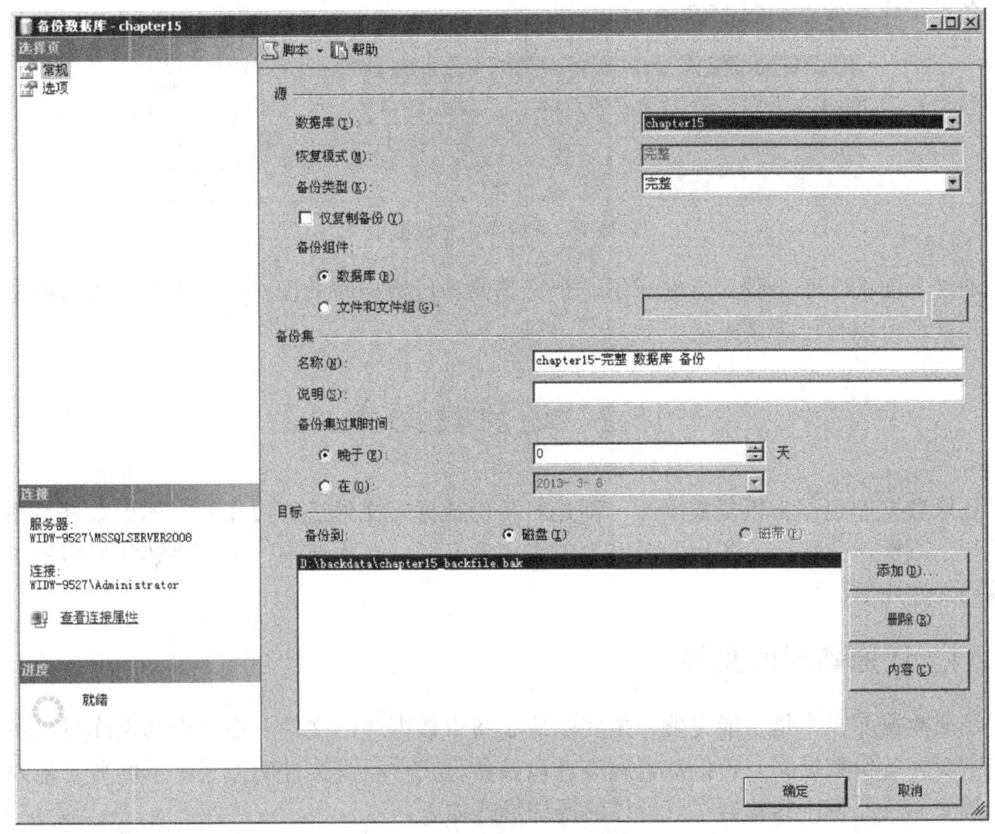

图 15.5　数据库备份界面

2．选择备份类型及备份目标

在图 15.5 所示界面中，选择备份类型，这里选择“完整”；选择备份的目标时可以通过单击“添加”按钮，来添加备份的目标位置，如图 15.6 所示。

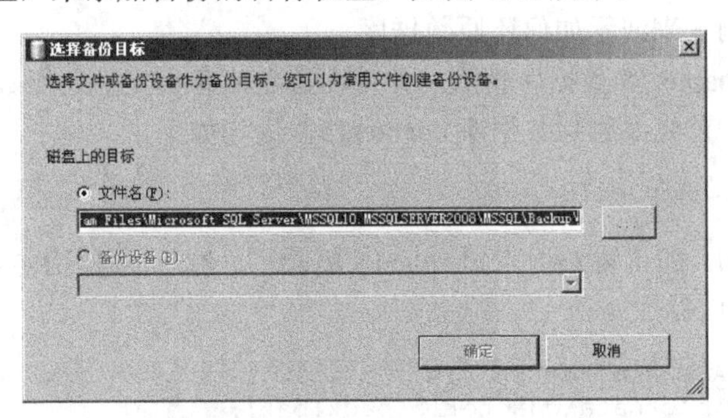

图 15.6　添加备份目标位置

在图 15.6 所示界面中，选择备份的位置，并单击“确定”按钮，即可完成备份位置的选择。

3．确认完成

在图 15.5 所示界面中，填写完相应的备份信息后，单击“确定”按钮，即可完成数据库的备份操作。效果如图 15.7 所示。

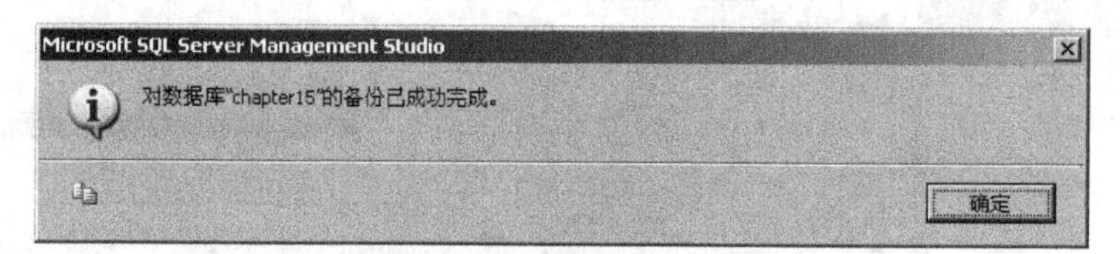

图 15.7　备份操作完成提示

通过上面的 3 个步骤，就完成了一个完整的备份数据库的操作，对于其他类型的备份操作，读者可以自己尝试完成。

15.2　还原数据库

还原数据库也称为恢复数据库，都是对备份数据库文件进行操作的。如果数据库不能够进行还原操作，那么，备份数据库也就失去意义了。在本节中，主要讲解如何将备份后的数据文件还原。

15.2.1　还原数据库文件

还原数据库操作是否能完整，主要取决于备份数据库的文件。在备份数据库时，备份方式主要有备份数据库、备份数据库文件以及备份文件组及文件的方式。下面首先来为读者讲解如何还原备份的数据库。具体的语法形式如下：

```
RESTORE DATABASE database
FROM DISK= 'path';
```

其中：

- database：要还原的数据库名。
- path：数据库的备份文件路径。

下面就使用示例 5 来演示如何还原数据库。

【示例 5】 将 chapter15 数据库删除，并使用数据库备份文件还原数据库 chapter15。

根据题目要求，首先要删除数据库 chapter15，语句如下：

```
DROP DATABASE chapter15;
```

通过上面的语句，即可将数据库 chapter15 删除了。然后，通过 RESTORE 语句将数据库还原，具体语句如下：

```
RESTORE DATABASE chapter15
FROM DISK='D:\backdata\chapter15_back.bak';
```

执行上面的语句，效果如图 15.8 所示。

从图 15.8 所示的效果可以看出，已经通过备份文件 chapter15_back.bak 将数据库 chapter15 还原了。

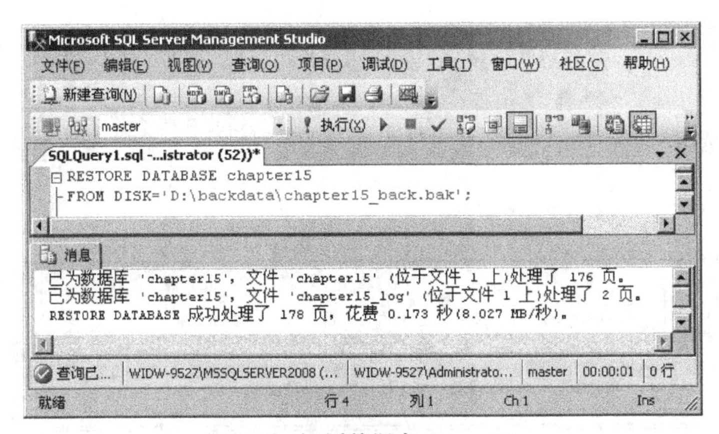

图 15.8　还原数据库 chapter15

15.2.2　还原文件和文件组

在备份数据库时，可以直接备份数据库文件或文件组；在还原数据库时，也可以将文件组和文件还原。具体的语句如下：

```
RESTORE DATABASE database
FILEGROUP|FILE='filename
FROM DISK='path'
[WITH REPLACE];
```

其中：

- ❑ database：要还原的数据库名。
- ❑ filename：要还原数据库中的文件名或文件组名。
- ❑ path：文件或文件组的备份路径。
- ❑ WITH REPLACE：替换原有的文件组。

下面就通过示例 6 来演示如何还原文件和文件组。

【示例 6】 还原在示例 4 中备份的文件组 group1。

根据题目要求，还原的具体语句如下：

```
RESTORE DATABASE chapter15
FILEGROUP ='group1'
FROM DISK=' D: \backdata\chapter15_backfile.bak'
WITH REPLACE;
```

执行上面的语句，效果如图 15.9 所示。

从图 15.9 所示界面中，就可以看出文件组 group1 已经被还原了。

注意：如果上面的语句，不能正常执行，请先将数据库 chapter15 设置成脱机状态。设置成脱机状态的方法是右击 chapter15 数据库，在弹出的右键菜单中选择“任务”|“脱机”选项，弹出图 15.10 所示界面。

在图 15.10 所示界面中，单击“关闭”按钮，即可完成数据库脱机状态的设置。相反，如果完成了还原操作，可以右击 chapter15 数据库，在弹出的右键菜单中选择“任务”|“联机”选项，即可将数据库设置成联机状态。

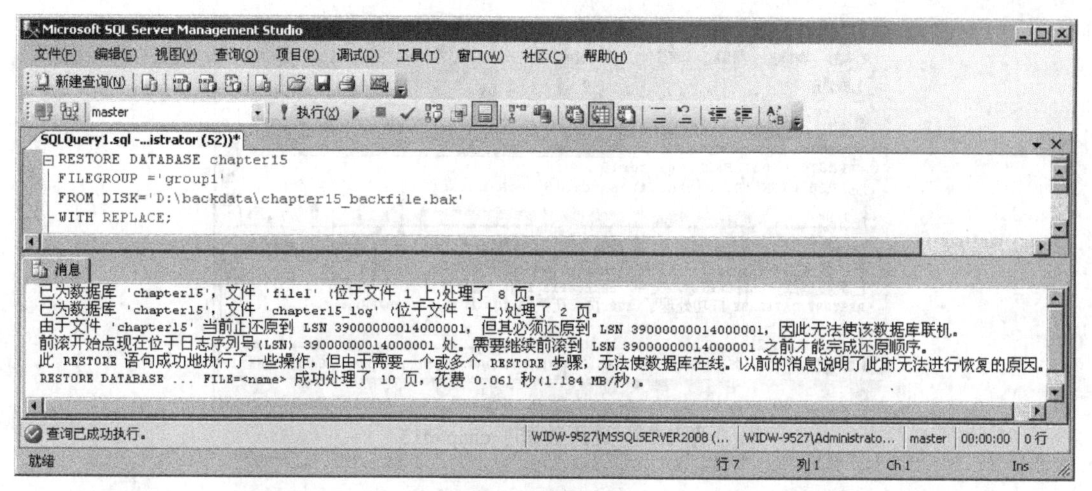

图 15.9　还原文件组

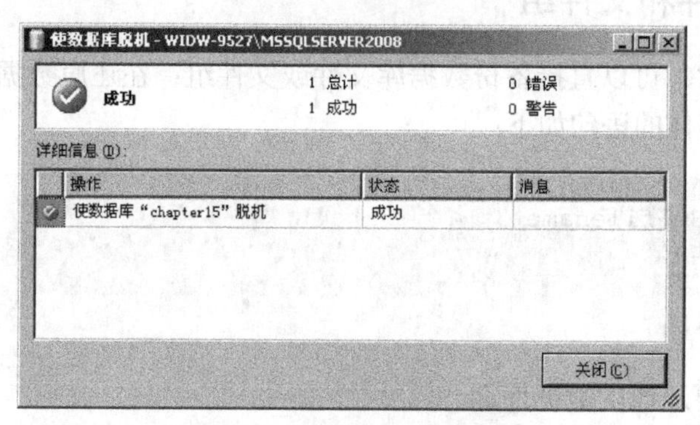

图 15.10　设置数据库脱机

15.2.3　使用企业管理器还原数据库

还原数据库既可以使用 SQL 语句来完成，也可以使用企业管理器来完成。使用企业管理器来还原数据库是更为简单的一种方式。但是，无论使用哪种方式来还原数据库都要明确备份数据库的位置才可以哦！因此，一定要小心存放备份的信息。使用企业管理器还原数据库通常需要如下 4 个步骤即可。

1．打开还原数据库界面

在“对象资源管理器”中，右击“数据库”选项，在弹出的右键菜单中选择“还原数据库”选项，弹出如图 15.11 所示界面。

2．指定备份的位置

在图 15.11 所示界面中，输入目标数据库的名称或者直接在下拉列表中选择一个数据库名称，单击“源设备”后面的按钮，弹出图 15.12 所示界面。

在图 15.12 所示界面中，单击“添加”按钮，找到备份数据库的位置，单击“确定”

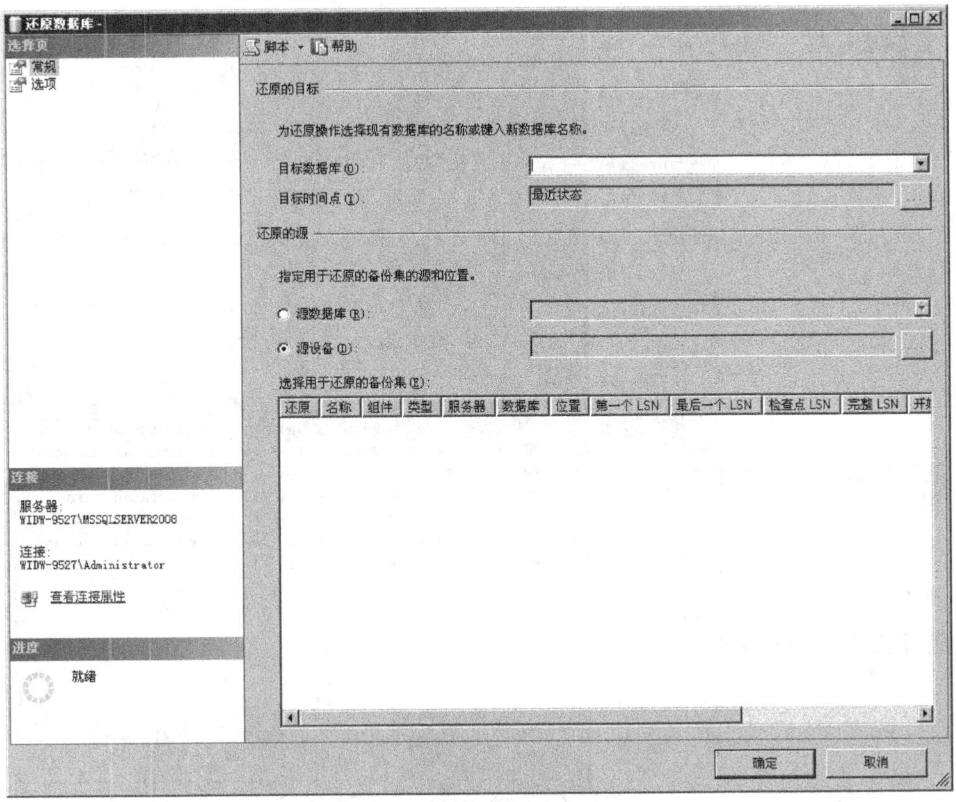

图 15.11　还原数据库界面

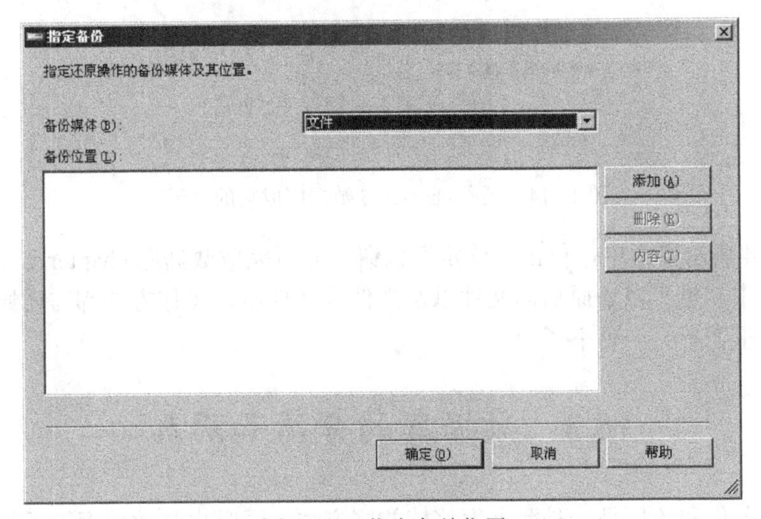

图 15.12　指定备份位置

按钮即可。如图 15.13 所示。

3．选择用于还原的备份集

在图 15.13 所示界面中，列出了备份文件中所有备份过的文件信息。在显示的所有备份集中，选择要还原的备份集。可以同时选择多个备份集的信息。选择完成后，单击“确定”按钮，弹出图 15.14 所示界面。

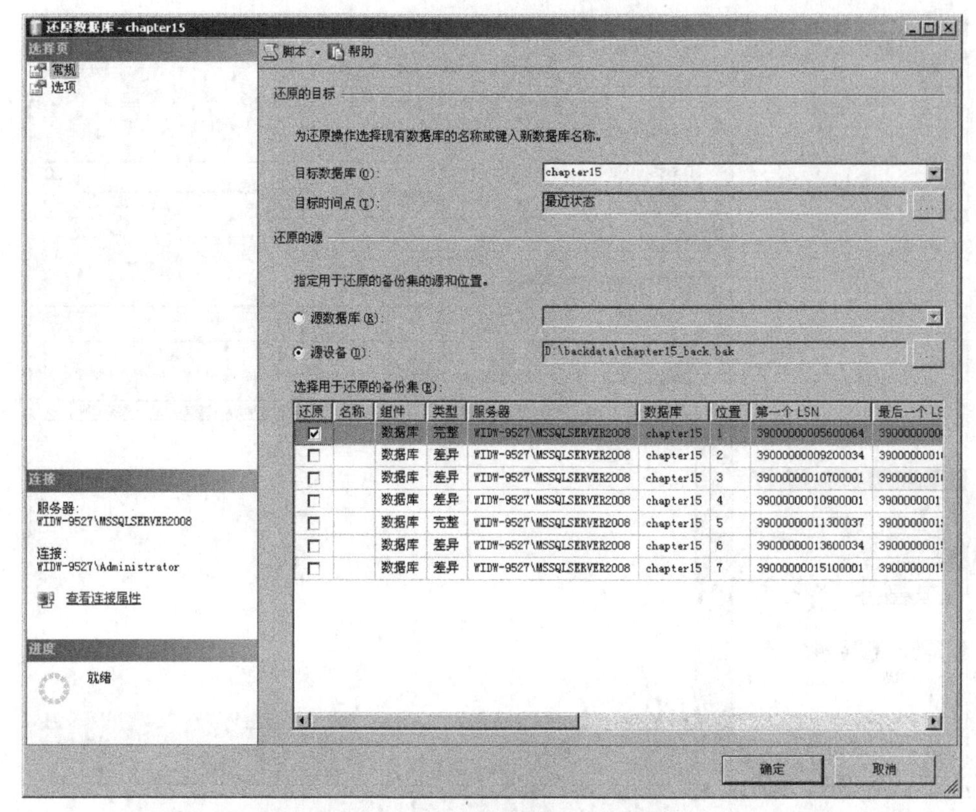

图 15.13　为还原数据库选择备份集

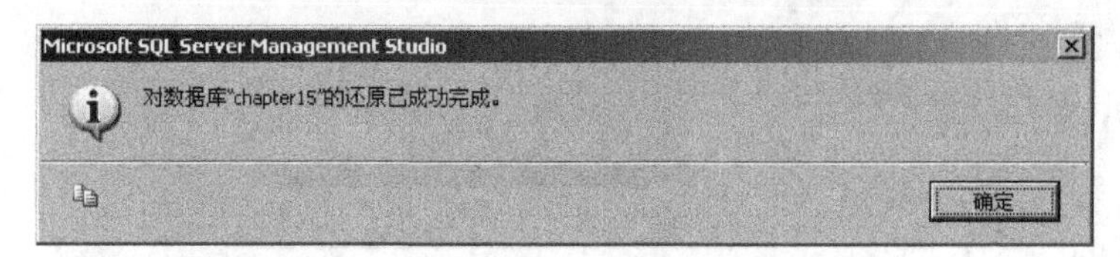

图 15.14　还原 chapter15 数据库成功的提示

在图 15.14 所示界面中，单击“确定”按钮，即可完成数据库 chapter15 的还原操作。在企业管理器中，也可以还原日志文件以及文件或文件组，操作方法都与还原数据库的方法类似，在这里就不一一列举了。

15.3　数据库的分离和附加

数据库的备份和还原是一种数据库移植的好方法，同时也是数据库管理员首选的数据库管理方式之一。除了数据库的备份和还原之外，还有一种更为简便的方式，就是数据库的分离和附加。分离数据库是完整地保存了数据库的数据文件和日志文件，附加数据库则不需要重新创建数据库，直接将分离后的文件附加即可。

15.3.1　数据库的分离

所谓数据库的分离，就是在当前连接的数据库中将某个数据库文件去除数据连接，并能够独立地复制到其他的计算机中。数据库的分离通常是使用企业管理器直接完成的，也可以使用系统存储过程 SP_DETACH_DB 来完成。下面就通过示例 7 和示例 8 分别演示如何使用企业管理器和系统存储过程来分离数据库。

【示例 7】 使用企业管理器分离数据库 chapter15。

在企业管理器中，分离数据库 chapter15，需要如下两个步骤即可完成。

（1）打开分离数据库界面

在“对象资源管理器”中，展开“数据库”节点，右击 chapter15 数据库，并在弹出的右键菜单中选择“任务”|“分离”选项，弹出如图 15.15 所示界面。

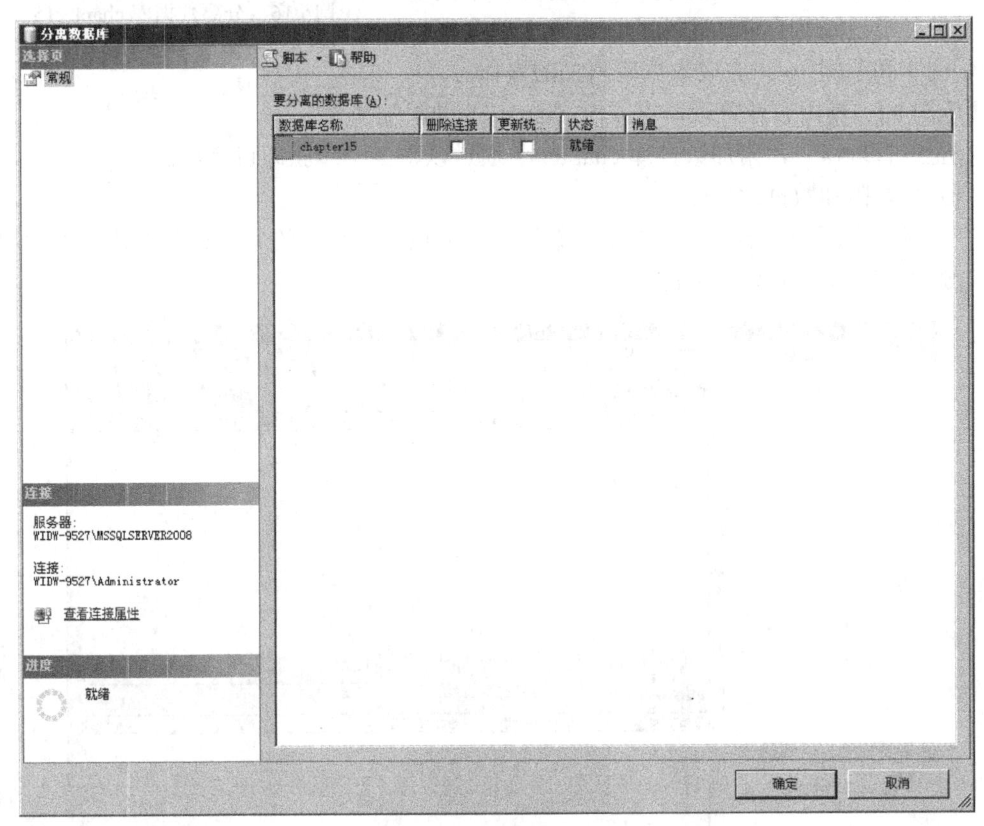

图 15.15　分离数据库界面

（2）确认分离

在图 15.15 所示界面中，可以看到在数据库 chapter15 后面有两个复选框，一个是删除连接的，一个是更新统计信息的。其中，如果选中“删除连接”选项，可以断开所有与该数据库相关的连接。这里，选中“删除连接”选项，并单击“确定”按钮，即可完成数据库的分离操作。数据库分离后，数据库在对象资源管理器中就不存在了。此时，分离后的数据库就可以在创建数据库的目录下随意地移动位置了。

【示例 8】 使用系统存储过程 SP_DETACH_DB 来完成数据库 chapter15 的分离操作。

根据题目要求，分离数据库的语句如下：

```
SP_DETACH_DB @dbname='chapter15';
```

执行上面的语句，效果如图 15.16 所示。

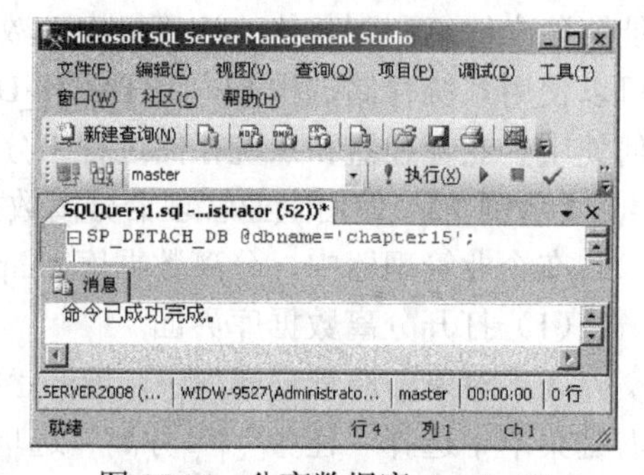

图 15.16　分离数据库 chapter15

在图 15.16 所示界面中，可以看出 chapter15 已经被成功分离了。读者可以在对象资源管理器中刷新数据库节点，看看数据库 chapter15 是否还存在？

15.3.2　数据库的附加

与数据库的分离相对应，数据库的附加也可以通过两种方式来实现。一种是使用企业管理器来完成，一种是通过系统存储过程来完成。下面就分别通过示例 9 和示例 10 来完成数据库附加的操作。

【示例 9】 使用企业管理器完成对 chapter15 的附加操作。

在企业管理器中，附加数据库 chapter15 通过以下 3 个步骤即可完成。

（1）打开附加数据库界面

在“对象资源管理器”中，右击“数据库”节点，在弹出的右键菜单中选择“附加”选项，弹出如图 15.17 所示界面。

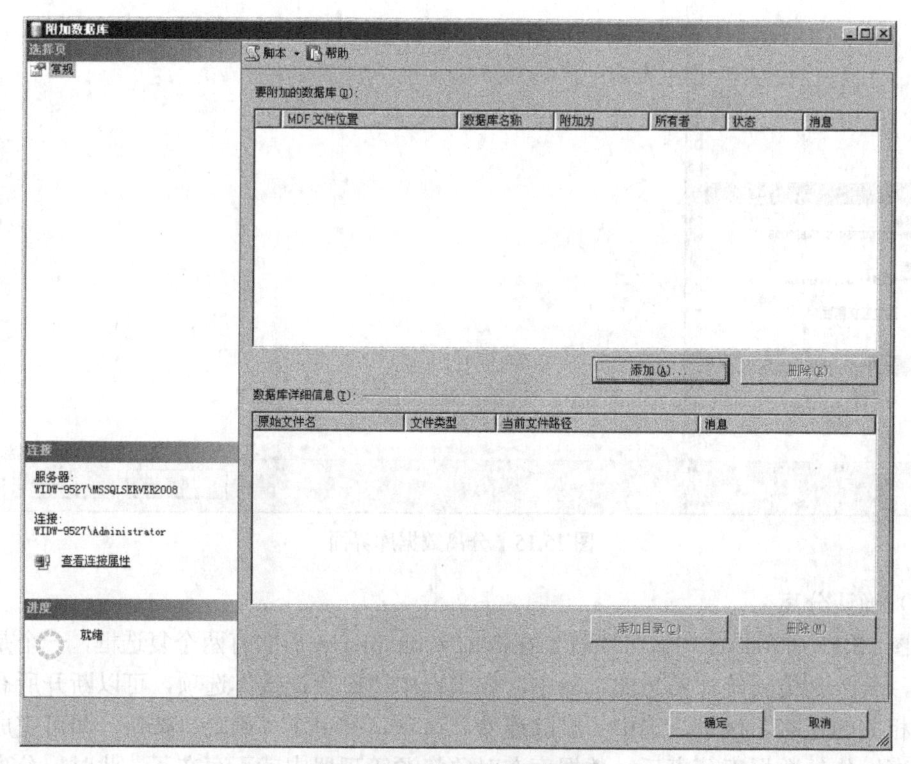

图 15.17　附加数据库界面

（2）选择需要附加的数据库

在图 15.17 所示界面中，单击“添加”按钮，来添加需要附加的数据库。如图 15.18 所示。

在图 15.18 所示界面中，单击要附加的数据库名称，并单击“确定”按钮，即可完成附加数据库的选择。这里，选择 chapter15 数据库，效果如图 15.19 所示。

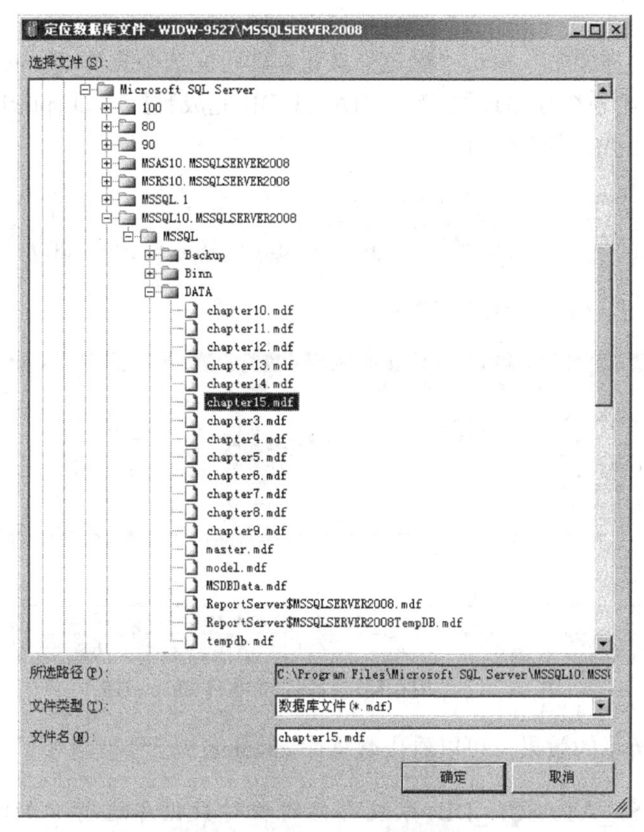

图 15.18　选择要附加的数据库

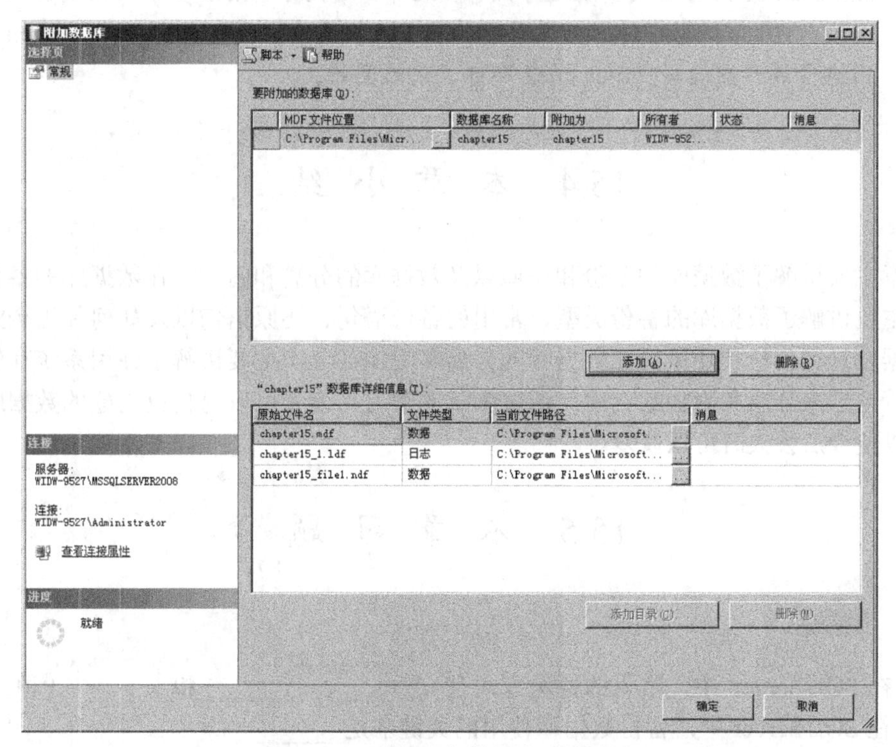

图 15.19　选择附加数据库后的效果

（3）确认附加

在图 15.19 所示界面中，单击“确定”按钮，即可完成数据库 chapter15 的附加操作。

【示例 10】 使用系统存储过程 SP_ATTACH_DB 完成数据库 chapter15 的附加。

根据题目要求，附加语句如下：

```
SP_ATTACH_DB @dbname='chapter15',
@filename1='C:\ProgramFiles\MicrosoftSQL
Server\MSSQL10.MSSQLSERVER2008\MSSQL\DATA\chapter15.mdf';
```

执行上面的语句，效果如图 15.20 所示。

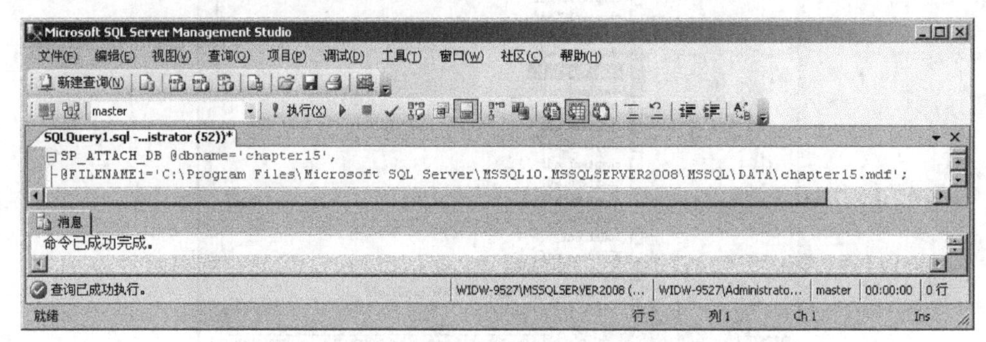

图 15.20　使用存储过程附加数据库 chapter15

通过图 15.20 所示的效果，可以看出数据库 chapter15 已经被附加了。

注意：在使用 SP_ATTACH_DB 系统存储过程对数据库进行附加时，@dbname 与 @filename1 语句之间要用逗号隔开。此外，一次可以附加多个数据文件，最多可以附加 16 个数据文件。如果要附加多个数据文件，则只需要在@filename1 后面用逗号隔开继续写@filename2 即可，依此类推。

15.4　本 章 小 结

本章主要讲解了数据库的备份和还原以及数据库的分离和附加。在数据库的备份和还原部分主要讲解了数据库的备份类型、常用的备份语句、还原语句以及如何使用企业管理器对数据库进行备份和还原；在数据库的分离和附加部分，主要讲解了使用系统存储过程和企业管理器来分离和附加数据库。通过本章的学习，读者可以对自己创建的数据库进行备份，以便今后丢失时可以恢复。

15.5　本 章 习 题

一、填空题

1．在 SQL Server 中，常见的备份方式有________、________和________3 种。

2．在 SQL Server 中，备份数据库使用的关键字是________。

3．在 SQL Server 中，还原数据库使用的关键字是________。

二、选择题

1．分离数据库时使用的系统存储过程是________。

A．SP_RENMAE　　B．SP_ATTACH

C．SP_DETACH_DB　　D．以上都不是

2．还原数据库 chapter15 所使用的语句正确的是________。

A．RESTORE DATABASE chapter 15 TO 'c:\data';

B．RESTORE DATABASE chapter 15 FROM 'c:\data';

C．RESTORE DATABASE chapter 15 FROM 'c:\data\chapter15.bak';

D．以上都不对

3．使用系统存储过程附加数据库 chapter15 的语句正确的是________。

A．SP_DETACH_DB @filename= 'c:\chapter15.mdf';

B．SP_ATTACH_DB @dbname= 'chapter15',@filename1= 'c:\chapter15.mdf';

C．SP_ATTACH_DB @dbname= 'chapter15';

D．以上都不对

三、问答题

1．使用企业管理器还原数据库的步骤是什么？

2．差异备份与完整备份有什么区别？

3．分离数据库与备份数据库有什么区别？

四、操作题

创建名为 chapter15_1 的数据库，并完成如下操作。

（1）备份 chapter15_1 数据库。

（2）备份 chapter15_1 数据库的日志文件。

（3）还原 chapter15_1 数据库。

（4）使用系统存储过程分离数据库 chapter15_1。

（5）使用系统存储过程附加数据库 chapter15_1。

第 16 章　系统自动化任务管理

在 SQL Server 中，系统管理员不仅可以以手动的方式来管理数据库，也可以通过系统提供的多种自动化方式辅助管理数据库。这些自动化方式主要包括作业、维护计划、警报以及操作员等。在本章中就将带领读者一一认识并使用它们。

本章的主要知识点如下：

- 如何使用 SQL Server 代理
- 如何使用作业
- 如何使用计划
- 如何使用警报
- 如何使用操作员

16.1　SQL Server 代理

SQL Server 代理是用来完成所有自动化任务的重要组成部分，可以说，所有的自动化任务都是通过 SQL Server 代理来完成的。在本节中，就将学习 SQL Server 代理的用途及使用方法。

16.1.1　认识 SQL Server 代理

所谓 SQL Server 代理，就是代替用户去完成一系列的操作。这些操作就是后面要学习的作业、警报以及计划等。实际上，SQL Server 代理就是一种服务，服务的名称是 SQL Server Agent。下面就看看在什么地方能够看到这个服务吧。如果你在安装 SQL Server 时，没有选择开机自动启动服务选项，那么，每次你都需要在 Windows 资源管理器中的服务中，启动 SQL Server 服务。没错，SQL Server 代理服务也是在这个页面启动的。在“开始”菜单下的“设置”|“控制面板”界面，单击“管理工具”选项，然后单击“服务”选项，即可看到 SQL Server 的代理服务了，如图 16.1 所示。

从图 16.1 所示界面中，可以看到 SQL Server 代理服务没有启动。在下一小节中，就将讲解如何启动、设置以及停止 SQL Server 代理。

16.1.2　操作 SQL Server 代理

SQL Server 代理承载着一系列的自动化任务，那么，使用好 SQL Server 代理就尤为重要了。下面就从 SQL Server 代理的设置、启动以及停止 3 个操作来讲解 SQL Server 代理的使用。

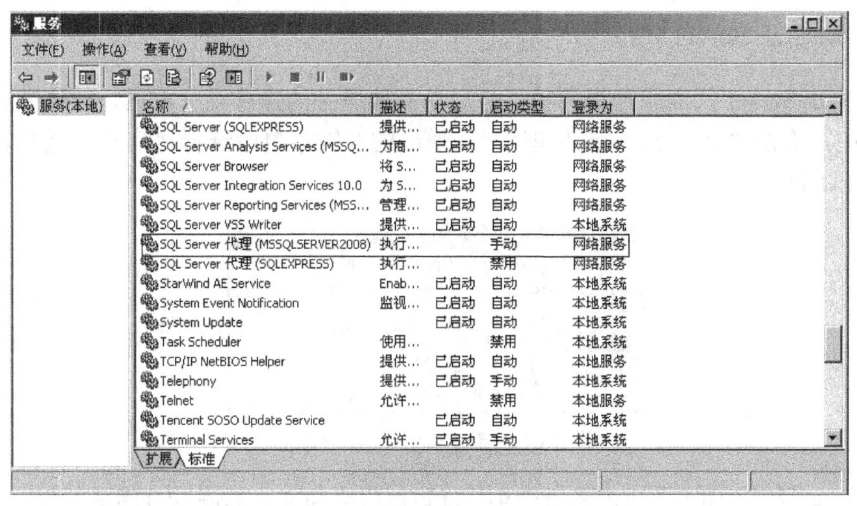

图 16.1　SQL Server 代理服务

1．设置 SQL Server 代理

在图 16.1 所示界面中，右击“SQL Server 代理”选项，在弹出的右键菜单中选择“属性”选项，弹出如图 16.2 所示的界面。

在此界面中，可以看到 SQL Server 代理的基本信息。其中，在“登录”选项卡界面还可以为该服务设置登录账户，如图 16.3 所示。

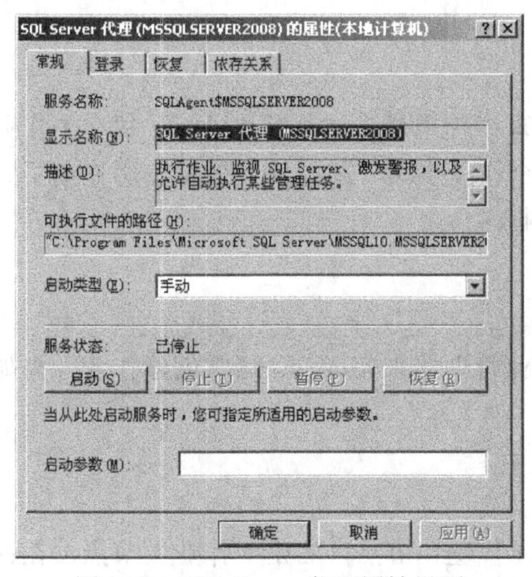

图 16.2　SQL Server 代理属性界面

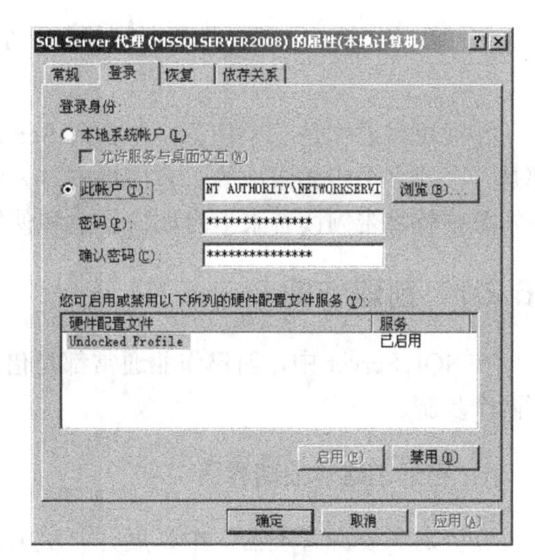

图 16.3　设置登录账户

在图 16.3 所示界面中，可以设置不同的登录账户。其中，本地系统账户就是指内置的本地系统管理员账户；此账户是指运行 SQL Server 代理服务的 Windows 域账户。也可以通过单击“浏览”按钮，重新选择域账户。

说明： 如果在图 16.2 所示界面中，将 SQL Server 代理的启动类型更改成自动，则在计算机启动时，就会自动启动该服务了。但是，还是建议读者将其设置成“手动”方式，这样能够节省计算机的开机时间。

2. 启动 SQL Server 代理

启动 SQL Server 代理服务很简单，与启动其他服务的操作是一样的。只需要在图 16.1 所示界面中，右击“SQL Server 代理”，在弹出的右键菜单中选择“启动”选项，弹出如图 16.4 所示的界面。

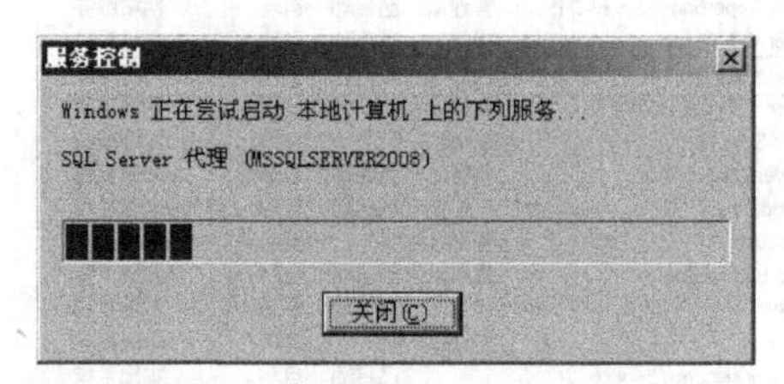

图 16.4　启动 SQL Server 代理

当图 16.4 所示界面中的进度条走到头，就可以完成 SQL Server 代理服务的启动操作。另外，也可以通过在图 16.2 所示界面中，直接单击“启动”按钮，启动 SQL Server 代理服务。

3. 停止 SQL Server 代理

停止 SQL Server 代理的操作与启动 SQL Server 代理的操作类似，一种方式是在图 16.1 所示界面中，右击“SQL Server 代理”，在弹出的右键菜单中选择“停止”选项，即可停止该服务；另一种方式是在图 16.2 所示界面中，单击“停止”按钮，也可以停止该服务。

16.2 作　业

作业可以看作是一个任务，在 SQL Server 代理中使用最多的就是作业了。每一个作业都是一个或多个步骤组成的，有序地安排好每一个作业步骤，就能够有效地使用作业了。在本节中就将带领读者来学习如何创建和使用作业。

16.2.1 创建作业

在 SQL Server 中，创建作业通常都是借助企业管理器来完成的。通常创建作业分为如下两个步骤。

1. 打开创建作业的界面

在“对象资源管理器”中，展开“SQL Server 代理”节点，右击“作业”节点，在弹出的快捷菜单中选择“新建作业”命令，弹出界面如图 16.5 所示。

2. 添加作业信息

在图 16.5 所示界面中，填入作业名称，单击“确定”按钮，即可完成作业的创建操作。但是，此时创建的作业没有任何功能。如果要让该作业完成一些功能，就必须要为作业添加步骤。

注意：如果不想作业创建后就马上执行，那么需要在“新建作业”界面中清除“已启用”复选框的选中状态。

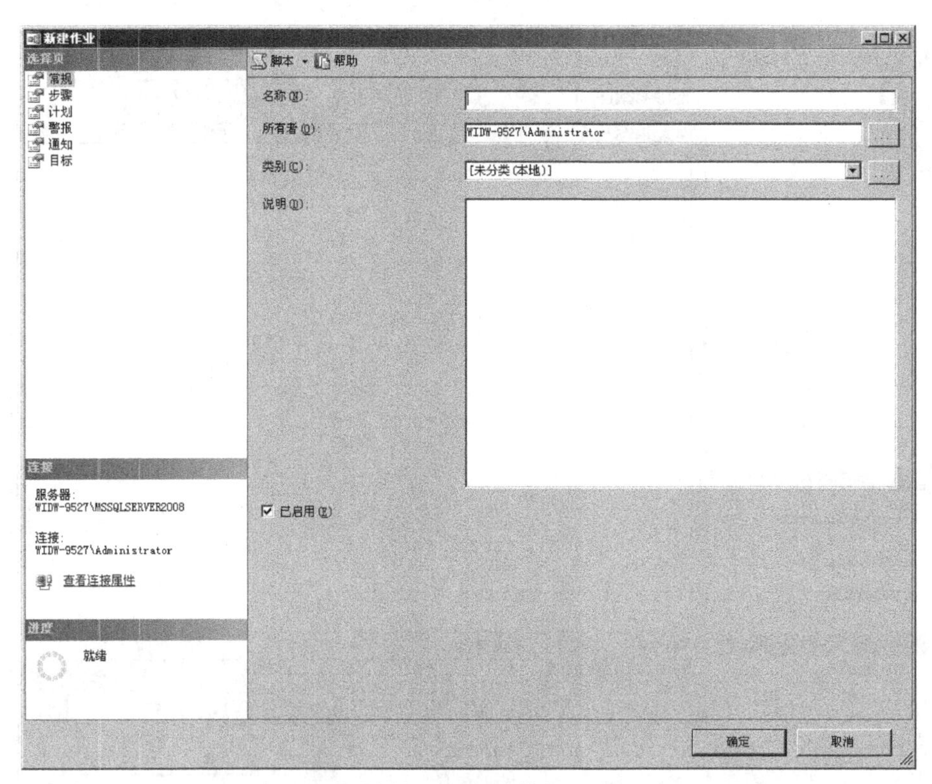

图 16.5　新建作业

16.2.2　定义一个作业步骤

完成了作业的创建后，作业还不能帮助用户做什么。这就好像是老师只留了语文作业，但是没具体说明是什么作业内容一样，你怎么完成语文作业呢？因此，还要对作业中具体要完成的内容加以说明。在 SQL Server 中，作业中的内容是通过作业步骤来添加的。添加作业步骤需要通过以下几个步骤完成。

1．打开显示作业步骤的界面

在“对象资源管理器”中，展开“SQL Server 代理”，创建一个新作业或右击一个现有作业，在弹出的右键菜单中选择“属性”选项。在“作业属性”界面中，单击“步骤”选项，弹出如图 16.6 所示的界面。

2．打开新建作业步骤的界面

在图 16.6 所示界面中，单击“新建”按钮，弹出界面如图 16.7 所示。

3．添加作业步骤信息

在创建作业步骤之前，先创建一个在本章使用的数据库 chapter16。然后，在作业步骤中创建在 chapter16 中的用户信息表（userinfo）。为了简单起见，用户信息表中只包含用户名和密码两个字段。添加后的作业步骤信息如图 16.8 所示。

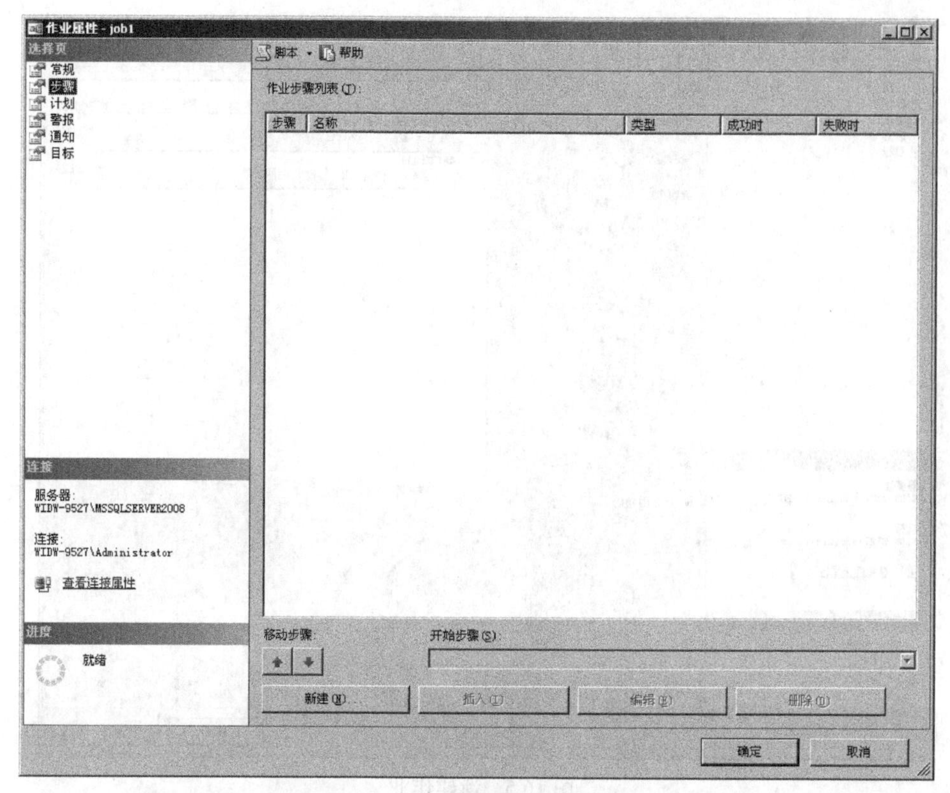

图 16.6　作业步骤界面

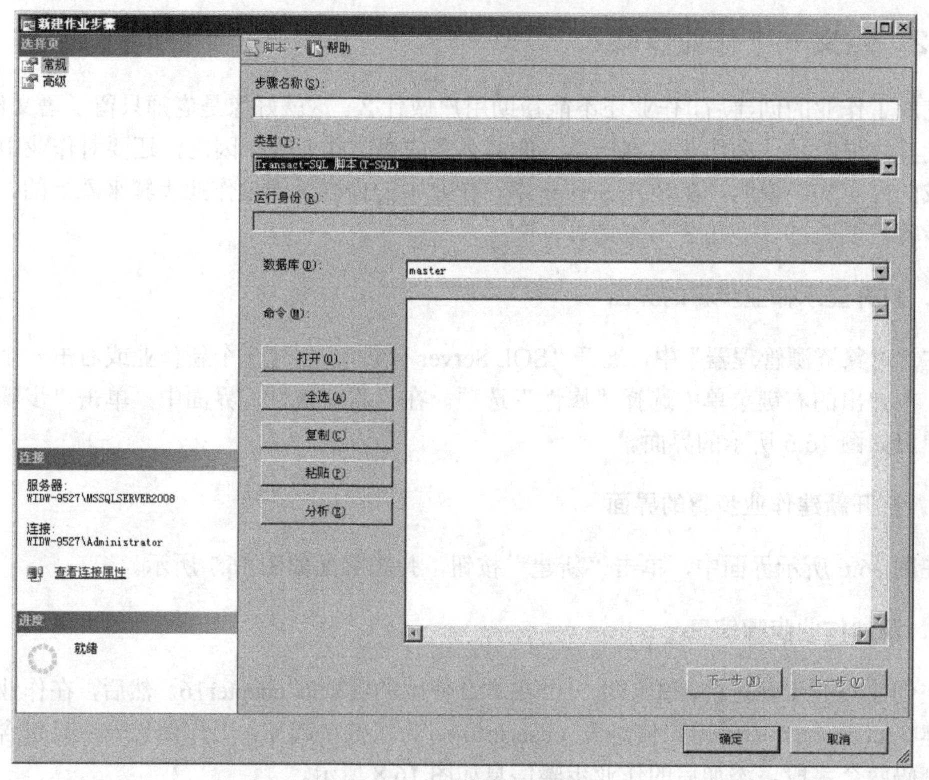

图 16.7　新建作业步骤

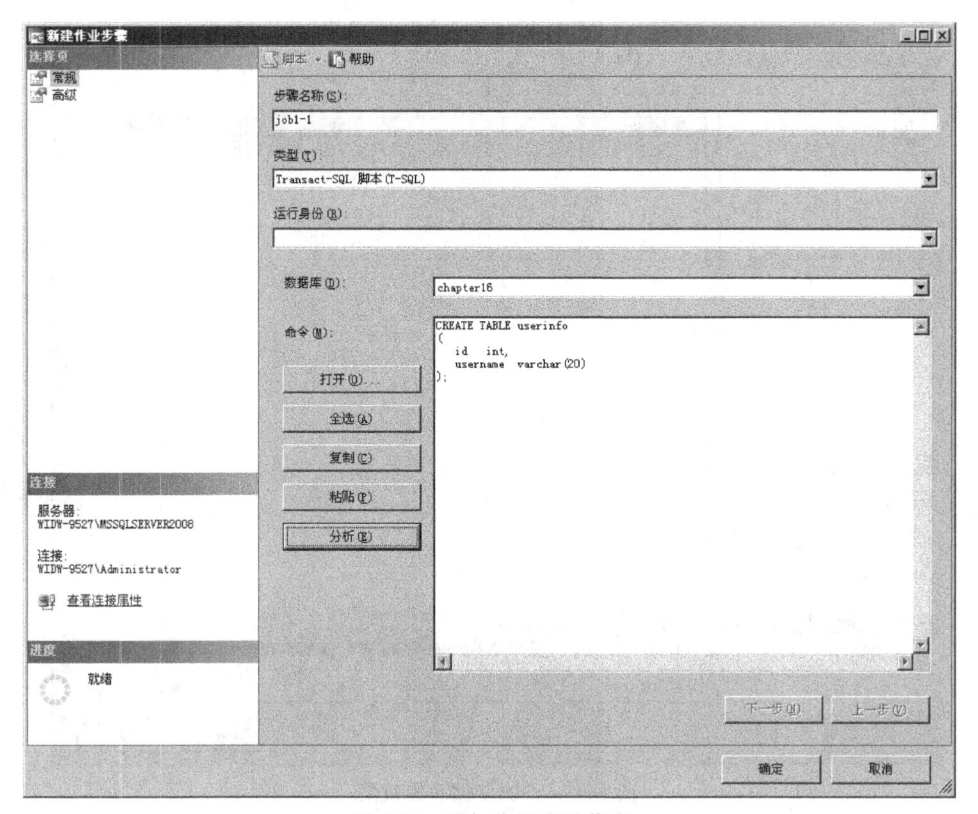

图16.8　添加作业步骤信息

说明：如果需要对作业步骤进行其他设置，可以在此界面中单击“高级”选项，即可设置作业步骤的其他信息。

单击“确定”按钮，出现图16.9所示的界面。

4．完成作业步骤的创建

在图16.9所示界面中，如果需要继续添加作业步骤，可以单击“新建”按钮继续添加。如果不需要再添加作业步骤信息了，直接单击“确定”按钮，即可完成作业步骤的创建。

16.2.3　创建一个作业执行计划

作业创建好后，如何执行呢？在SQL Server中，提供了一个比较简单的方式，那就是制定作业执行计划。通过制定作业执行计划能够使作业按照计划的时间执行，比如：每周一执行、每周执行几次等等。通过企业管理器创建作业执行计划，通常需要如下4个步骤。

1．打开显示作业执行计划的界面

在“对象资源管理器”中，展开“SQL Server代理”节点，创建一个新作业或右击一个现有作业，在弹出的右键菜单中选择“属性”选项，然后在“作业属性”界面中选择“计划”选项，如图16.10所示。

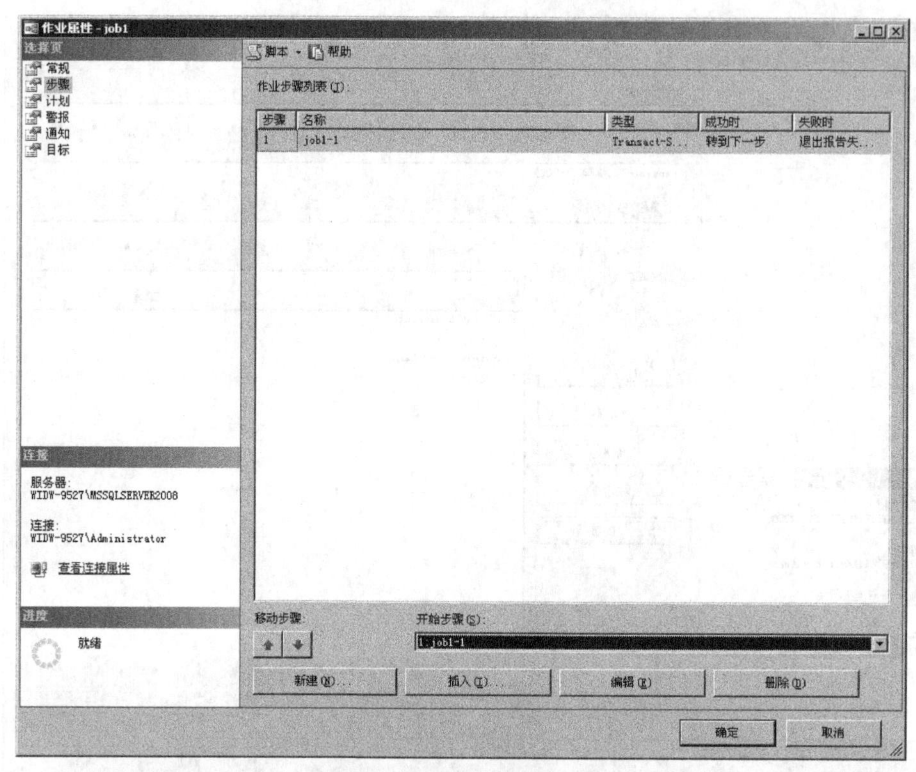

图 16.9　添加步骤后的效果

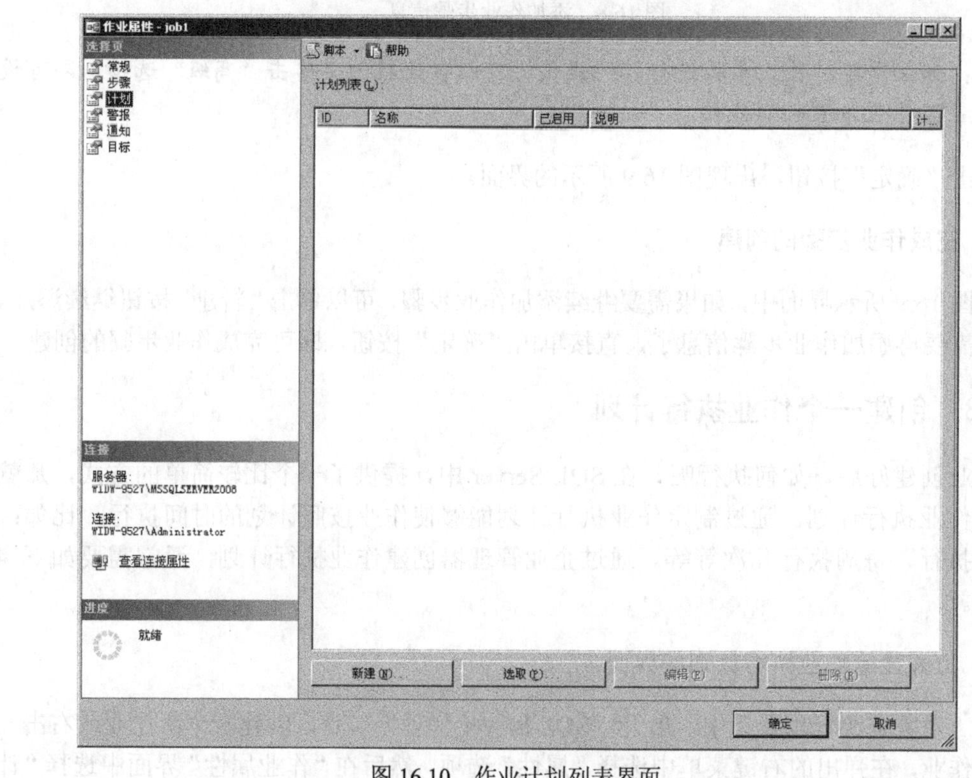

图 16.10　作业计划列表界面

2．打开新建作业执行计划的界面

在图 16.10 所示界面中，可以查看到当前作业中现有的作业计划。如果要新建作业计划，则单击“新建”按钮，弹出图 16.11 所示的界面。

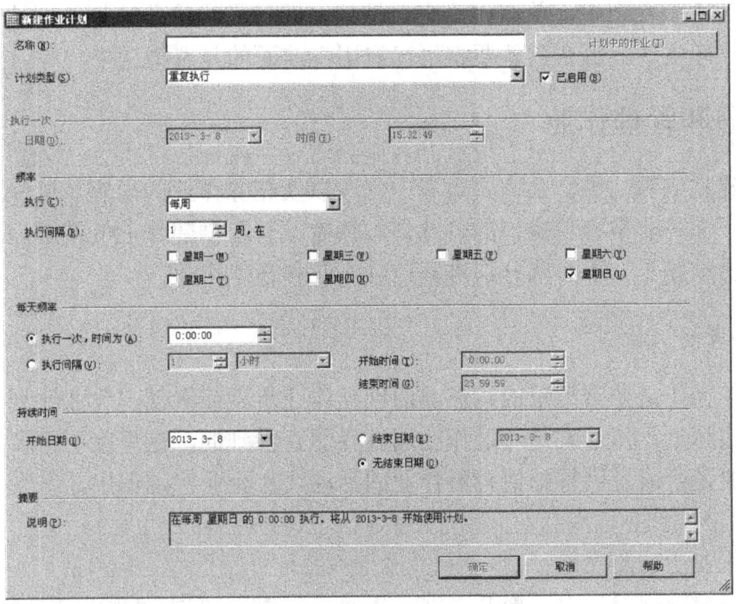

图 16.11　新建作业执行计划界面

3．填写作业执行计划

在图 16.11 所示界面中，填入相应的作业执行计划即可。假设要计划每周一上午 8 点执行一次作业，则填入后的效果如图 16.12 所示。

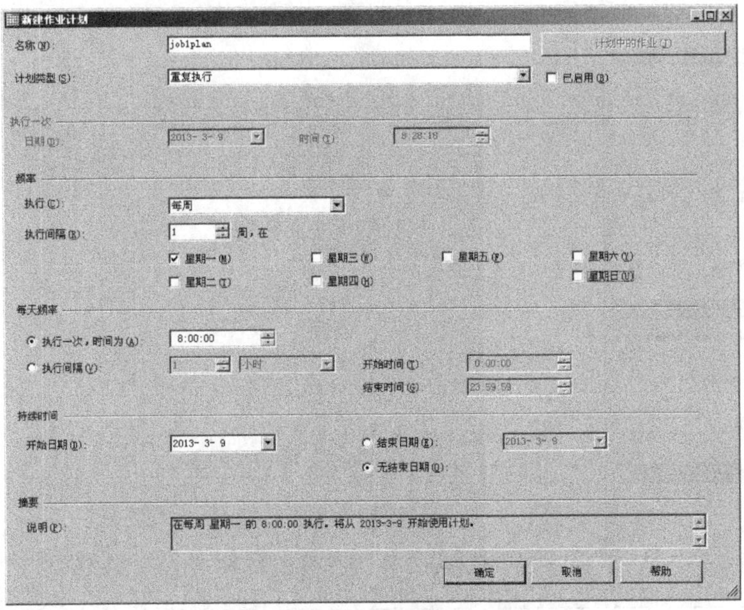

图 16.12　填入执行计划的效果

从图 16.12 所示界面中，可以在最下面的说明部分看到制定的计划是“在每周星期一的 8:00 执行。将从 2013-3-9 开始使用计划”。

4．保存作业执行计划

在图 16.12 所示界面中，单击“确定”按钮，即可完成作业计划的创建。如果需要使所创建的计划立即生效，那么，就要将“已启用”前面的复选框选中。

16.2.4　查看和管理作业

在作业创建完成后，经常会需要查看、修改以及删除作业的内容，这些对作业的操作在企业管理器下都是非常容易操作的。此外，读者又有了创建作业的基础，对于作业的其他操作就更容易掌握了。下面就分别讲解查看作业和管理作业。

1．查看作业

查看作业的操作是非常简单的，在前面创建作业步骤或者创建作业计划时都会查看到作业的内容。实际上，作业就是通过作业属性界面查看到的，这里就不再多说了。这里的查看作业，主要是给读者讲解如何查看作业的活动。在企业管理器中，查看作业活动分为如下两个步骤。

（1）打开作业活动监视器

在“对象资源管理器”中，展开“SQL Server 代理”，右击“作业活动监视器”节点，在弹出的右键菜单中选择“查看作业活动”选项，弹出图 16.13 所示的界面。

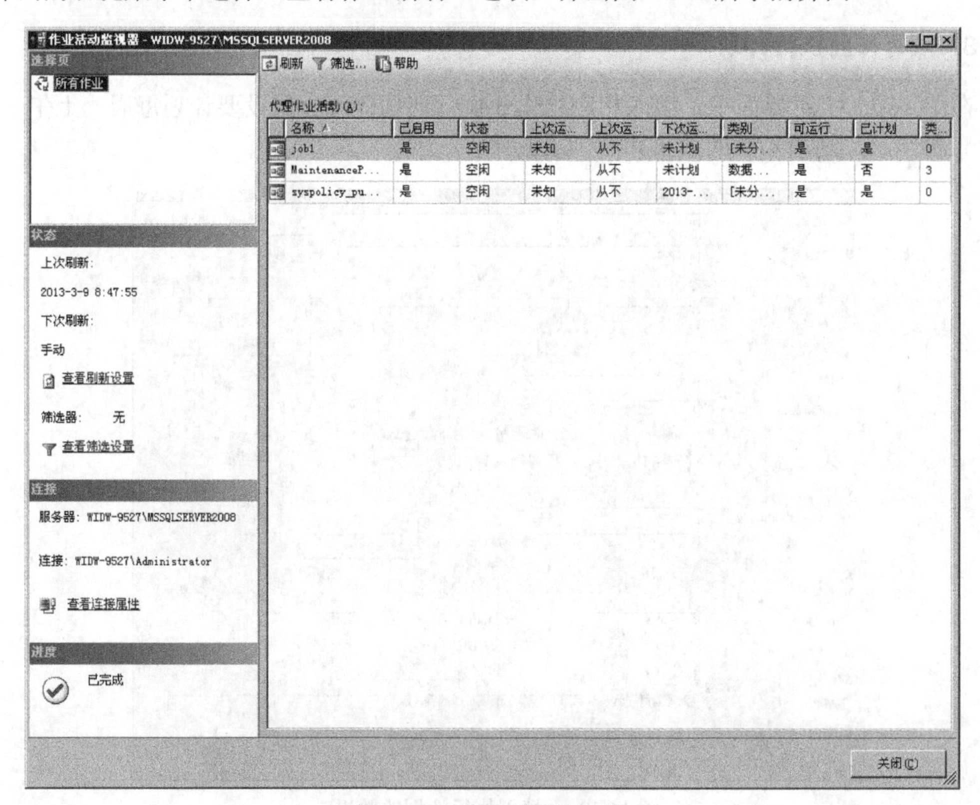

图 16.13　作业活动监视器

（2）查看作业信息

在图 16.13 所示界面中，可以右击任意作业，在弹出的右键菜单中选择“属性”选项，就可以查看作业的信息；选择“作业开始步骤”选项，则执行该作业；选择“禁用作业”选项，则该作业被禁用；选择“启用作业”选项，则该作业被启用；选择“删除作业”选项，则该作业被删除；选择“查看历史信息记录”选项，则显示该作业执行的日志信息。

2．管理作业

对于作业的管理，主要包括对作业的修改和删除操作。修改作业与查看作业基本都是一样的，都是在作业的属性界面中完成的。在修改作业时可以修改作业的步骤、计划等信息。但是，修改后的作业一定要记得保存哦！相信读者通过前面的学习一定能够独立完成修改作业的操作，就不再赘述了。这里，主要讲解如何删除作业。实际上，在企业管理器中删除作业是很简单的，只需要如下步骤即可搞定。

在“对象资源管理器”中，展开“SQL Server 代理”节点。右击一个作业名称，在弹出的右键菜单中选择“删除”选项，弹出如图 16.14 所示的界面。

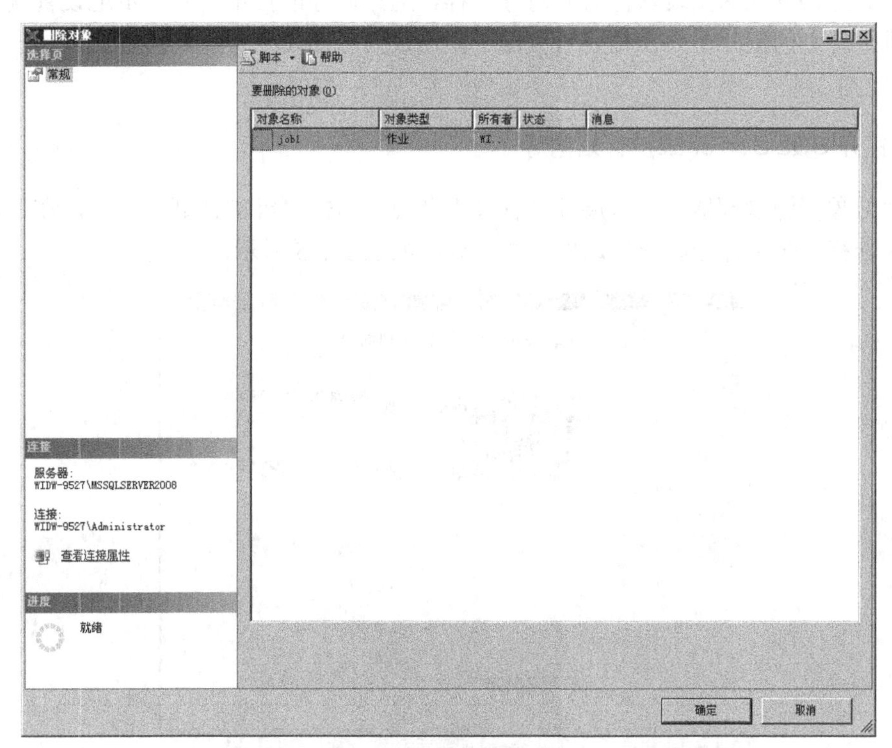

图 16.14　删除提示界面

在图 16.14 所示界面中，单击“确定”按钮，即可删除该作业。

16.3　维护计划

维护计划可以说是数据库管理员的好帮手，使用维护计划可以实现一些自动的维护工作。通过维护计划可以完成数据的备份、重新生成索引、执行作业等操作。虽然维护计划的功能强大，但是在企业管理器中创建维护计划却是很容易的。

16.3.1　什么是维护计划

维护计划与之前创建的作业计划有些类似，都是通过制定计划来自动完成一些特定功能。那么，维护计划究竟能帮助用户完成哪些功能呢？下面就列出维护计划最常应用的几个方面。

（1）用于自动运行 SQL Server 作业。

（2）用于定期备份数据库。

（3）用于检测数据库完整性。

（4）用于更新统计数据。

（5）用于重新组织和生成索引。

16.3.2　使用向导创建维护计划步骤

维护计划向导就像安装软件时的向导一样，通过向导的指示一步一步地设置就可以完成一个维护计划的创建了。在企业管理器中，通过向导创建维护计划需要通过如下几个步骤完成。

1. 打开 SQL Server 维护计划向导

在“对象资源管理器”中，展开“管理”节点，右击“维护计划”节点，在弹出的右键菜单中选择“维护计划向导”选项，弹出界面如图 16.15 所示。

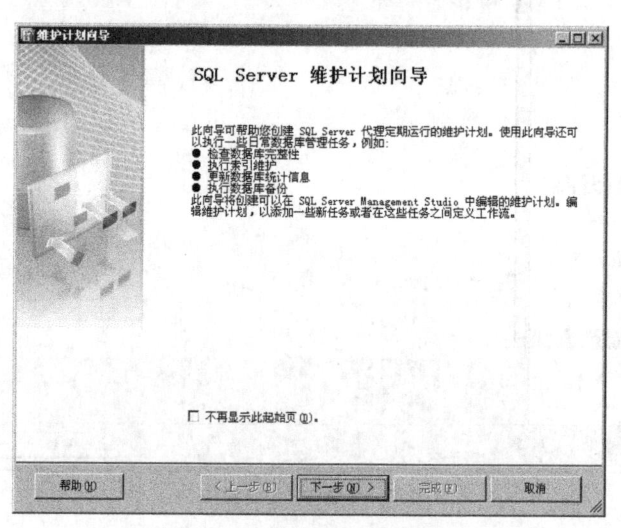

图 16.15　维护计划向导界面

2. 选择计划属性

在图 16.15 所示界面中，单击“下一步”按钮，出现图 16.16 所示的界面。在此界面中，可以为计划填入名称、说明，并选择该计划是每项任务的单独计划还是要整个计划统筹安排或无计划。

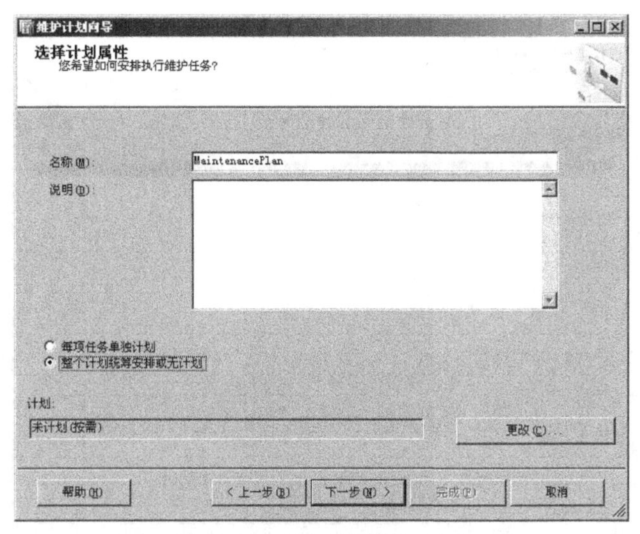

图 16.16　选择计划属性界面

3．选择维护任务

在图 16.16 所示界面中，单击“下一步”按钮，即可出现图 16.17 所示的选择维护任务界面。

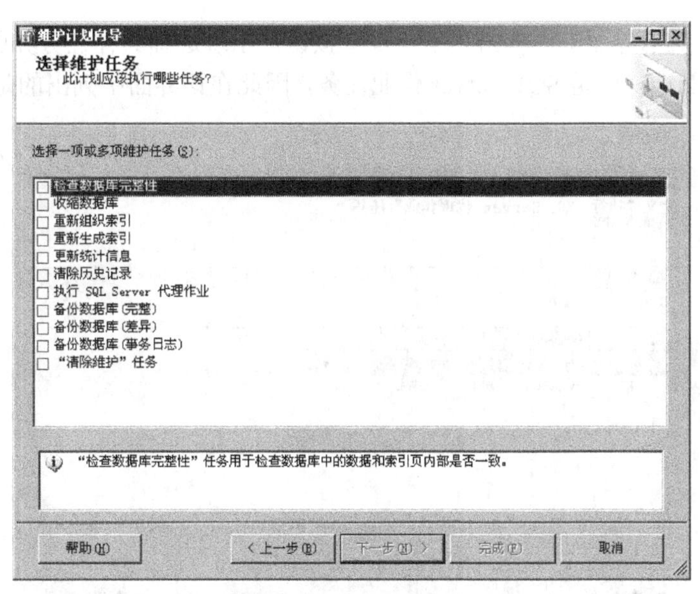

图 16.17　选择维护任务

在图 16.17 所示界面中，列出了所有维护计划可以执行的任务。在此，可以选择一个或多个执行任务。这里，选择“执行 SQL Server 代理作业”选项。

4．选择维护任务顺序

在图 16.17 所示界面中，单击“下一步”按钮，即可转到图 16.18 所示的选择维护任务顺序界面。

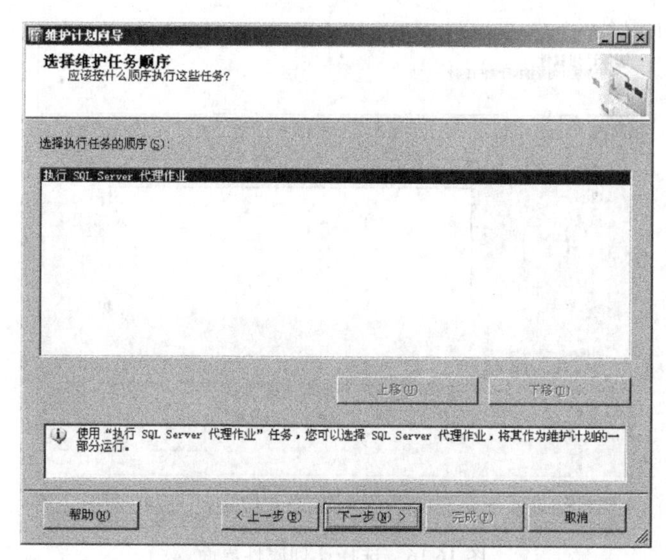

图 16.18　选择维护任务顺序

在图 16.18 所示界面中，如果选择了多个任务就可以为这些任务排列执行顺序。这里，只选择了一个任务，因此不用对任务排序。

5. 选择要执行的具体任务

在图 16.18 所示界面中，单击“下一步”按钮，出现选择具体任务界面，如图 16.19 所示。由于在前面选择的是 SQL Server 作业任务，因此在该界面中列出的是系统中所有的作业信息。

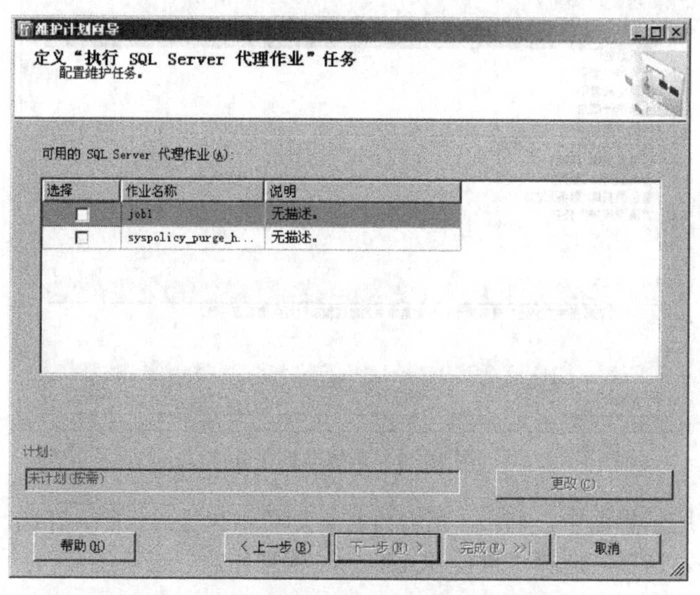

图 16.19　选择要使用的 SQL Server 代理作业

这里，选中名称为 job1 的作业。

6. 选择报告选项

在图 16.19 所示界面中，选择好作业后，单击“下一步”按钮，出现选择报告输出位置的界面，如图 16.20 所示。

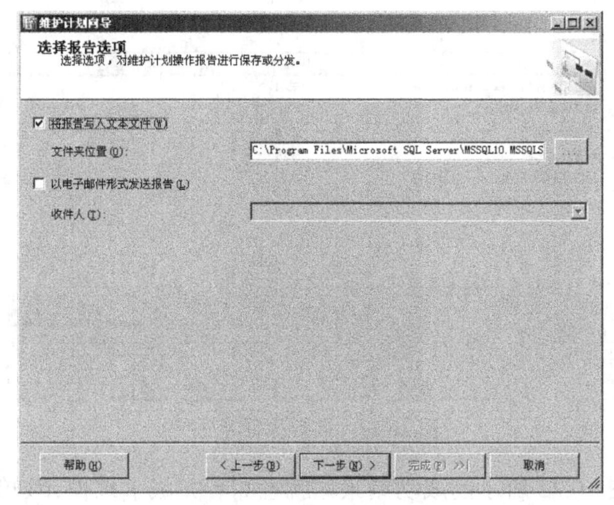

图 16.20　选择报告选项界面

在此，指定报告输出的位置或者以电子邮件的方式发送给报告人。这里，选择将报告输出到文件中。

7. 完成向导

在图 16.20 所示界面中，单击“下一步”按钮，即可完成向导界面，如图 16.21 所示。

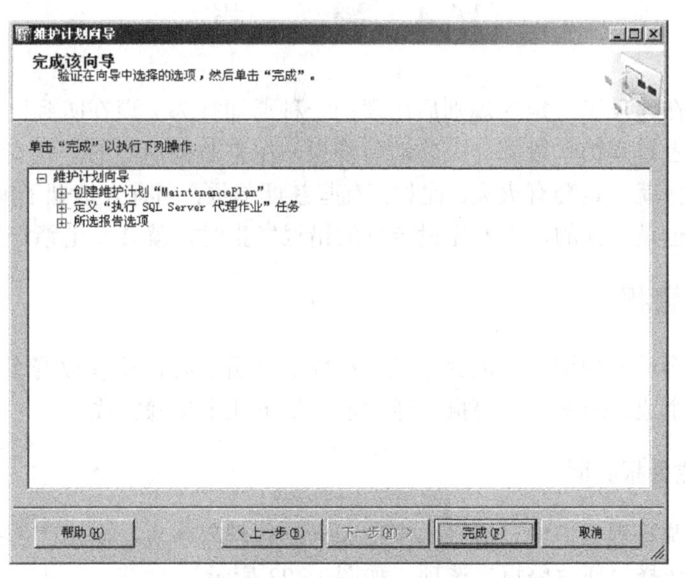

图 16.21　完成向导界面

在此界面中，确认维护计划向导的内容，然后单击“完成”按钮，出现执行计划的界面，如图 16.22 所示。

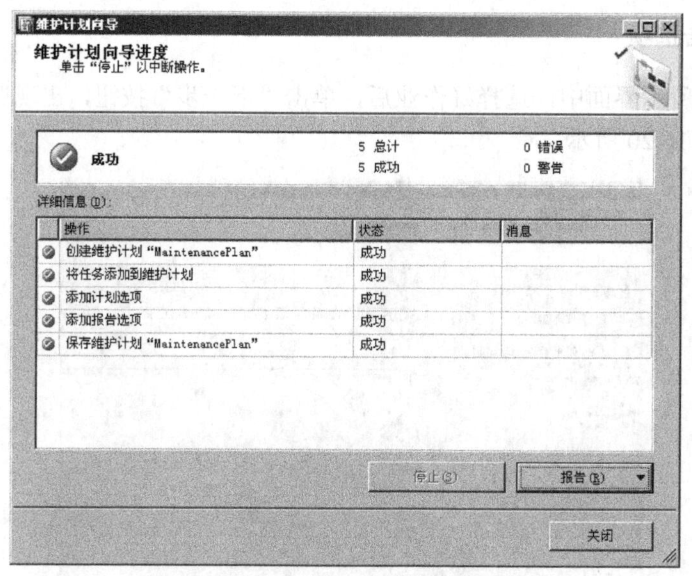

图 16.22　向导执行界面

如果能够出现图 16.22 所示的成功结果，就意味着完成了维护计划的创建操作。

说明：创建成功的向导会直接出现在维护计划的节点下。如果需要修改或删除该向导，则直接右击该向导，在弹出的右键菜单中，选择相应的操作即可。但是，有一点需要注意的是，维护计划不仅会出现在维护计划的节点下，也会出现在作业的节点下。建议读者不要直接操作作业节点下的维护计划，以免造成操作错误。

16.4　警　报

警报通常是在违反了一定的规则后出现的一种通知行为。现在听到比较多的就是消防警报，在单位或者是宾馆一般都会安装消防警报，用来监控消防的一些安全隐患，并不是说触发了消防警报就一定会有火灾。比如：有些禁烟单位，当有人抽烟了消防警报就会响。在使用数据库时也是一样的，当预先设定好的错误发生时，就会发出警告告知用户。

16.4.1　创建警报

在数据库中合理地使用警报能够帮助数据库管理员更好地管理数据库，并提高数据库的安全性。通过企业管理器创建警报，通常需要如下几个步骤完成。

1．打开新建警报界面

在“对象资源管理器”中，展开“SQL Server 代理”节点，右击“警报”节点，在弹出的右键菜单中选择“新建警报”选项，如图 16.23 所示。

2．输入警报信息

在图 16.23 所示界面中，输入警报的名称、类型等信息。类型包括“SQL Server 事件

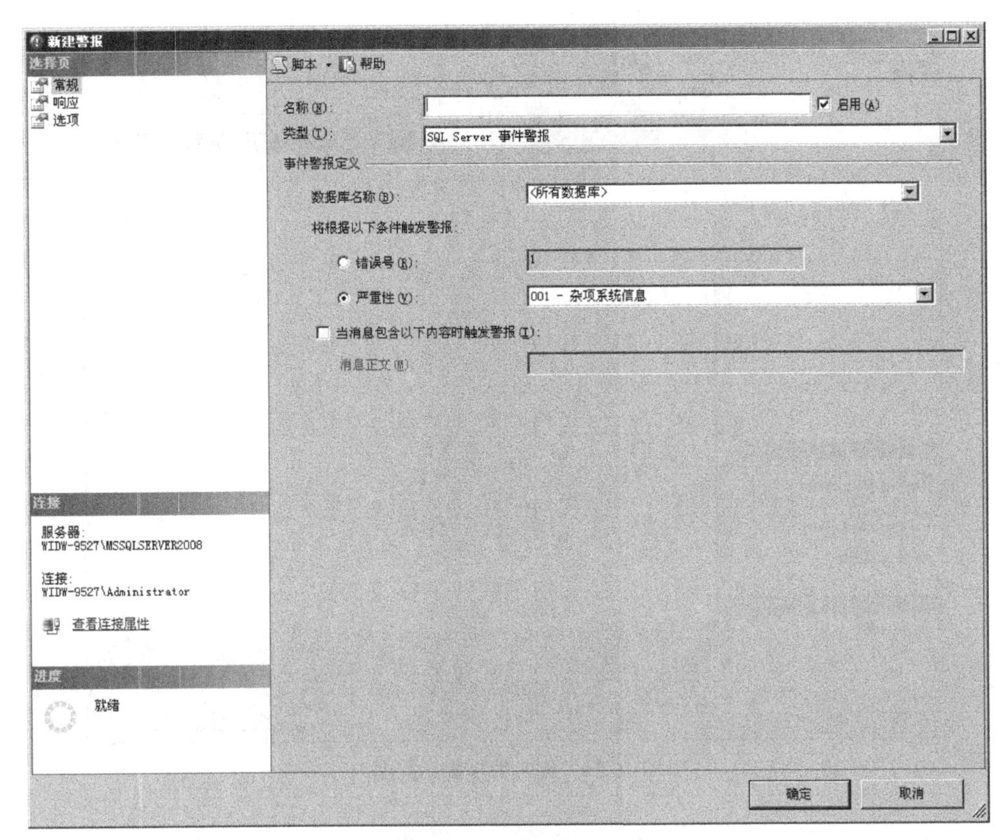

图 16.23　新建警报界面

警报”、“SQL Server 性能条件警报”和“WMI 事件警报”。输入相应的警报信息后，还可以通过图 16.23 左侧的“响应”和“选项”内容的设置完成警报信息的添加。

3. 确认警报信息

添加好警报信息后，单击“确定”按钮，即可完成警报的创建。

说明： 警报创建完成后，会出现在警报节点下。如果要查看该警报，可以通过右击该警报，在弹出的右键菜单中选择“属性”选项，即可查看警报。同时，也可以通过右键菜单选择“启用”或“禁用”该警报。

16.4.2　删除警报

在不同的数据库应用中，警报的设置也是不相同的。因此，当某些警报不再需要时，就可以将其删除了。在 SQL Server 中，删除警报是非常容易的。通过企业管理器只需要下面 1 个步骤就可以完成了。

在“对象资源管理器”中，展开“SQL Server 代理”|“警报”节点，右击一个警报，在弹出的右键菜单中选择“删除”选项，弹出如图 16.24 所示的界面。

在图 16.24 所示界面中，单击“确定”按钮，即可完成警报的删除操作。

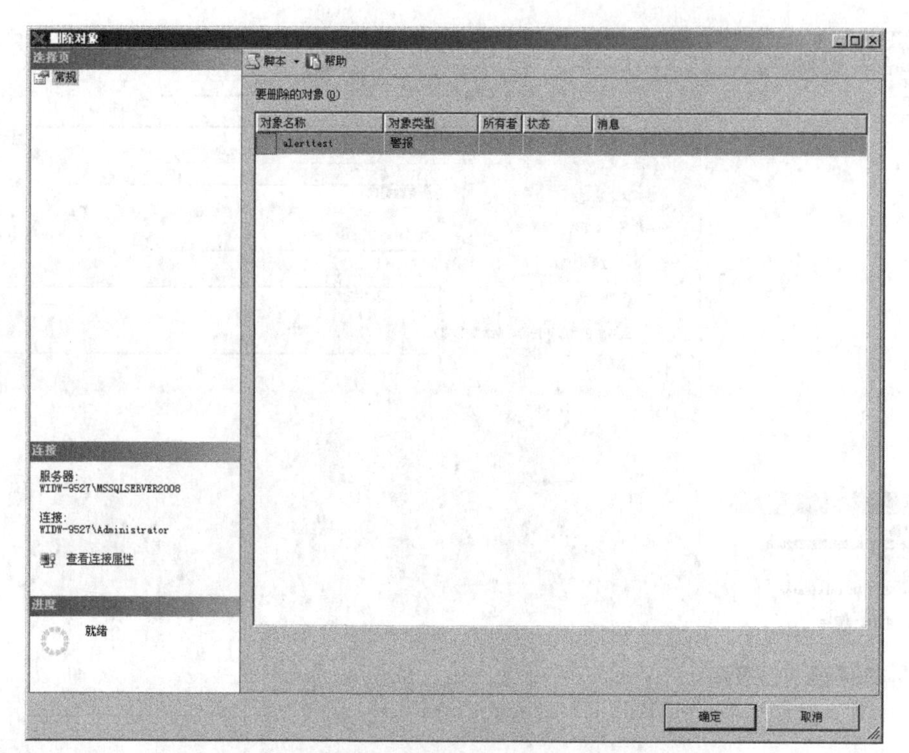

图 16.24　删除警报提示界面

16.5　操　作　员

操作员实际上就是 SQL Server 数据库中设定好的信息通知对象。当系统出现警报时，可以直接通知操作员，或者是当执行任务成功后都可以通知操作员。通知操作员的方式通常是发送电子邮件或者是通过 Windows 系统的服务发送网络信息。

16.5.1　创建操作员

创建操作员是使用操作员的第一步。在企业管理器中，创建操作员是很容易的。创建操作员通常需要如下 3 个步骤完成。

1. 打开新建操作员界面

在“对象资源管理器”中，展开“SQL Server 代理”节点，右击“操作员”节点，在弹出的右键菜单中选择“新建操作员”选项，弹出界面如图 16.25 所示。

2. 填入操作员信息

在图 16.25 所示界面中，填入操作员的姓名以及“通知”选项中的任意信息。并且，可以“在寻呼值班计划”中选择操作员的工作时间。这里，为了方便后面使用操作员，将操作员的姓名填入“users1”，并填入邮箱名称“user1@sina.com”。

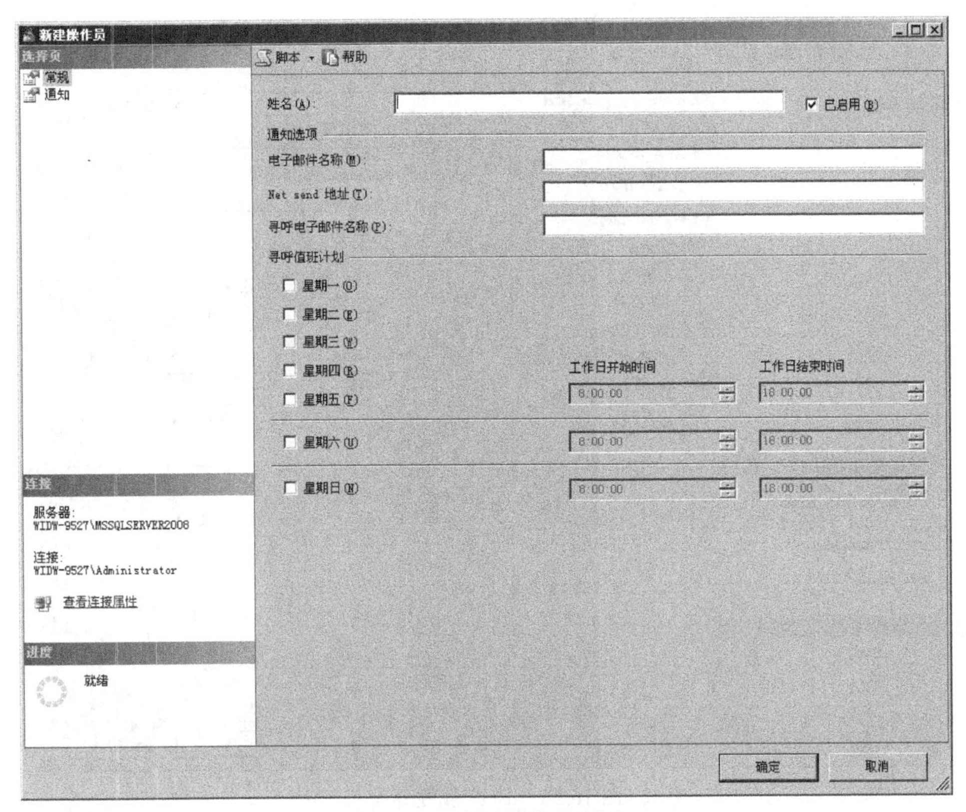

图 16.25　新建操作员界面

3. 确认操作员信息

填入操作员信息后，单击图 16.25 所示界面的“确定”按钮，即可完成操作员的创建。

说明：操作员创建完成后，就会出现在操作员的节点下。如果想管理操作员，可以右击该操作员，并在弹出的右键菜单中选择相应的选项对其进行管理。

16.5.2　使用操作员

在上一小节中已经学会了如何创建操作员，那么，操作员究竟如何使用呢？下面就以在警报中使用操作员为例讲解操作员的应用。在企业管理器中，使用操作员通常需要如下两个步骤即可完成。

1. 打开操作员属性界面

在“对象资源管理器”中，展开“SQL Server 代理”|“操作员”节点，右击 user1 操作员，在弹出的右键菜单中选择“属性”选项，弹出界面如图 16.26 所示。

2. 选择通知操作员的方式

在图 16.26 所示界面中，选择“通知”选项，如图 16.27 所示。

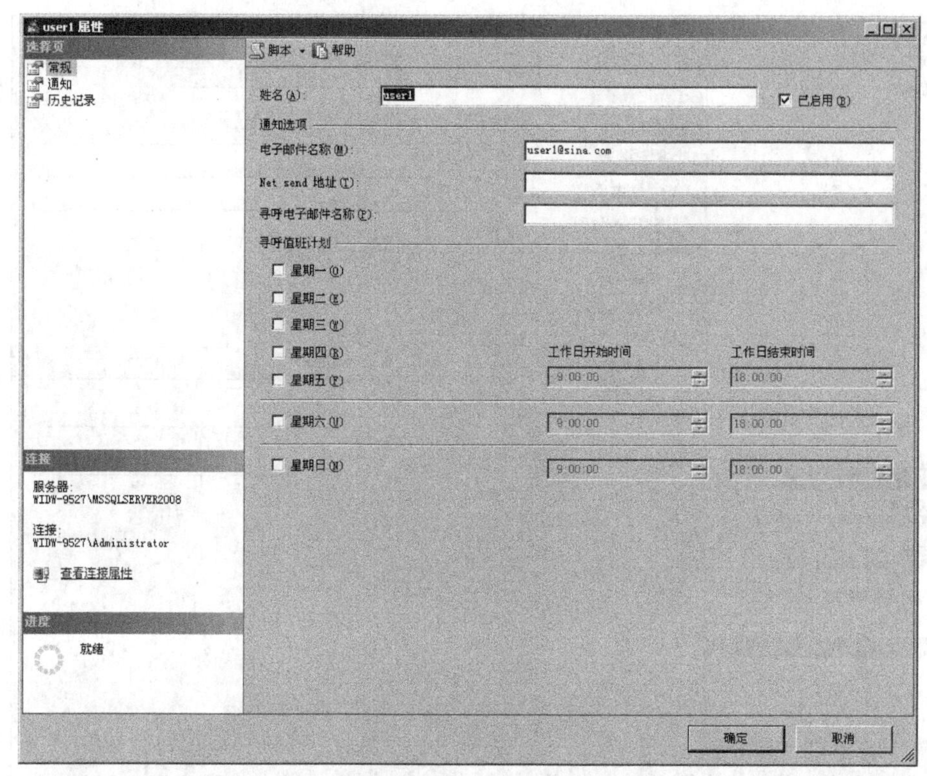

图 16.26　user1 属性界面

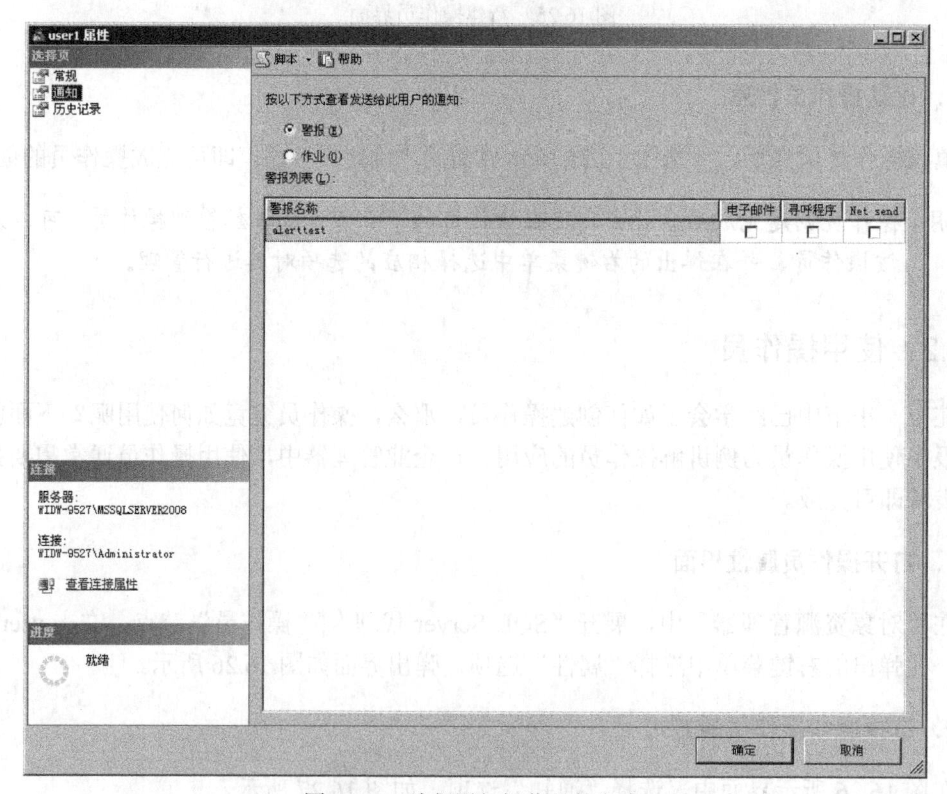

图 16.27　选择通知操作员的方式

这里，选择“警报”，并在复选框中选择通知的方式“电子邮件”。单击“确定”按钮，即可完成操作员的通知设置。

16.6　本章小结

本章详细介绍了 SQL Server 中自动化管理的基本对象，包括作业、维护计划、警报以及操作员等。其中，着重讲解了作业的创建、作业步骤的创建以及计划创建等。通过本章的学习，读者可以有选择地借助这些自动化管理工具来管理数据库。特别是，读者合理地使用警报能够避免对数据库操作中的一些错误。

16.7　本章练习

一、填空题

1．使用 SQL Server 代理时，必须要启动的服务是________。

2．如果在数据库操作中触发警报可以通知________。

3．操作员的通知方式有________种。

二、选择题

1．下列对象中哪个不是 SQL Server 代理中的内容________。

A．操作员　　B．警报　　C．作业　　D．维护计划

2．操作员可以通过下列哪个对象进行通知？________

A．SQL Server 代理　　B．警报

C．计划　　D．以上都不是

3．一个作业通常都包括哪些内容？________

A．步骤　　B．计划　　C．警报　　D．以上都是

三、问答题

1．什么是维护计划？都可以维护哪些内容？

2．如何创建作业？

3．如何创建警报？

四、操作题

根据本章所学的内容，完成如下的操作。

（1）创建一个名为 job1 的作业，完成在数据库 chapter16 中创建任意数据表的操作。

（2）设置该作业执行的时间为每周五的晚上 8 点。

（3）创建一个维护计划执行该作业。

第 5 篇　数据库的应用

第 17 章　使用.NET 连接 SQL Server

如果仅把数据存放在数据库中就置之不理了，那么，数据库中的数据也就毫无意义了。换句话说，在数据库中存放数据，是为了用户更好地查询和使用数据。因此，要借助其他编程语言构建操作页面来操作数据库。SQL Server 最亲密的搭档就是出自于同一个公司的 Visual Studio 平台。本章中将使用 C#语言在该平台下完成与 SQL Server 的连接操作。

本章的主要知识点如下：

- ❑ 认识 ADO.NET
- ❑ 使用 ADO.NET 连接 SQL Server 数据库
- ❑ 认识 Windows 窗体
- ❑ 使用 Windows 窗体程序完成对数据的添加和管理的操作

17.1　ADO.NET 介绍

说到使用 C#语言连接 SQL Server 数据库，不得不提的就是其 ADO.NET 组件。通过 ADO.NET 组件可以很方便地连接 SQL Server 数据库，并对其进行数据的添加、修改、删除以及查询的操作，此外还可以通过 C#语言创建数据库、数据表、视图以及存储过程等对象。在本节中主要讲解 ADO.NET 组件中五大对象的作用以及使用方法。

17.1.1　认识 ADO.NET

在微软推出的.NET 平台下，有很多语言都可以作为其应用的开发语言，比如：VB、C#等。在本章中选择使用 C#语言，主要是考虑 C#语言是目前在.NET 平台上开发的主流语言，也是很多公司都选择的一种语言。C#语言是一种面向对象的语言，如果读者学习过 Java 语言再学习它就会变得很容易了。在.NET 平台上，无论选用何种语言来连接数据库，都需要使用 ADO.NET 组件。因此，了解 ADO.NET 的组成就至关重要了。通常在连接数据库时需要使用 ADO.NET 中的 Connection、Command、DataAdapter、DataSet 和 DataReader 等 5 类。下面就分别来介绍这五个类的具体作用。

1. Connection 类

Connection 类被称为数据库连接类，因此，只要做数据库连接都少不了它。它的主要功能就是连接数据库、打开数据库连接以及关闭数据库连接。在每个与数据库相关的操作中，第一步都是要先连接数据库，这就好像是找到数据库的连接大门；第二步就是打开数据库连接，就好像是打开数据库的这扇门；最后一步就是在对数据库操作完成后，关闭数据库连接，就好像是从家出来要关门一样。使用 Connection 类不仅可以连接 SQL Server

数据库，也可以连接其他数据库，比如：Oracle、MySQL 和 Access 等。但是，连接每种数据库需要引用的命名空间不同，这就好像是邮局，能够邮寄市内、省内、国内以及国际各地的信件，但是所填写的邮编却不同。究竟使用 SQL Server 数据库需要引用什么样的命名空间，答案将会在下一小节揭晓。

2. Command 类

Command 类被称为数据库命令类。换句话说，它就是发出对数据库操作命令的。根据 Command 类在执行不同的数据库操作命令时执行方法的不同，可以简单将操作命令分为查询命令和非查询命令两种。查询命令就是通常说的 SELECT 查询操作，而非查询命令通常就是指执行 INSERT、UPDATE 和 DELETE 的操作。但是，该命令一定是在数据库打开之后才能够进行的。同样，既然 Connection 类能够连接多种数据库，那么，Command 类也就能够操作多种数据库了。

3. DataAdapter 类

DataAdapter 类被称为数据适配器类，与 Command 类的功能很相似，都是对数据库进行操作的。但是，它主要是应用在数据集类 DataSet 中。它可以形象地说成是数据库与数据集的桥梁，桥梁上传输的就是数据，数据从数据库传出到数据集中，数据集中数据变化，又可以将数据传给数据库。

4. DataReader 类

DataReader 类被称为数据读取类，通常是用来存放查询结果的。该类经常与 Command 类连用，用于查询结果的存储。从该类中读取查询结果只能按照顺序来读取，并且每次只能读取一条数据。

5. DataSet 类

DataSet 类与 DataReader 类一样，是用来存放数据的，但是它们有很多不同点。最重要的一点就是使用 DataSet 存放数据时，当数据库断开连接时，也依然可以使用 DataSet 中的数据。其次，就是在 DataSet 中存放的数据是可以任意读取而不必按照顺序读取。因此，在大多数的程序中使用数据集来存储数据是比较方便的，也是最好的选择。

17.1.2　使用 Connection 连接 SQL Server 数据库

在上一小节中，已经学习了 ADO.NET 中的五大类。那么，在本小节中就使用 Connection 类来演示如何连接 SQL Server 数据库。请记住，操作分为如下 5 个步骤。

1. 引用命名空间

在 C#语言中，命名空间实际上可以理解为存放类的文件夹。引用命名空间使用的语句如下：

```
using 命名空间名称;
```

这里，命名空间名称就是类所在文件夹的路径，只是将路径中的“\”换成“.”。并且要求该文件与当前的项目在同一文件夹下。例如：类所在的文件夹的路径是 C:\a\b，则写成命名空间的形式就是 using a.b，当前项目也同在 C 盘下。

如果要使用 SQL Server 数据库，则通常都会引用的命名空间如下：

```
using System.Data.SqlClient;
```

注意：在 C#语言中，是严格区分大小写的！

2．编写数据库连接字符串

所谓数据库连接字符串，就是写着连接数据库的名称以及数据库服务名的字符串。具体的写法如下：

```
Server=server_name; database=database_name; Integrated Security=True
```

其中：

- server_name：服务器名，如果是本地数据库则可以使用 local 或者是用“.”来表示。
- database_name：要连接的数据库名。
- Integrated Security=True：代表当前数据库使用的是 Windows 方式登录 SQL Server 数据库。

注意：如果数据库使用的是 SQL Server 的登录方式时，还要在连接字符串上加上用户名和密码。

3．创建数据库连接对象

有了上面的连接字符串，创建数据库连接对象就不是什么难事了。创建数据库连接对象要使用 Connection 类来完成，如果引用了 System.Data.SqlClient 这个命名空间，那么，Connection 类就要写成 SqlConnection。具体的创建语句如下：

```
SqlConnection connection_name =new SqlConnection (connection_str);
```

其中：

- connection_name：连接对象名称。不能以数字开头，与 SQL Server 中定义对象的标识符的规则是一样的。
- connection_str：连接字符串。这部分内容就是第 2 步中编写的连接字符串。

使用上面定义的连接字符串创建连接对象的语句如下：

```
SqlConnection conn =new SqlConnection (Server=.\MSSQLSERVER2008;
database=chapter17; Integrated Security=True);
```

这里，笔者的数据库服务名是.\MSSQLSERVER2008，要连接的数据库是 chapter17。创建的连接对象名是 conn。记住这个连接对象名，下面还要使用它！

4．打开数据库连接

打开数据库连接使用的是数据库连接对象的 Open 方法完成的，具体的语法形式如下：

```
连接对象名.Open();
```

这里，连接对象名就是在第 3 个步骤中创建的数据库连接对象名，例如：之前创建的 conn。那么，打开数据库连接 conn 的语句就如下：

```
conn.Open ();
```

5．关闭数据库连接

关闭数据库连接要在对数据库操作后使用，但是，一定要注意的是，只要在程序中有数据库连接处于打开状态，就要在对其操作完成后关闭。如果不注意数据库连接的关闭，数据库就无法释放数据库连接，而占用数据库连接的数量。关闭数据库连接使用 Close 方法来完成，具体的语法形式如下：

```
连接对象名.Close();
```

至此，就完成了数据库连接对象基本使用方法的学习。在后面的数据库操作中，都离不开该对象的使用。

17.1.3　使用 Command 操作 SQL Server 数据库

Command 类是用来操作数据库中的数据的，但是在使用 Command 对象之前，首要的步骤就是要打开数据库的连接。与 Connection 类一样，引用 System.Data.SqlClient 命名空间，Command 类就应该写成 SqlCommand。使用 Command 操作 SQL Server 数据库，分为如下 4 个步骤。

1．创建数据库连接对象并打开数据库连接

使用上一小节的方法，创建并打开数据库连接，具体的语句如下：

```
SqlConnection conn =new SqlConnection (Server=.\MSSQLSERVER2008;
database=chapter17; Integrated Security=True);      //创建连接对象
conn.Open();                                        //打开数据库连接
```

2．创建 Command 对象

在创建 Command 对象时，通常需要使用两个参数，一个是连接对象名；另一个是要执行对数据表操作的 SQL 语句。创建 Command 对象的语法形式如下：

```
SqlCommand command_name = new SqlCommand (SQL, conn_name);
```

其中：

- command_name：命令对象名称。
- SQL：要执行的 SQL 语句。
- conn_name：连接对象名称。

使用上面的语法，创建 Command 对象的语句如下：

```
SqlCommand cmd = new SqlCommand (SQL, conn);
```

这里，cmd 是命令对象名，conn 是连接对象名，SQL 就代表了要执行的数据库操作语句。在实际应用中，要在该语句之前定义具体的 SQL 语句。例如：查询表中的数据、向表

中添加数据等。

3．执行 Command 对象中的 SQL 语句

在执行 SQL 语句时，通常把要执行的 SQL 语句分成两类，一类是执行查询的 SQL 语句，一类是执行非查询的 SQL 语句。下面就分别讲解如何执行这两类 SQL 语句。

（1）执行查询的 SQL 语句

所谓查询的 SQL 语句，就是以 SELECT 关键字来编写的 SQL 语句。执行查询的 SQL 语句，使用 Command 对象中的 ExecuteReader 方法，返回 SqlDataReader 类型的数据。具体的语法形式如下：

```
SqlDataReader datareader_name=command_name.ExecuteReader();
```

其中：

- ❑ datareader_name：数据库读取对象名。
- ❑ command_name：命令对象名。

应用在上一小节创建的命令对象，执行查询的 SQL 语句，具体语句如下：

```
SqlDataReader dr=cmd.ExecuteReader ();
```

那么，将查询出的数据存储到了数据库读取对象，如果查看到该对象中的值呢？具体的语句如下：

```
If (dr.Read ())                                //判断 dr 中是否存在查询数据
{
   string str = dr[0].toString();              //取查询结果中第 1 行第 1 列的数据
}
```

其中，dr[0]中的 0 还可以换成是表中的具体列名，第 1 列的编号是 0。另外，如果要查询的数据不仅是 1 行时，还可以将 if 语句换成是 while，这样就可以将数据表中的全部数据显示出来了。C#语言中的 if 和 while 语句的用法，基本与 SQL 语言中的结构控制语句类似，这里就不再多说了。

（2）执行非查询 SQL 语句

所谓非查询的 SQL 语句，通常就是对数据表中数据的添加、删除以及修改的操作。使用 Command 对象执行非查询 SQL 语句用的是 ExecuteNonQuery 方法。该方法返回的是一个整数类型的数据，当返回的值是–1 时，代表对数据表操作失败；当返回值是 0 时，代表没有对数据表中的数据有任何影响；当返回值是一个具体的整数时，代表对数据表中更新的数据行数。具体的语法形式如下：

```
int returnvalue=command_name. ExecuteNonQuery ();
```

其中：

- ❑ returnvalue：变量名。用于接收非查询方法执行后返回的结果。
- ❑ command_name：命令对象名。此时的命令对象必须是执行非查询语句的命令对象。

4．关闭数据库连接

当完成了对数据库的所有操作后，最后一步就关闭数据库连接了。使用下面的语句即

可完成操作。

```
conn.Close ();
```

至此，就完成了使用 Command 对象操作数据库的讲解。

17.1.4　使用 DataSet 和 DataAdapter 操作 SQL Server 数据库

在操作 SQL Server 数据库时，使用 DataSet 和 DataAdapter 基本都是在查询数据表时使用的。下面就来见证它们的使用方法吧，分为如下 5 个步骤。

1. 创建数据库连接对象并打开数据库连接

与使用 Command 对象一样，第 1 步都是要创建并打开数据库连接。具体的语句如下：

```
SqlConnection conn =new SqlConnection (Server=.\MSSQLSERVER2008;
database=chapter17; Integrated Security=True);          //创建连接对象
conn.Open();                                              //打开数据库连接
```

2. 创建 DataAdapter 对象

DataAdapter 类在引用了 System.Data.SqlClient 后，使用 SqlDataAdapter 类即可。在创建 DataAdapter 对象时与 Command 对象类似，都是需要两个参数，一个是要执行的 SQL 语句，一个是连接对象名。但是，这里需要注意的是 SQL 语句是执行查询的语句。具体的语法形式如下：

```
SqlDataAdapter DataAdapter_name= new SqlDataAdapter (SELECT-SQL,
conn_name);
```

其中：

- DataAdapter_name：数据适配器对象名称。
- SELECT-SQL：执行查询的 SQL 语句。
- conn_name：连接对象名。

应用上面的语句，创建一个 DataAdapter 对象，具体的语句如下：

```
SqlDataAdapter ada= new SqlDataAdapter (SQL, conn);
```

这里，ada 是 DataAdapter 对象名称，SQL 是查询语句，conn 是连接对象名。

3. 创建 DataSet 对象

DataAdapter 对象创建后，还要创建 DataSet 对象用以存放查询结果。创建 DataSet 对象很简单，语法如下：

```
DataSet dataset _name= new DataSet ();
```

这里，dataset _name 是数据集 DataSet 对象的名称。

使用上面的语句，创建一个 DataSet 对象，语句如下：

```
DataSet ds= new DataSet ();
```

4．将数据填充到 DataSet 对象中

将 DataAdapter 中的数据填充到 DataSet 对象中使用的是 DataAdapter 的 Fill 方法完成的。具体的语法形式如下：

```
DataAdapter_name.Fill (DataSet_name);
```

其中：

- ❑ DataAdapter_name：数据适配器名称。
- ❑ DataSet_name：数据集名称。

应用上面的语法填充之前创建的数据集对象，语句如下：

```
ada.Fill (ds);
```

5．关闭数据库连接

当完成了对数据集的操作后，就可以关闭数据库连接了。具体的语句如下：

```
conn.Close ();
```

至此，使用 DataAdapter 和 DataSet 查询数据的操作就完成了。

说明：DataSet 的使用是非常灵活的，可以得到全部的数据，也可以通过全部数据得到其中的某些数据。如果想进一步学习 DataSet 的使用，可以参考相关的 C#书籍。

17.2　使用 Windows 窗体程序完成文章管理系统

通过前面学习过的 SQL 语句以及本章中简单讲解的 ADO.NET 中五大类的使用方法，就可以使用 C#语言编写一些小功能了。在本节中就将带领读者使用 C#语言完成一个简单的 Windows 窗体程序，用以完成文章信息管理的功能。

17.2.1　Windows 窗体程序的开发环境介绍

所谓 Windows 窗体程序就是类似于我们正在使用的 Windows 操作系统一样的程序，都是以窗体的形式来显示数据的。在本章中开发 Windows 窗体程序使用的是 Visual Studio C# 2010 学习版。该版本可以在微软网站上直接下载并免费试用。该版本程序打开后的界面如图 17.1 所示。

当然，还有其他的版本可以下载，有兴趣的读者可以试用一下。

既然要使用该软件开发 Windows 窗体程序，那么，就要知道 Windows 窗体究竟是什么样的。下面就来一同创建一个 Windows 窗体程序并认识其开发界面。

1．创建 Windows 窗体程序

在图 17.1 所示界面中，单击菜单“文件”|“新建项目”选项，弹出图 17.2 所示的界面。

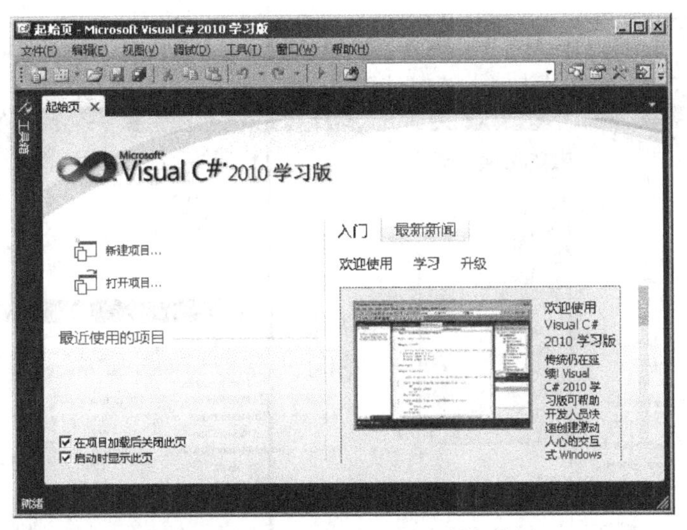

图 17.1　Visual C# 2010 学习版起始页

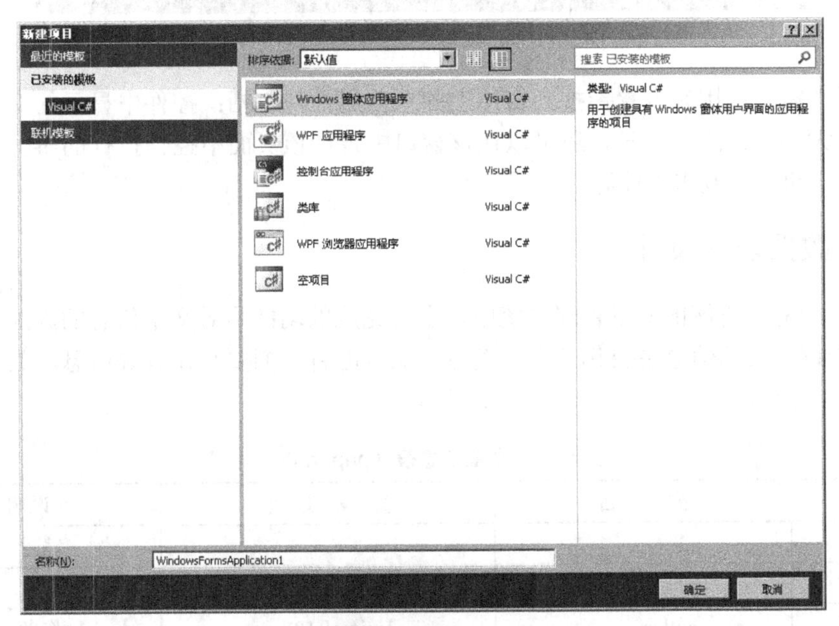

图 17.2　新建项目界面

在图 17.2 所示界面中，选择“Windows 窗体应用程序”，并给其起个名字即可。单击“确定”按钮，就完成了一个 Windows 窗体程序的创建。效果如图 17.3 所示。

2. 认识 Windows 窗体程序界面

在图 17.3 所示界面中，读者已经看到了 Windows 窗体程序的设计页面究竟是什么样了。那么，下面就来具体说说该界面中各窗口的作用。

- 工具箱：用来存放放置到窗体上的控件。单击该工具箱中任意控件直接拖拽到窗体上即可。
- 窗体界面：工具箱右边的部分。它就是用户要设计和使用的窗体了。
- 解决方案资源管理器：用来显示该项目中的文件构成。

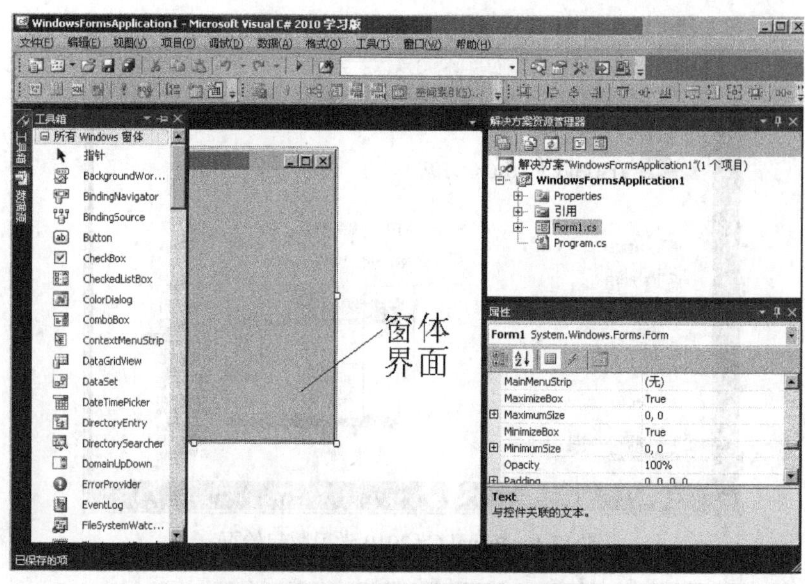

图 17.3　第一个 Windows 窗体程序

- 属性窗口：用来设置拖拽到窗体上的控件属性，包括：控件中显示的文本、颜色和大小等信息。同时，还可以在该窗口中设计该页面中控件执行的事件，比如：单击事件、双击事件等。

17.2.2　数据表的设计

在本章中着重讲解的文章管理系统中，主要完成的功能是对文章信息的添加、修改、删除以及查询。文章信息主要包括文章编号、文章题目、摘要和作者等信息。具体的表结构如表 17-1 所示。

表 17-1　文章信息表（paperinfo）

序号	列　名	数 据 类 型	说明
1	id	int	编号
2	title	varchar(50)	题目
3	author	decimal(10)	作者
4	company	varchar(50)	单位
5	abstract	varchar(500)	摘要
6	keyword	varchar(50)	关键词
7	pagecount	int	页数

读者可以根据上面的表结构在 SQL Server 中创建数据表 paperinfo，相信读者对建表操作已经不再陌生了。另外，在创建数据表之前先创建一个本章使用的数据库 chapter17。企业管理器中文章信息表设计效果如图 17.4 所示。

除了 SQL Server 工具可以创建数据表外，还可以直接使用 Visual C#工具来连接数据库，因为它们出自于同一个公司嘛。下面就来介绍如何使用 Visual C#中的数据库资源管理器。

1．打开数据库资源管理器

在图 17.3 所示的菜单栏中依次选择“视图”|“其他窗口”|“数据库资源管理器”选项，出现如图 17.5 所示的界面。

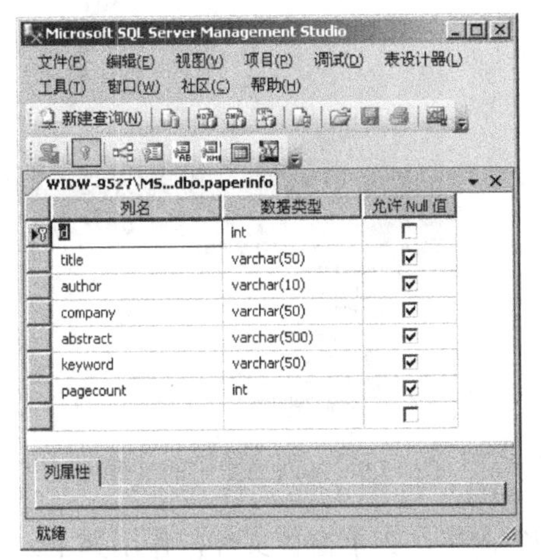

图 17.4　文章信息表在企业管理器中的创建效果

图 17.5　数据库资源管理器界面

2．创建数据库连接

在图 17.5 所示界面中，右击“数据连接”选项，在弹出的右键菜单中选择“添加连接”选项，出现如图 17.6 所示的界面。

在图 17.6 所示界面中，选择“Microsoft SQL Server 数据库文件”选项，单击“继续”按钮，出现添加连接界面，如图 17.7 所示。

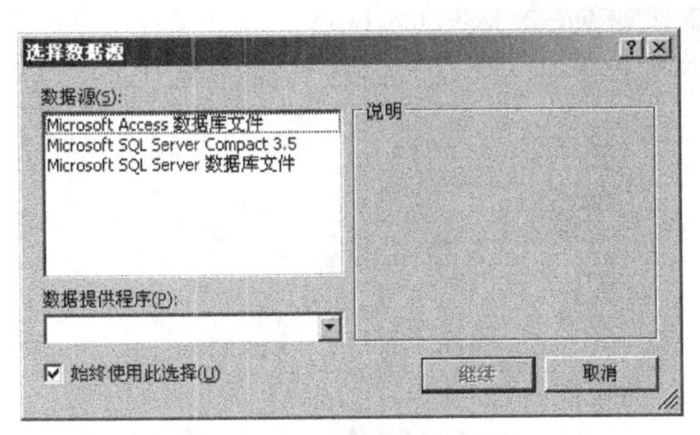

图 17.6　选择数据源界面

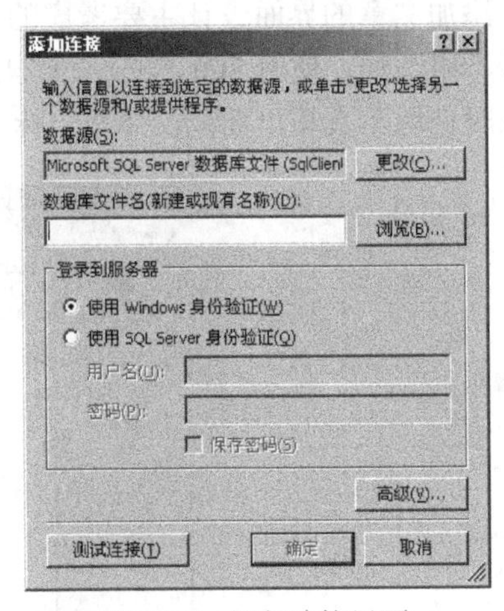

图 17.7　添加连接界面

这里，选择之前创建的 chapter17 数据库，并单击“测试连接”按钮，如果测试成功，则单击“确定”按钮，即可创建好与数据库 chapter17 中的连接，如图 17.8 所示。

至此，就将 Visual C#与数据库 chapter17 连接起来了。以后读者就可以在这个工具下操作数据表。操作方法与在企业管理器中操作的方法类似，这里就不再赘述了。

17.2.3　添加文章功能的实现

在开始开发文章管理功能之前，先将解决方案中的文件添加好。在本系统中，解决方案中的文件列表如图 17.9 所示。

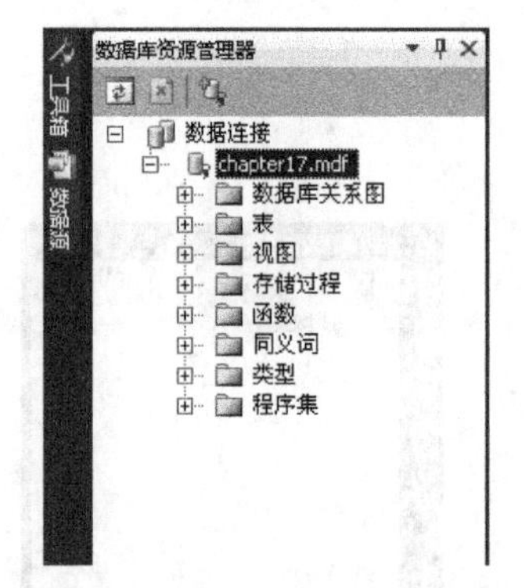

图 17.8　连接 chapter17 的效果

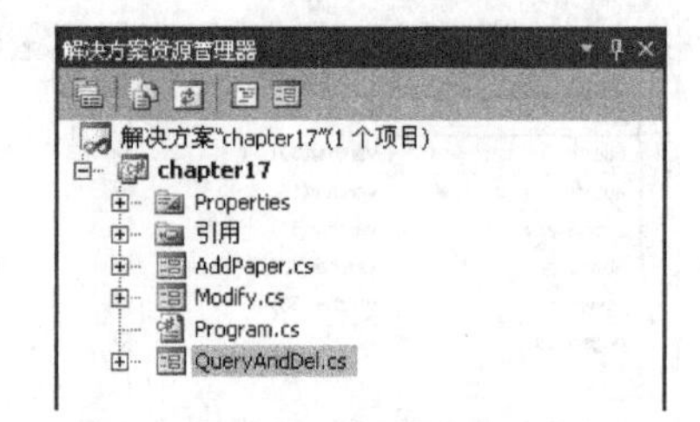

图 17.9　解决方案中的文件列表

从图 17.9 中，可以看到在解决方案 chapter17 下共有 3 个窗体文件，作用如下。

- AddPaper.cs：用于添加文章信息。
- Modify.cs：用于修改文章信息。
- QueryAndDel：用于查询和删除文章信息。

在本小节中，将带领读者完成文章管理功能中的第一个功能，即添加文章。完成该功能需要经过页面设计和代码编写两个步骤。

1．添加文章界面设计

添加文章的界面设计主要考虑的是对表 17-1 中的内容添加。在表 17-1 中，只有文章编号不用添加，使用 SQL Server 的自增长序列即可完成，其他的字段都需要添加。在添加信息时使用工具箱里面的文本框、标签以及多行文本框等控件完成。界面如图 17.10 所示。

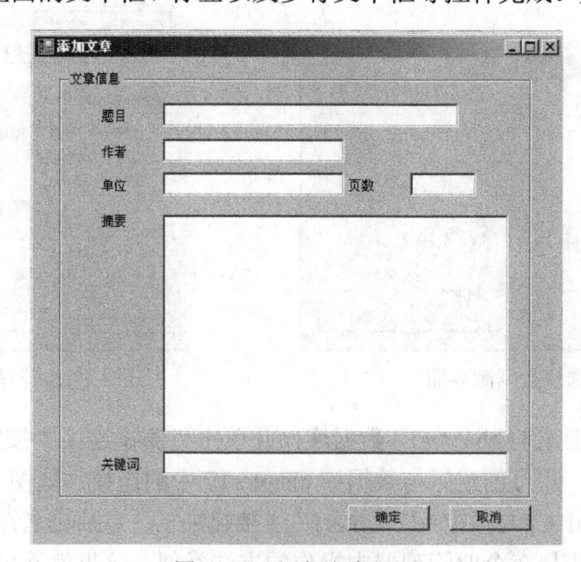

图 17.10　添加文章界面

2．添加文章功能的代码

在图 17.10 所示界面中，填写完信息后，单击“确定”按钮，即完成数据添加的功能。该功能使用的就是按钮的单击事件，并在该单击事件中加入如下代码。

```
01        /// <summary>
02        /// 添加文章信息
03        /// </summary>
04        private void button1_Click(object sender, EventArgs e)
05        {
06          //创建数据库连接
07 SqlConnection conn= new
08 SqlConnection (@"Server=.\MSSQLSERVER2008; database=chapter17;
   Integrated
09 Security=True");
10          try
11            {
12     conn.Open();                        //打开数据库连接
13  string sql = "INSERT INTO paperinfo VALUES('{0}', '{1}','{2}','{3}',
   '{4}','{5}')";                       //编写 SQL 语句
14    sql = string.Format(sql, textBox1.Text, textBox2.Text, textBox3.Text,
      richTextBox1.Text, textBox5.Text, int.Parse(textBox4.Text));
                                        //格式化 SQL 语句
15               SqlCommand cmd = new SqlCommand(sql, conn); //创建命令对象
16               int returnvalue = cmd.ExecuteNonQuery();    //执行 SQL 语句
17               if (returnvalue!=-1)                      //判断是否添加成功
18               {
19                  MessageBox.Show("添加成功!");
20               }
21            }
22            catch
23            {
24               MessageBox.Show("操作错误!");
25            }
26            finally
27            {
28               conn.Close();                             //关闭数据库连接
29            }
30        }
```

其中：

- ❑ 第 07～09 行：创建数据库连接。
- ❑ 第 12 行：打开数据库连接。
- ❑ 第 13～14 行：编写 SQL 语句并填充占位符。
- ❑ 第 15 行：创建命令对象。
- ❑ 第 16 行：执行添加的 SQL 语句。
- ❑ 第 17～20 行：判断是否添加成功。
- ❑ 第 24 行：当前面的添加语句出现异常时，弹出添加错误的提示。在 C#语言中捕获异常的语句是 try…catch…finally。
- ❑ 第 28 行：关闭数据库连接。

运行窗体，添加文章的效果如图 17.11 所示。

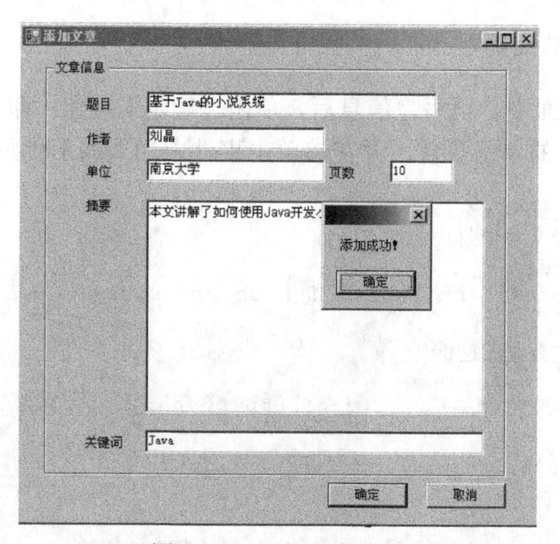

图 17.11　添加文章功能

至此，添加文章的功能就完成了，读者可以在数据库中看看数据是否真的加入到文章信息表中了。

17.2.4　查询文章功能的实现

有了添加文章功能实现的基础，读者应该对窗体的操作很熟悉了，下面就来完成查询文章的功能。查询文章功能仍然分为两个部分，一个是界面设计；另一个是代码编写。

1．查询文章功能的界面

在本系统中查询文章功能只提供对文章名称一个条件的查询。该界面可以通过工具箱中的标签、文本框、按钮以及数据控件 DataGridView 来完成设计。界面如图 17.12 所示。

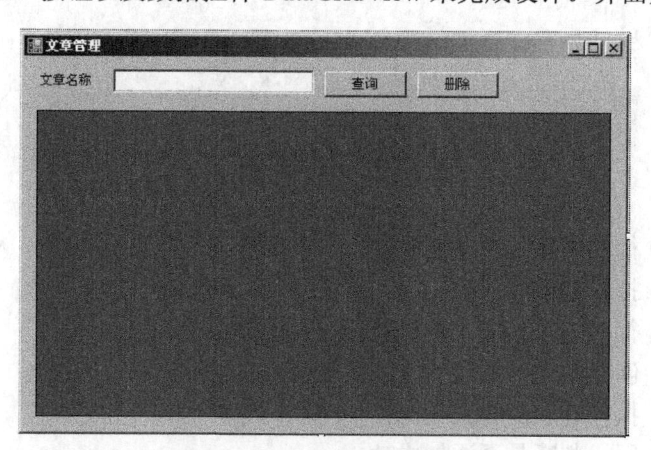

图 17.12　查询文章界面设计

这里将删除功能也放到了该界面中实现，因此，在界面中多了一个“删除”按钮。

2．查询文章功能的代码编写

在图 17.12 所示的界面中，要添加两部分的代码，一部分是在窗体加载时显示所有的文章信息；另一部分是在单击“查询”按钮时，显示查询结果。

（1）窗体加载事件的代码

在图 17.12 所示界面中的窗体加载事件（Load）中，加入如下代码。

```
01 private void Form2_Load(object sender, EventArgs e)
02       {
03                                                    //创建数据库连接
04 SqlConnection conn= new
05 SqlConnection (@"Server=.\MSSQLSERVER2008; database=chapter17;
   Integrated
06 Security=True");
07           try
08           {
09              conn.Open();                          //打开数据库连接
10     string sql = "select id as '编号',title as '题目',author as '作者',
       keyword as '关键词' from 11paperinfo";   //编写语句
12  SqlDataAdapter ada = new SqlDataAdapter(sql, conn);
                                                      //创建数据适配器对象
13  DataSet ds = new DataSet();                       //创建数据集对象
14  ada.Fill(ds);                                     //填充数据集
15 dataGridView1.DataSource = ds.Tables[0];
                                       //将数据集中的内容与 datagridview 绑定
16           }
17           catch
18           {
19              MessageBox.Show("操作错误!");
20           }
21           finally
22           {
23              conn.Close();                         //关闭数据库连接
24           }
25       }
```

其中：

- 第 03～06 行：连接数据库。
- 第 09 行：打开数据库连接。
- 第 10～11 行：编写 SQL 语句，查询出全部数据。在查询语句中使用了别名使查询结果中显示中文列名。
- 第 12 行：创建数据适配器对象。
- 第 13 行：创建数据集对象。
- 第 14 行：填充数据集。
- 第 15 行：将数据集中的结果绑定到 DataGridView 控件中。DataGridView 控件是在查询功能中经常使用的一个数据控件。
- 第 19 行：当前面的内容出现异常时，弹出操作错误的提示。
- 第 23 行：关闭数据库连接。

（2）“查询”按钮的单击事件的代码

在图 17.12 所示界面中，输入文章名称，单击“查询”按钮就可以在 DataGridView 中查询到结果。在“查询”按钮的单击事件中加入的代码如下：

```
01 private void button1_Click(object sender, EventArgs e)
02       {
```

```
03            //创建数据库连接
04 SqlConnection conn= new
05    SqlConnection    (@"Server=.\MSSQLSERVER2008;    database=chapter17;
Integrated
06 Security=True");
07            try
08            {
09                conn.Open();            //打开数据库连接
10     string sql = "select id as '编号',title as '题目',author as '作者',
    keyword as '关键词' from 11paperinfo where title='"+textBox1.Text+"'";
                                        //编写语句
12   SqlDataAdapter ada = new SqlDataAdapter(sql, conn);
                                        //创建数据适配器对象
13   DataSet ds = new DataSet();         //创建数据集对象
14   ada.Fill(ds);                       //填充数据集
15  dataGridView1.DataSource = ds.Tables[0];
                                        //将数据集中的内容与datagridview绑定
16            }
17            catch
18            {
19                MessageBox.Show("操作错误!");
20            }
21            finally
22            {
23                conn.Close();           //关闭数据库连接
24            }
25        }
```

读者观察上面的代码会发现与在窗体加载事件中编写的代码几乎是一样的，只是查询时使用的 SQL 语句不同而已。

至此，查询文章功能就基本完成了，下面就是验证劳动成果的时候了。查询界面如图 17.13 所示。

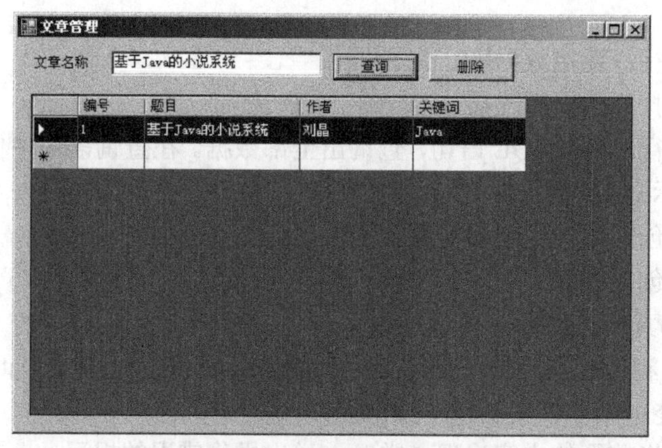

图 17.13　查询文章功能的效果

说明：在本查询中，使用的是等值查询，也可以使用 like 语句对文章信息进行模糊查询。

17.2.5　删除文章功能的实现

删除文章的功能是与查询文章的功能在同一个文件中完成的，因此，就不再讲解其界面的设计了。删除文章功能的操作是通过单击选择一条文章信息，然后单击“删除”按钮完成删除操作的。因此，只需要在“删除”按钮的单击事件中加入代码即可。代码如下：

```
01        /// <summary>
02        /// 删除选中行的文章信息
03        /// </summary>
04    private void button2_Click(object sender, EventArgs e)
05        {
06            //创建数据库连接
07 SqlConnection conn= new
08 SqlConnection (@"Server=.\MSSQLSERVER2008; database=chapter17;
    Integrated
09 Security=True");
10            try
11            {   //获取选中行 id 列中的值
12                int id = int.Parse(dataGridView1.SelectedRows[0].
                   Cells[0].Value.ToString());
13                conn.Open();                        //打开数据库连接
14                string sql = "delete from paperinfo where id="+id;
                                                      //编写 SQL 语句
15                SqlCommand cmd = new SqlCommand(sql, conn); //创建命令对象
16                int returnvalue = cmd.ExecuteNonQuery();    //执行 SQL 语句
17                if (returnvalue! = -1)         //判断是否删除成功
18                {
19                    MessageBox.Show("删除成功!");
20                }
21            }
22            catch
23            {
24                MessageBox.Show("操作错误!");
25            }
26            finally
27            {
28                conn.Close();                       //关闭数据库连接
29            }
30        }
```

其中：

- 第 06～09 行：创建数据库连接。
- 第 12 行：获取选中行的 id 列的值。
- 第 13 行：打开数据库连接。
- 第 14 行：编写 SQL 语句。
- 第 15 行：创建命令对象。
- 第 16 行：执行删除的 SQL 语句。
- 第 17～20 行：判断是否删除成功。
- 第 24 行：当前面的添加语句出现异常时，弹出操作错误的提示。
- 第 28 行：关闭数据库连接。

至此，删除文章的功能就完成了。

17.2.6　修改文章功能

掌握了前面对文章的添加和查询功能，完成修改文章的功能就是小菜一碟了。本系统

中修改文章首先将要修改的文章查询出来，然后再对其文章内容进行修改。因此，本功能分如下 3 个步骤完成。

1．修改功能界面设计

修改功能的界面与增加文章功能的界面类似，只不过增加了查询的文本框和按钮。界面如图 17.14 所示。

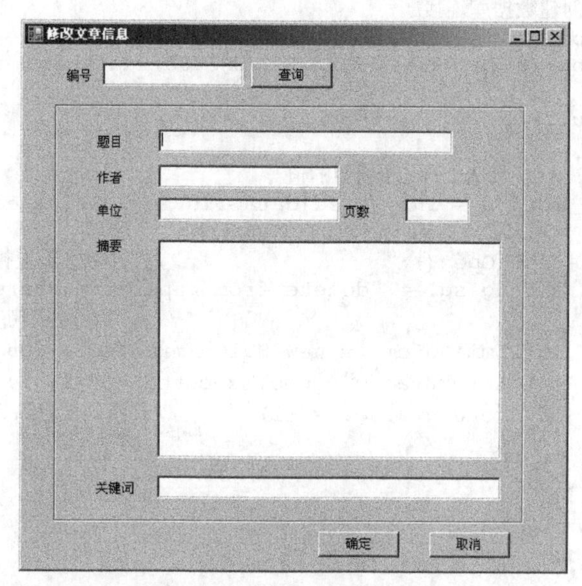

图 17.14　修改文章功能界面

2．根据编号查询功能代码编写

在图 17.14 所示界面中，通过单击“查询”按钮，查询出该编号所对应的文章信息。代码如下：

```
01  private void button1_Click(object sender, EventArgs e)
02        {
03            //创建数据库连接
04            SqlConnection conn = new SqlConnection(@"Server=.\MSSQLS
              ERVER2008;database=chapter17;Integrated Security=True");
05            try
06            {
07               conn.Open();                       //打开数据库连接
08               string sql = "select title,author,keyword,abstract,
                 pagecount,company from paperinfo where id="+int.Parse
                 (textBox6.Text);                   //编写 SQL 语句
09               sql = string.Format(sql, textBox1.Text);    //填充 SQL 语句
10            SqlDataAdapter ada = new SqlDataAdapter(sql, conn);
                                                    //创建数据适配器对象
11               DataSet ds = new DataSet();        //创建数据集对象
12               ada.Fill(ds);                      //填充数据集
13               textBox1.Text = ds.Tables[0].Rows[0]["title"].ToString();
                                                    //向文本框赋值
14               textBox2.Text = ds.Tables[0].Rows[0]["author"].
                ToString();
```

```
15              textBox3.Text = ds.Tables[0].Rows[0]["company"].
                ToString();
16              textBox4.Text = ds.Tables[0].Rows[0]["pagecount"].
                ToString();
17              richTextBox1.Text = ds.Tables[0].Rows[0]["abstract"].
                ToString();
18              textBox5.Text = ds.Tables[0].Rows[0]["keyword"].
                ToString();
19          }
20          catch
21          {
22              MessageBox.Show("操作错误");
23          }
24          finally
25          {
26              conn.Close();                         //关闭数据库连接
27          }
28      }
```

其中：

- 第 04 行：创建数据库连接。
- 第 07 行：打开数据库连接。
- 第 08～09 行：编写 SQL 语句并填充占位符的值。
- 第 10 行：创建数据适配器对象。
- 第 11～12 行：创建并填充数据集对象。
- 第 13～18 行：将数据集中的值显示在对应的文本框中。
- 第 22 行：当前面的操作出现异常时，弹出“操作错误”的提示框。
- 第 26 行：关闭数据库连接。

3. 修改文章信息的代码编写

在图 17.14 所示界面中，根据文章编号将文章信息查询出来，修改信息后单击“确定”按钮即可更新文章信息。在“确定”按钮的单击事件中加入如下代码。

```
01      /// <summary>
02      /// 添加文章信息
03      /// </summary>
04      private void button1_Click(object sender, EventArgs e)
05      {
06        //创建数据库连接
07 SqlConnection conn= new
08 SqlConnection (@"Server=.\MSSQLSERVER2008; database=chapter17;
  Integrated
09 Security=True");
10        try
11          {
12     conn.Open();                                          //打开数据库连接
13 string sql = "UPDATE paperinfo SET
14title='{0}',author='{1}',company='{2}',pagecount={3},abstract='{4}',
  keyword='{5}'where id={6}";
15 sql= string.Format(sql, textBox1.Text, textBox2.Text, textBox3.Text,
16int.Parse(textBox4.Text),richTextBox1.Text, textBox5.Text,
  int.Parse(textBox6.Text));
17              SqlCommand cmd = new SqlCommand(sql, conn); //创建命令对象
18              int returnvalue = cmd.ExecuteNonQuery();    //执行 SQL 语句
```

```
19              if (returnvalue!=-1)                        //判断是否添加成功
20              {
21                  MessageBox.Show("添加成功！");
22              }
23          }
24          catch
25          {
26              MessageBox.Show("操作错误！");
27          }
28          finally
29          {
30              conn.Close();  //关闭数据库连接
31          }
32      }
```

读者阅读了上面这么多代码，一定会有一些似曾相识的感觉。没错，上面的代码与前面的添加文章信息的代码比较，只是第 13～16 行的 SQL 语句有变化，其他的都一样。

经过了前面 3 个步骤的操作，现在就可以看看效果了，如图 17.15 所示。

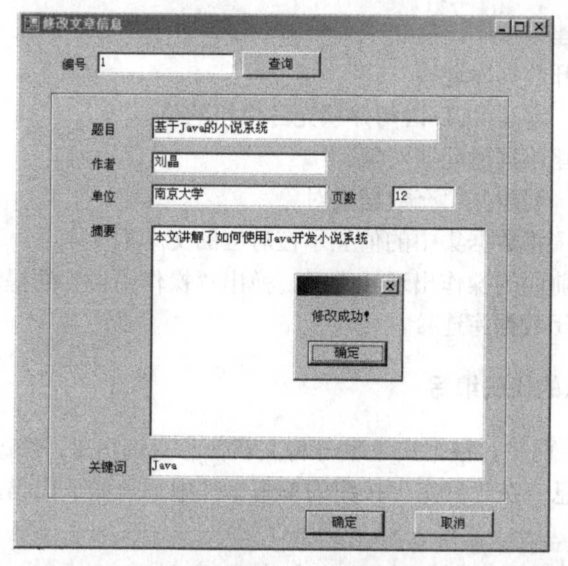

图 17.15　修改文章功能的效果

17.3　本 章 小 结

在本章中主要讲解了如何使用 ADO.NET 连接 SQL Server 数据库以及应用 ADO.NET 开发文章管理的一些简单功能。其中，重点学习了 ADO.NET 中的五大类即 Connection、Command、DataSet、DataAdapter 和 DataReader。相信读者通过本章的学习，也能够使用 ADO.NET 完成一些简单的数据操作功能。

第 18 章　JSP 在线订购系统

JSP 使得 Java 语言在 Web 方向的应用更加便捷和广泛，利用 JSP 可以方便地把从数据库中获取的数据在页面进行展示，同时 Java 语言也可以轻松地从 JSP 页面获取数据并存储到数据库中。Java 要想高性能地操作 SQL Server 数据库，则需要使用 SQL Server 官方提供的驱动程序。本章将利用一个简单的在线订购系统介绍 Java 如何操作 SQL Server 数据库。

本章的主要知识点如下：

- 了解 B/S 结构的优势
- 如何创建数据库连接
- 如何配置连接池
- 利用 JSP 和 Java 实现订购系统

18.1　了解 B/S 结构的优势

B/S 结构系统方便用户使用，服务端需要一个服务器而客户则仅仅需要一个浏览器，这种结构相对 C/S 来说更能获得用户的青睐。Java 语言对 B/S 结构的开发则更有自己的优势。本节将介绍 B/S 结构的特点以及优势。

18.1.1　了解 B/S 结构的优势

B/S 结构即浏览器/服务器模式，它是 Web 兴起后的网络模式，客户端只需要一个浏览器，绝大部分系统功能由服务器完成。相比较 C/S 模式而言，由于网页浏览器的普遍使用，使得这种 B/S 模式更受客户欢迎，因为客户端只需要浏览器就可以完成所有的业务操作。下面简单列举了浏览器/服务器模式的一些优点。

1．客户端使用广泛

B/S 模式中，浏览器作为客户端，当今网络发展迅速，各种植入网页浏览器的设备举不胜举，因此以浏览器作为客户端是最明智的选择。

2．有效减少客户端维护工作量

C/S 模式除了服务器外，客户端也需要工作人员安装软件，因此客服支持人员不得不把维护客户端也纳入工作一部分。而 B/S 模式中，只要网页浏览器不出问题，那么就不会影响客户对软件的操作。

3．系统可扩展性增强，降低开发商成本

C/S 模式中，假如软件升级，通常都是服务端和客户端同时升级。而使用 B/S 模式，当软件升级时，客户端基本不做任何修改，修改的只是服务器端，这样当软件功能需求发生变化时，开发者只需要在服务器端进行修改即可，这样就很有效地降低了开发商的成本。

4．B/S 结构降低客户使用成本

客户端使用网页浏览器，通常不需要客户对其进行复杂操作就能使用软件，还有就是由于客户端只需要浏览器，那么这就降低了对客户端的硬件要求，同时也降低客户使用成本。

注意：B/S 模式有很多优势，包括便捷性和成本控制方面，但这并不意味着它可以完全取代 C/S 模式，每个模式都有其擅长的领域，例如 C/S 模式就更擅长游戏和杀毒软件等。

18.1.2　了解 Java Web 服务器

Web 程序在运行的时候基本都需要一个容器，编译后的程序在该容器中运行，它为程序运行提供必要的环境，这个容器就是服务器。例如 ASP 的服务器可以是 IIS、PHP 服务器可以是 Apache，而 Java 也有它自己特有的服务器。

Java Web 程序经常使用的服务器有 Tomcat、Jboss、WebLogic 以及 Websphere，其中 WebLogic 以及 Websphere 适合大型商业项目，而平时个人开发使用较多的是 Tomcat。

Tomcat 是免费服务器，适合个人开发以及调试，它是 Apache Jakarta 软件组织的一个子项目，是在 SUN（已被 Oracle 收购）公司的 JSWDK（Java Server Web Development Kit）基础上发展起来的一个 JSP 和 Servlet 规范的标准实现，它主要作用就是当客户端发送请求过来时，服务器对该请求进行处理，并把处理结果返回给客户端。

发展到今天，Tomcat 除了是 JSP 和 Servlet 规范的标准实现外，也被用于了商业项目中，当然，它更适合较小的项目。本章将介绍如何在该服务器下运行一个简单的在线订购系统。

18.2　在线订购系统模块设计

Java 连接 SQL Server 数据库不需要过多的操作，只需要不多的代码就能够获得数据库连接，但为了保证连接的高性能，需要使用数据库开发商提供数据库驱动包。在线订购系统详细地介绍了如何操作数据库，本节将介绍在线订购系统的模块划分。

18.2.1　订购系统的流程

在线订购系统相对简单，包括登录、订购、购买和查看数据等功能，主要实现在线订购商品功能，使用者可以方便地在网络上浏览和订购物品。但该系统不是一个完善的系统，只是方便介绍 Java 如何操作数据库数据。有关在线订购系统的流程图请参考图 18.1。

18.2.2　模块介绍

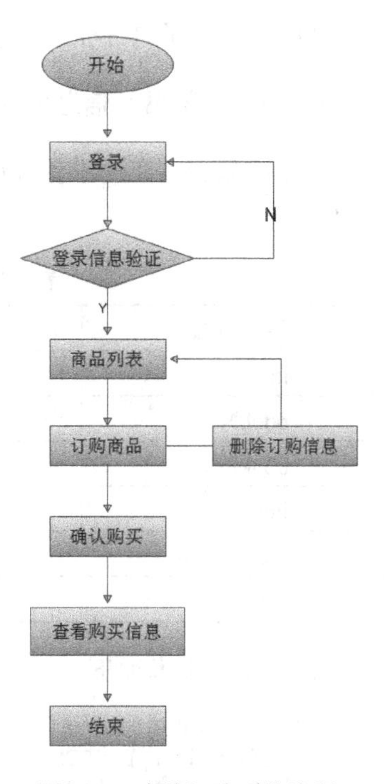

图 18.1　在线订购系统流程

一个软件如同一家企业，每家企业包含多个部门，软件也一样，一个软件通常包含多个模块，每个模块实现一定的业务功能，从而组成一个完整的系统。好的程序模块之间的关联相对较少，这就是降低了模块间的耦合度，低耦合对程序的扩展有着积极的作用；同时程序模块化对保证程序开发进度也有着积极作用。在线订购系统是个简单的程序，根据需求可以分成以下 4 个模块。

1．用户登录模块

该模块允许已经存在的用户登录系统，其中 admin 是个特殊的用户，该用户可以查看用户订单。其他还有 test 用户，可以测试功能。这些用户已经存入数据库当中。

2．商品浏览模块

该模块主要对系统中已经存在的商品进行浏览，用户订购的商品需要从这里面选取，有关商品数据已经存在于数据库当中。

3．用户订购模块

该模块主要是进行用户订购商品操作。可以订购多个商品，每个商品允许输入数量，并统计每类商品的交易价格，也可以取消没有购买的订购商品。但当用户确定购买时，数据会进入数据库，可由用户 admin 查看。

4．购买物品查看模块

购买的物品可以被管理员进行查看，包括当日的订单以及所有订单。订购系统主要针对图书设计，结构相对简单，但对读者学习如何操作数据库已经足够。

18.2.3　在线订购系统数据库结构

在线订购系统一共包含了 3 张数据表，结构简单，数据表列表如表 18-1 所示。

表 18-1　系统包含的数据表

序号	表名（英文）	说　　明
1	BookInfo	商品（图书）信息表
2	BookOrder	商品（图书）订购信息表
3	UserInfo	用户信息表

在需求分析后就要对项目进行初步的设计，模块设计完成后将对表进行设计。表结构的创建，可以帮助代码编写人员快速地掌握业务功能点，数据表是编码不可或缺的前提。

下面详细地给出了这 3 张表的表结构。

1．商品（图书）信息表（BookInfo）

商品信息表主要用于保存图书的名称、价格、描述以及备注等信息，具体的表结构如表 18-2 所示。

表 18-2　商品（图书）信息表（BookInfo）

字　段	数 据 类 型	说　明
id	int	ID，主键，自增长类型
bookName	nvarchar(50)	商品名称
bookPrice	numeric(8,0)	商品价格
image	nvarchar(300)	商品图片位置
description	nvarchar(300)	商品简单描述
remark	nvarchar(300)	商品备注

建表 SQL 脚本如下：

```
CREATE TABLE [dbo].[ BookInfo](
    [id] [int] IDENTITY(1,1) NOT NULL,
    [bookName] [nvarchar](50) NULL,
    [bookPrice] [decimal](8, 0) NULL,
    [image] [nvarchar](300) NULL,
    [description] [nvarchar](300) NULL,
    [remark] [nvarchar](300) NULL,
 CONSTRAINT [PK_bookinfo] PRIMARY KEY CLUSTERED
(
    [id] ASC
)
WITH
(PAD_INDEX  = OFF,
STATISTICS_NORECOMPUTE  = OFF,
IGNORE_DUP_KEY = OFF,
ALLOW_ROW_LOCKS  = ON,
ALLOW_PAGE_LOCKS  = ON)
ON [PRIMARY]
) ON [PRIMARY]
```

2．商品（图书）订购信息表（BookOrder）

商品订购信息表主要用于保存商品的订购信息，包括订购人姓名、地址、电话和日期等信息，如表 18-3 所示。

表 18-3　商品（图书）订购信息表（BookOrder）

字　段	数 据 类 型	说　明
bookOrderID	int	ID，主键，自增长类型
customerName	nvarchar(50)	订购人姓名
customerAddress	nvarchar(300)	订购人地址
customerTelephone	nvarchar(20)	订购人电话
notic	nvarchar(200)	订购说明

续表

字　段	数据类型	说　明
totalPrice	numeric(8,0)	订购付款
subDate	date	订购日期
orderUser	nvarchar(50)	登录用户名称
myBookId	nvarchar(300)	所购商品编号

建表 SQL 脚本如下：

```
CREATE TABLE [dbo].[bookorder](
    [bookOrderID] [int] IDENTITY(1,1) NOT NULL,
    [customerName] [nvarchar](50) NULL,
    [customerAddress] [nvarchar](300) NULL,
    [customerTelephone] [nvarchar](20) NULL,
    [notic] [nvarchar](20) NULL,
    [totalPrice] [decimal](8, 0) NULL,
    [subDate] [date] NULL,
    [orderUser] [nvarchar](50) NULL,
    [myBookId] [nvarchar](300) NULL,
 CONSTRAINT [PK_bookorder] PRIMARY KEY CLUSTERED
(
    [bookOrderID] ASC
)
WITH (
PAD_INDEX  = OFF,
STATISTICS_NORECOMPUTE  = OFF,
IGNORE_DUP_KEY = OFF,
ALLOW_ROW_LOCKS  = ON,
ALLOW_PAGE_LOCKS  = ON)
ON [PRIMARY]
) ON [PRIMARY]
```

3. 用户信息表（UserInfo）

用户信息表主要存放用户名和密码等信息，表结构如表 18-4 所示。

表 18-4　用户信息、表（UserInfo）

字段	数据类型	长度	允许空	说明
userId	int		N	ID，主键，自增长类型
userName	nvarchar	50	N	用户名
passWord	nvarchar	20	N	密码
bak	nvarchar	100	Y	简单说明

建表脚本如下：

```
CREATE TABLE [dbo].[userinfo](
    [userId] [int] IDENTITY(1,1) NOT NULL,
    [username] [nvarchar](50) NULL,
    [password] [nvarchar](20) NULL,
    [bak] [nvarchar](100) NULL,
 CONSTRAINT [PK_userinfo] PRIMARY KEY CLUSTERED
(
    [userId] ASC
```

```
)
WITH (PAD_INDEX  = OFF,
    STATISTICS_NORECOMPUTE  = OFF,
IGNORE_DUP_KEY = OFF,
ALLOW_ROW_LOCKS  = ON,
ALLOW_PAGE_LOCKS  = ON)
ON [PRIMARY]
) ON [PRIMARY]
```

18.3　在线订购系统实现

创建数据表是编码之前做的第一步。当完成对数据库表的创建后，就可以开始编码部分。由于该系统是 B/S 结构程序，并且访问 SQL Server 数据库，所以需要在 Tomcat 下设置对数据库的访问。下面就如何访问数据库，以及系统功能如何实现做一个详细的介绍。

18.3.1　JDBC Driver 的使用

JDBC 的全称是 Java DataBase Connectivity，即 Java 数据库连接，它是一套 Java 应用程序接口，用来执行数据库的 SQL 语句，包含在 Java 类库中，为不同类型关系型的数据库提供统一访问。

Java 访问 SQL Server 数据库时，要想达到最好效果，需要使用 Microsoft SQL Server JDBC Driver，该驱动文件可以到微软网站下载，下载地址是 http://www.microsoft.com/zh-cn/download/details. aspx?id=21599。

进入该页面后可以下载 JDBC 驱动，该驱动是第 4 类型的驱动，需要运行在 Java 5 以及更高的版本中，读者可以参考图 18.2。

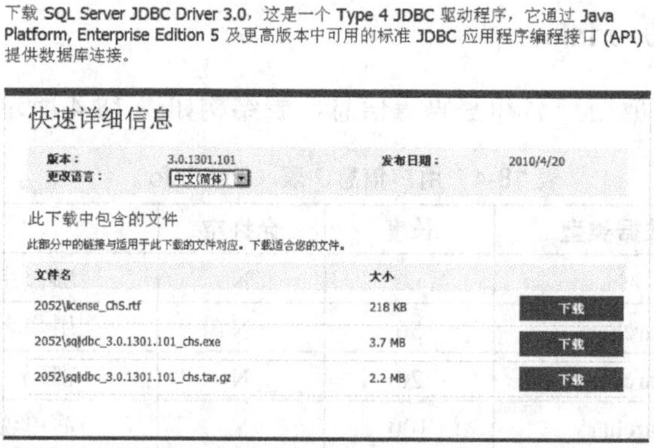

下载 SQL Server JDBC Driver 3.0，这是一个 Type 4 JDBC 驱动程序，它通过 Java Platform, Enterprise Edition 5 及更高版本中可用的标准 JDBC 应用程序编程接口 (API) 提供数据库连接。

快速详细信息

版本：3.0.1301.101　　发布日期：2010/4/20
更改语言：中文(简体)

此下载中包含的文件

此部分中的链接与适用于此下载的文件对应。下载适合您的文件。

文件名	大小	
2052\license_ChS.rtf	218 KB	下载
2052\sqljdbc_3.0.1301.101_chs.exe	3.7 MB	下载
2052\sqljdbc_3.0.1301.101_chs.tar.gz	2.2 MB	下载

图 18.2　JDBC 驱动下载

提示： 这里选择大小为“3.7MB”的下载即可。

首先保证计算机有 Java 运行环境（JRE），如果没有，建议读者安装 JDK 1.6，因为本章的系统运行在 JDK 1.6 和 Tomcat 6 环境下。接下来，读者需要双击运行 sqljdbc_3.0.1301.101_chs.exe 文件（利用压缩文解压缩也可以）。在安装目录或解压目录中的 sqljdbc_3.0\chs 下可以看到有两个以.jar 为后缀的文件，这两个文件是 Microsoft SQL Server JDBC Driver 提供的类库文件，它们分别是 sqljdbc.jar 和 sqljdbc4.jar，这两个文件说明如下：

- ❑ sqljdbc.jar：它提供对 JDBC 3.0 的支持，要求 Java 运行环境（JRE）为 5.0，其他版本的运行环境会提示错误。
- ❑ sqljdbc4.jar：它提供对 JDBC 4.0 的支持，是 sqljdbc.jar 的超集。要求在版本为 6.0 或更高的 Java 运行环境（JRE）下使用，其他版本上会引发异常。

这里读者需要把 sqljdbc4.jar 文件复制到 Tomcat 6 下的 lib 文件夹中，以加载驱动程序，也可以复制到项目 lib 包中。

18.3.2　连接数据库

Java 连接数据库大体上可以利用两种方式：一种是 Java Database Connectivity（JDBC）连接数据库；另一种则是利用 Java Naming and Directory Interface（JNDI）来操作数据库。其中 JNDI 中连接数据库需要容器的支持，而 JDBC 则不需要。JDBC 操作简单，在小程序中应用没有问题，也适合初学者。

JDBC 全称是 Java DataBase Connectivity，它是一套 Java 应用程序接口，为不同数据库提供统一访问。另外，由于 Java 程序要运行在虚拟机中，因此由 Java 编写的程序可以运行到任何支持 Java 平台的环境下，这样，Java 就做到了“一次编写，随处运行”。

JNDI 全称是 Java Naming and Directory Interface，被用于执行名字和目录服务。它提供了一致的模型来存取和操作企业级的资源。JNDI 目录机构中的每个节点被称为 Context。每一个 JNDI 名字都是相对于 Context 的，同时通过目录树来定位它所需要的资源。在利用 JNDI 连接数据库时，被创建的 DataSource 会放入到 JNDI 范围内，假如服务器是 Tomcat，那么 DataSource 会放入 Tomcat 内，然后直接从该服务器中获取就可以使用了。

1．利用 JDBC 连接数据库

下面给出了 DBConnection 类的代码，该类实现了利用 JDBC 获取数据库连接，位于 init 包内。

```
01  package app.init;
02
03  //引入资源包
04  import java.sql.Connection;
05  import java.sql.DriverManager;
06  import java.sql.SQLException;
07
08  /**
09   * 连接类
10   * @author Administrator
11   */
12  public class DBConnection {
13  // 声明变量并赋值
14  private static String drivers = "com.microsoft.sqlserver.
    jdbc.SQLServerDriver";
15  private static String url = "jdbc:sqlserver://localhost:1433;
    DatabaseName=cart18";
16  private static String user = "sa";
17  private static String password = "root";
18
19  /**
```

```
20    * 获取数据库连接，返回 Connection 对象
21    *
22    * @return
23    */
24   public static Connection GetConnection() {
25       Connection conn = null;
26       try {
27           //Class.forName()方法创建驱动程序实例，同时调用 DriverManager
               对其注册
28           Class.forName(drivers).newInstance();
29       } catch (InstantiationException e) {
30           e.printStackTrace();
31       } catch (IllegalAccessException e) {
32           e.printStackTrace();
33       } catch (ClassNotFoundException e) {
34           e.printStackTrace();
35       }
36
37       try {
38           // 通过 DriverManager 获取数据库连接
39           conn = DriverManager.getConnection(url, user, password);
40       } catch (SQLException e) {
41           e.printStackTrace();
42       }
43
44       return conn;
45   }
46
47   /**
48    * 关闭连接
49    *
50    * @param conn
51    */
52   public static void close(Connection conn) {
53       try {
54           // 要先判断是否为 NULL 才能判断是否关闭
55           if (conn != null && !conn.isClosed())
56               conn.close();
57       } catch (SQLException e) {
58           e.printStackTrace();
59       }
60   }
61   }
```

其中：

- 第 1 行，表示该类所在的包。
- 第 4～6 行，表示该类需要引用的其他类。
- 第 12 行，表示创建该类，名称为 DBConnection，是一个公共类。
- 第 14～17 行，创建私有变量，并初始化连接数据库参数，其中 drivers 是数据库驱动串，url 是数据库连接串。
- 第 24 行，表示创建静态方法 GetConnection，该方法返回一个 Connection 对象。
- 第 26～35 行，是一个捕捉异常语句块，该语句块里面的代码有可能发生异常，是强制捕捉，提高了代码的健壮性。
- 第 28 行，创建驱动程序实例，同时利用 DriverManager 对其注册。
- 第 39 行，利用提供的参数获取当前数据库连接。

- ❑ 第 44 行，返回数据库连接对象。
- ❑ 第 52 行，创建静态方法 colse，该方法含有一个参数，参数是 Connection 对象，它的作用是把传递进去的连接对象进行关闭操作。
- ❑ 第 55 行，判断方法传进对象是否为空，是否被关闭。
- ❑ 第 56 行，假如参数不是空，没有被关闭，那么执行关闭操作。

当用户需要操作数据库时，直接调用该类中的方法获取连接即可，非常方便，该类被使用的地方在 BookOrderDAO.java 中。相关调用代码如下：

```
01  /**
02   * 查看所有订购
03   *
04   * @return
05   * @throws SQLException
06   */
07  public List<BookOrder> getBookOrderListAll() throws SQLException {
08      List<BookOrder> list = new ArrayList<BookOrder>();
09      Connection con = DBConnection.GetConnection();
10      PreparedStatement pstmt = null;
11      String sql = "SELECT * FROM BOOKORDER WHERE ORDERUSER IS NOT NULL
12              " +"ORDER BY SUBDATE";
13      BookOrder bookorder = null;
14      try {
15          pstmt = con.prepareStatement(sql);
16          // 执行
17          ResultSet rs = pstmt.executeQuery();
18          while (rs.next()) {                    //取结果集中的结果
19              bookorder = new BookOrder();
20              bookorder.setCustomerName(rs.getString(2));
21              bookorder.setCustomerAddress(rs.getString(3));
22              bookorder.setCustomerTelephone(rs.getString(4));
23              bookorder.setNotic(rs.getString(5));
24              bookorder.setTotalPrice(rs.getDouble(6));
25              bookorder.setSubdate(String.valueOf(rs.getDate(7)));
26              bookorder.setSessuser(rs.getString(8));
27              bookorder.setMyBookId(rs.getString(9));
28
29              list.add(bookorder);    //向 list 对象中装载 BookOrder 对象
30          }
31          rs.close();
32      } finally {
33          pstmt.close();
34          con.close();
35      }
36      return list;
37  }
```

其中：

- ❑ 第 1～6 行，该方法的注释。
- ❑ 第 7 行，表示创建方法 getBookOrderListAll，不带参数，返回 list 对象，主动抛出异常。
- ❑ 第 8 行，声明变量 list 并实例化，该实例中运行存储 BookOrder 对象。
- ❑ 第 9 行，获取 Connection，调用 DBConnection 类。
- ❑ 第 10 行，创建 PreparedStatement 对象。

- 第 11 行，声明 String 类型变量，并初始化，变量内容是 SQL 语句。
- 第 13 行，声明 BookOrder 对象。
- 第 15 行，利用 SQL 语句实例化 PreparedStatement 对象。
- 第 17 行，执行查询操作，并返回结果集。
- 第 18 行，输出结果集中的数据，并把数据存入 BookOrder 对象中。
- 第 29 行，向 list 对象中装载 BookOrder 对象。
- 第 31 行，关闭结果集。
- 第 33 行，关闭语句集。
- 第 34 行，关闭连接。
- 关闭结果集、语句集、连接，这个顺序不能变，不然容易内存泄漏出错。
- 第 36 行，返回 list 对象。

在以上代码中，利用前面介绍的 JDBC 连接了数据库，并从数据库查询数据。具体执行效果如图 18.3 所示。

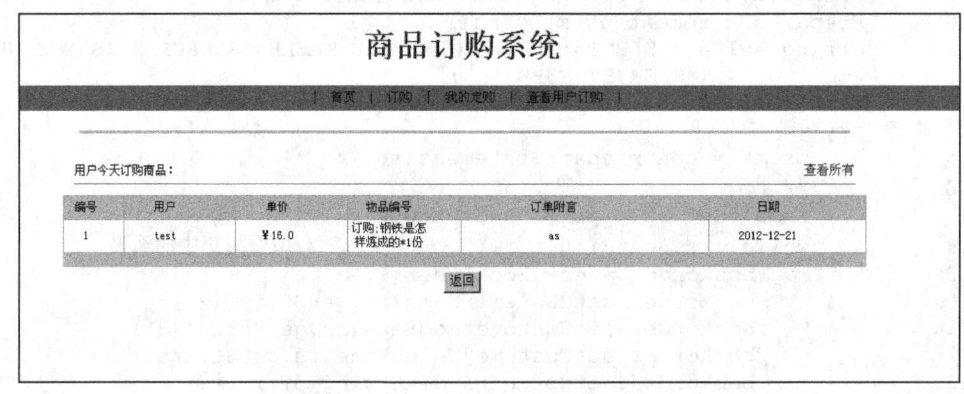

图 18.3　利用 JDBC 查询数据库数据

JDBC 的使用适合初学者，但在实际的 Java Web 项目开发中很少使用 JDBC 来操作数据库，因为在标准的 JDBC 接口中，并没有提供资源的管理方法，在访问量大的系统中显得效率较低，要想提高连接数据库的效率，有必要使用连接池。JDBC 下使用连接池则需要开发者自己编写相关代码。而 JNDI 则非常方便地解决了这个问题，简单地配置脚本，就可以完成对数据库的操作。

2．利用 JNDI 连接数据库

下面给出了利用 JNDI 获取连接的操作步骤。

（1）在 Eclipse 中设置项目 Cart18 为 Tomcat 项目，如图 18.4 所示。

当完成该步骤，那么在 tomcat 目录 conf\Catalina\localhost 下会生成一个名为 cart18 的 xml 配置文件，该配置文件需要修改。

（2）修改 cart18.xml 文件，修改后内容如下：

```
<Context path="/cart18" reloadable="true"
docBase="D:\NUTZ\Cart18\WebRoot" workDir="D:\NUTZ\Cart18\work" >
    <Resource
        name=" jdbc/cart18"
        type="javax.sql.DataSource"
```

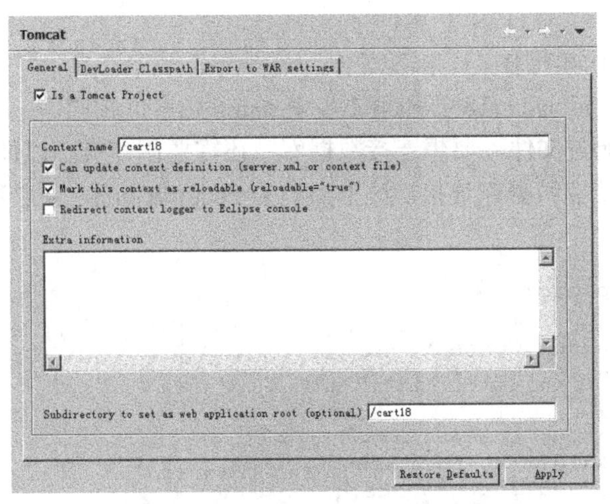

图 18.4　标记项目为 Tomcat 项目

```
        driverClassName="com.microsoft.sqlserver.jdbc.SQLServerDriver"
        maxIdle="4"
        maxWait="3000"
        url="jdbc:sqlserver://localhost:1433;DatabaseName= cart18"
        username="sa"
        password="root"
        maxActive="3"
    />
    </Context>
```

其中：

- ❑ path：Web 应用的上下文路径。
- ❑ reloadable：当服务器开启时，修改程序中的代码后，服务器会自动重新加载。
- ❑ docBase：Web 应用程序所在的目录。
- ❑ workDir：编译后文件所在目录。
- ❑ name：DataSource 的名称，该名称要和 web.xml 文件中的名称相同。
- ❑ type：数据源对应的 java 类型，使用 javax.sql.DataSource。
- ❑ driverClassName：JDBC 驱动程序名。
- ❑ maxIdle：缓冲池允许的处于空闲状态的最大数目的数据库连接，0 表示不做限制。
- ❑ maxWait：缓冲池中的数据库连接处于空闲状态的最长时间，0 表示不做时间限制。
- ❑ url：JDBC 连接数据库的连接地址，localhost 表示本地服务器。
- ❑ username：数据库用户名。
- ❑ password：数据库用户名对应的密码。
- ❑ maxActive：缓冲池中活动状态的数据库连接的最大数。

（3）修改 web.xml 文件内容，该文件在 Cart18 项目下的 WEB-INF 目录中，在其中的<web-app></web-app>之间添加如下脚本：

```
<resource-ref>
    <description>DB Connection</description>
    <res-ref-name> jdbc/cart18</res-ref-name>
    <res-type>javax.sql.DataSource</res-type>
    <res-auth>Container</res-auth>
</resource-ref>
```

其中：

❑ description：简单描述。

❑ res-ref-name：jdbc/cart18 要和第 2 步中 name 元素值相同。

以上为 JNDI 的配置文件，要想连接数据库，还需要创建类，以便获取数据库连接。

（4）编写代码，获取数据库连接。这里类名为 FactoryConn，获取数据库连接的具体代码如下：

```
01  package app.dao;
02
03  import java.sql.Connection;
04  import java.sql.SQLException;
05
06  import javax.naming.InitialContext;
07  import javax.naming.NamingException;
08  import javax.sql.DataSource;
09
10  /**
11   * JNDI
12   * @author Administrator
13   */
14  public class FactoryConn {
15  /**
16   * 获得连接
17   * @return
18   */
19   public static Connection getConnection() {
20      Connection conn = null;                              //声明连接对象
21      //获取连接，异常捕捉块
22      try {
23              //初始化上下文，获取数据源
24              InitialContext ctx = new InitialContext();
25              DataSource ds = (DataSource) ctx.lookup("java:comp/env/
                jdbc/cart18");
26              try {
27                  conn=ds.getConnection();                 //从数据源获取连接
28              } catch (SQLException e) {
29                  // 出现异常
30                  e.printStackTrace();
31              }
32      } catch(NamingException ex) {
33          ex.printStackTrace();
34      }
35
36      return conn;                                         //返回连接对象
37  }
38  }
```

其中：

❑ 第 1 行，该类包名，即 app.dao。

❑ 第 14 行，创建公共类，类名为 FactoryConn。

❑ 第 19 行，创建静态方法 getConnection，返回 Connection 实例。

❑ 第 20 行，声明 Connection 连接对象，名为 conn，初始值为 null。

❑ 第 22 行，异常捕捉块。

❑ 第 24 行，创建初始上下文对象，对象名为 ctx。

- 第 25 行，获取数据源，即 DataSource 对象。
- 第 27 行，从数据源获取连接。
- 第 36 行，返回连接对象。

当业务逻辑需要操作数据库时，只需要调用 getConnection()方法，就可以获取数据库连接，然后进行相关操作。相关调用代码如下：

```
01 package app.dao;
02
03 import java.sql.Connection;
04 import java.sql.PreparedStatement;
05 import java.sql.ResultSet;
06 import java.sql.SQLException;
07 import java.util.ArrayList;
08 import java.util.List;
09
10 import app.bean.Book;
11
12 /**
13  * @author Administrator
14  *
15  */
16 public class BookDAO {
17 /**
18 * 查询所有数据
19 * 返回 LIST 对象
20 * @return
21 */
22 public List<Book> getAllBooks() throws SQLException {
23         List<Book> books = new ArrayList<Book>();        //创建 List 对象
24         Connection con = FactoryConn.getConnection();  //获取连接
25         PreparedStatement pstmt = null;
26         String sql = "SELECT * FROM BOOKINFO";           //编写 SQL 语句
27         try {
28             pstmt = con.prepareStatement(sql);
29             // 执行
30             ResultSet rs = pstmt.executeQuery();
31             while (rs.next()) {                         //取得结果集中的值
32             Book book = new Book();
33             book.setId(rs.getLong("id"));
34             book.setBookName(rs.getString("bookName"));
35             book.setRemark(rs.getString("remark"));
36             book.setBookPrice(rs.getDouble("bookPrice"));
37             book.setBkImage(rs.getString("image"));
38             book.setDescription(rs.getString("description"));
39             // 添加到 books
40             books.add(book);
41         }
42         rs.close();                                     //关闭结果集
43     } finally {
44         pstmt.close();
45         con.close();
46     }
47     return books;
48     }
49
50  /**
51   * 明细
```

```
52   *
53   * @param bookid
54   * @return
55   * @throws SQLException
56   */
57  public Book getDetail(Long bookid) throws SQLException {
58      Book book = new Book();                            //创建 Book 对象
59      Connection con = FactoryConn.getConnection();      //获取连接
60      PreparedStatement pstmt = null;
61      String sql = "SELECT * FROM BOOKINFO WHERE ID=?";  //编写 SQL 语句
62      try {
63          pstmt = con.prepareStatement(sql);
64          // 占位符
65          pstmt.setLong(1, bookid);
66          ResultSet rs = pstmt.executeQuery();//将查询结果保存到结果集中
67          while (rs.next()) {                     //查询结果集中的值
68              book.setId(rs.getLong("id"));
69              book.setBookName(rs.getString("bookName"));
70              book.setRemark(rs.getString("remark"));
71              book.setBookPrice(rs.getDouble("bookPrice"));
72              book.setBkImage(rs.getString("image"));
73              book.setDescription(rs.getString("description"));
74          }
75      } finally {
76          pstmt.close();
77          con.close();
78      }
79      return book;
80
81  }
82  }
```

其中：

- 第 16 行，创建类，类名为 BookDAO。
- 第 22 行，创建方法，获取 List 对象，该对象内存放的是 Book 对象。
- 第 23 行，创建 List 对象 Books，并初始化。
- 第 24 行，利用 FactoryConn 类中的 getConnection()方法获取数据库连接，这里实际上是获取了缓冲池中的连接。
- 第 25 行，创建 PreparedStatement 对象，赋值 null。
- 第 26 行，创建字符串，赋值为 SQL 语句。
- 第 27 行，异常捕捉块开始。
- 第 28 行，利用连接对象初始化 PreparedStatement 对象。
- 第 30 行，查询，获取结果集。
- 第 31～38 行，遍历结果集，提取数据放入 Book 对象中。
- 第 40 行，将 Book 对象放入 List 对象中。
- 第 50～81 行，根据参数获取明细方法。这里不详细介绍，读者参考 getAllBooks 方法即可。

当获取数据库连接的问题解决之后，就可以实现其他具体的功能点，例如用户登录、查看商品、订购商品以及确认购买等。

18.3.3　实现登录功能

登录操作通常是商业系统中用户首要进入的页面，本系统中，读者可以在 Eclipse 中启动 Tomcat 服务器，然后利用浏览器进入登录页面，登录页面地址为 http://localhost:8088/cart18/login.jsp。

如无其他问题，浏览器将进入图 18.5 所示的页面，该页面是展示部分，由 JSP 完成。除了展示页面外，后台还有业务逻辑以及数据持久化部分。

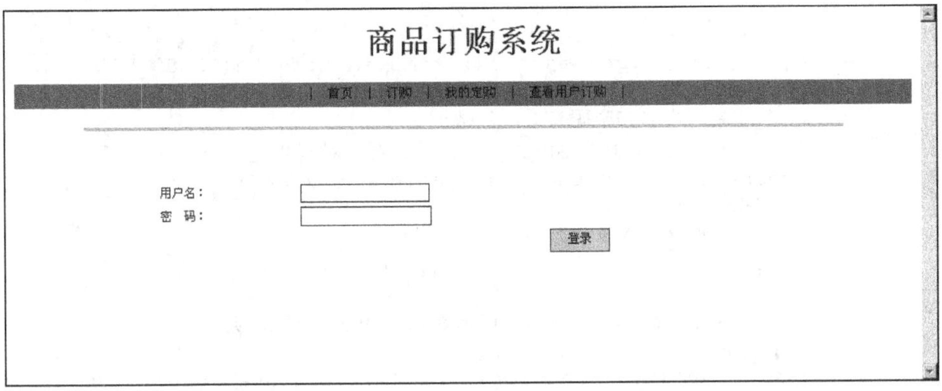

图 18.5　系统登录页面

在图 18.5 所示页面中输入用户名密码，管理员可以用 admin，对应密码为 123，测试用户为 test，对应密码为 test。有关用户已经预先存入数据库当中，读者可以直接使用。在登录页面用户名输入 test，密码同样输入 test，单击“登录”按钮，会转入商品列表页面。

登录操作主要分为以下 3 个步骤。

（1）在 UserCmd 文件中获取 JSP 页面传递过来的数据，主要包括用户名和密码。

（2）传递到后台的用户名和密码将作为查询条件，对数据库进行查询。

（3）获取查询结果，并判断该查询结果是否有效。当有效时，则表示用户名和密码相互对应，可以登录；反之，则不允许登录。

该程序中，实现登录功能的主要文件有 login.jsp、UserCmd.java 和 UserDAO.java。下面分别对两个类文件进行详细说明。

1. UserCmd 类的实现

它的作用是获取前台页面，即 JSP 中传递的数据，并根据实际需求进行业务逻辑操作，其相关代码如下：

```
01  public void doGet(HttpServletRequest request, HttpServletResponse
    response)
02          throws ServletException, IOException {
03      String userName = request.getParameter("loginName");
04      String password = request.getParameter("password");
05      String sessuser = null;
06      // 交易价格
07      double tfp = 0.0;
08      try {
09          // 根据用户名和密码获取数据
```

```
10          User user = new DoUser().getUser(userName, password);
11          if (user == null) {                     //如果数据是空
12              request.setAttribute("message", "登录名或密码错误！");
13              request.setAttribute("userName", userName);
14              request.getRequestDispatcher("/login.jsp").
                forward(request,
15                      response);
16              return;
17          }
18          Map<Book, Integer> ptbooklist = (Map) request.getSession()
19                  .getAttribute("SESS_BOOK");
20
21          if (ptbooklist != null) {
22              request.getSession().removeAttribute("SESS_BOOK");
23          }
24          // 如果用户名和密码有对应的数据
25          // 查看 SESSION 中 SESS_USER 键是否有对应数据
26          sessuser = (String) request.getSession().getAttribute
            ("SESS_USER");
27          // 交易价格放入 SESSION
28          request.getSession().setAttribute("SESS_TFP", tfp);
29
30          // 如果 sessuser 不为空,移除 SESS_USER 对应数据
31          if (sessuser != null) {
32              request.getSession().removeAttribute("SESS_USER");
33          }
34          // 重新设置 SESSION 中 SESS_USER 键对应的用户名
35          request.getSession().setAttribute("SESS_USER", userName);
36
37          response.sendRedirect(request.getContextPath() +
            "/booklist");
38      } catch (SQLException e) {
39          e.printStackTrace();
40      }
41  }
42
43  @Override
44  public void doPost(HttpServletRequest request, HttpServletResponse
    response)
45          throws ServletException, IOException {
46
47      this.doGet(request, response);
48  }
```

其中：

- 第 1 行，创建类，该类实际上是个 Servlet，重写方法 doGet。
- 第 3 行，声明变量 userName，从页面获取用户名参数，并赋值该变量。
- 第 4 行，声明变量 password，从页面获取密码参数，并赋值该变量。
- 第 5 行，声明变量 sessuser，其初始化为 null，该变量将来存放 SESSION 变量。
- 第 7 行，声明变量 tfp，交易价格。
- 第 8 行，异常捕捉块开始，该语句块内的异常将被捕捉。
- 第 10 行，声明 User 对象，并调用 DoUser 中的方法返回 User 实例。
- 第 11 行，判断返回 user 是否为 null，假如为 null，将返回操作，说明用户名和密码不匹配。

- 第 12～13 行，表示利用 request 对象向请求中赋值。
- 第 14 行，表示跳转页面。
- 第 18 行，表示从 SESSION 中获取名为 SESS_BOOK 对应的数据，它对应订购列表。
- 第 21～23 行，表示判断订购列表是否为空，假如不为空，则需要清除该 SESSION 值，因为新用户需要新的值。下面第 26 行实际在做着同样的操作，不过是针对用户名的。
- 第 37 行，跳转命令，调用 booklist，这是一个 Servlet。
- 第 44 行，重写 doPost 方法，这里调用了 doGet 方法。

2. UserDAO 类的实现

该类主要获取数据库连接，并根据预定的 SQL 语句执行查询，把从数据库获取的数据传递到 UserCmd 当中。UserDAO 类部分代码如下：

```
01  public class UserDAO {
02  /**
03   * 根据用户登录名和登录密码得到用户
04   *
05   * @param userName
06   * @param password
07   * @return
08   * @throws SQLException
09   */
10  public User getUserNameAndPwd(String userName, String password)
11          throws SQLException {
12      User user = null;
13      Connection con = FactoryConn.getConnection();
14      PreparedStatement pstmt = null;
15      String sql = "SELECT USERID,USERNAME,PASSWORD "
16              + "FROM USERINFO WHERE USERNAME = ? AND PASSWORD = ?";
17      try {
18
19          pstmt = con.prepareStatement(sql);
20          // 占位赋值
21          pstmt.setString(1, userName);
22          pstmt.setString(2, password);
23
24          ResultSet rs = pstmt.executeQuery();
25          while (rs.next()) {                // 遍历结果集,获取数据
26              user = new User();
27              user.setUserID(rs.getLong("userid"));
28              user.setUserName(rs.getString("username"));
29              user.setPassword(rs.getString("password"));
30          }
31          rs.close();
32      } finally {
33          pstmt.close();
34          con.close();
35      }
36      return user;
37
38  }
39  }
```

其中：

- ❑ 第 1 行，创建 UserDAO 类，该类访问数据库。
- ❑ 第 10 行，创建 getUserNameAndPwd 方法，并主动抛出异常。
- ❑ 第 12 行，声明 User 对象，赋值为 null。
- ❑ 第 13 行，获取数据库连接，初始化 con 变量。
- ❑ 第 14 行，声明 PreparedStatement 对象，并初始化为 null。PreparedStatement 对象可以多次而且高效地执行 SQL 语句。
- ❑ 第 15～16 行，把 SQL 语句赋值给 String 变量中。
- ❑ 第 17 行，异常捕捉块开始。
- ❑ 第 19 行，为 pstmt 赋值。
- ❑ 第 21～22 行，为 SQL 语句中的占位符赋值（问号表示占位符）。
- ❑ 第 24 行，得到结果集。
- ❑ 第 25～30 行，使用 while 语句遍历 ResultSet 对象中的数据，并把结果存入 user 实例中。
- ❑ 第 31 行，关闭结果集。
- ❑ 第 33 行，关闭当前数据库连接。

当登录成功后，会进入商品列表页面，如图 18.6 所示。

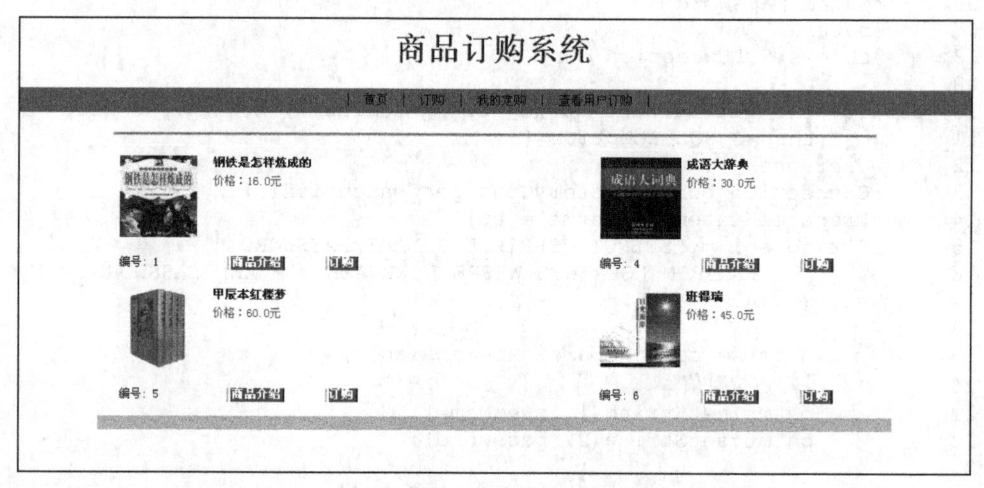

图 18.6　商品列表页面

18.3.4　实现商品列表功能

商品列表页面将列出所有已经在数据库存在的商品，该功能本质上是一个数据查询，实现相对简单，具体查询效果读者可以参考图 18.6，后台实现主要有 BookListCmd 和 BookDAO 两个类。

1．BookListCmd 类的实现

该类只需要调用访问数据库的代码即可，然后把返回的数据赋值到 JSP 页面上，并进行页面跳转操作。BookListCmd 类部分代码如下：

```
01  public void doGet(HttpServletRequest request, HttpServletResponse
    response)
02          throws ServletException, IOException {
03      try {
04          List<Book> books = new DoBook().listBook();//创建 List 对象 books
05          request.setAttribute("books", books);  //把数据保存到 request 中
06          request.getRequestDispatcher("/list.jsp")        //跳转页面
07                  .forward(request, response);
08
09      } catch (SQLException e) {
10          e.printStackTrace();
11      }
12
13  }
```

其中：

- 第 1 行，重写 Servlet 方法 doGet。
- 第 4 行，声明变量 books，是 List 类型对象，获取数据库查询数据。
- 第 5 行，把数据保存到 request 中。
- 第 6 行，跳转到页面，页面将获取查询数据。

2. BookDAO 类的实现

该类用于访问数据库操作，并把从数据库获取的数据传递给调用它的 BookListCmd 类。BookDAO 类相关代码如下：

```
01  public List<Book> getAllBooks() throws SQLException {
02      List<Book> books = new ArrayList<Book>();        //创建 List 对象
03      Connection con = FactoryConn.getConnection();  //获取连接
04      PreparedStatement pstmt = null;
05      String sql = "SELECT * FROM BOOKINFO";           //编写 SQL 语句
06      try {
07          pstmt = con.prepareStatement(sql);
08          // 执行
09          ResultSet rs = pstmt.executeQuery();
10          while (rs.next()) {                          //遍历结果集
11              Book book = new Book();
12              book.setId(rs.getLong("id"));
13              book.setBookName(rs.getString("bookName"));
14              book.setRemark(rs.getString("remark"));
15              book.setBookPrice(rs.getDouble("bookPrice"));
16              book.setBkImage(rs.getString("image"));
17              book.setDescription(rs.getString("description"));
18              // 添加到 books
19              books.add(book);
20          }
21          rs.close();
22      } finally {
23          pstmt.close();
24          con.close();
25      }
26      return books;
27  }
```

其中：

- ❑ 第1行，创建getAllBooks方法，该方法根据条件查询数据库，获取所有商品列表，返回数据列表。
- ❑ 第2行，创建List对象books，并被初始化。
- ❑ 第3行，从FactoryConn中获取数据库连接。
- ❑ 第4行，创建PreparedStatement对象，初始值是null。
- ❑ 第5行，创建字符串对象，存入SQL语句。
- ❑ 第7行，实例化pstmt对象。
- ❑ 第9行，获取结果集。
- ❑ 第10～19行，遍历ResultSet对象中的数据，并把结果存入List对象中。
- ❑ 第26行，返回结果。

在商品列表页面可以订购自己需要的商品，并提交订单，完成订购。

18.3.5　实现商品订购功能

在商品列表页面，列出了已经存在数据库中的所有商品，登录用户可以根据自己的需求订购已经存在的商品，订购商品的步骤如下：

（1）在图18.6所示页面中单击“订购”链接，会弹出一个简单的订购数量对话框（如果IE没弹出对话框，也会有提示，读者只需要允许执行窗口脚本即可），在该对话框中输入具体订购的数量，如图18.7所示。

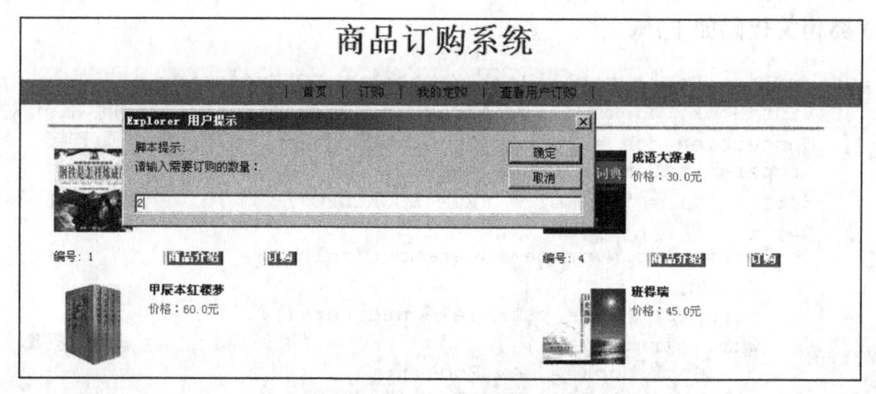

图18.7　输入订购商品

（2）当订购商品被确定后（允许多订），会进入订购列表中，登录用户可以单击页面中的“确认购买”按钮，如图18.8所示，进入订单提交页面。

商品订购系统

| 首页 | 订购 | 我的定购 | 查看用户订购 |

已经订购：

放弃订购　确认购买

编号	单价	商品名称	数量	分类价格
4	￥30.0	成语大辞典	1	￥30.0
1	￥16.0	钢铁是怎样炼成的	2	￥32.0

图18.8　订购列表

（3）在订单提交页面需要填写个人信息，如图 18.9 所示。个人信息确认无误后，用户单击“提交”按钮，确认购买。

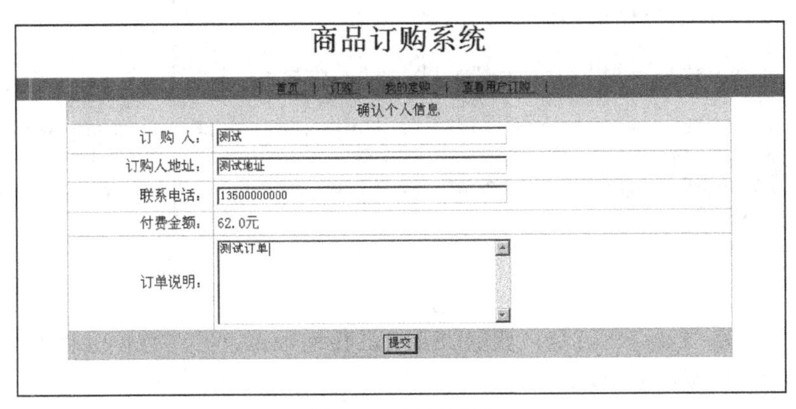

图 18.9　订购列表

商品订购和提交功能的后台主要包括两个部分，一部分是业务逻辑控制部分；另一部分是数据库访问部分。

该功能完成主要由 BuyBookCmd.java、BookOrderSubmit.java 两个类以及数据库操作代码实现。

1. BuyBookCmd 的实现

该类主要从 JSP 页面获取用户订购的数据，并经过处理后把数据放到 SESSION 中，供提交订单时使用。BuyBookCmd 类部分代码如下：

```
01  public void doGet(HttpServletRequest request, HttpServletResponse
    response)
02          throws ServletException, IOException {
03      // 得到相对应的 ID
04      String bookid = request.getParameter("bookid");
05      // 数量
06      String count = request.getParameter("count");
07      int i = 0;
08      //交易价格
09      double tfp = (Double) request.getSession().getAttribute
        ("SESS_TFP");
10      // 物品列表
11      Map<Book, Integer> ptbooklist = (Map) request.getSession()
12              .getAttribute("SESS_BOOK");
13
14      if (ptbooklist == null) {
15          ptbooklist = new HashMap<Book, Integer>();
16      } else {
17          i = ptbooklist.size();
18      }
19
20      try {
21          Book book = new BookDAO().getDetail(Long.parseLong(bookid));
22          book.setCount(count);
23          book.setTotalprice(Double.valueOf(count) * book.
            getBookPrice());
24          tfp = tfp + Double.valueOf(count) * book.getBookPrice();
```

```
25             //存入 Map 中
26             ptbooklist.put(book, ++i);
27         } catch (SQLException e) {
28             e.printStackTrace();
29         }
30         request.setAttribute("pctbook", ptbooklist);
31         request.getSession().setAttribute("SESS_TFP", tfp);
32         request.getSession().setAttribute("SESS_BOOK", ptbooklist);
33         // 跳转传值
34         request.getRequestDispatcher("/pctbook.jsp").forward(request,
           response);
35 }
```

其中：

- 第 1 行，重写 doGet 方法，获取 JSP 页面传递数据，并对数据进行处理。
- 第 4 行，获取商品 ID。
- 第 6 行，获取订购数量。
- 第 9 行，从 SESSION 中获取交易价格。
- 第 11 行，从 SESSION 中获取订购列表。
- 第 14～18 行，判断 ptbooklist 是否为空，如果空则创建一个实例；假如不为空，要获取该 Map 对象的 size 属性。
- 第 21 行，根据 ID 获取商品（图书）对象。
- 第 22 行，保存订购数量。
- 第 23 行，保存订购的某类物品价格。
- 第 24 行，获取交易价格。
- 第 30 行，把值放入 request 范围内。
- 第 31 行，把 tfp 放入 session 范围内。
- 第 32 行，把 ptbooklist 放入 session 范围内。

2. BookOrderSubmit 的实现

该类除了从 JSP 页面获取用户订购的数据外，也会把数据进行简单的业务处理，完成数据封装，调用访问数据库代码，进行数据存储操作。BookOrderSubmit 类部分代码如下：

```
01 public void doGet(HttpServletRequest request, HttpServletResponse
   response)
02         throws ServletException, IOException {
03
04     // 得到用户提交的数据
05     String customerName = new String(request.getParameter
       ("customerName")
06             .getBytes("ISO-8859-1"), "GBK");
07     String address = new String(request.getParameter
       ("customerAddress")
08             .getBytes("ISO-8859-1"), "GBK");
09     String telephone = request.getParameter("customerTelephone");
10     String notice = new String(request.getParameter("notice").
       getBytes(
11             "ISO-8859-1"), "GBK");
12     String totalPrice = request.getParameter("allPrice");
13     String sessuser = (String) request.getSession().getAttribute(
14             "SESS_USER");
```

```
15      Map<Book, Integer> pcntbooklist = (Map) request.getSession()
16              .getAttribute("SESS BOOK");
17      String bookname = "订购";
18      Iterator it = pcntbooklist.entrySet().iterator();
19      while (it.hasNext()) {                          //遍历 iterator 对象
20          Map.Entry m = (Map.Entry) it.next();
21
22          bookname = bookname + ";" + ((Book) m.getKey()).getBookName()
23                  + "*"+ ((Book) m.getKey()).getCount() + "份";
                                                        //获取数据连接字符串
24      }
25
26      // 封装 BEAN
27      BookOrder bookoder = new BookOrder();
28      bookoder.setCustomerName(customerName);
29      bookoder.setCustomerAddress(address);
30      bookoder.setCustomerTelephone(telephone);
31      bookoder.setNotic(notice);
32      bookoder.setTotalPrice(Double.parseDouble(totalPrice));
33      bookoder.setSessuser(sessuser);
34      bookoder.setMyBookId(String.valueOf(bookname));
35
36      // 订购
37      try {
38          new DoBookOrder().insertBookOrderInfo(bookoder);
39      } catch (SQLException e) {
40          e.printStackTrace();
41      }
42      // 跳转
43      response.sendRedirect("over.jsp");
44  }
```

其中：

- 第 5～12 行，获取页面数据，并保证汉字不为乱码。
- 第 15 行，从 SESSION 中获取订购商品。
- 第 19 行，遍历 iterator 对象。
- 第 22 行，从遍历对象中获取数据，连接成符合要求的字符串。
- 第 27～34 行，把所有数据封装到 BookOrder 对象中。
- 第 38 行，调用 DoBookOrder 类的方法，把数据存入数据库中。

到这里系统的主要部分都介绍得差不多了，其他功能点由于篇幅关系，这里不再详细介绍，读者可以参考前面介绍的功能点对照代码自己理解。

18.4 本 章 小 结

本章中介绍了 B/S 结构，同时介绍了 B/S 结构的优势。浏览器/服务器模式需要服务器作容器，常用的服务器有 Tomcat、Jboss 和 WebLogic 等。本书实例就是使用了 Tomcat 作为服务器。

除了介绍 B/S 结构编程，书中也使用了一个简单的在线订购系统详细介绍了如何利用 Java 连接数据库。Java 连接数据库，可以使用 JDBC，也可以使用 JNDI，其中 JNDI 更符合企业级的要求。在系统中这两种方式都有使用，读者可以利用这个简单的在线购物系统，完善自己的相关知识。

[illegible]

其中：

□ 第5～[illegible]行，[illegible]

□ 第13行，从SESSION中[illegible]

□ 第19行，[illegible]iterator[illegible]

□ 第22行，[illegible]

□ 第[illegible]行，[illegible]BookOrder[illegible]

□ 第33行，调用[illegible]BookOrder[illegible]的方法，把数据插入数据库中。

[illegible]

18.4 本章小结

[illegible] BS [illegible] Tomcat、JBoss和WebLogic等。[illegible] Tomcat [illegible]

[illegible] JDBC，[illegible] JNDI [illegible] JNDI [illegible]